專家都在用的Google最強實戰

鄧文淵 總監製／文淵閣工作室 編著

關於我們

認識文淵閣工作室

常常聽到很多讀者說：「我就是看你們的書學會用電腦的」。是的！這就是寫書的出發點和原動力，想讓每個讀者都能看我們的書跟上軟體的腳步，讓軟體不只是軟體，而是提昇個人效率的工具。

文淵閣工作室創立於 1987 年，第一本電腦叢書「快快樂樂學電腦」。工作室的創會成員鄧文淵、李淑玲在學習電腦的過程中，就像每個剛開始接觸電腦的你一樣碰到了很多問題，因此決定整合自身的編輯、教學經驗及新生代的高手群，陸續推出「快快樂樂全系列」電腦叢書，冀望以輕鬆、深入淺出的筆觸、詳細的圖說，解決電腦學習者的徬徨無助，並搭配相關網站服務讀者。

讀者服務資訊

如果閱讀本書時，有任何問題或是心得想與大家一起討論共享，歡迎至文淵閣工作室網站，或者使用電子郵件與我們聯絡。

文淵閣工作室網站　http://www.e-happy.com.tw
服務電子信箱　e-happy@e-happy.com.tw
文淵閣工作室　粉絲團　http://www.facebook.com/ehappytw
中老年人快樂學　粉絲團　https://www.facebook.com/forever.learn

總 監 製：鄧文淵
監　　督：李淑玲
行銷企劃：鄧君如・黃信溢
企劃編輯：鄧君如
責任編輯：熊文誠
編　　輯：黃郁菁・鄧君怡

本書特點

實務範例為導向

Google 文件、簡報、試算表和表單，是職場、學校、生活中最常使用到的雲端協作工具，不論是專業出眾的文件、數據統計試算表，或是多媒體互動簡報、問卷調查的表單設計，都可以搭配本書學習、快速打造，成為實務上的最佳幫手。本書收集職場、學校及日常生活中的實務範例，製作出 16 個不同主題說明與應用。

閱讀方法

每章範例規劃了 **學習重點** 讓你循序漸進引導理解與設計作品，不論自學或教學，都能快速學會並應用該章的相關功能。

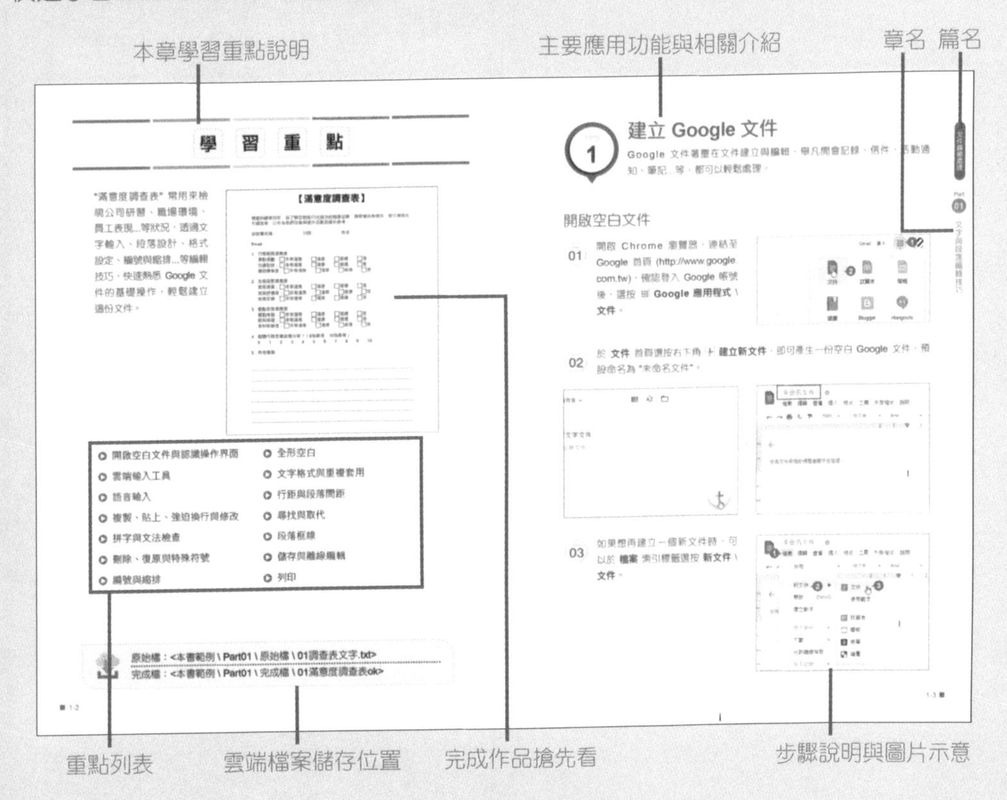

範例解說的流程

雲端範例使用說明

請先登入自己的 Google 帳戶，開啟網頁連結至「https://drive.google.com/drive/u/1/folders/1_52kd9jQlQcVH-J0NszSRzJmW9HbRVVo」，或是使用縮址：「https://bit.ly/ACV043700」(字母大小寫需相同)。開啟 Google 雲端硬碟，再依以下說明操作：

STEP 01 於本書 <ACV043700 書附範例> 資料夾中，進入欲下載的資料夾 (例：<ACV043700 書附範例 \ Part11 \ 原始檔>)。

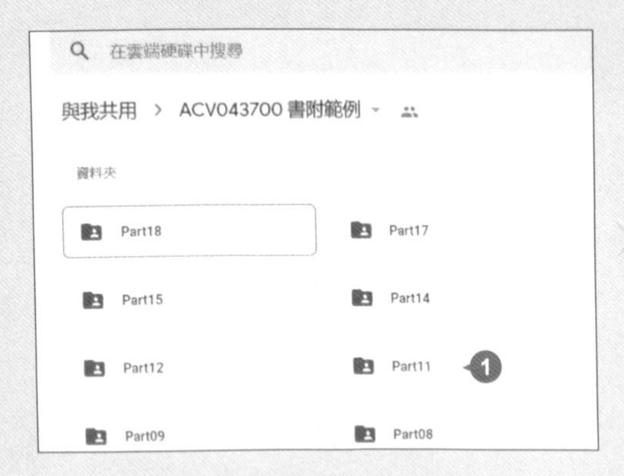

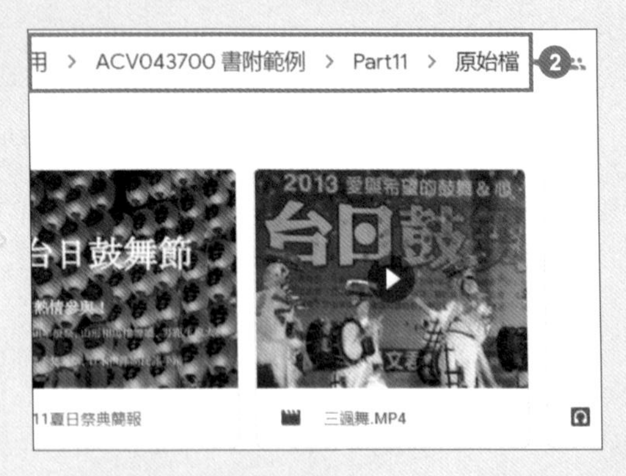

STEP 02 於要練習用的範例原始檔上按一下滑鼠右鍵選按 **建立副本**，即可將該原始檔複製至自己的 Google 雲端硬碟中，完成後於下方選按 **顯示檔案位置**。

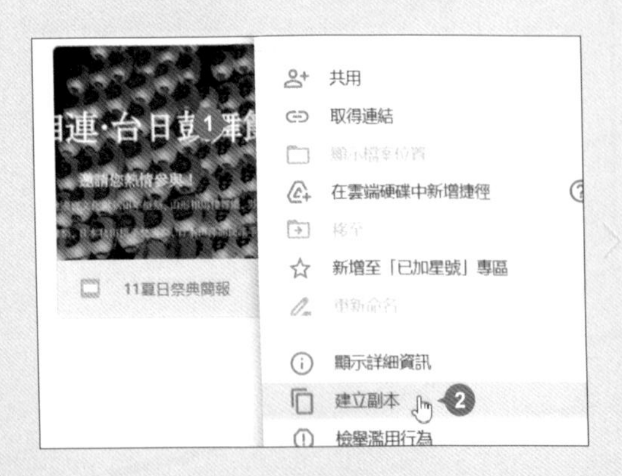

STEP 03 接著會開啟 **我的雲端硬碟** 位置並顯示建立的副本檔案，只要將滑鼠移到檔案縮圖上方，連按二下滑鼠左鍵即可開啟。

STEP 04 原始檔資料夾的素材檔也可以依相同方式建立副本，或是選取二個以上的檔案，按一下滑鼠右鍵選按 **下載**，即可載回原始素材壓縮檔至本機指定資料夾中存放 (例如：桌面)，之後再解壓檔案後使用。

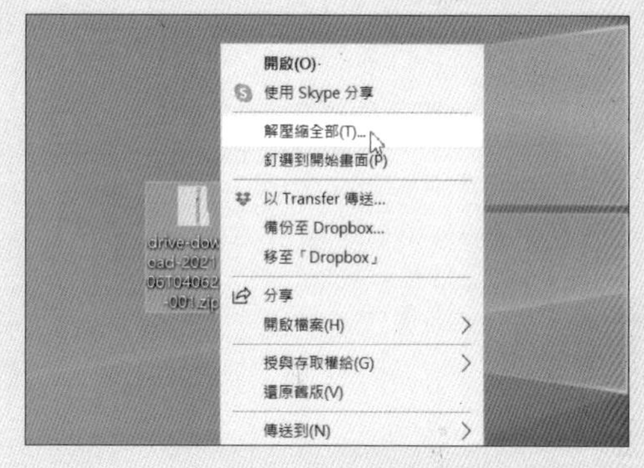

建議在你的雲端硬碟建立一個練習範例檔專用資料夾，將所有建立的副本原始檔或素材整理在該資料夾中，以利練習時方便尋找，詳細操作方式可參考附錄電子檔 "附錄 B 打造你的行動辦公室 - 雲端硬碟的管理" (PB-9)。

教學影片及附錄電子檔下載

本書附贈的教學影片及附錄 (PDF 電子檔)，內容請至下列網址下載：

http://books.gotop.com.tw/DOWNLOAD/ACV043700

選按 **教學影片.zip**、**附錄.zip** 即可下載教學影片及附錄電子書壓縮檔，檔案為 ZIP 格式，解壓縮即可運用。未經授權不得抄襲、轉載或任意散佈。

設備與環境

本書使用 "電腦" 搭配 "Google Chrome 瀏覽器" 並在 "連接網路" 的操作環境下說明。

目錄

文件編輯處理

01 文字與段落編輯技巧 滿意度調查表

02 表格應用 商品訂購單

05 資料建立與運算 活動支出明細表

06 函式應用 業績統計表

09 圖文整合與視覺設計 主題宣傳簡報

10 流程與資訊圖像化呈現 運動推廣簡報

11 多媒體動畫 活動紀錄簡報

12 放映技巧與列印 地方文化特色簡報

表單問卷優化

13 建立及開始收集資料 市場意調問卷

14 套用主題與取得外部素材 活動報名表

15 限定規則、自動批改與計分 考核評量單

16 多層次問題結合數據試算表 團購訂購單

附錄單元為 PDF 電子檔形式，請見前面第 V 頁的「教學影片及附錄電子檔下載」說明。

文字與段落編輯技巧

滿意度調查表

學 習 重 點

"滿意度調查表" 常用來檢視公司研習、職場環境、員工表現...等狀況，透過文字輸入、段落設計、格式設定、編號與縮排...等編輯技巧，快速熟悉 Google 文件的基礎操作，輕鬆建立這份文件。

【滿意度調查表】

親愛的顧客您好，為了解您對旅行社這次的服務品質，請根據自身情況，撥冗填寫此份調查表，以作為我們改進與提升活動品質的參考。

旅遊團名稱：　　日期：　　姓名：

Email：

1. 行程服務滿意度
   景點規劃：☐非常滿意　☐滿意　☐普通　☐差
   交通安排：☐非常滿意　☐滿意　☐普通　☐差
   導遊專業度：☐非常滿意　☐滿意　☐普通　☐差
2. 住宿品質滿意度
   客房清潔：☐非常滿意　☐滿意　☐普通　☐差
   客房舒適度：☐非常滿意　☐滿意　☐普通　☐差
   客房設備：☐非常滿意　☐滿意　☐普通　☐差
3. 餐點安排滿意度
   餐點味道：☐非常滿意　☐滿意　☐普通　☐差
   飲料味道：☐非常滿意　☐滿意　☐普通　☐差
   食材新鮮度：☐非常滿意　☐滿意　☐普通　☐差
4. 整體行程您會給幾分呢？（0為最差，10為最棒）
   0　1　2　3　4　5　6　7　8　9　10
5. 其他建議

- 開啟空白文件與認識操作界面
- 雲端輸入工具
- 語音輸入
- 複製、貼上、強迫換行與修改
- 拼字與文法檢查
- 刪除、復原與特殊符號
- 編號與縮排
- 全形空白
- 文字格式與重複套用
- 行距與段落間距
- 尋找與取代
- 段落框線
- 儲存與離線編輯
- 列印

原始檔：<本書範例 \ Part01 \ 原始檔 \ 01調查表文字.txt>

完成檔：<本書範例 \ Part01 \ 完成檔 \ 01滿意度調查表ok>

建立 Google 文件

Google 文件著重在文件建立與編輯，舉凡開會記錄、信件、活動通知、筆記...等，都可以輕鬆處理。

開啟空白文件

STEP 01 開啟 Chrome 瀏覽器，連結至 Google 首頁 (http://www.google.com.tw)，確認登入 Google 帳號後，選按 ▦ **Google 應用程式 \ 文件**。

STEP 02 於 **文件** 首頁選按右下角 ⊞ **建立新文件**，即可產生一份空白 Google 文件，預設命名為 "未命名文件"。

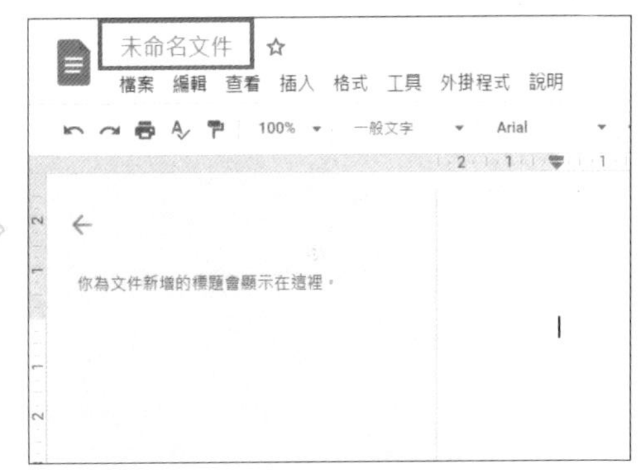

STEP 03 如果想再建立一個新文件時，可以於 **檔案** 索引標籤選按 **新文件 \ 文件**。

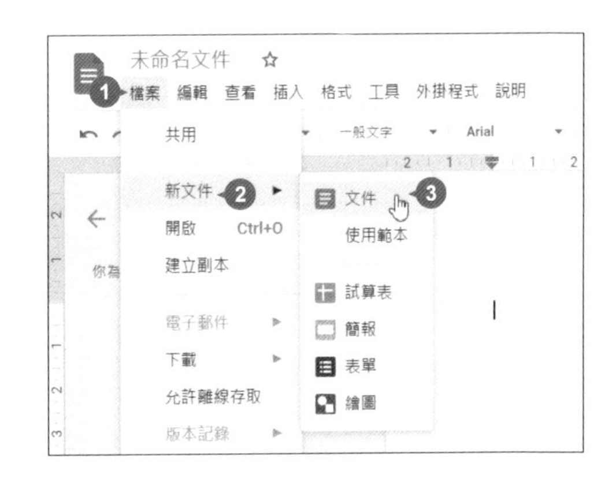

認識操作界面

透過下圖標示，熟悉 Google 文件各項功能的所在位置，讓你在接下來的操作過程，可以更加得心應手。

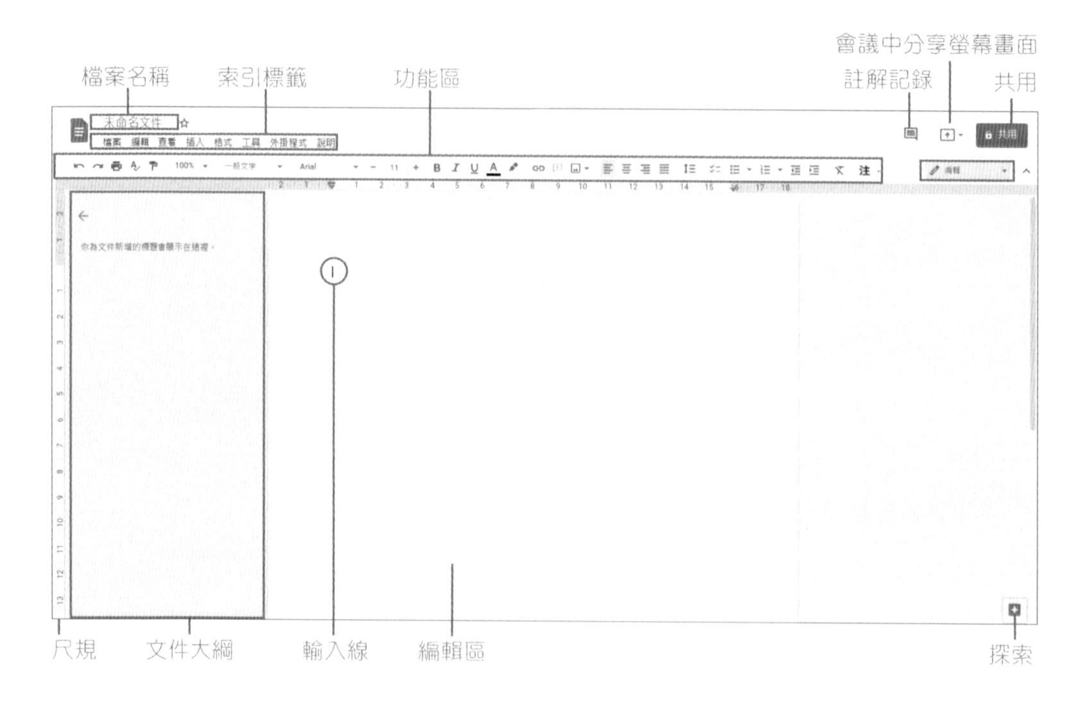

小提示　返回 Google 文件首頁與關閉

於 Google 文件編輯畫面選按左上角 ，可返回首頁，檢視最近建立的文件清單；若是選按分頁視窗右側 ，則是關閉 Google 文件。

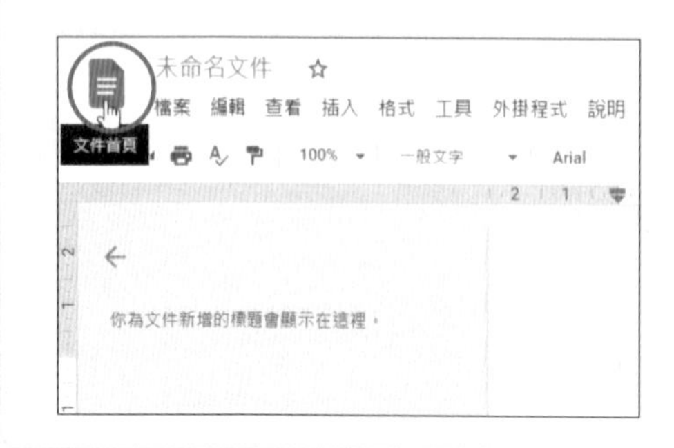

文字輸入與編修

一份文件的產生，文字是最基礎的建構元素，以下透過雲端輸入工具與語音輸入，建立中英文內容。

啟用雲端輸入工具切換中英文模式

如果使用的電腦沒有安裝中文輸入法 (**注音** 或 **漢語拼音**、**倉頡**...)，可以利用 Google 的輸入工具，解決中文輸入問題。(若已有安裝中文輸入法，但想使用此 Google 輸入工具，需先切換到英文模式。)

STEP 01 於 Google 文件編輯畫面，選按功能區最右側 注 (選按清單鈕可選擇其他輸入法)，畫面右下角會顯示輸入工具。

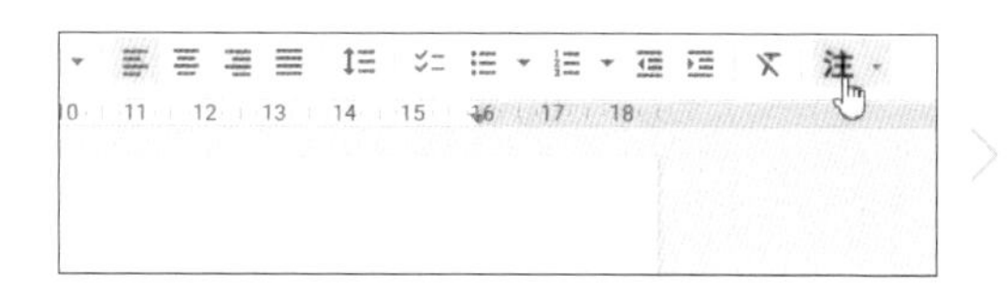

STEP 02 輸入英文字母時，於輸入工具選按 中 變 En，編輯區按一下，輸入線呈閃爍狀即可輸入。預設是小寫狀態，若要轉換成大寫英文字母時，可在小寫狀態下按 Shift 鍵不放，再按英文字母鍵；放開 Shift 鍵會恢復成小寫。(或按 Caps Lock 鍵可將字母鎖定為大寫狀態，再按 Caps Lock 鍵取消鎖定。)

STEP 03 輸入中文時，於輸入工具選按 En 變 中，編輯區按一下，輸入線呈閃爍狀即可輸入。

輸入文字、標點符號與產生新段落

以 **注音** 輸入法為例，練習輸入本章範例的標題文字，並在標題文字前、後各加一個符號，讓標題文字更醒目。

STEP 01 確認輸入工具為 注 輸入法的 中 模式，輸入文字「滿意度調查表」。過程中可按 ↓ 鍵展開清單，利用滑鼠或數字鍵指定文字，確認後按 Enter 鍵。

STEP 02 句子最前方按一下滑鼠左鍵，將輸入線移至此處，於輸入工具確定為 注 輸入法的 中 模式，另外為 ◐ 和 °, ，然後按 [加入「【」符號。依相同方式，於標題文字最後加入「】」符號。

STEP 03 第一行文字最尾端按一下滑鼠左鍵顯示輸入線，按 Enter 鍵，會於目前輸入線所在位置分段，輸入線則移至新段落。

【滿意度調查表】

小提示 Windows 系統下中英文輸入法切換

Windows 系統預設有微軟注音輸入法，於桌面右下角語言工具列可看到 ㄅ 圖示，若想新增速成、大易、倉頡...等其他輸入法時，可選按 ⊞ \ ⚙ **設定 \ 時間與語言 \ 語言 \ 慣用語言 \ 中文 \ 選項** 鈕，接著選按 **新增鍵盤**，指定想新增的輸入法。中、英輸入法切換以 ㄅ 微軟注音為例，於桌面右下角語言工具列確認已切換至微軟注音輸入法，再按 Shift 鍵即可切換 中、英 中英文模式。

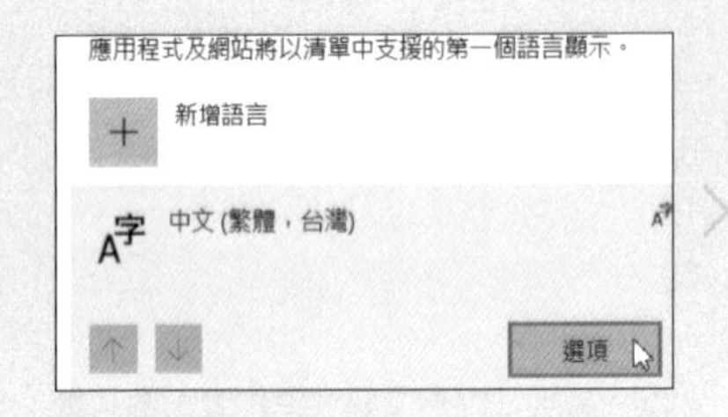

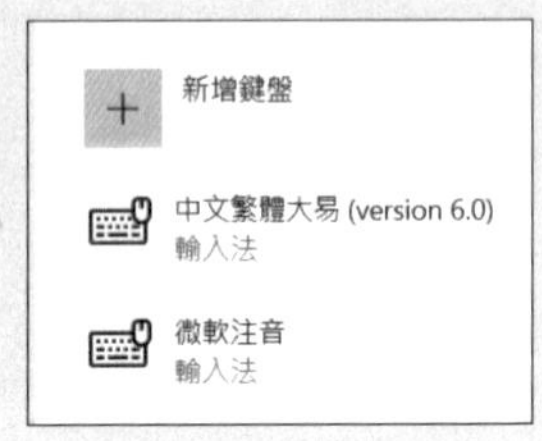

語音輸入

如果打字太慢，也可以透過 Google **語音輸入** 功能，直接用 "說" 的完成文字輸入。只要電腦有接麥克風 (或內建)，並使用 Chrome 瀏覽器，就可以使用語音輸入。

STEP 01 於 **工具** 索引標籤選按 **語音輸入**，這時編輯區上方會出現麥克風視窗。

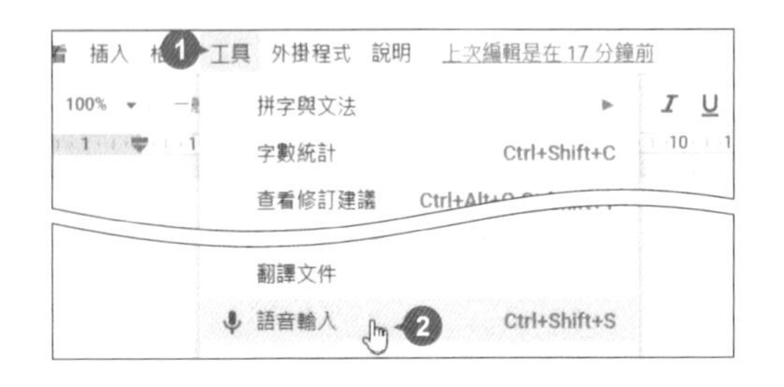

STEP 02 麥克風圖示上方為預設語系 (可選按清單鈕於清單中選擇語系)，按一下麥克風圖示，如果第一次使用，會出現詢問是否允許麥克風權限的對話方塊，選按 **允許** 鈕。

STEP 03 當 **語音輸入** 啟用時，麥克風圖示會呈現紅色，這時參考下圖，對著系統或連接的麥克風說話，結束再按一次麥克風圖示 (會呈灰色)。原則上正常的說話速度，以句子為單位，辨識度都還不錯！

【滿意度調查表】
親愛的顧客您好為了解您對旅行社這次的服務品質請您根據自身情況撥冗填寫此份調查表你作為我們改進以提升活動品質的參考

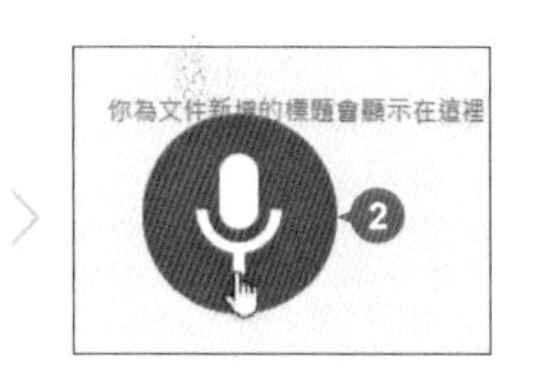

STEP 04 若語音輸入內容有誤或需要加上標點符號時，可再利用輸入工具調整；若需要加入逗號與句號，可按 Shift 鍵不放再按 , 或 . 鍵，於出現的符號選單選用。

【滿意度調查表】
親愛的顧客您好，為了解您對旅行社這次的服務品質，請您根據自身情況，撥冗填寫此份調查表，以作為我們改進與提升活動品質的參考

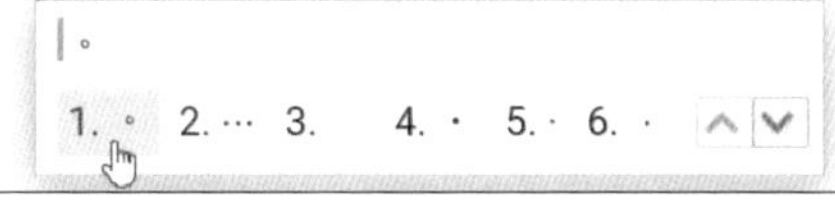

STEP 05 將輸入線移至最後，按 Enter 鍵產生第三段，輸入「旅遊團名稱 :日期 :姓名 :」後 (: 為半形，另與文字間有一個半形空白)，三者間分別按三下 Tab 鍵區隔。接著再按 Enter 鍵產生第四段，輸入「Emal :」(此處故意輸入錯誤單字，後面會修改)，結束後按 Enter 鍵。

【滿意度調查表】
親愛的顧客您好，為了解您對旅行社這次的服務品質，請您根據自身情況，撥冗填寫此份調查表，以作為我們改進與提升活動品質的參考。
旅遊團名稱 :　　日期 :　　姓名 :
Emal :

複製與貼上

已完成的資料不需要重複作業，只要複製文字資料至 Google 文件，再於合適位置編修。

STEP 01 開啟範例原始檔 <01調查表文字.txt>，先按 Ctrl + A 鍵全選所有文字，再按 Ctrl + C 鍵複製。

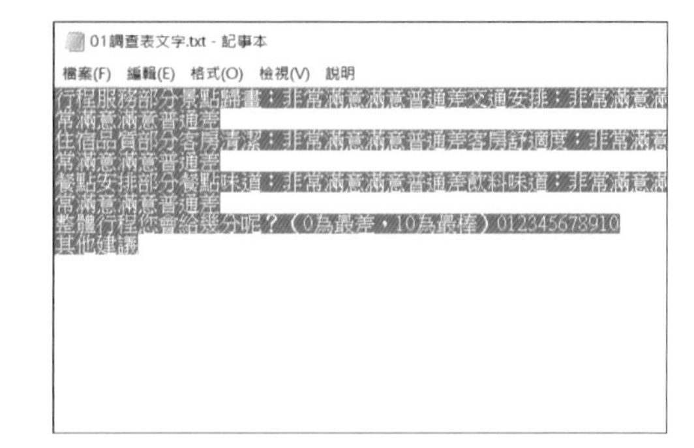

STEP 02 返回 Google 文件，確認輸入線在第四段，按 Ctrl + V 鍵貼上。

【滿意度調查表】
親愛的顧客您好，為了解您對旅行社這次的服
表，以作為我們改進與提升活動品質的參考。
旅遊團名稱：　　　　日期：
Emal：

【滿意度調查表】
親愛的顧客您好，為了解您對旅行社這次的服務品質，請您根據自身情況，撥冗填寫此份調查表，以作為我們改進與提升活動品質的參考。
旅遊團名稱：　　　　日期：　　　　姓名：
Emal：
行程服務部分景點歸畫：非常滿意滿意普通差交通安排：非常滿意滿意普通差導遊專業度：非常滿意滿意普通差
住宿品質部分客房清潔：非常滿意滿意普通差客房舒適度：非常滿意滿意普通差客房設備：非常滿意滿意普通差
餐點安排部分餐點味道：非常滿意滿意普通差飲料味道：非常滿意滿意普通差食材新鮮度：非常滿意滿意普通差
整體行程您會給幾分呢？（0為最差，10為最棒）012345678910
其他建議

強迫換行

按 Shift + Enter 鍵會在目前輸入線所在位置強迫換行 (換行但段落相同)。"行" 無法設定前後段的距離，及首行縮排或凸排...等效果，因為它只是換行，所以會延續同一段內的段落設定。

參考右圖 (圈選處)，於每個評分項目後方按 Shift + Enter 鍵強迫換行。(沒有圈選處則是按 Enter 鍵分段)

【滿意度調查表】
親愛的顧客您好，為了解您對旅行社這次的服務品質，請您根據自身情況
表，以作為我們改進與提升活動品質的參考。
旅遊團名稱：　　　　日期：　　　　姓名：
Emal：
行程服務部分
景點歸畫：非常滿意滿意普通差
交通安排：非常滿意滿意普通差
導遊專業度：非常滿意滿意普通差
住宿品質部分
客房清潔：非常滿意滿意普通差
客房舒適度：非常滿意滿意普通差
客房設備：非常滿意滿意普通差
餐點安排部分
餐點味道：非常滿意滿意普通差
飲料味道：非常滿意滿意普通差
食材新鮮度：非常滿意滿意普通差
整體行程您會給幾分呢？（0為最差，10為最棒）
012345678910
其他建議

修改文字

例如將 "歸畫" 更改為 "規劃"：將滑鼠指標移至文字 "歸" 左側，按滑鼠左鍵不放，由左至右拖曳選取 "歸畫" 文字，直接輸入「規劃」文字。

行程服務部分
景點歸畫：非常滿意滿意普通差
交通安排：非常滿意滿意普通差

行程服務部分
景點規劃：非常滿意滿意普通差
交通安排：非常滿意滿意普通差

拼字與文法檢查

Google 文件 **拼字與文法檢查** 功能，可找出拼字或語法錯誤，並透過系統建議完成修正。(目前支援英文、西班牙文、法文、德文和葡萄牙文)

STEP 01 校正文件內錯誤的英文字，將 "Emal" 改為 "Email"。於 **檔案** 索引標籤選按 **語言 \ English**，錯誤的英文字下方會出現紅色曲線，再選按 拼字與文法檢查。

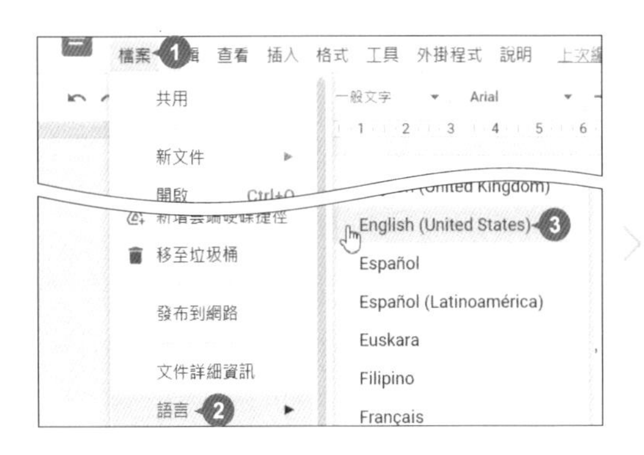

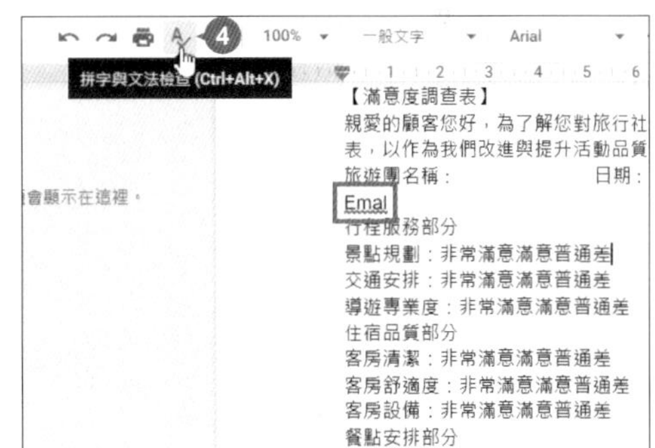

STEP 02 於 **拼字與文法** 對話方塊會看到建議的拼字，選按 **接受** 鈕，修改文件中錯誤的英文字，最後選按 關閉。

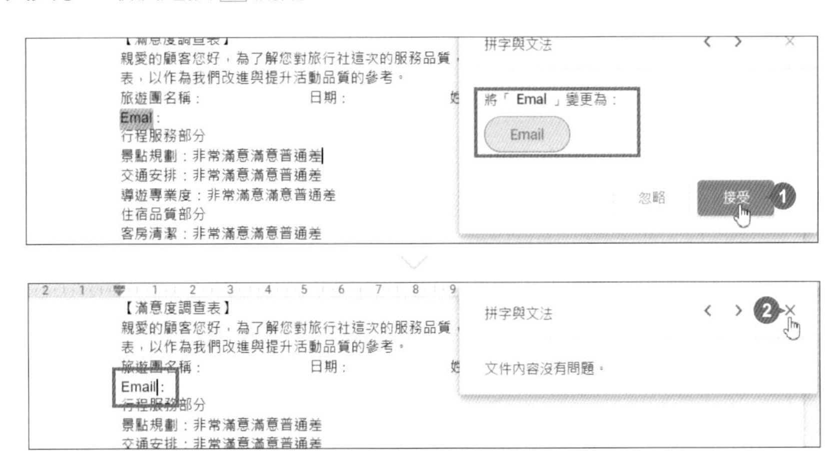

刪除與復原文字

要刪除目前輸入線右側或左側文字，可運用 Del 或 Backspace 鍵。

STEP 01 第二段 "您" 文字前方按一下滑鼠左鍵，將輸入線移至此，再按一下 Del 鍵，刪除輸入線右側 "您" 文字。

STEP 02 將輸入線移至 "升" 後方，按三下 Backspace 鍵，刪除輸入線左側 "與提升" 文字。

STEP 03 對之前的操作後悔時，可以選按 **復原** 與 **取消復原** 取消前一次或多次的動作、重做前面取消的動作。(這裡選按 **復原** 恢復前面刪除的 "與提升" 文字)

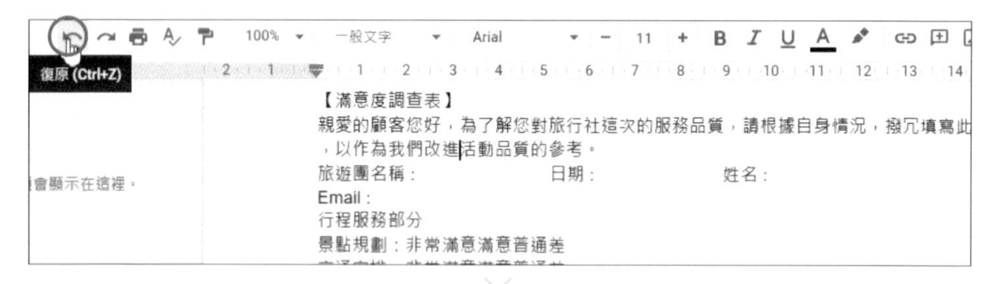

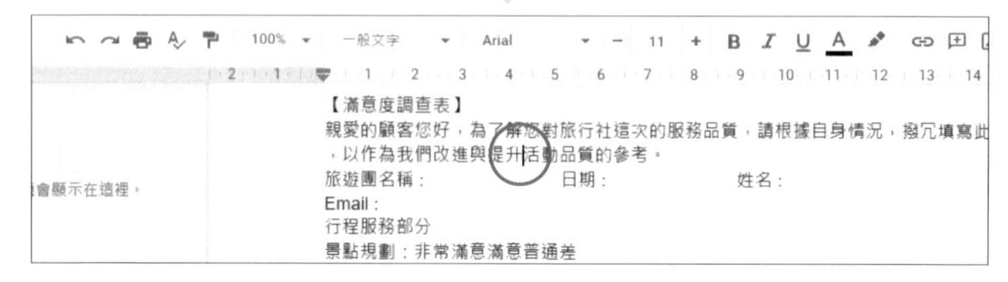

加入特殊符號

想要在文件中運用一些特殊符號，可以透過以下方式輕鬆插入。

STEP 01 將輸入線移至第一個 "非常滿意" 文字前方，於 **插入** 索引標籤選按 **特殊字元**。

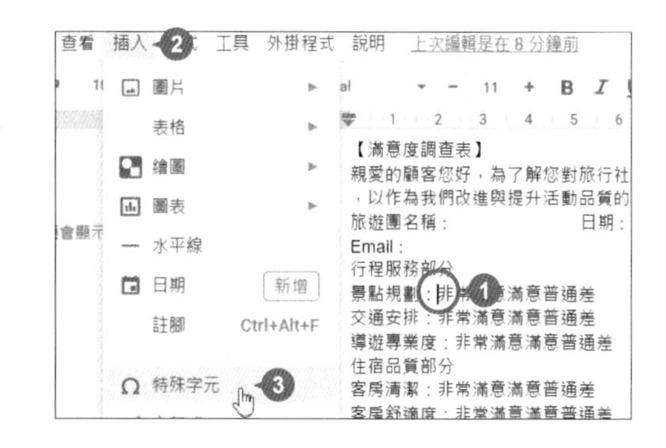

STEP 02 設定 **符號**、**幾何形狀**，選按 □ 符號插入。

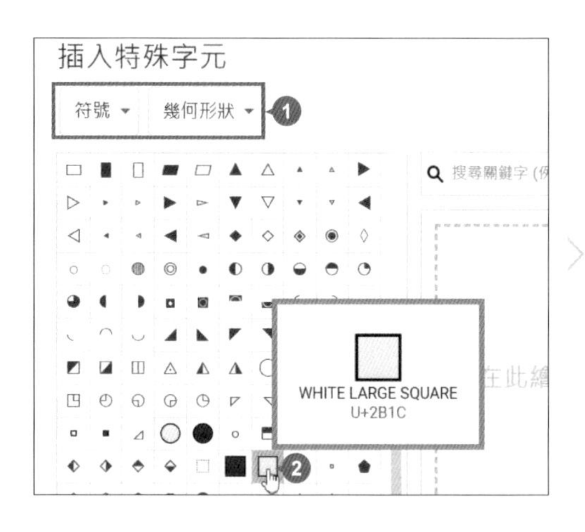

【滿意度調查表】
親愛的顧客您好，為了解您對旅行社這次的服務品質
，以作為我們改進與提升活動品質的參考。
旅遊團名稱：　　　　　日期：
Email：
行程服務部分
景點規劃：□非常滿意滿意普通差
交通安排：非常滿意滿意普通差
導遊專業度：非常滿意滿意普通差
住宿品質部分
客房清潔：非常滿意滿意普通差
客房舒適度：非常滿意滿意普通差
客房設備：非常滿意滿意普通差
餐點安排部分
餐點味道：非常滿意滿意普通差
飲料味道：非常滿意滿意普通差

STEP 03 依相同方式，參考右圖在選項前方都加上 □ 符號，最後選按 ☒ 關閉視窗。

行程服務部分
景點規劃：□非常滿意□滿意□普通□差
交通安排：□非常滿意□滿意□普通□差
導遊專業度：□非常滿意□滿意□普通□差
住宿品質部分
客房清潔：□非常滿意□滿意□普通□差
客房舒適度：□非常滿意□滿意□普通□差
客房設備：□非常滿意□滿意□普通□差
餐點安排部分
餐點味道：□非常滿意□滿意□普通□差
飲料味道：□非常滿意□滿意□普通□差
食材新鮮度：□非常滿意□滿意□普通□差
整體行程您會給幾分呢？（0為最差，10為最棒）
012345678910
其他建議

設定編號與縮排

以 1、2、3...等數字，為每個段落開頭自動加上遞增編號。

STEP 01 選取要加上編號的段落，於 **格式** 索引標籤選按 **項目符號和編號 \ 編號清單**，再於清單中選擇合適的編號樣式。

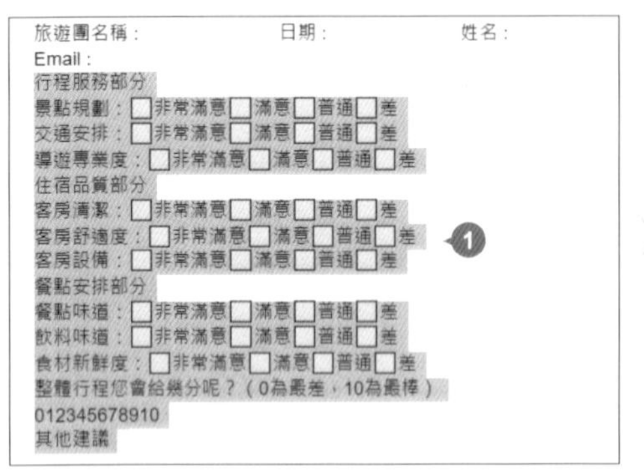

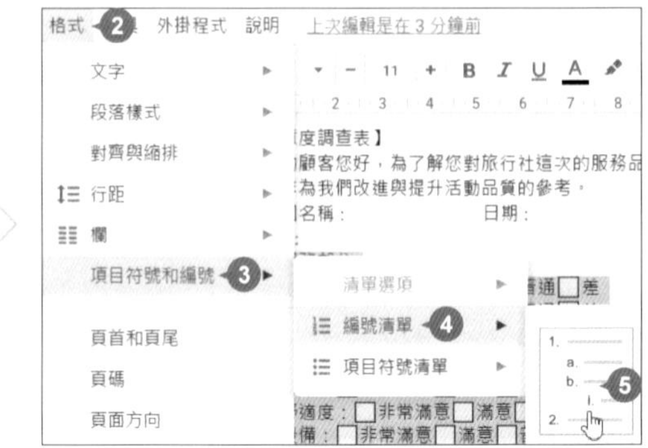

STEP 02 選取加上編號的段落狀態下，於 **格式** 索引標籤選按 **對齊與縮排 \ 縮排選項**，輸入 **縮排 \ 左邊**：「0」，選按 **套用** 鈕，取消左側縮排設定。

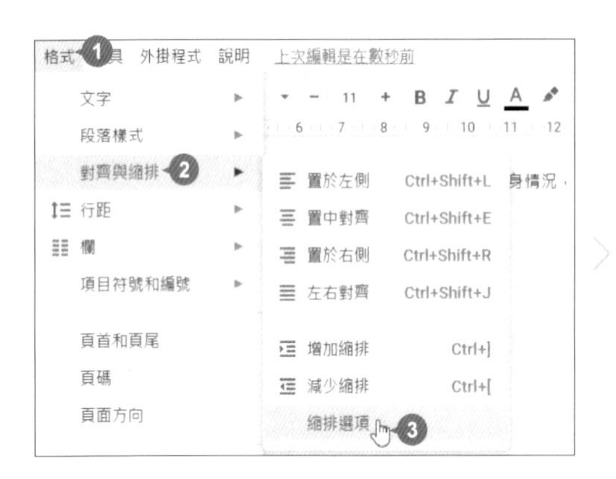

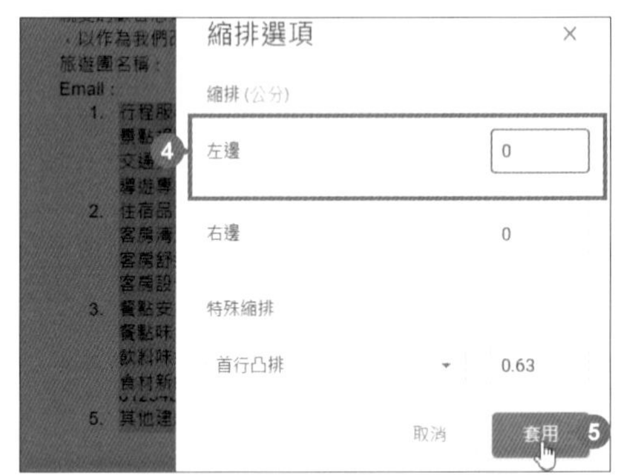

小提示　變更或取消編號、項目符號

1. 變更編號或項目符號：選取已套用編號 (或項目符號) 的段落，於 **格式** 索引標籤選按 **項目符號和編號 \ 清單選項**，透過預設的其他項目，或選按 **更多項目符號** 變更編號 (或項目符號)。
2. 藉由功能區套用或取消編號、項目符號：選取段落，於功能區選按 **編號清單** (**項目符號清單**) 可套用，再選按可取消套用。

輸入全形空白

STEP 01 將輸入線移至第一個 "非常滿意" 右側，先按 Shift + Space 鍵切換至全形字元模式 (再按 Shift + Space 鍵則是切換至半形字元模式)，然後再按 Space 加入二個全形空白 (間距較大)。

【滿意度調查表】
親愛的顧客您好，為了解您對旅行社這次的服務品質，請根據自身情況，撥冗填寫此份調查，以作為我們改進與提升活動品質的參考。
旅遊團名稱： 日期： 姓名：
Email：
1. 行程服務部分
景點規劃：□非常滿意　□滿意□普通□差
交通安排：□非常滿意□滿意□普通□差
導遊專業度：□非常滿意□滿意□普通□差
2. 住宿品質部分
客房清潔：□非常滿意□滿意□普通□差
客房舒適度：□非常滿意□滿意□普通□差
客房設備：□非常滿意□滿意□普通□差
3. 餐點安排部分
餐點味道：□非常滿意□滿意□普通□差
飲料味道：□非常滿意□滿意□普通□差
食材新鮮度：□非常滿意□滿意□普通□差
4. 整體行程您會給幾分呢？（0為最差，10為最棒）
012345678910
5. 其他建議

STEP 02 依相同方式，為所有選項之間均加入二個全形空白字元。

【滿意度調查表】
親愛的顧客您好，為了解您對旅行社這次的服務品質，請根據自身情況，撥冗填寫此份調查，以作為我們改進與提升活動品質的參考。
旅遊團名稱： 日期： 姓名：
Email：
1. 行程服務部分
景點規劃：□非常滿意　□滿意　□普通　□差
交通安排：□非常滿意　□滿意　□普通　□差
導遊專業度：□非常滿意　□滿意　□普通　□差
2. 住宿品質部分
客房清潔：□非常滿意　□滿意　□普通　□差
客房舒適度：□非常滿意　□滿意　□普通　□差
客房設備：□非常滿意　□滿意　□普通　□差
3. 餐點安排部分
餐點味道：□非常滿意　□滿意　□普通　□差
飲料味道：□非常滿意　□滿意　□普通　□差
食材新鮮度：□非常滿意　□滿意　□普通　□差
4. 整體行程您會給幾分呢？（0為最差，10為最棒）
0 1 2 3 4 5 6 7 8 9 10
5. 其他建議

文字格式與重複套用

學會調整文字的字型、大小、色彩、間距、對齊位置與其他特殊格式設定，完成美觀且專業的文件，讓你脫穎而出。

設定文字格式

STEP 01 於 **檔案** 索引標籤先選按 **語言**，確認為 **中文 (台灣)** (方便後續套用中文字型)，然後選取 "【滿意度調查表】" 標題文字，設定合適字型、**字型大小：26**、**粗體**、**置中對齊**。

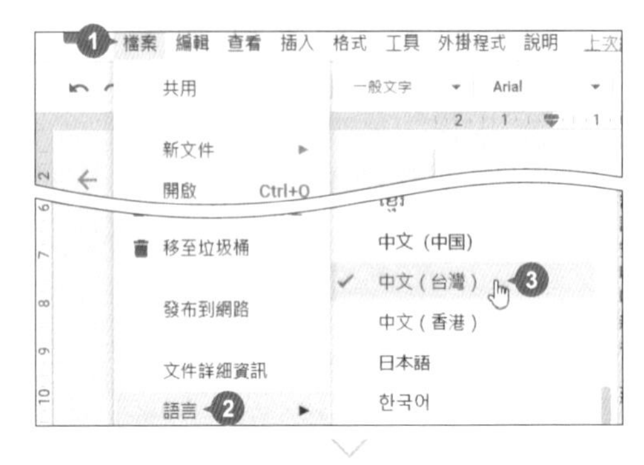

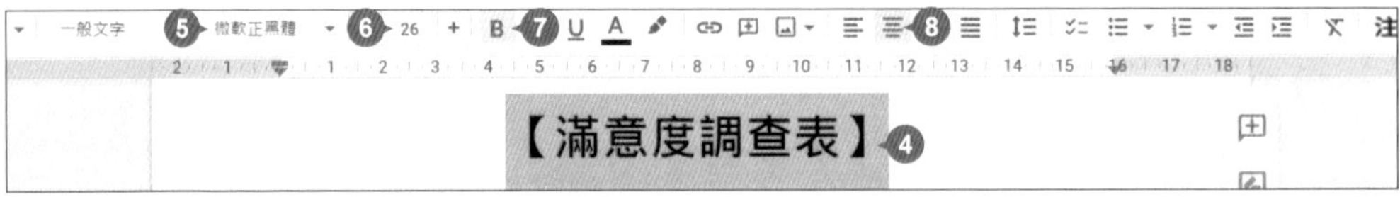

STEP 02 選取標題文字之外的所有文字，設定 **字型大小：12**。

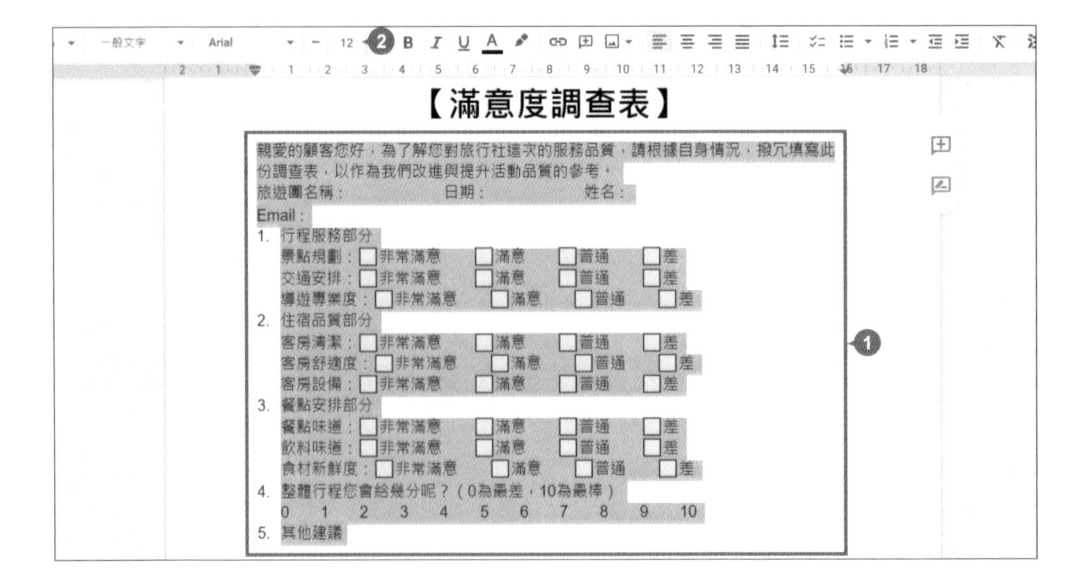

STEP 03 在文件空白處按一下滑鼠左鍵取消原有的選取範圍，然後選取第一個項目標題，設定 **粗體**，並套用合適色彩。

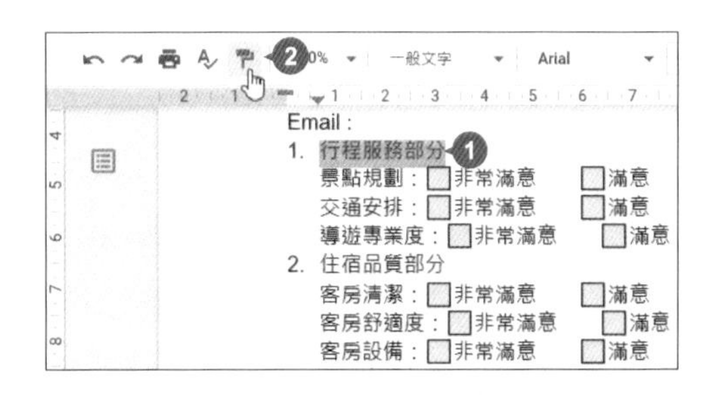

重複套用格式

STEP 01 選取第一個項目標題狀態下，連按二下 **套用格式** 複製格式。

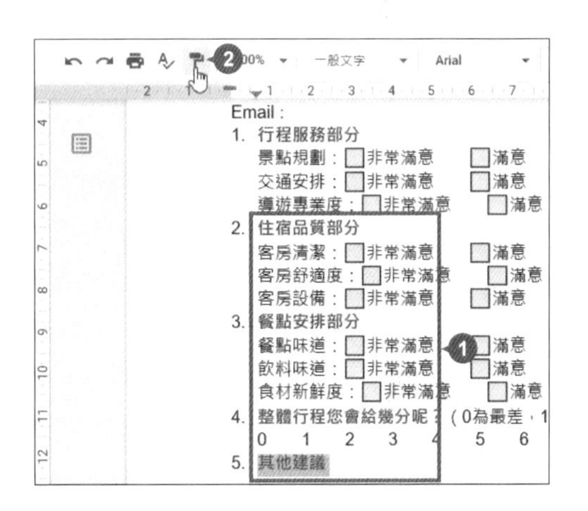

STEP 02 分別選取其他四個項目標題，連續套用第一個項目標題文字格式，之後再選按 **套用格式** 取消複製格式功能。

小提示 運用格式索引標籤設定其他格式

除了於功能區選按各式字型格式套用，於 **格式** 索引標籤選按 **文字**，清單中提供更多文字格式設定。

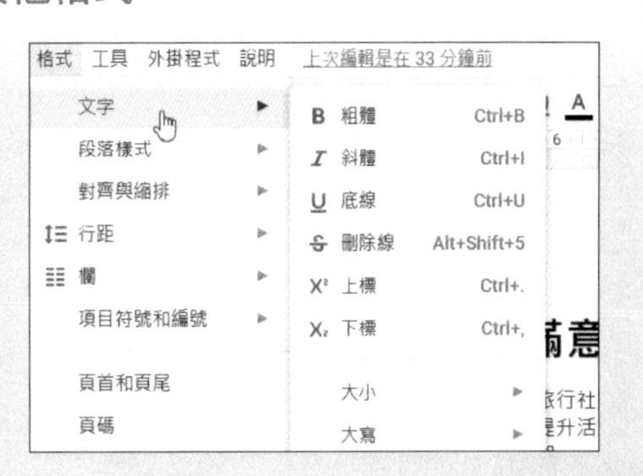

調整段落格式

除了輸入文字，調整段落不僅讓文件易於閱讀，更可以讓瀏覽者立刻抓到你想表達的重點。

變更行距

當文件內容看來有些擁擠時，可以調整行距。如果要變更的是文件部分內容，記得先選取設定的範圍，再變更其段落格式設定。

選取標題文字，於 **格式** 索引標籤選按 **行距及段落間距 \ 1.5**。

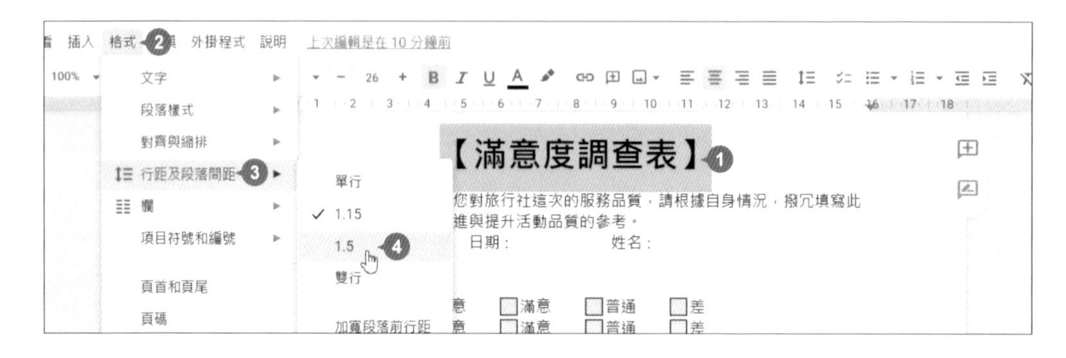

變更段落間距

接下來調整內文各段落之間的距離。

01 選取標題文字下方的所有文字，於 **格式** 索引標籤選按 **行距及段落間距 \ 自訂間距** 開啟對話方塊。

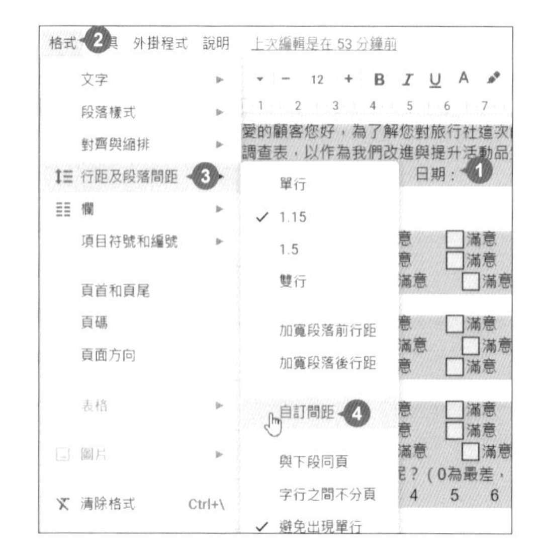

STEP 02 設定 **段落間距 \ 套用後：12**，按 **套用** 鈕，文件空白處按一下滑鼠左鍵取消原有的選取範圍。

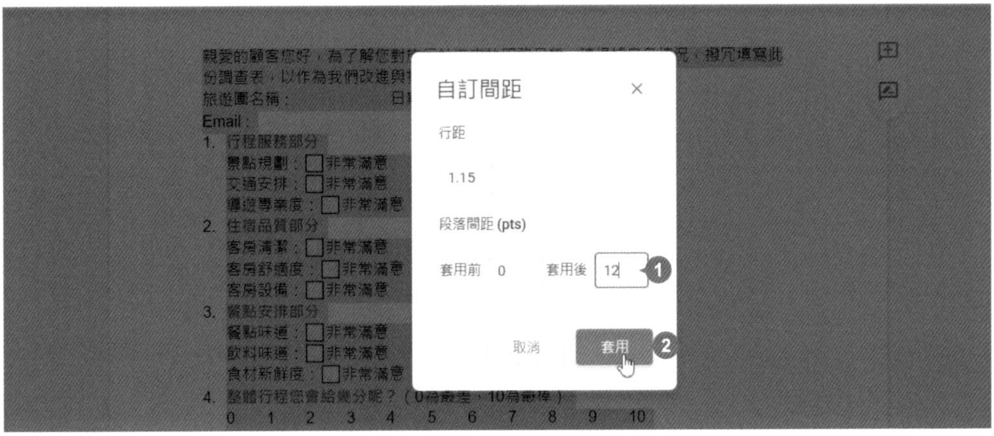

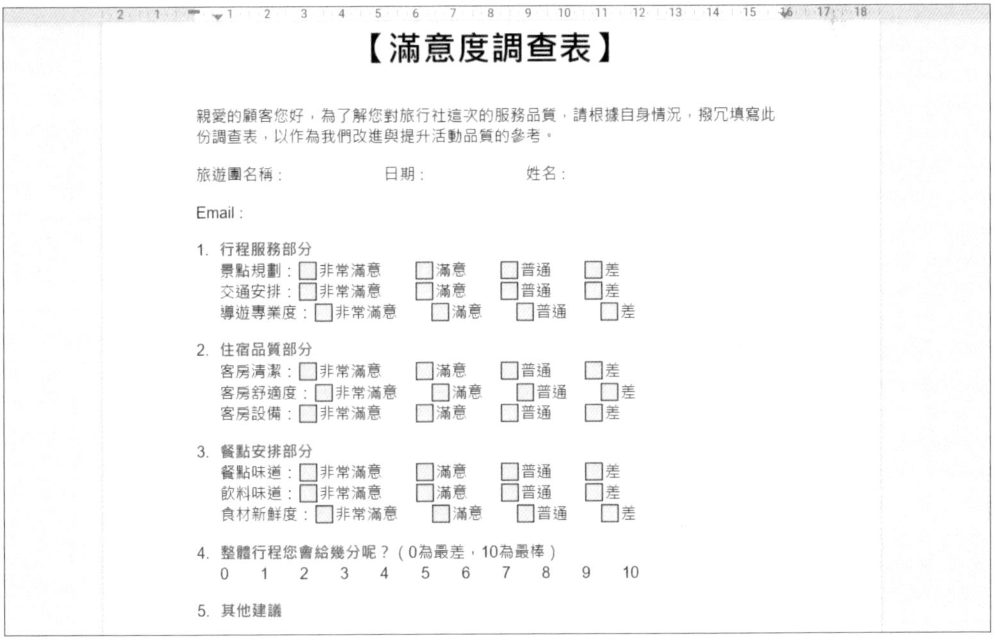

自訂間距
行距
1.15
段落間距 (pts)
套用前 0 套用後 12 ❶
取消 套用 ❷

【滿意度調查表】

親愛的顧客您好，為了解您對旅行社這次的服務品質，請根據自身情況，撥冗填寫此份調查表，以作為我們改進與提升活動品質的參考。

旅遊團名稱： 日期： 姓名：

Email：

1. 行程服務部分
   景點規劃：□非常滿意 □滿意 □普通 □差
   交通安排：□非常滿意 □滿意 □普通 □差
   導遊專業度：□非常滿意 □滿意 □普通 □差

2. 住宿品質部分
   客房清潔：□非常滿意 □滿意 □普通 □差
   客房舒適度：□非常滿意 □滿意 □普通 □差
   客房設備：□非常滿意 □滿意 □普通 □差

3. 餐點安排部分
   餐點味道：□非常滿意 □滿意 □普通 □差
   飲料味道：□非常滿意 □滿意 □普通 □差
   食材新鮮度：□非常滿意 □滿意 □普通 □差

4. 整體行程您會給幾分呢？（0為最差，10為最棒）
   0 1 2 3 4 5 6 7 8 9 10

5. 其他建議

尋找與取代

檢查文件時可以用前面的編輯方式修正個別錯字，若是統一性問題，可以透過 **取代** 功能一次除錯。

將文件內所有 "部分" 文字取代為 "滿意度" 。

STEP 01 於 **編輯** 索引標籤選按 **尋找與取代** 開啟對話方塊，**尋找** 欄位輸入「部分」、**取代為** 欄位輸入「滿意度」，選按 **全部取代** 鈕。

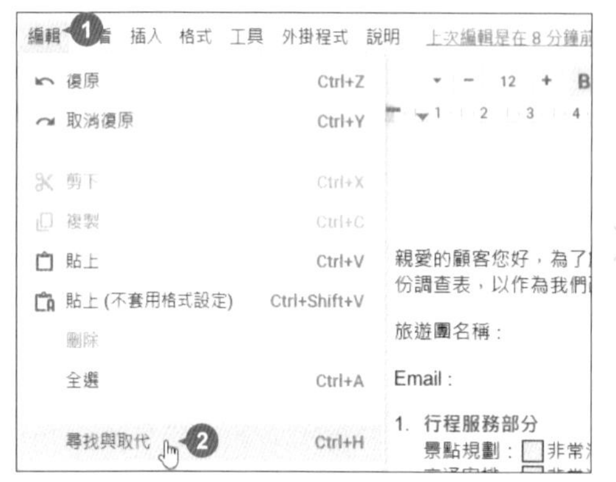

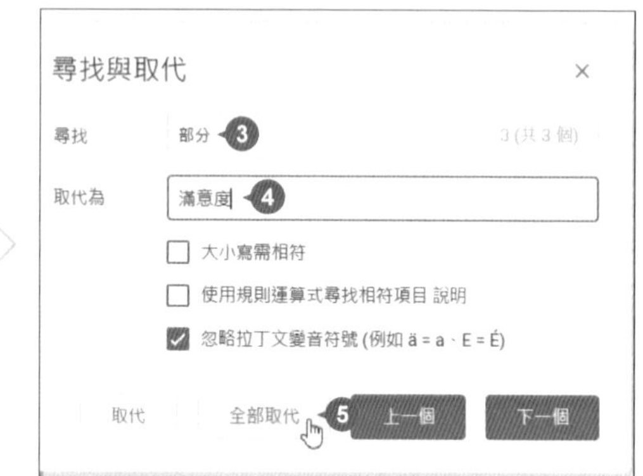

STEP 02 最後選按 ☒ 回到文件，會發現 "部分" 文字已調整為 "滿意度"。

【滿意度調查表】

尋找與取代

尋找 部分 0 (共 0 個)

取代為 滿意度

大小寫需相符

使用規則運算式尋找相符項目 說明

忽略拉丁文變音符號 (例如 ä = a、E = É)

取代　全部取代　上一個　下一個

1. 行程服務滿意度
景點規劃：非常滿意　滿意　普通　差
交通安排：非常滿意　滿意　普通　差
導遊專業度：非常滿意　滿意　普通　差
2. 住宿品質滿意度
客房清潔：非常滿意　滿意　普通　差
客房舒適度：非常滿意　滿意　普通　差
客房設備：非常滿意　滿意　普通　差
3. 餐點安排滿意度
餐點味道：非常滿意　滿意　普通　差
飲料味道：非常滿意　滿意　普通　差
食材新鮮度：非常滿意　滿意　普通　差
4. 整體行程您會給幾分呢？（0為最差，10為最棒）
0 1 2 3 4 5 6 7 8 9 10
5. 其他建議

段落框線的運用

善用段落屬性，透過框線設計產生底線效果，適合用於問卷、筆記、回饋心得。

STEP 01 將輸入線移到 "其他建議" 文字後方 (先移除下方多餘段落)，按八下 Enter 鍵，再選取 "其他建議" 文字下方的所有空白段落。

STEP 02 於 **格式** 索引標籤選按 **段落樣式 \ 框線和底色** 開啟對話方塊，如圖設定框線樣式後，選按 **套用** 鈕回到文件，"其他建議" 項目標題下方隨即產生如圖的虛線樣式。

自動儲存與離線編輯

Google 文件編輯過程會自動儲存，無需手動設定；而離線編輯功能，則是可以讓 Google 文件在沒有網路的情況下，繼續存取或編輯。

檔案命名與儲存

編輯 Google 文件時會自動儲存檔案。以命名檔案名稱為例，於左上角輸入檔案名稱後，右側會顯示 ⟳ **儲存中...**，完成後則會顯示 ☁ **已儲存到雲端硬碟**。

如果想要確認簡報是否已經完成儲存，可以選按 ☁，當清單中顯示 **所有變更都已儲存到雲端硬碟** 代表已儲存成功。

離線編輯

離線編輯功能設定時必須先確認以下幾點：

- 在連接網路的情況下使用 Chrome 瀏覽器，避免使用無痕視窗模式。
- 安裝並啟用 **Google 文件離線版** Chrome 擴充功能。
- 確認裝置仍有足夠的儲存空間。

STEP 01 於 Chrome 瀏覽器視窗右上角選按 ⋮ \ **更多工具** \ **擴充功能**，確認 **Google 文件離線版** 功能是否開啟。(Chrome 預設 **Google 文件離線版** 已內建，如果發現無此擴充功能時，可至 Chrome 線上應用程式商店搜尋安裝。)

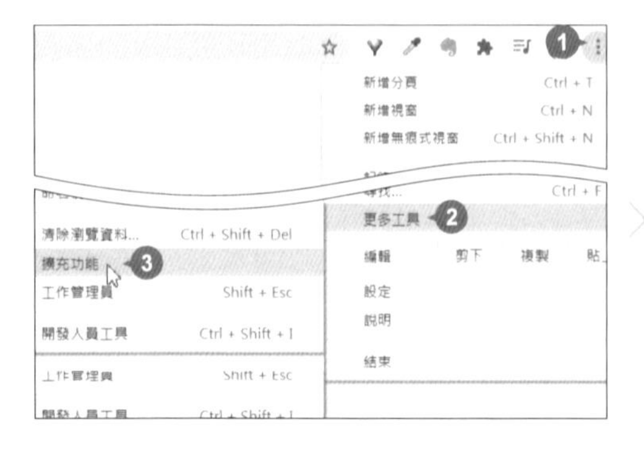

STEP 02 接著於 Chrome 瀏覽器網址列輸入「https://docs.google.com/document/」開啟 **文件** 首頁，於左上角選按 ☰ **主選單 \ 設定** 開啟對話方塊。

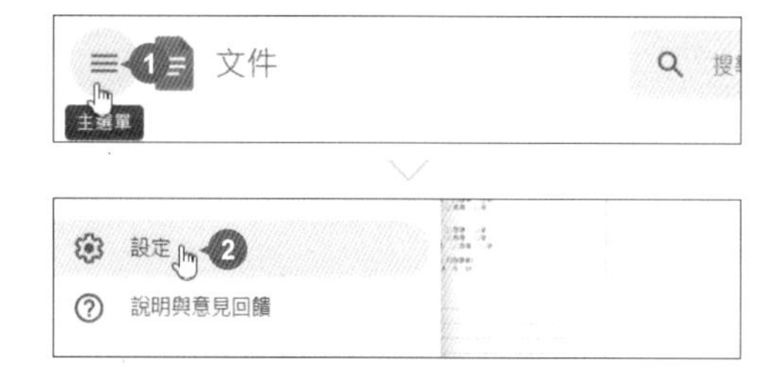

STEP 03 於 **離線** 項目右側選按 呈 狀，再選按 **確定** 鈕，即可開啟 Google 文件的離線編輯功能。

STEP 04 之後 Google 文件編輯如果發生網路中斷的情況，畫面上方即會顯示 **離線作業**，此時仍然可繼續編輯該簡報；過程中可看到 **已儲存到這部裝置**，表示已將變更的內容儲存至本機硬碟。

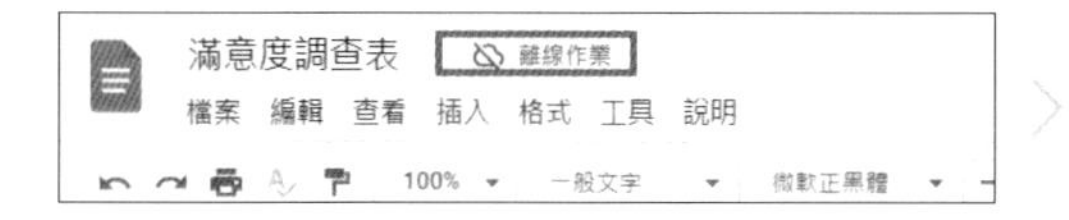

STEP 05 待重新連上網路後，會自動將本機變更的內容上傳並儲存到雲端硬碟。

小提示 不是 Google 檔案也可以離線編輯嗎？

Google 文件目前已全面支援離線編輯，但如果要離線編輯 Office 格式的檔案，除了要啟用離線編輯功能設定外，在 **文件** 首頁，要設定離線編輯的檔案右側選按 ⋮ \ **離線存取** 右側 呈 狀，之後檔案名稱右側只要出現 圖示，代表可離線編輯。

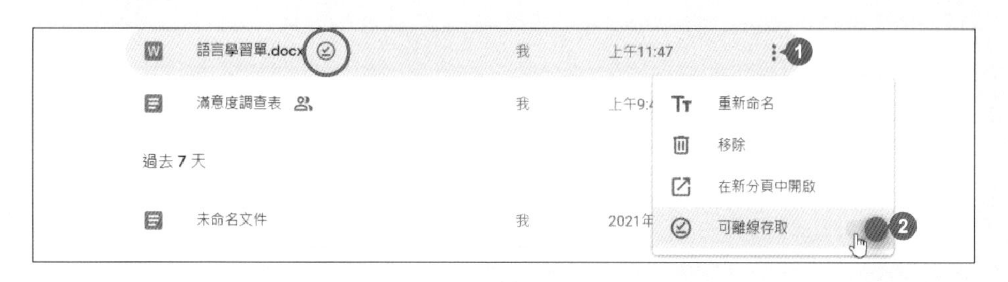

列印

有時亦需要列印文件給同事或主管審閱，此處說明如何藉由列印將文件化為紙本。

於 **檔案** 索引標籤選按 **列印**，會進入列印設定畫面，於 **預覽列印** 畫面做文件最後的確認，接著設定 **印表機**、**份數**、**黑白** 或 **彩色**，選按 **顯示更多設定** 可設定紙張大小、邊界、品質...等，最後選按 **列印** 鈕開始列印。

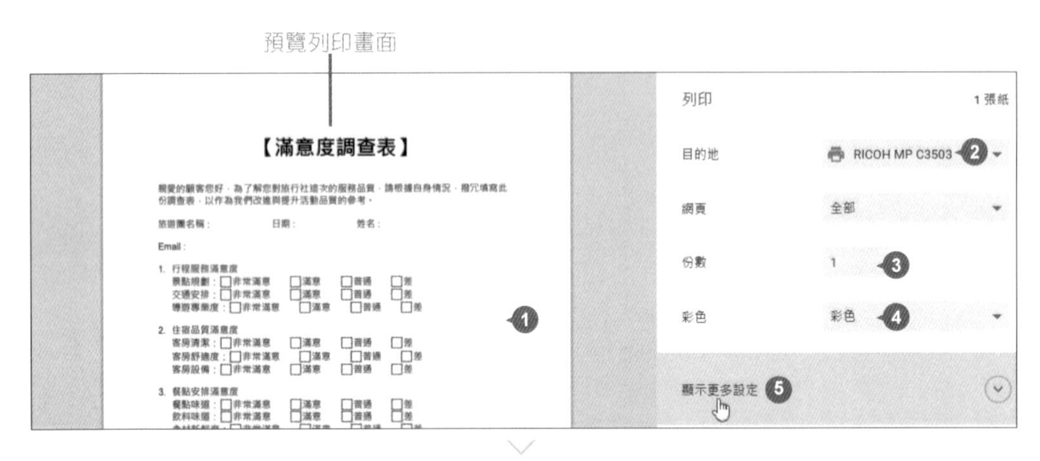

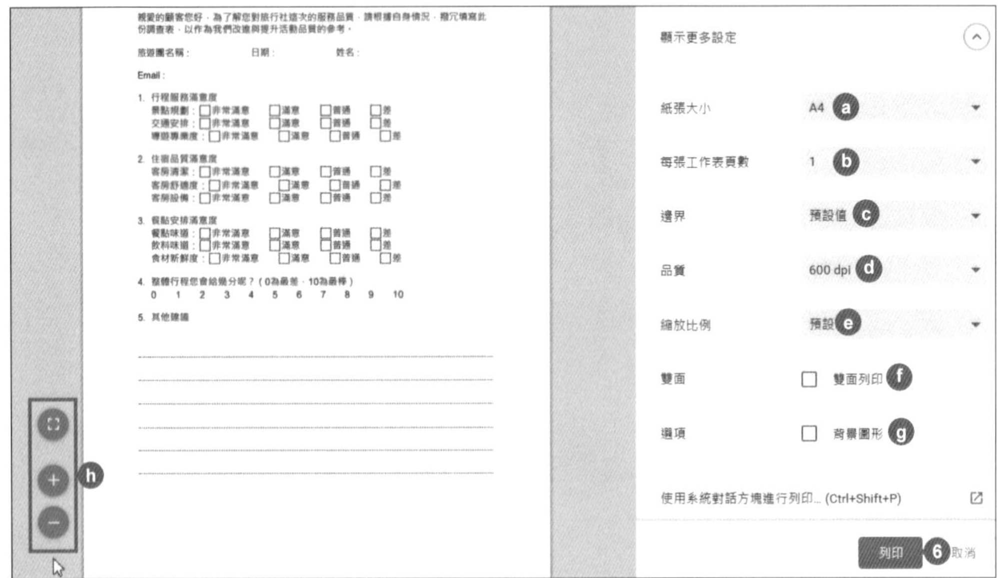

- a 設定紙張大小
- b 設定每張工作表的頁數
- c 設定列印邊界
- d 設定列印品質
- e 設定縮放比例
- f 設定雙面列印
- g 列印背景圖形
- h 符合視窗寬度、放大、縮小

表格應用

商品訂購單

學 習 重 點

"幸福咖啡坊訂購單" 主要是利用表格特性，將相關資訊有組織的分類擺放，讓訂購者可一目瞭然選購想要的商品及填入正確的資料。透過插入表格、合併儲存格、對齊方式...等功能，輕鬆設計出想要呈現的表格作品。

幸福咖啡坊訂購單

姓名		電話		發票抬頭				備註
		手機		統一編號				
地址	□□□			取貨方式	□自取	□郵寄	□宅配	
				指定交貨日	年	月	日	
E-mail				指定時段	□上午	□中午	□晚上	

烘焙原豆	商品項目	半磅	數量	一磅	數量	小計	即溶系列	商品項目	10入	數量	20入	數量	小計
	巴西	400元		800元				二合一	100元		180元		
	哥倫比亞	500元		1000元				三合一	150元		280元		
掛耳系列	商品項目	10入	數量	20入	數量	小計	精品禮盒	商品項目	原豆	數量	掛耳	數量	小計
	藍山風味	125元		250元				經典禮盒	1600元		700元		
	經典曼巴	125元		250元				城市禮盒	2000元		1000元		
❶商品總金額						元	❷運費		元	❶+❷總金額			元

訂購流程說明	付款方式		匯款資料
1. 產品下單並確認匯款後，才進行烘焙、研磨、包裝、寄件，約三個工作天。 2. 轉帳後請務必將匯款單或轉帳明細，與訂購單一併傳真給我們並打電話告知。 3. 請確定寄件住址。	□匯款 □ATM轉帳	購物滿1500元免運費，1500元以下另加運100元。	銀行：007第一銀行 戶名：黃小莉 帳號：043123456789
	□貨到付款	每一訂單需加收30元手續費。	

地址：402台中市南區幸福路100號　訂購電話：04-12340000　訂購傳真：04-12340001

- 頁面設定
- 使用拖曳方式插入表格
- 選取表格與常用按鍵
- 欄列的插入或刪除
- 輸入文字與插入符號
- 合併儲存格
- 對齊儲存格
- 調整儲存格欄寬或列高
- 設定表格框線
- 設定表格網底
- 調整表格文字與建立標題

原始檔：<本書範例 \ Part02 \ 原始檔 \ 02訂購單文字.txt>

完成檔：<本書範例 \ Part02 \ 完成檔 \ 02商品訂購單ok>

頁面設定

建立表格之前，先設定文件方向，調整上、下、左、右的邊界，讓表格資料可以在一頁完整呈現。

STEP 01 於 **文件** 首頁選按右下角 ＋ **建立新文件**，產生一份空白 Google 文件，重新命名為「商品訂購單」。

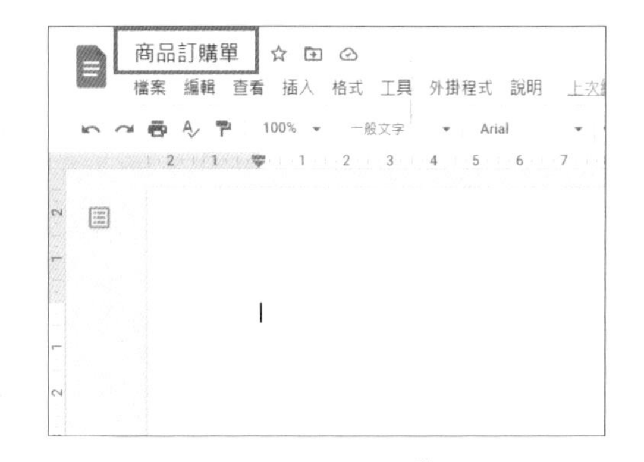

STEP 02 於 **檔案** 索引標籤選按 **頁面設定** 開啟對話方塊，核選 **方向**：**橫印**，於 **邊界** 設定 **頂端**：**1**、**底部**：**1**、**左邊**：**1**、**靠右**：**1**，選按 **確定** 鈕。

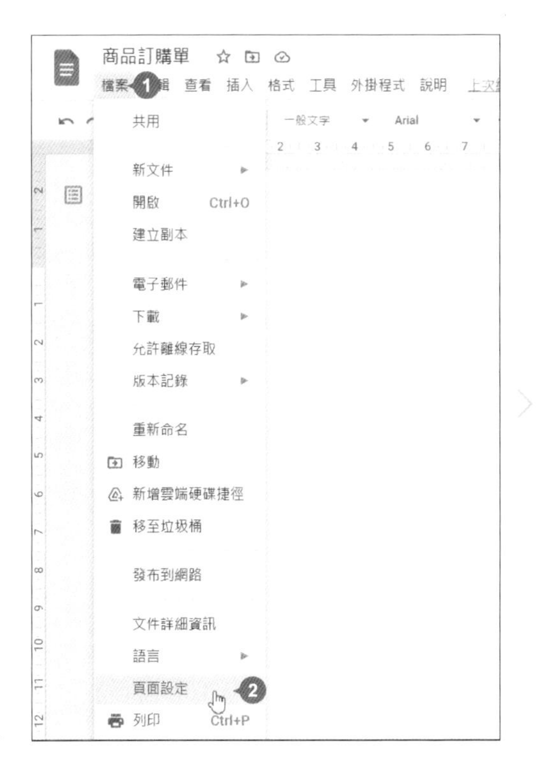

插入表格

表格提供文字一定的格式規範，讓文件內容清楚明瞭，也更加方便使用者快速閱讀或找尋資料。

使用拖曳方式插入表格

01 於 **插入** 索引標籤選按 **表格**，將滑鼠指標移到方格上，由左上角往右下角移動至需要的欄列方格數，以此訂購單為例，先拖曳出 14 欄 5 列方格數，然後於右下角方格按一下滑鼠左鍵。

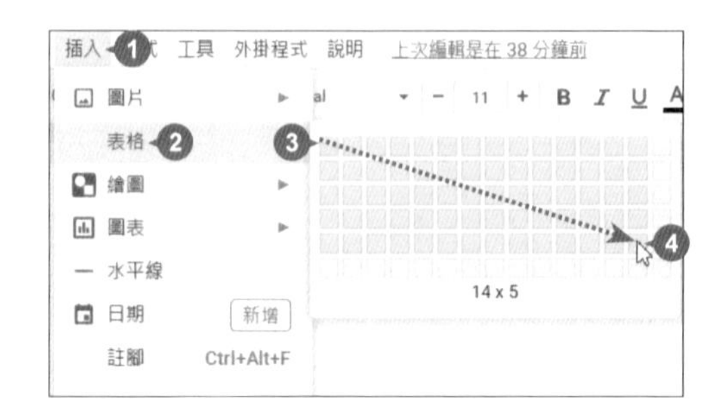

02 文件中即會出現剛才拖曳的表格，再將輸入線移到表格下方，依相同方式，另外新增二個 14 欄 4 列的表格。

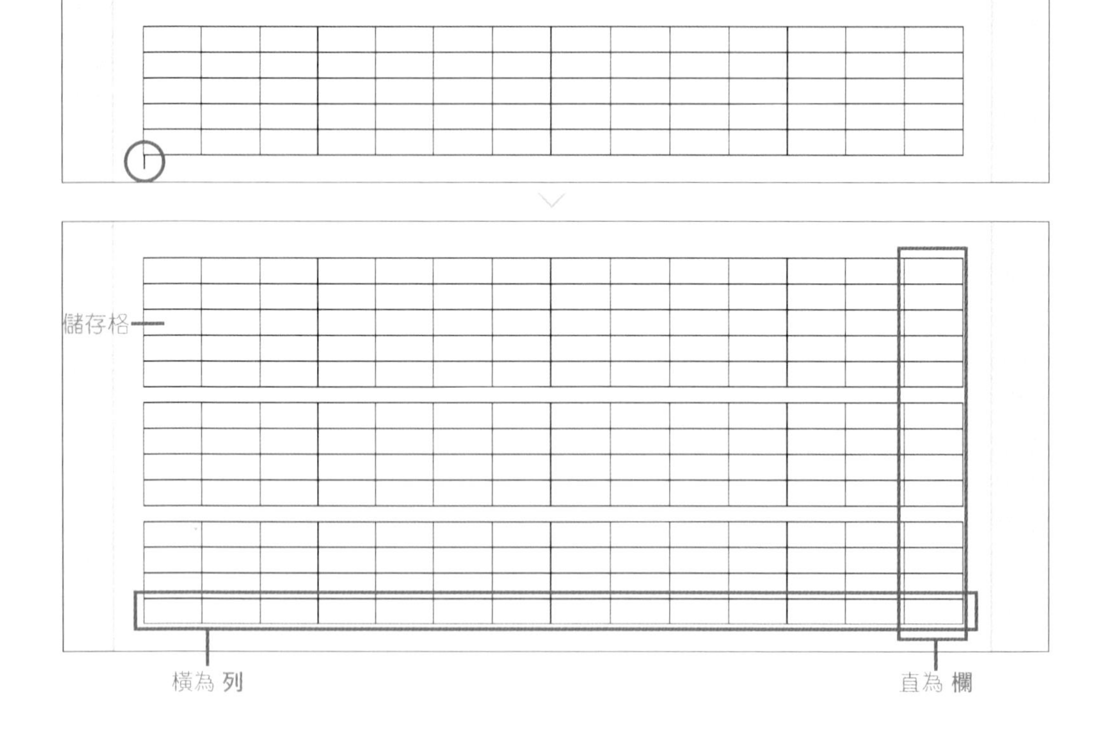

選取表格

準確的選取表格或儲存格，可以讓 Google 文件正確知道所要執行的範圍，以提高作品的完成度。

- **選取某一儲存格**：將滑鼠指標移至儲存格內，連按二下滑鼠左鍵，儲存格即選取；在非選取區的任意位置按一下滑鼠左鍵即可取消選取。

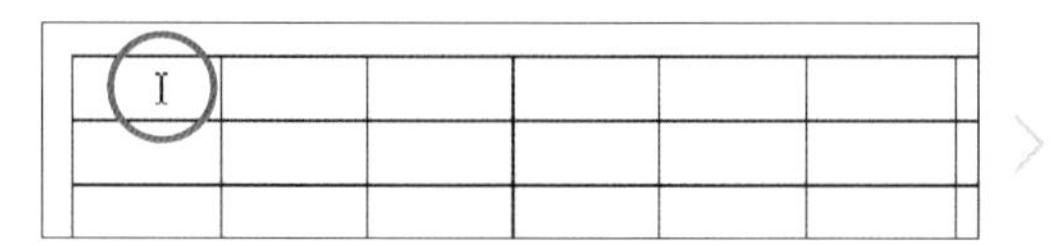

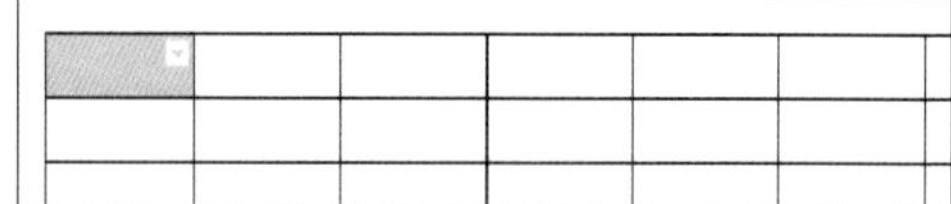

- **選取列**：將滑鼠指標移至該列最左側的儲存格，按滑鼠左鍵不放往右拖曳至最右側的儲存格放開，即可選取該列；按滑鼠左鍵不放可往上或往下拖曳選取多列。

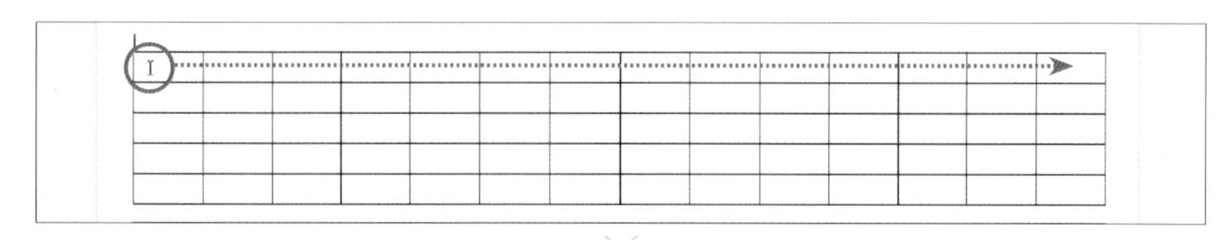

- **選取欄**：將滑鼠指標移至該欄最上方的儲存格，按滑鼠左鍵不放往下拖曳至最後一個儲存格放開，即可選取該欄；按滑鼠左鍵不放可往左或往右拖曳選取多欄。

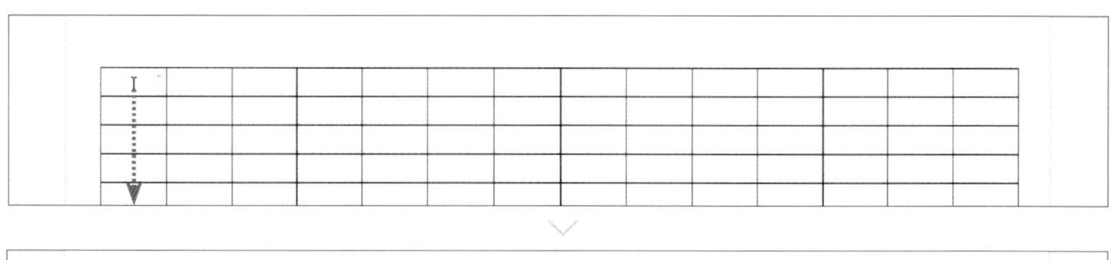

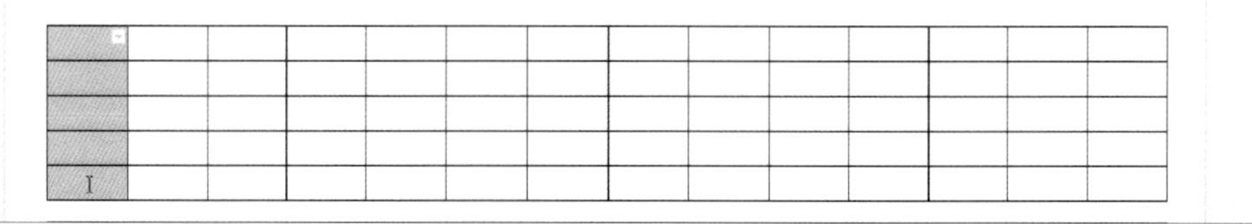

- **選取整個表格**：將滑鼠指標移到表格左上角，按滑鼠左鍵不放往右下角拖曳至最後一個儲存格放開，即可選取整個表格。

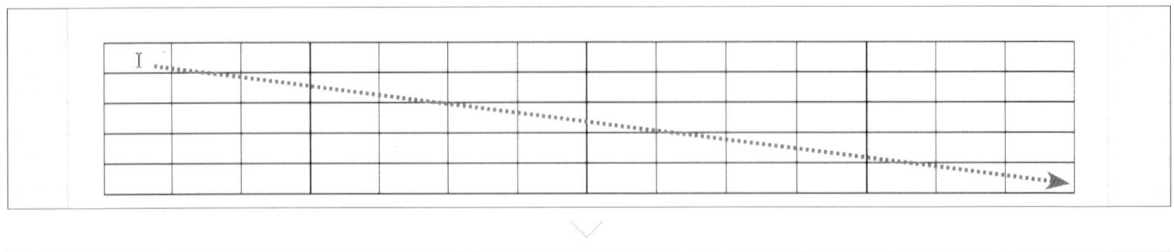

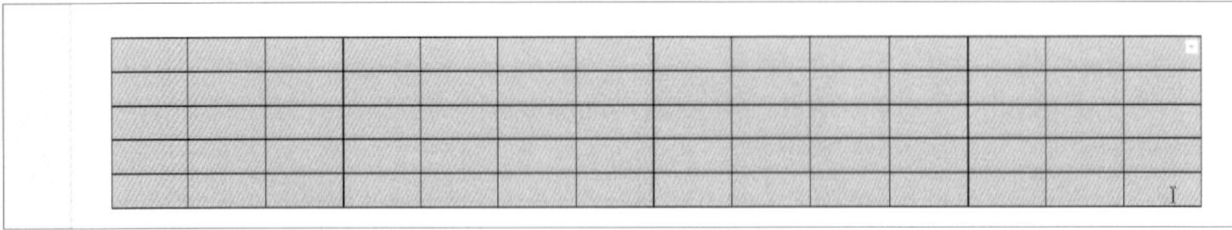

編輯表格時常用按鍵

按鍵	說明
Tab	將輸入線移至下個儲存格
Shift + Tab	將輸入線移至上個儲存格
Enter	在同一儲存格內新增一列
按住 Ctrl + Alt + Shift，按 T 鍵再按 J 鍵	移至該列最左邊儲存格
按住 Ctrl + Alt + Shift，按 T 鍵再按 L 鍵	移至該列最右邊儲存格
按住 Ctrl + Alt + Shift，按 T 鍵再按 I 鍵	移至該欄最上方儲存格
按住 Ctrl + Alt + Shift，按 T 鍵再按 K 鍵	移至該欄最下方儲存格
按住 Ctrl + Alt + Shift，按 T 鍵再按 M 鍵	移至表格的下一列
按住 Ctrl + Alt + Shift，按 T 鍵再按 G 鍵	移至表格的上一列
按住 Ctrl + Alt + Shift，按 T 鍵再按 S 鍵	移至表格開頭
按住 Ctrl + Alt + Shift，按 T 鍵再按 D 鍵	移至表格結尾

TIPS 3

欄列的插入或刪除

建立三個獨立的表格後，接著要在第二個表格下方再新增 3 列，讓第二個表格欄列數總共為 14 欄 7 列。

STEP 01

將輸入線移至第二個表格第 1 個儲存格，於 **格式** 索引標籤選按 **表格 \ 向下插入一列**。(選按 **向左** (或 **向右**) **插入一欄** 則是插入欄)

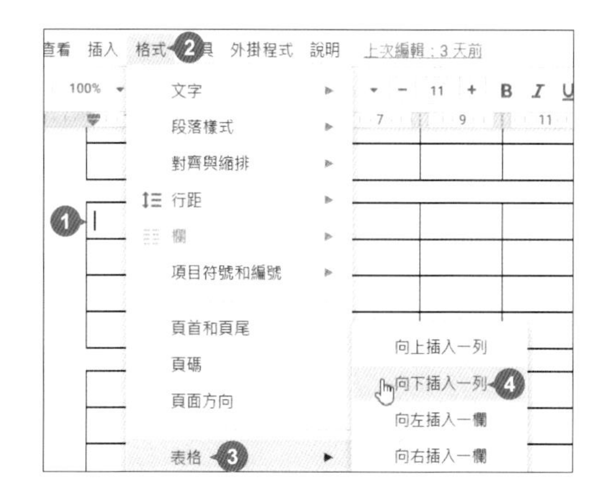

STEP 02

依相同方式，再另外新增 2 列，總共為 7 列。(也可以按滑鼠右鍵，透過快顯功能表快速插入列或欄。)

小提示 刪除欄列或表格

當完成設計的表格，要刪除欄列或表格時，可將輸入線移至要刪除的欄列或表格中任一儲存格，於 **格式** 索引標籤選按 **表格**，清單中選按刪除項目。

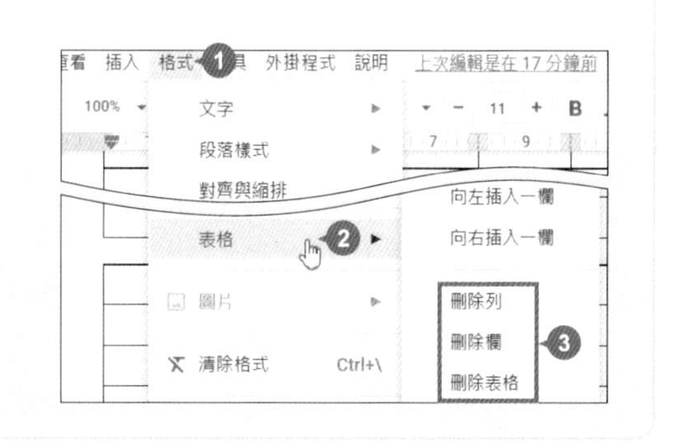

輸入文字與插入符號

開始輸入表格文字時，會發現格式怎麼跑掉了？原本設定表格只有一頁怎麼跑到第二頁？先不用擔心，後面會再針對表格欄寬、列高調整。

STEP 01 參考下圖的表格輸入相關文字，或直接開啟範例原始檔 <02訂購單文字.txt> 進行複製 (Ctrl + C 鍵) 與貼上 (Ctrl + V 鍵)。

姓名				電話			發票抬頭				備註		
				手機			統一編號						
地址							取貨方式	自取	郵寄	宅配			
							指定交貨日	年	月	日			
E-mail							指定時段	上午	中午	晚上			

烘焙原豆	商品項目	半磅	數量	一磅	數量	小計	即溶系列	商品項目	10入	數量	20入	數量	小計
	巴西	400元		800元				二合一	100元		180元		
	哥倫比亞	500元		1000元				三合一	150元		280元		
掛耳系列	商品項目	10入	數量	20入	數量	小計	精品禮盒	商品項目	原豆	數量	掛耳	數量	小計
	藍山風味	125元		250元				經典禮盒	1600元		700元		
	經典曼巴	125元		250元				城市禮盒	2000元		1000元		
商品總金額				元	運費			元	總金額				元

訂購流程說明						付款方式				匯款資料			
產品下單並確認匯款後，才進行烘焙、研磨、包裝、寄件，約三個						匯款		購物滿1500元免運費，1500元以下另加運 100元。		銀行：007第一銀行 戶名：黃小莉 帳號：043123456789			
工作天。轉帳後請務必將匯款單或轉帳明細，與訂購單一併傳真給我們並打電話告知。請確定寄件住址。													
						ATM轉帳							
						貨到付款		每一訂單需加收30元手續費。					

STEP 02 輸入好全部文字後，接著在表格中插入矩形符號。於第一個表格，將輸入線移至 "地址" 右側的儲存格，於 **插入** 索引標籤選按 **特殊字元**。

STEP 03 於對話方塊設定 **符號**、**幾何形狀**，選按三次 ▢ 符號，完成符號的插入。(對話方塊不需關閉，繼續後面的操作。)

STEP 04 依相同方式，於第一個表格的 "取貨方式"、"指定時段"，第二個表格的 "付款方式"，一一加入矩形符號。

STEP 05 於第二個表格，將輸入線移至 "商品總金額" 文字前方，於剛才開啟的對話方塊設定 **數值**、**實線範圍/虛線範圍**，選按 ❶ 數字符號。

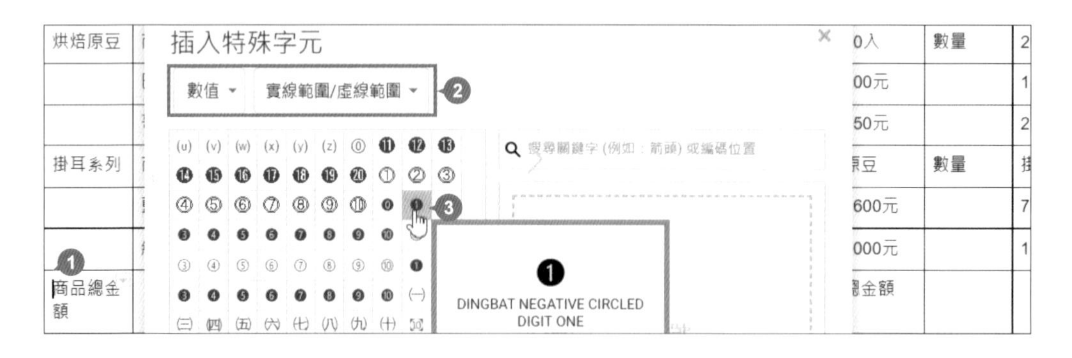

STEP 06 依相同方式，於第二個表格的 "運費" 文字前方插入 ❷ 數字符號。

商品項目	半磅	數量	一磅	數量
巴西	400元		800元	
哥倫比亞	500元		1000元	
商品項目	10入	數量	20入	數量
藍山風味	125元		250元	
經典曼巴	125元		250元	
			元	❷運費

插入特殊字元

數值 ▾ 實線範圍/虛線範圍 ▾

DINGBAT NEGATIVE CIRCLED DIGIT TWO U+2777

於第二個表格的 "總金額" 文字前方插入 ❶+❷ 符號 ("+" 符號可於對話方塊設定 **符號**、**數學** 找到)，完成後選按 ×。

商品項目	10入	數量	20入	數量
二合一	100元		180元	
三合一	150元		280元	
商品項目	原豆	數量	掛耳	數量
經典禮盒	1600元		700元	
城市禮盒	2000元		1000元	
元	❶+❷總金額			
		匯款資料		

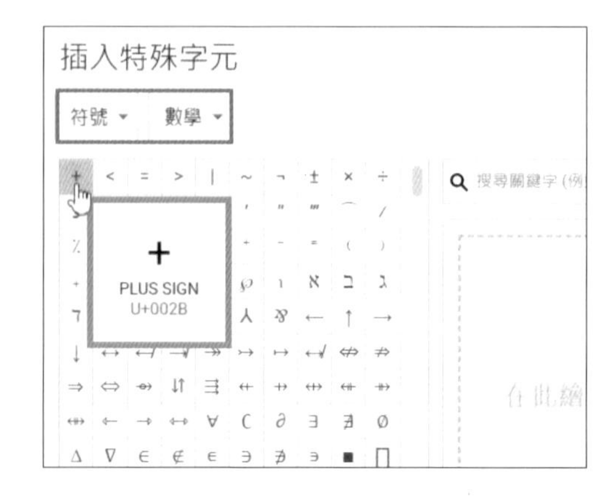

合併儲存格

選取二個或多個相鄰的儲存格，透過 **合併儲存格** 功能，跨越欄列，合併為單一儲存格，讓表格整體的配置更多元。

STEP 01

選取 "姓名" 右側六個儲存格，於 **格式** 索引標籤選按 **表格 \ 合併儲存格**，六個儲存格即合併為一個。

STEP 02

依相同方式，參考下圖紅框圈選處，為第一個表格分別合併 "姓名"、"電話"、"手機"、"地址"、"E-mail" 的相關儲存格。

再分別合併 "發票抬頭"、"統一編號"、"備註" 的相關儲存格。

STEP 03

依相同方式，為第二個表格分別合併 "烘焙原豆"、"掛耳系列"、"即溶系列"、"精品禮盒" 的相關儲存格，如右圖呈現。

烘焙原豆	商品項目	半
	巴西	40
	哥倫比亞	50
掛耳系列	商品項目	10
	藍山風味	12
	經典曼巴	12

即溶系列	商品項目	10
	二合一	10
	三合一	15
精品禮盒	商品項目	原
	經典禮盒	16
	城市禮盒	20

STEP 04 依相同方式，參考下圖紅框圈選處，為第二個表格分別合併 "商品總金額"、"元"、"運費"、"元"、"總金額"、"元" 的相關儲存格，並刪除儲存格內多餘空白，使之一列呈現。

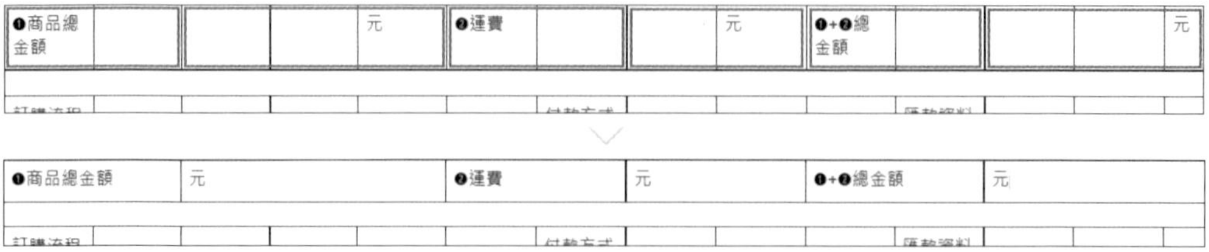

❶商品總金額				元	❷運費			元	❶+❷總金額				元
訂購流程						付款方式					匯款資料		

❶商品總金額	元	❷運費	元	❶+❷總金額	元
訂購流程		付款方式		匯款資料	

STEP 05 依相同方式，參考下圖紅框圈選處，為第三個表格分別合併 "訂購流程說明"、"產品下單..."、"付款方式"、"匯款"、"ATM轉帳"、"貨到付款"、"購物滿1500..."、"每一訂單..."、"匯款資料"、"銀行：..." 的相關儲存格。

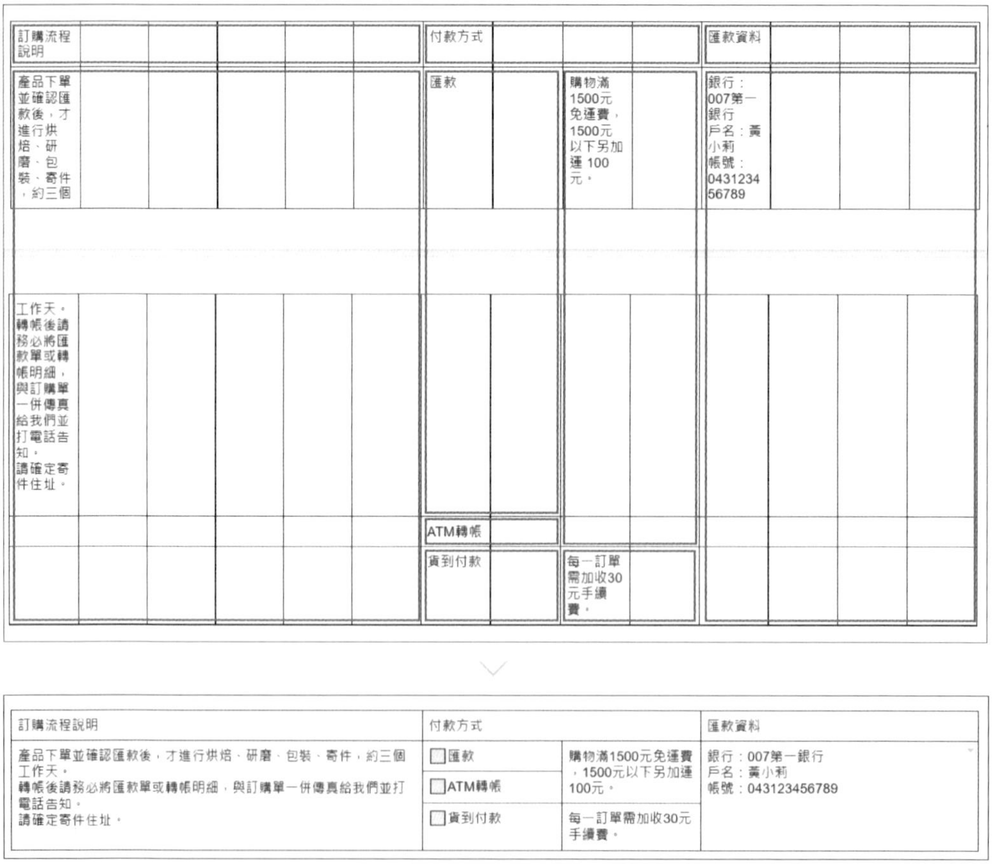

訂購流程說明						付款方式				匯款資料			
產品下單並確認匯款後，才進行烘焙、研磨、包裝、寄件，約三個						匯款		購物滿1500元免運費，1500元以下另加運 100元。		銀行：007第一銀行 戶名：黃小莉 帳號：043123456789			
工作天。 轉帳後請務必將匯款單或轉帳明細，與訂購單一併傳真給我們並打電話告知。 請確定寄件住址。													
						ATM轉帳							
						貨到付款		每一訂單需加收30元手續費。					

訂購流程說明	付款方式		匯款資料
產品下單並確認匯款後，才進行烘焙、研磨、包裝、寄件，約三個工作天。 轉帳後請務必將匯款單或轉帳明細，與訂購單一併傳真給我們並打電話告知。 請確定寄件住址。	☐匯款	購物滿1500元免運費，1500元以下另加運100元。	銀行：007第一銀行 戶名：黃小莉 帳號：043123456789
	☐ATM轉帳		
	☐貨到付款	每一訂單需加收30元手續費。	

對齊儲存格

將表格中的文字以置中、靠上、靠下或靠右對齊，讓表格文字的呈現能夠更清楚明瞭。

STEP 01 利用滑鼠拖曳選取第一個表格第 1 欄，於功能區選按 ☰ **置中對齊**。

STEP 02 選取第一個表格第 1 欄狀態下，於 **格式** 索引標籤選按 **表格 \ 表格屬性** 開啟對話方塊，設定 **儲存格垂直對齊：置中**，選按 **確定** 鈕。

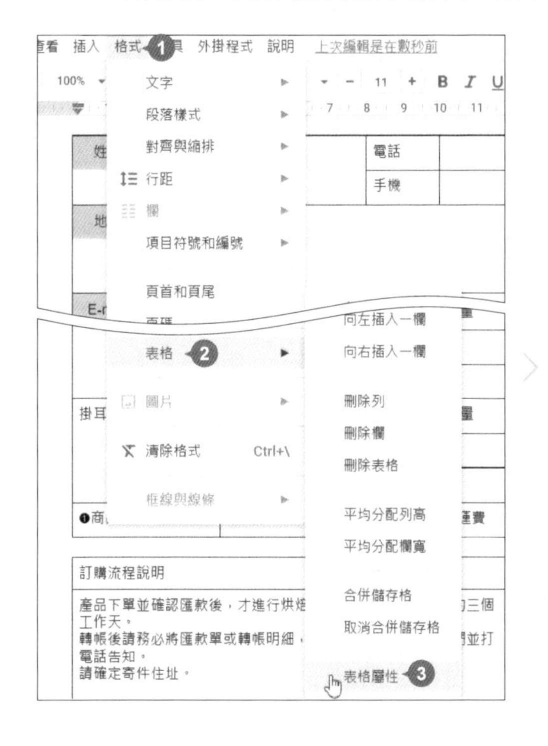

STEP 03 如下圖 (紅框圈選處) 為其他儲存格內的文字指定對齊的方式：

第一個表格：設定文字 ☰ **置中對齊** 或 ☰ **靠右對齊** (年、月、日)，**儲存格垂直對齊：置中**。

姓名		電話		發票抬頭				備註
		手機		統一編號				
地址	☐☐☐			取貨方式	☐自取	☐郵寄	☐宅配	
				指定交貨日	年	月	日	
E-mail				指定時段	☐上午	☐中午	☐晚上	

第二個表格：設定文字 ☰ **置中對齊** 或 ☰ **靠右對齊** (元)，**儲存格垂直對齊：置中**。

烘焙原豆	商品項目	半磅	數量	一磅	數量	小計	即溶系列	商品項目	10入	數量	20入	數量	小計
	巴西	400元		800元				二合一	100元		180元		
	哥倫比亞	500元		1000元				三合一	150元		280元		
掛耳系列	商品項目	10入	數量	20入	數量	小計	精品禮盒	商品項目	原豆	數量	掛耳	數量	小計
	藍山風味	125元		250元				經典禮盒	1600元		700元		
	經典曼巴	125元		250元				城市禮盒	2000元		1000元		
❶商品總金額				元	❷運費			元	❶+❷總金額				元

第三個表格：設定文字 ☰ **置中對齊**。

訂購流程說明	付款方式		匯款資料
產品下單並確認匯款後，才進行烘焙、研磨、包裝、寄件，約三個工作天。 轉帳後請務必將匯款單或轉帳明細，與訂購單一併傳真給我們並打電話告知。 請確定寄件住址。	☐匯款	購物滿1500元免運費，1500元以下另加運100元。	銀行：007第一銀行 戶名：黃小莉 帳號：043123456789
	☐ATM轉帳		
	☐貨到付款	每一訂單需加收30元手續費。	

小提示　利用快顯功能表加快編輯速度

不管是合併或對齊儲存格的操作，除了可以透過功能表選按，也可以直接按滑鼠右鍵，於快顯功能表中依據需求，選按欲設定的功能。

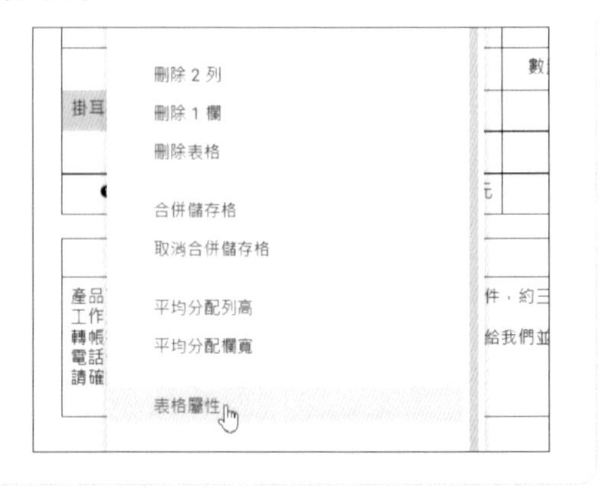

調整儲存格欄寬或列高

儲存格的欄寬或列高，可以透過拖曳方式快速微調，也可以直接輸入數值，精準設定完美的欄寬或列高。

STEP 01 將滑鼠指標移至第一個表格 "指定交貨日" 右側框線上，呈 ⟺ 時，按滑鼠左鍵不放往右拖曳，調整欄寬讓文字以一行呈現。(拖曳列與列中間框線可調整列高)

發票抬頭				備註
統一編號				
取貨方式	自取	郵寄	宅配	
指定交貨日	年	月	日	
指定時段	上午	中午	晚上	

發票抬頭				備註
統一編號				
取貨方式	自取	郵寄	宅配	
指定交貨日	年	月	日	
指定時段	上午	中午	晚上	

STEP 02 選取 "自取"、"郵寄" 及 "宅配" 三個儲存格，於 **格式** 索引標籤選按 **表格 \ 平均分配欄寬**，重新調整三個儲存格的欄寬。

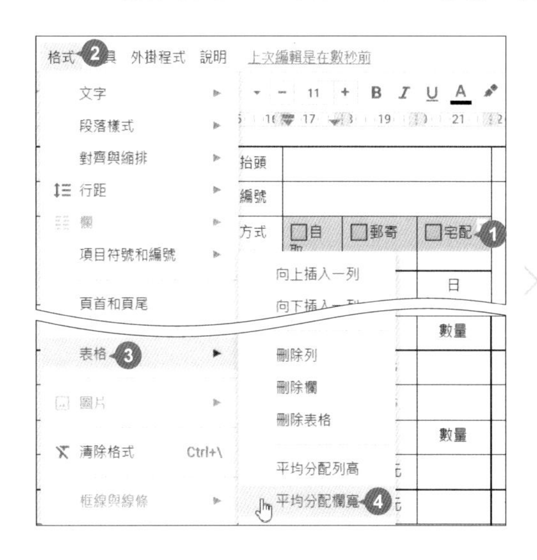

發票抬頭				備註
統一編號				
取貨方式	自取	郵寄	宅配	
指定交貨日	年	月	日	
指定時段	上午	中午	晚上	

	商品項目	10入	數量	20入	數量
即溶系列	二合一	100元		180元	
	三合一	150元		280元	
精品禮盒	商品項目	原豆	數量	掛耳	數量
	經典禮盒	1600元		700元	
	城市禮盒	2000元		1000元	
	元	❶+❷總金額			

付款方式	匯款資料

小提示 設定數值精準調整欄寬或列高

除了利用拖曳方式，於 **格式** 索引標籤選按 **表格 \ 表格屬性** 開啟對話方塊，可以在 **欄寬** 或 **列高上限** 項目中，以輸入數值的方式調整。

設定表格框線

當表格與文字編排完成後，接下來要為表格加上框線，讓訂購單呈現更加美觀。

STEP 01 選取第一個表格後 (從 "備註" 儲存格往左拖曳至 "姓名" 儲存格再往下拖曳)，於 "備註" 儲存格右上角選按 ▼ \ ⊞，整個表格外框線呈藍色選取狀態。

姓名		電話		發票抬頭				備註
		手機		統一編號				
地址	□□□			取貨方式	□自取	□郵寄	□宅配	
				指定交貨日	年	月	日	
E-mail				指定時段	□上午	□中午	□晚上	

STEP 02 於功能區選按 ≡ **框線寬度 \ 3 點**，然後將滑鼠指標移至空白處按一下取消選取，完成第一個表格的外框線套用。

姓名		電話		發票抬頭				備註
		手機		統一編號				
地址	□□□			取貨方式	□自取	□郵寄	□宅配	
				指定交貨日	年	月	日	
E-mail				指定時段	□上午	□中午	□晚上	

STEP 03 依相同方式，為第二個表格設計 ▤ **框線寬度 \ 3 點** 的外框線。

烘焙原豆	商品項目	半磅	數量	一磅	數量	小計	即溶系列	商品項目	10入	數量	20入	數量	小計
	巴西	400元		800元				二合一	100元		180元		
	哥倫比亞	500元		1000元				三合一	150元		280元		
掛耳系列	商品項目	10入	數量	20入	數量	小計	精品禮盒	商品項目	原豆	數量	掛耳	數量	小計
	藍山風味	125元		250元				經典禮盒	1600元		700元		
	經典曼巴	125元		250元				城市禮盒	2000元		1000元		
❶商品總金額				元	❷運費			元	❶+❷總金額				元

STEP 04 設計第三個表格外框線過程中，因為先前的儲存格合併，導致無法選取全部儲存格，而影響外框線選取時 (如圖)，可以按 Ctrl 鍵不放，將滑鼠指標移至欲加選的框線上呈 ÷ 狀，按一下選取，重複相同方式，如圖選取其他框線。

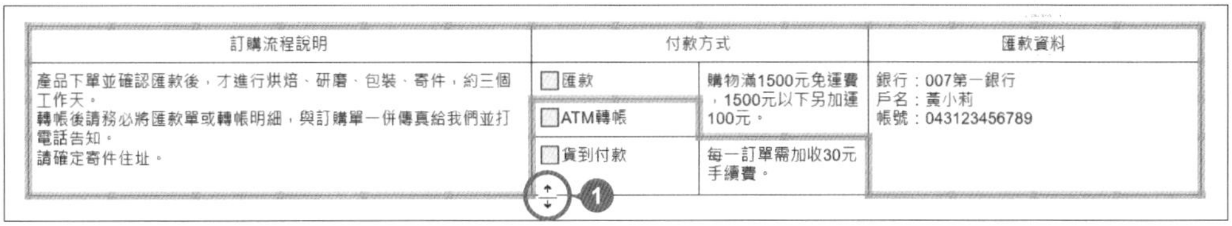

訂購流程說明	付款方式		匯款資料
產品下單並確認匯款後，才進行烘焙、研磨、包裝、寄件，約三個工作天。 轉帳後請務必將匯款單或轉帳明細，與訂購單一併傳真給我們並打電話告知。 請確定寄件住址。	☐匯款	購物滿1500元免運費，1500元以下另加運100元。	銀行：007第一銀行 戶名：黃小莉 帳號：043123456789
	☐ATM轉帳		
	☐貨到付款	每一訂單需加收30元手續費。	

❶ ❷ ❸

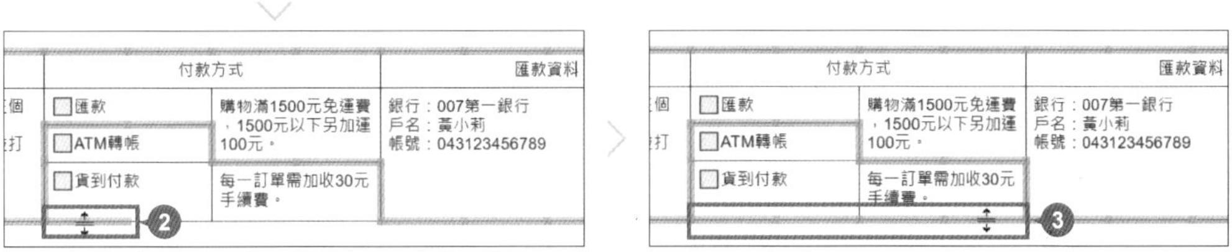

如果想要移除不需要的框線，將滑鼠指標移至藍色框線上呈 ⫲ 或 ÷ 狀，按一下即可取消選取，重複相同方式，如圖取消選取其他框線。最後再套用 ▤ **框線寬度 \ 3 點** 的表格外框線。

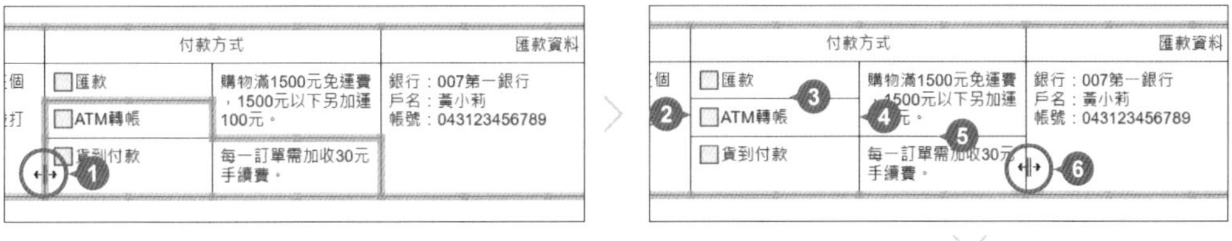

❶ ❷ ❸ ❹ ❺ ❻

訂購流程說明	付款方式		匯款資料
產品下單並確認匯款後，才進行烘焙、研磨、包裝、寄件，約三個工作天。 轉帳後請務必將匯款單或轉帳明細，與訂購單一併傳真給我們並打電話告知。 請確定寄件住址。	☐匯款	購物滿1500元免運費，1500元以下另加運100元。	銀行：007第一銀行 戶名：黃小莉 帳號：043123456789
	☐ATM轉帳		
	☐貨到付款	每一訂單需加收30元手續費。	

設定表格網底

表格除了可以設定框線的粗細或樣式，也可以藉由填滿色彩方式，讓表格呈現更多樣化的效果。

STEP 01

設計第二個表格網底：選取 "烘培原豆"、"掛耳系列" 二個儲存格，於 **格式** 索引標籤選按 **表格 \ 表格屬性** 開啟對話方塊，設定 **儲存格背景顏色**，選按 **確定** 鈕。

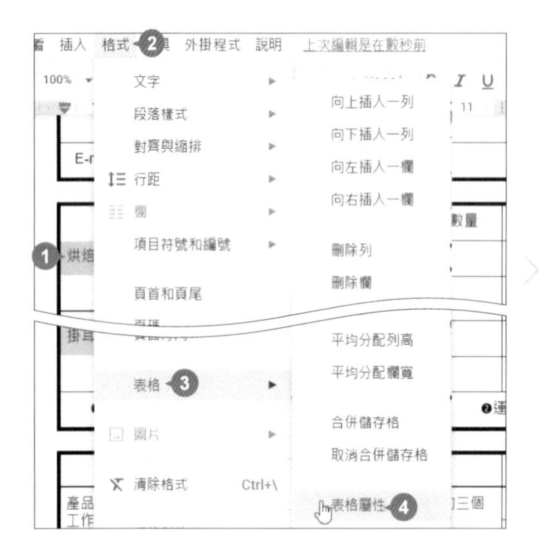

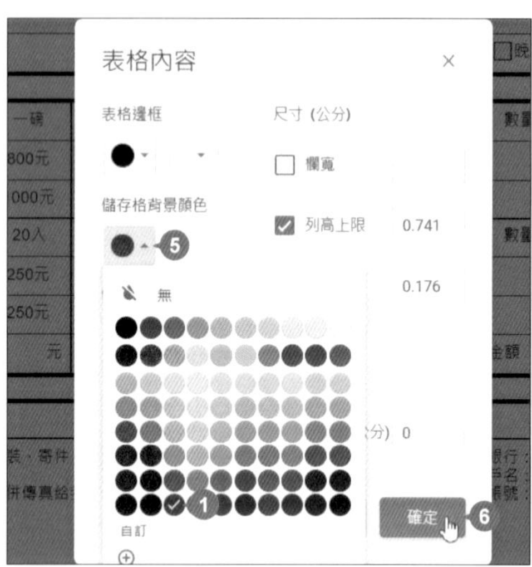

STEP 02

於任一儲存格按一下滑鼠左鍵，取消前面選取，接著依相同方式，參考下圖，設定第二及第三個表格網底。

	商品項目	半磅	數量	一磅	數量	小計		商品項目	10入	數量	20入	數量	小計
烘培原豆	巴西	400元		800元			即溶系列	二合一	100元		180元		
	哥倫比亞	500元		1000元				三合一	150元		280元		
掛耳系列	商品項目	10入	數量	20入	數量	小計	精品禮盒	商品項目	原豆	數量	掛耳	數量	小計
	藍山風味	125元		250元				經典禮盒	1600元		700元		
	經典曼巴	125元		250元				城市禮盒	2000元		1000元		
❶商品總金額				元	❷運費			元	❶+❷總金額		元		

訂購流程說明	付款方式		匯款資料
產品下單並確認匯款後，才進行烘焙、研磨、包裝、寄件，約三個工作天。 轉帳後請務必將匯款單或轉帳明細，與訂購單一併傳真給我們並打電話告知。 請確定寄件住址。	□匯款	購物滿1500元免運費，1500元以下另加運100元。	銀行：007第一銀行 戶名：黃小莉 帳號：043123456789
	□ATM轉帳		
	□貨到付款	每一訂單需加收30元手續費。	

TIPS 10

調整表格文字與建立標題

最後調整表格的文字顏色，讓加了網底的表頭文字能更加明顯，使訂購單更加完善！

Part 02 表格應用

調整格式與套用編號清單

STEP 01

於第二個表格選取 "烘培原豆"、"掛耳系列" 二個儲存格，設定 B **粗體**、A **文字顏色：白色**。

	商品項目	半磅	數量	一磅	數量	小計
烘焙原豆	巴西	400元		800元		
	哥倫比亞	500元		1000元		
	商品項目	10入	數量	20入	數量	小計
掛耳系列	藍山風味	125元		250元		
	經典曼巴	125元		250元		

STEP 02

於任一儲存格按一下滑鼠左鍵取消選取，接著依相同方式，參考下圖，調整 "即溶系列"、"精品禮盒" 文字，及第三個表格的表頭文字。

	商品項目	半磅	數量	一磅	數量	小計		商品項目	10入	數量	20入	數量	小計
烘焙原豆	巴西	400元		800元			即溶系列	二合一	100元		180元		
	哥倫比亞	500元		1000元				三合一	150元		280元		
	商品項目	10入	數量	20入	數量	小計		商品項目	原豆	數量	掛耳	數量	小計
掛耳系列	藍山風味	125元		250元			精品禮盒	經典禮盒	1600元		700元		
	經典曼巴	125元		250元				城市禮盒	2000元		1000元		
❶商品總金額			元	❷運費			元	❶+❷總金額			元		

訂購流程說明	付款方式		匯款資料
產品下單並確認匯款後，才進行烘焙、研磨、包裝、寄件，約三個	□匯款	購物滿1500元免運費	銀行：007第一銀行

STEP 03

於第三個表格選取 "訂購流程說明" 下方文字，於 **格式** 索引標籤選按 **項目符號和編號 \ 編號清單** \ 第一個樣式。

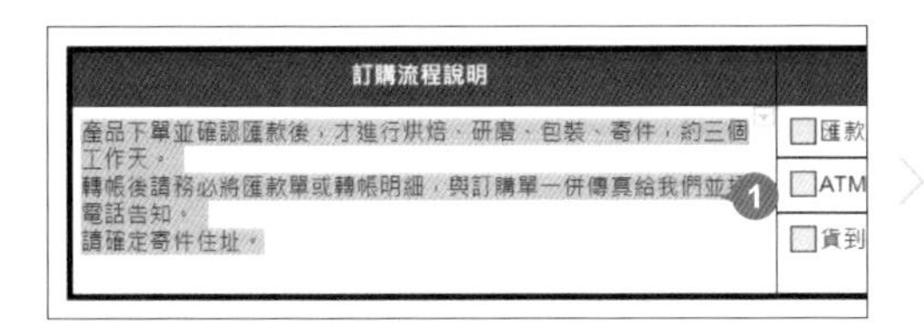

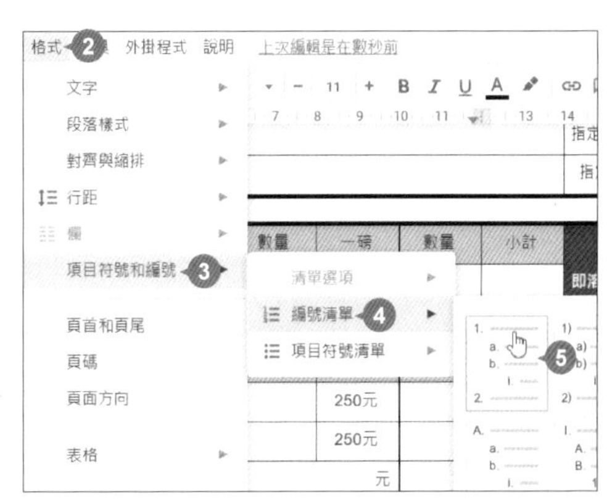

STEP 04 選取文字狀態下，於 **格式** 索引標籤選按 **對齊與縮排 \ 縮排選項** 開啟對話方塊，設定 **縮排 \ 左邊：0**，選按 **套用** 鈕完成編號套用。

訂購流程說明
1. 產品下單並確認匯款後，才進行烘焙、研磨、包裝、寄件，約三個工作天。 2. 轉帳後請務必將匯款單或轉帳明細，與訂購單一併傳真給我們並打電話告知。 3. 請確定寄件住址。

建立標題文字與商家資訊

STEP 01 將輸入線移到第一個表格上方的段落中，輸入標題文字「幸福咖啡坊訂購單」並選取，設定合適 **字型**、**字型大小**、B **粗體**、A **文字顏色** 和 ≡ **置中對齊**。

幸福咖啡坊訂購單

姓名		電話		發票抬頭				備註
		手機		統一編號				
地址	□□□			取貨方式	□自取	□郵寄	□宅配	
				指定交貨日	年	月	日	
E-mail				指定時段	□上午	□中午	□晚上	

STEP 02 最後於表格最下方輸入商家資訊 "地址：402台中市南區幸福路100號、"訂購電話：04-12340000"、"訂購傳真：04-12340001"，之間用二個 Tab 鍵隔開，再設定合適 **字型**、**字型大小**、≡ **置中對齊** 和調整行距，即完成此章範例。

烘焙原豆	商品項目	半磅	數量	一磅	數量	小計	即溶系列	商品項目	10入	數量	20入	數量	小計
	巴西	400元		800元				二合一	100元		180元		
	哥倫比亞	500元		1000元				三合一	150元		280元		
掛耳系列	商品項目	10入	數量	20入	數量	小計	精品禮盒	商品項目	原豆	數量	掛耳	數量	小計
	藍山風味	125元		250元				經典禮盒	1600元		700元		
	經典曼巴	125元		250元				城市禮盒	2000元		1000元		
❶商品總金額				元	❷運費			元	❶+❷總金額			元	

訂購流程說明	付款方式		匯款資料
1. 產品下單並確認匯款後，才進行烘焙、研磨、包裝、寄件，約三個工作天。 2. 轉帳後請務必將匯款單或轉帳明細，與訂購單一併傳真給我們並打電話告知。 3. 請確定寄件住址。	□匯款 □ATM轉帳	購物滿1500元免運費，1500元以下另加運100元。	銀行：007第一銀行 戶名：黃小莉 帳號：043123456789
	□貨到付款	每一訂單需加收30元手續費。	

地址：402台中市南區幸福路100號　　訂購電話：04-12340000　　訂購傳真：04-12340001

圖片與圖案應用

員工旅遊海報

學 習 重 點

"景點印象海報" 主要學習如何運用雲端硬碟內的圖片、Google 圖片搜尋找到的網路圖片，再搭配繪圖與文字藝術...等功能，透過內建的色彩和樣式調整，加強與提升文件的視覺效果。

- 插入雲端硬碟圖片
- 拖曳調整圖片大小
- 設定文字環繞與圖片邊界
- 拖曳調整圖片位置
- 設定圖片邊框、
- 調整圖片亮度與對比
- 插入網路圖片
- 將網路圖片設定為背景
- 設定圖片顏色與透明度
- 裁切圖片
- 利用探索插入網路圖片
- 插入圖案
- 調整圖案與格式
- 文字藝術應用

原始檔：<本書範例 \ Part03 \ 原始檔 \ 03景點印象海報>

完成檔：<本書範例 \ Part03 \ 完成檔 \ 03景點印象海報ok>

雲端硬碟或本機圖片的應用

在 Google 文件中，除了文字的展現，還可以搭配放置在電腦中或雲端硬碟內的圖片，圖文並茂的文件才能吸引瀏覽者目光。

插入雲端硬碟或本機圖片

STEP 01 開啟範例原始檔 <03景點印象海報>，以下將示範操作將輸入線移至第一段 "南投日月潭..." 文字最前方，再按六次 Enter 鍵將文字段落往下移至如圖位置。(此處預先產生的空白段落主要用於後續文字藝術操作)

STEP 02 於 **插入** 索引標籤選按 **圖片 \ 雲端硬碟** 開啟側邊欄，於 **我的雲端硬碟** 標籤選按欲插入的圖片檔縮圖，再選按 **插入**。(若選按 **上傳電腦中的圖片**，可直接上傳並使用電腦中的圖片。)

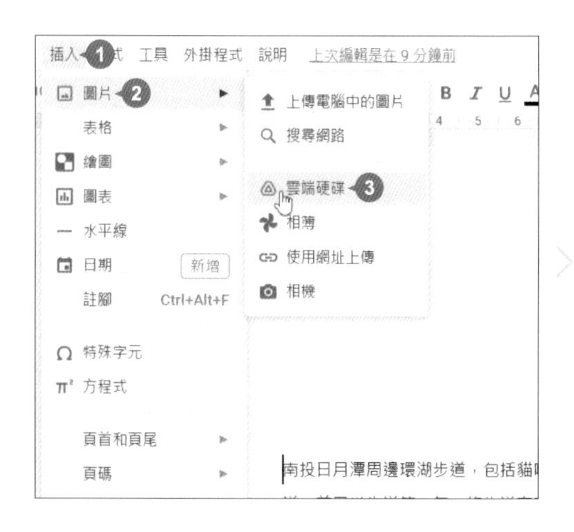

拖曳調整圖片大小

在選取圖片狀態下，將滑鼠指標移至圖片的縮放控點 Ⓐ 處呈 ⤡ 時，按滑鼠左鍵不放拖曳至 Ⓑ 處，縮小圖片至合適尺寸。

設定文字環繞與圖片邊界

在 Google 文件插入圖片時，圖片預設會顯示於目前輸入線的位置並與文字並排，相當於一個特大文字，這時可以調整圖片與文字的配置，讓二者排列類似圖層的效果。

STEP 01 在選取圖片狀態下，於下方工具列選按 ▤ **文字環繞**。

STEP 02 接著選按 **圖片邊界**，清單中選擇一個合適設定值，調整圖片跟右側文字間的距離 (在空白處按一下可取消圖片選取)。

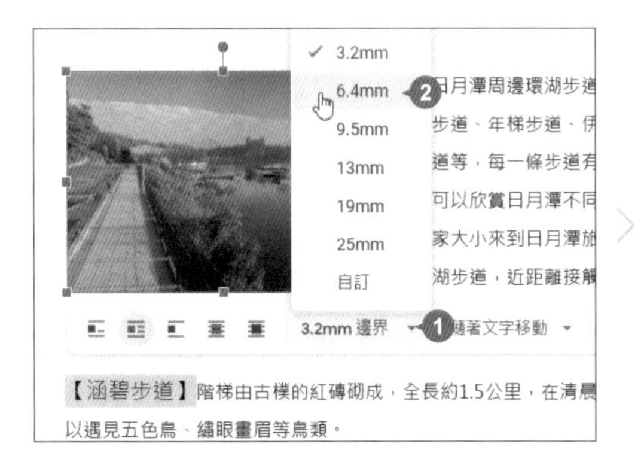

拖曳調整圖片位置

將滑鼠指標移至圖片上呈 ✥ 狀時，按滑鼠左鍵不放拖曳至合適位置擺放，過程中可以透過紅色對齊線，修正與其他物件的對齊狀態；也可以直接瀏覽 **X**、**Y** 值，掌握移動的位置。

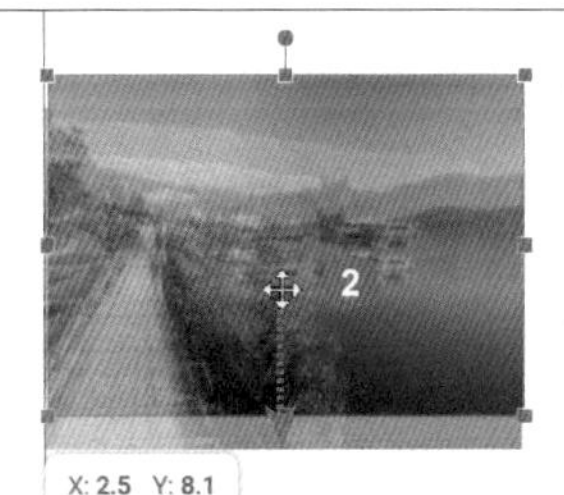

資訊補給站

其他文字與圖片的排列方式

段落文字無法浮動，但圖片卻可以設定成浮動狀態，並指定要與文字同層排列或排列在文字的上一層或下一層中，達到自由的在頁面中移動的效果。

文字與圖片的排列方式，可以在選取圖片後，於下方工具列快速設定：

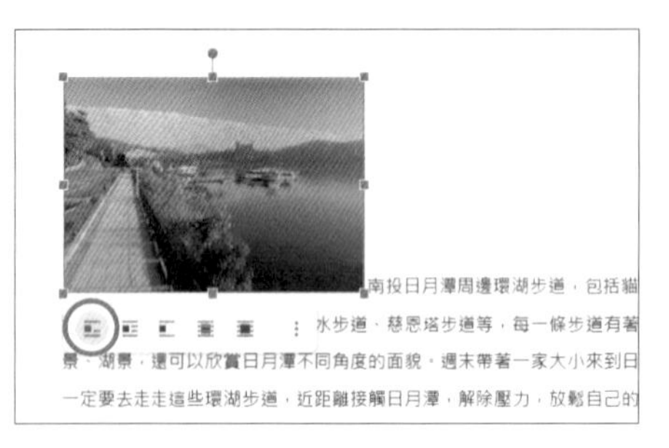

行內

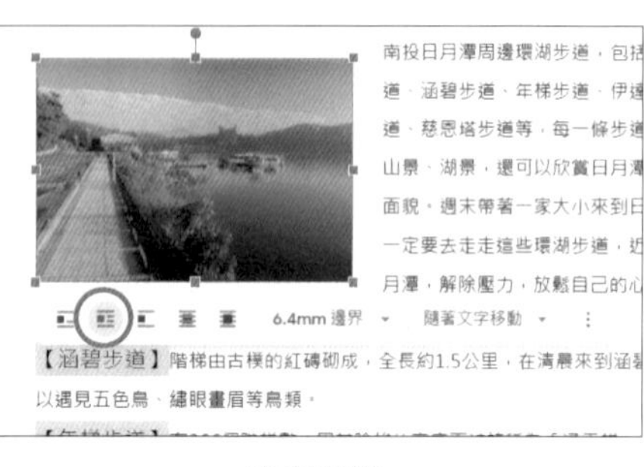

文字環繞

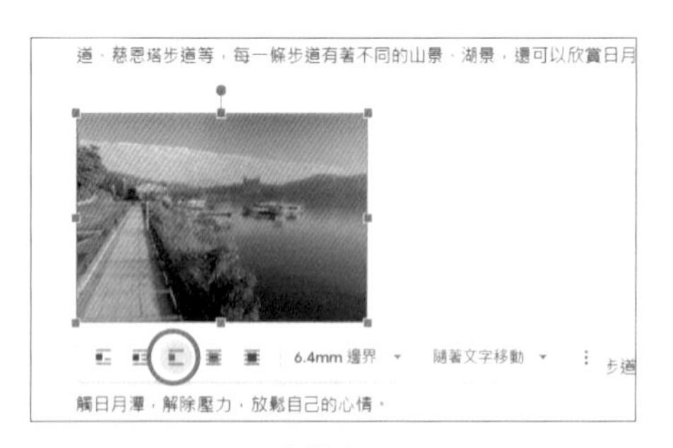

分隔文字

置於文字後方

置於文字前方

設定圖片邊框

選取圖片後，於功能區分別設定 **虛線框線**、 **框線粗細** 與 **框線顏色** (此範例套用的白色會於之後的背景設計看到效果)，調整圖片外框。

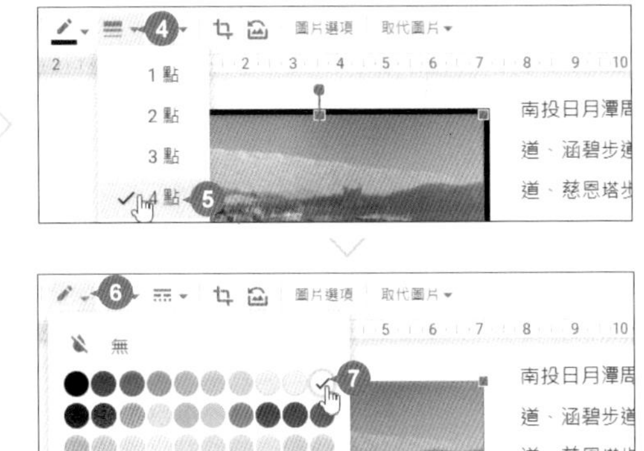

調整圖片亮度與對比

STEP 01 選取圖片後，於功能區選按 **圖片選項** 開啟側邊欄。

STEP 02 選按 **調整** 展開項目，於 **亮度** 與 **對比** 分別拖曳滑桿調整程度，若選按 **重設** 鈕則是恢復原始狀態。

網路圖片的應用

如果手邊沒有合適的圖片，那就試試從 Google 文件支援的網路搜尋找尋合適圖片，豐富內容與設計。

插入網路圖片

STEP 01 將輸入線移至最後一段 "...約500多公尺" 文字最後方，於 **插入** 索引標籤選按 **圖片 \ 搜尋網路** 開啟側邊欄。

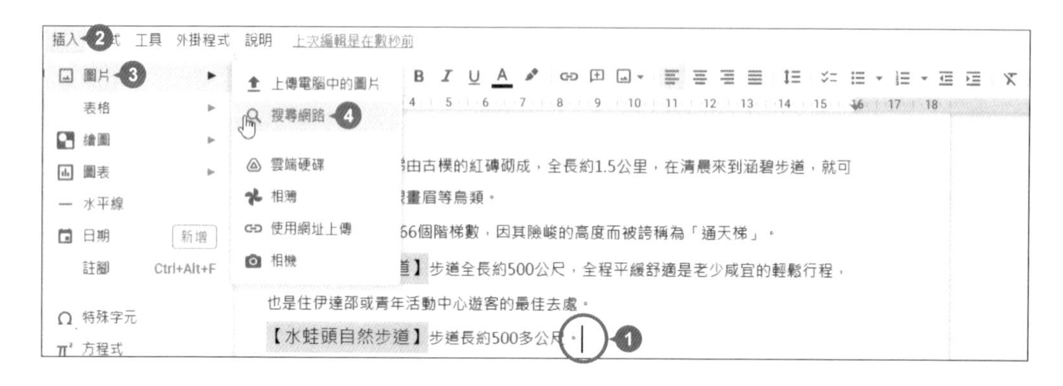

STEP 02 於搜尋欄位輸入「天空 背景圖」，按 Enter 鍵，接著於搜尋結果中核選合適的圖片後，選按 **插入**。

小提示 關於線上圖片的商業版權說明

在搜尋圖片時，於縮圖右下角選按 **預覽圖片** 可放大觀看，而圖片下方則會標註 "圖片可用於商業用途，並允許修圖。請選擇你確定自己有權使用的圖片。"，然而在使用時還是得遵照 **合理使用** 的範圍內、不得對外銷售，亦不可提供給第三方的範本中使用...等規定。詳細的說明可參考 https://support.google.com/drive/answer/179622。

將網路圖片設定為背景

調整天空背景圖的位置、大小...等設定，以做為 Google 文件的背景。

STEP 01 選取圖片後，於功能區選按 **圖片選項** 開啟側邊欄，選按 **文字換行** 展開項目，選按 **置於文字後方**。

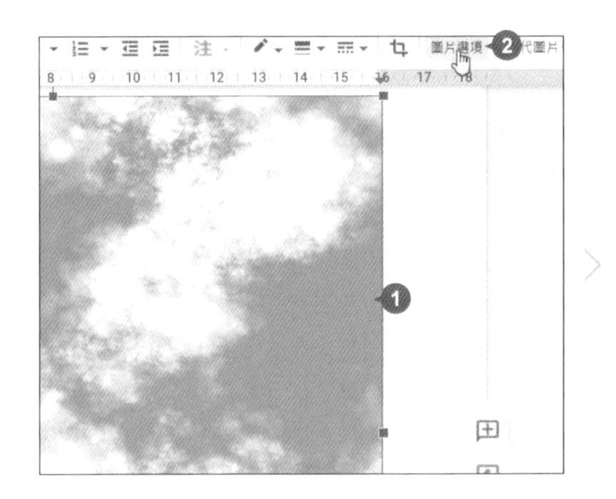

STEP 02 接著選按 **位置** 展開項目，核選 **頁面上的固定位置**，於 **快速版面配置** 再選按 置中。

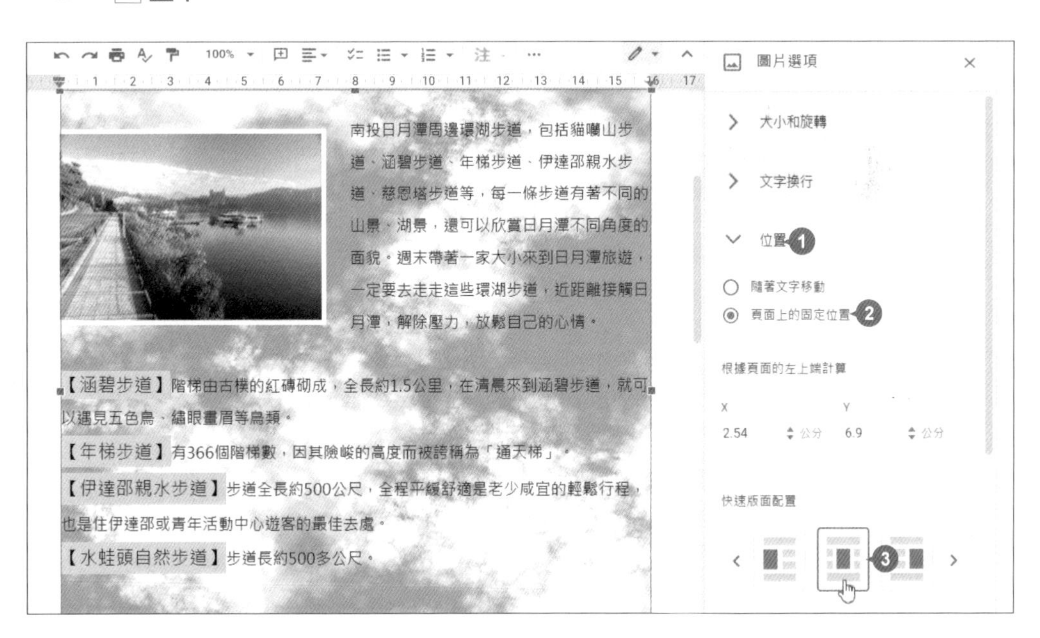

03 選按 **大小和旋轉** 展開項目，確認核選 **鎖定長寬比**，於 **寬度縮放比例** 輸入合適數值，**高度縮放比例** 會自動等比例顯示 (縮放比例依插入背景圖片彈性調整)。

設定圖片顏色與透明度

使用圖片做為背景設計時，可以運用淡化或透明度修飾，避免圖片影響文字。

01 選按 **重新設定顏色** 展開項目，選按 **沒有重新設定顏色選項 \ 淺 7** 套用顏色。

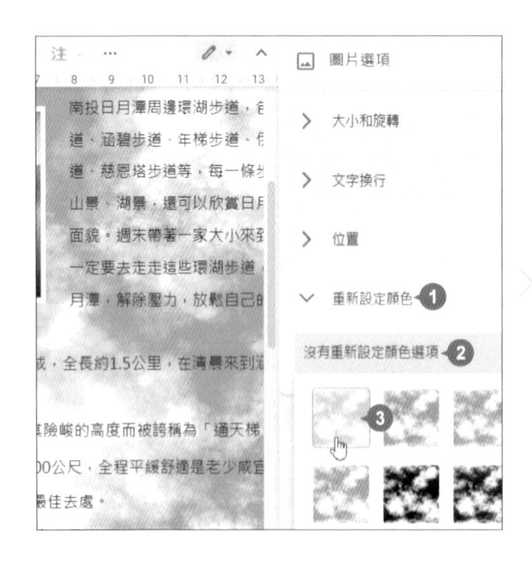

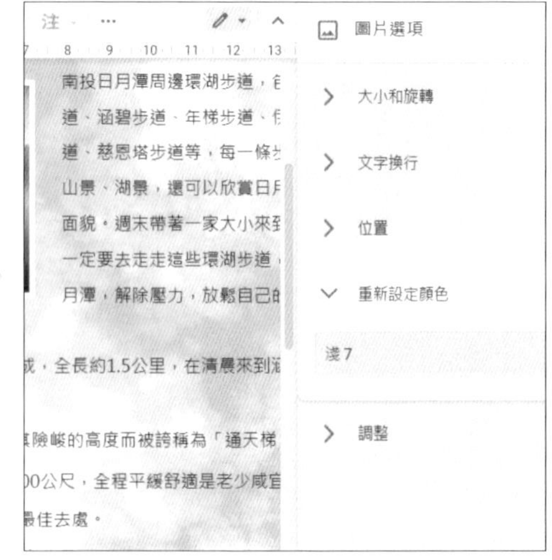

STEP 02 選按 **調整** 展開項目，拖曳 **透明度** 將圖片淡化。

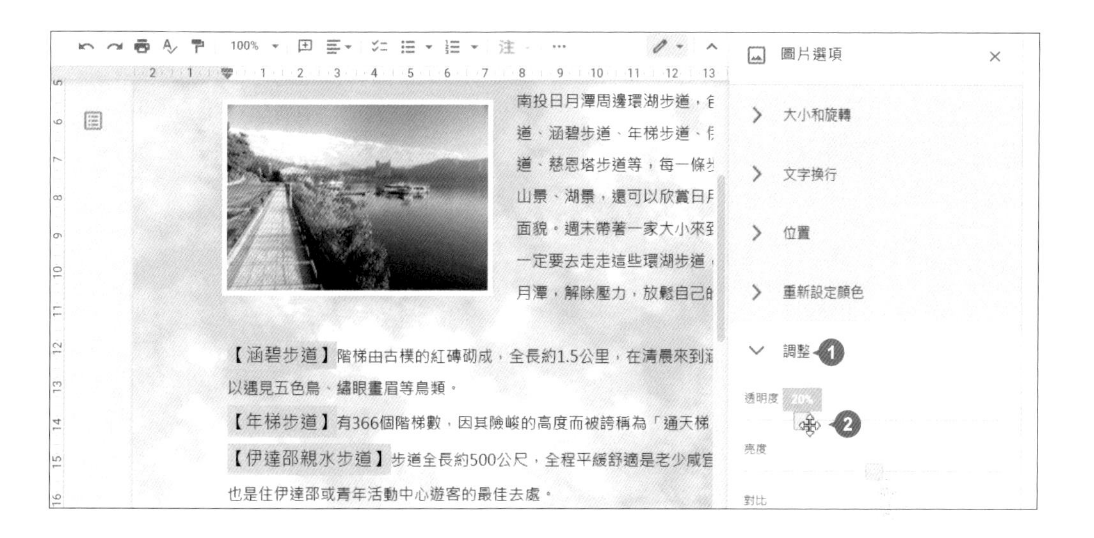

裁切圖片

"裁切" 通常是用來隱藏或修剪圖片，此動作會以移除垂直或水平縮減圖片，保留圖片中需要的部分。

STEP 01 選取圖片後，於功能區設定 **縮放：50%**，調整畫面顯示比例，然後選按 ⧉ **裁剪圖片**，圖片會出現裁剪控點。

STEP 02 將滑鼠指標移至左側剪裁控點上，呈 ⇔ 狀，拖曳剪裁控點往右移動，符合 Google 文件的左側邊界。

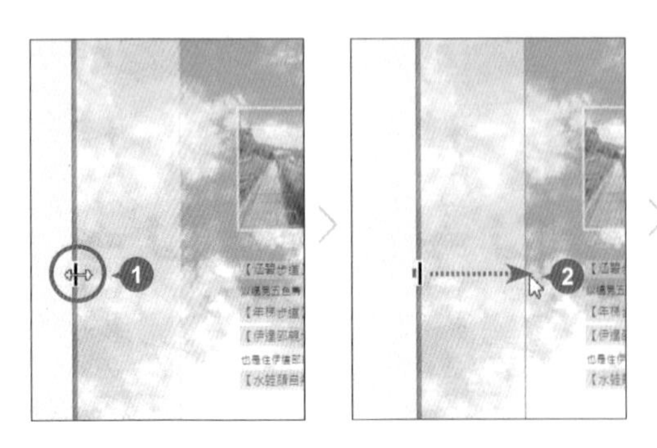

STEP 03 依相同操作，於功能區再次選按 ⧉ **裁剪圖片**，圖片出現裁剪控點，將圖片右側邊界裁剪至符合 Google 文件的右側邊界，最後選按 ⧉ **裁剪圖片** 結束裁剪。

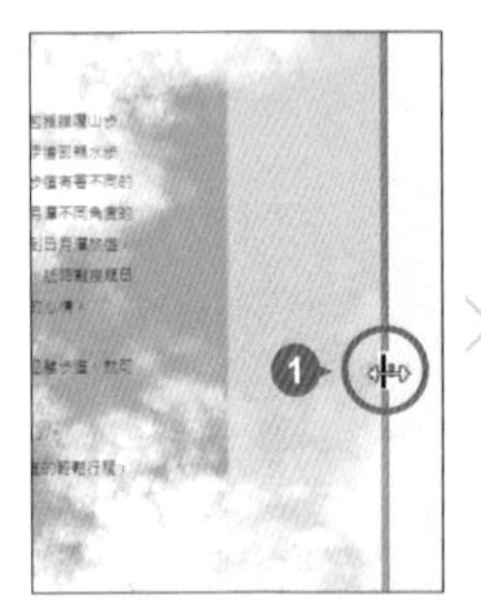

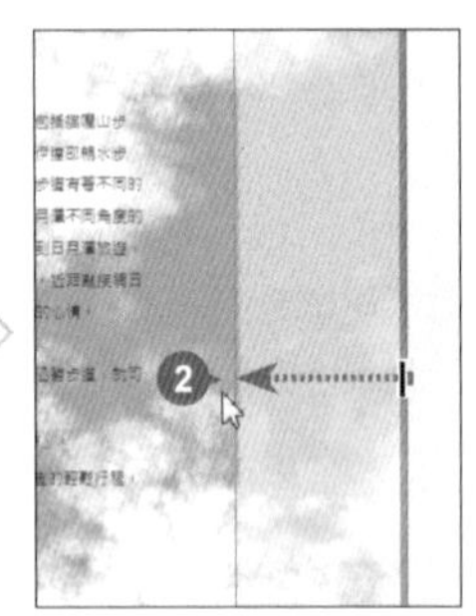

裁剪後的背景圖如右側。

利用探索插入網路圖片

Google 文件的 **探索** 功能，可以藉由關鍵字輸入，搜尋結果會依 **網頁**、**圖片** 或 **雲端硬碟** 分類各別顯示，達到快速取用目的，省去製作 Google 文件的檔案、圖片或資訊時，要另外開啟瀏覽器或多個分頁尋找的麻煩。

STEP 01 將輸入線移至最後一段 "...約500多公尺。" 文字最後方，選按右下角 探索 開啟側邊欄。輸入 「family 向量圖」 關鍵字，按 Enter 鍵，下方會依 **網頁**、**圖片** 及 **雲端硬碟** 顯示搜尋結果，選按 **圖片** 標籤，將滑鼠指標移至欲插入的圖片右上角，選按 + **插入圖片**。

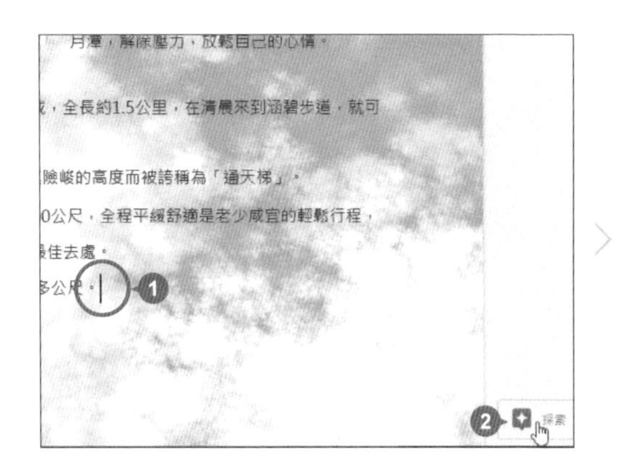

STEP 02 在選取圖片狀態下，於下方工具列選按 + **置於文字前方**，然後拖曳右下角控點稍微縮小圖片。(之後會搭配後續繪製的圖案微調大小與位置)

圖案的繪製與編修

以手繪圖案的方式，在 Google 文件上方繪製二個圖案物件，並經過樣式調整與色彩套用後製作出像步道的圖案。

插入圖案

STEP 01 將輸入線移至最後一段 "...約500多公尺。" 文字最後方，選按 **插入 \ 繪圖 \ 新增** 開啟 **繪圖** 編輯畫面。

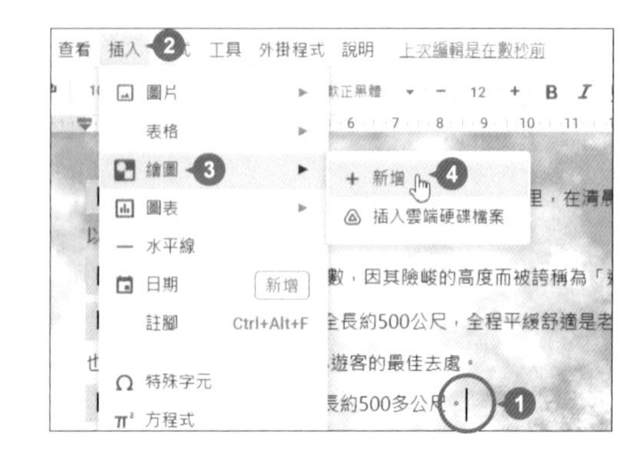

STEP 02 於功能區選按 **圖案 \ 圖案 \ 拱形**，在編輯區左上角空白處，於 A 點按滑鼠左鍵不放拖曳至 B 點後放開，產生拱形圖案。

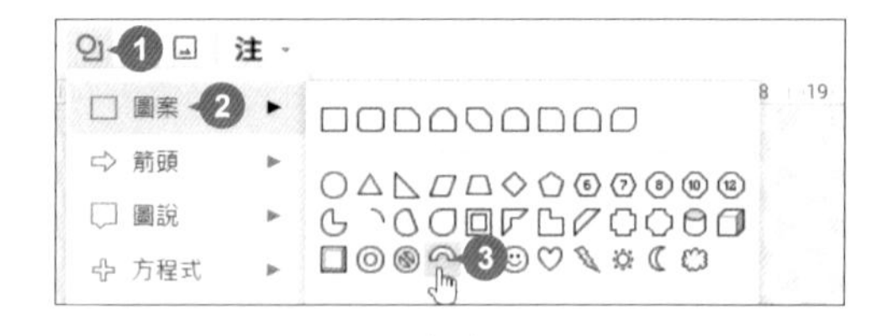

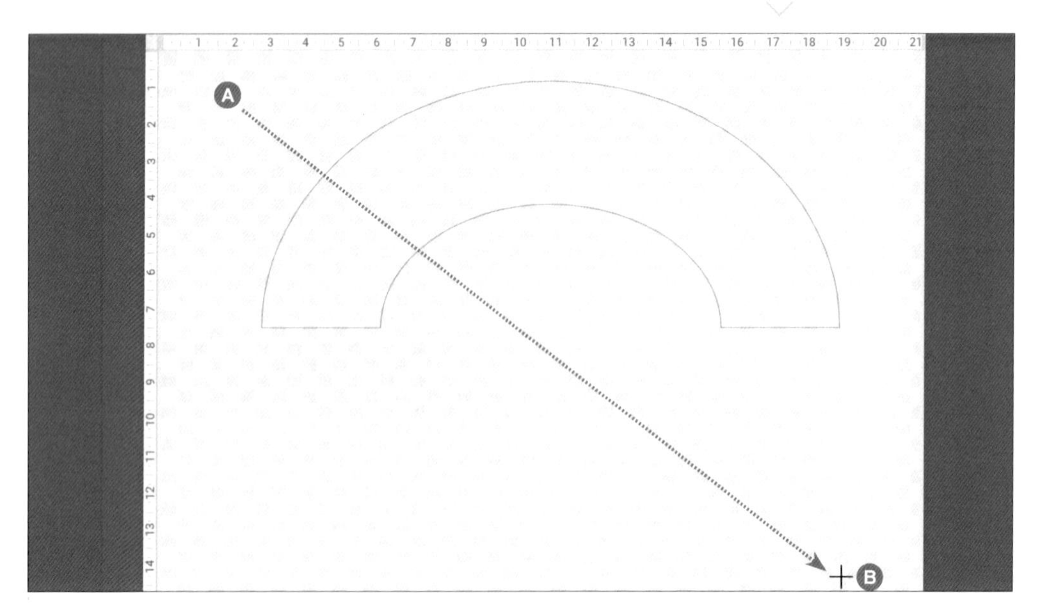

調整圖案與格式

繪製好圖案後，先調整圖案的寬度、顏色和框線。

STEP 01 在選取拱形圖案的狀態下，利用控點調整弧度與寬度：將滑鼠指標移至右側菱形橘色控點上按滑鼠左鍵不放往右拖曳一些，調整拱形寬度。(於左側菱形橘色控點上按滑鼠左鍵不放往上或下拖曳，可調整拱形長度)。

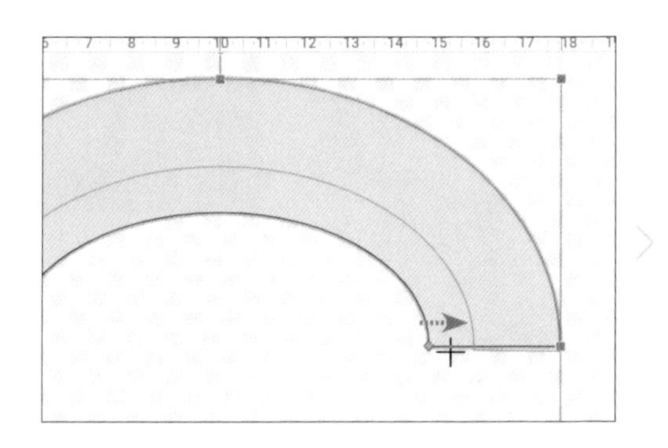

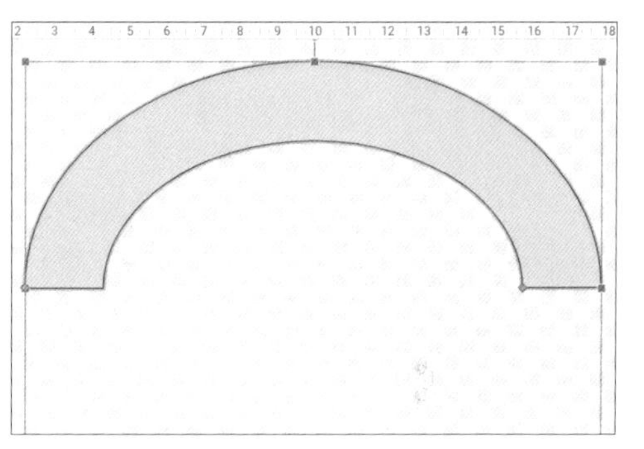

STEP 02 於功能區選按 **填滿顏色 \ 淺橘色1** 為圖案替換顏色；選按 **框線粗細 \ 4 像素** 調整框線寬度。

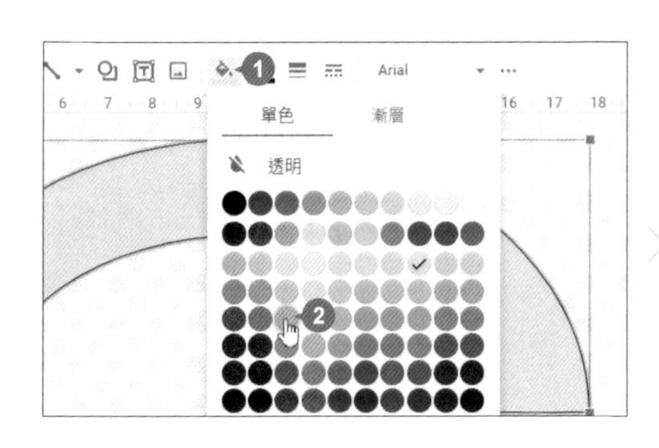

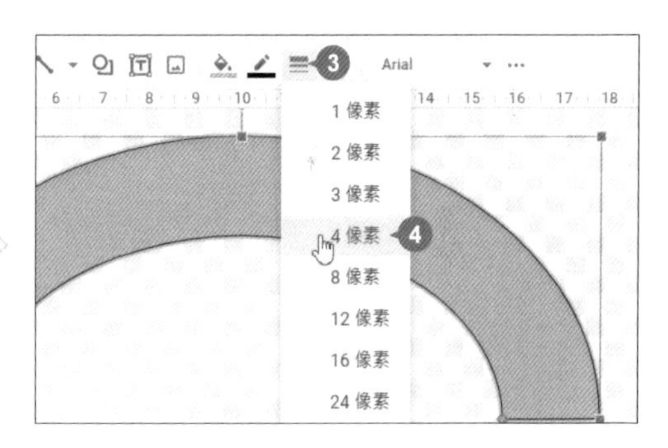

選按 **框線顏色 \ 白色** 替換框線色彩。

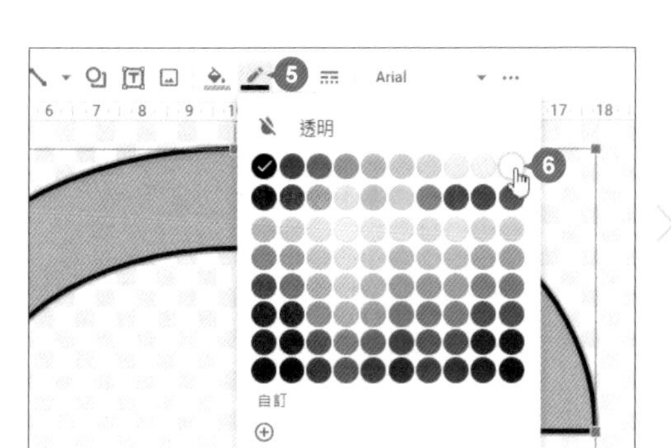

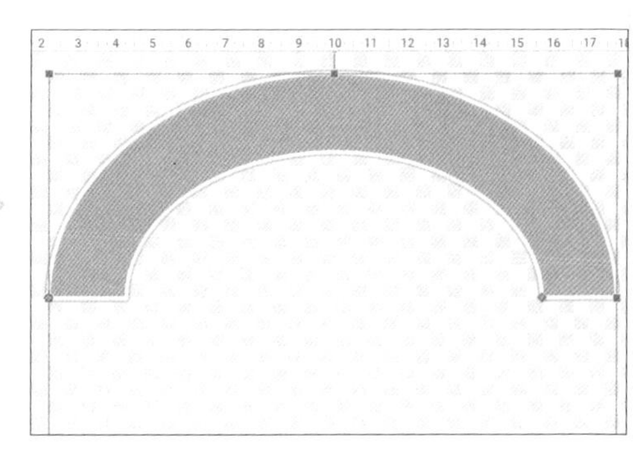

再來調整圖案的位置與角度。

STEP 01 在選取拱形圖案的狀態下，將滑鼠指標移到圖案上，呈 ✥ 狀，按滑鼠左鍵不放拖曳至合適位置，過程中可利用紅色垂直或水平對齊線，修正在編輯區的位置。

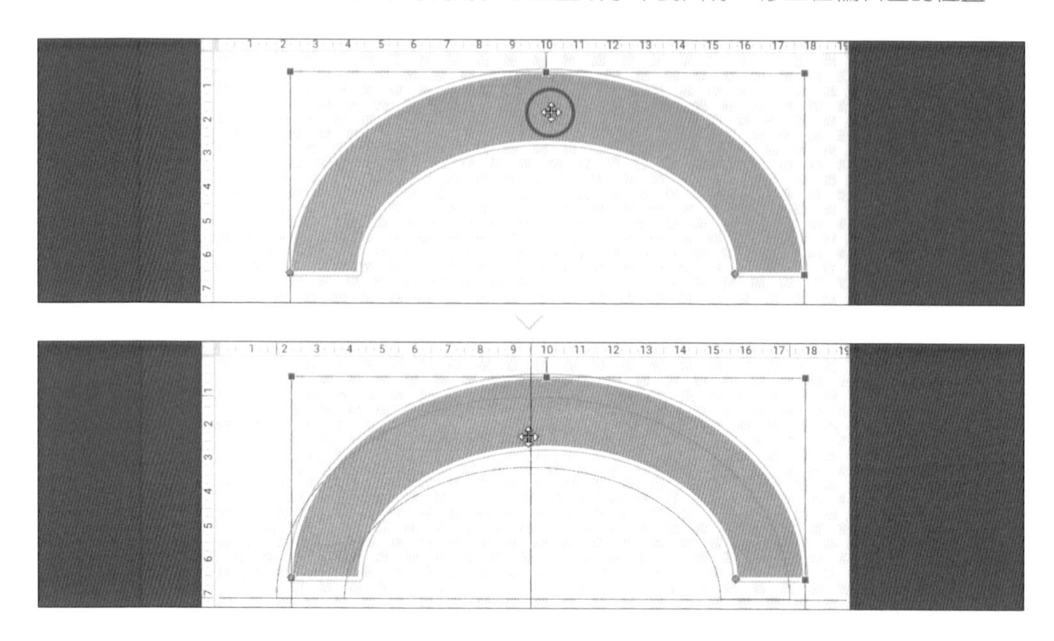

STEP 02 將滑鼠指標移到圖案上方的藍色圓形控點上，呈十字狀，按滑鼠左鍵不放旋轉至合適角度，過程中可藉由數值精準掌握旋轉角度。

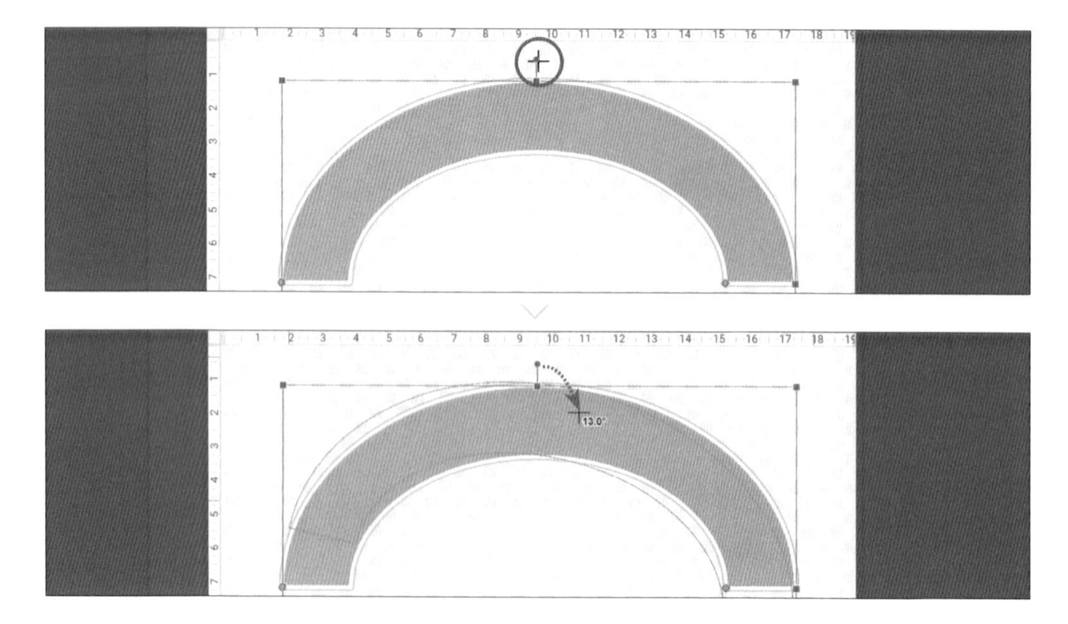

插入其他圖案與調整格式

在拱形圖案上方加上虛線物件，設計出如人行步道的感覺。

STEP 01 取消拱形圖案選取狀態，於功能區選按 **線條** \ **弧形**。

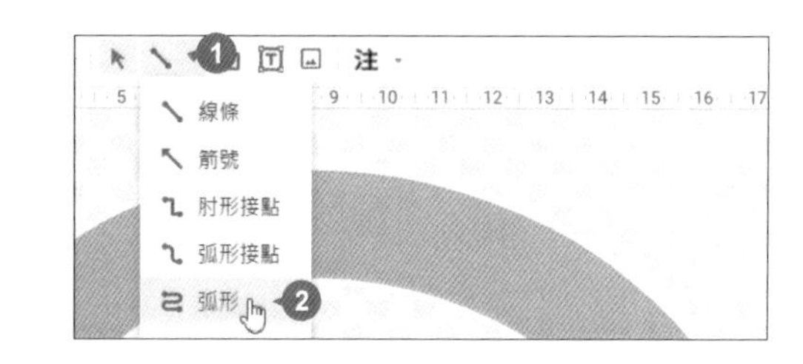

STEP 02 在拱形圖案上方，延著弧度分別在 A、B、C、D、E、F、G、H、I、J、K 點按一下滑鼠左鍵，最後於 L 點連按二下滑鼠左鍵完成曲線繪製。

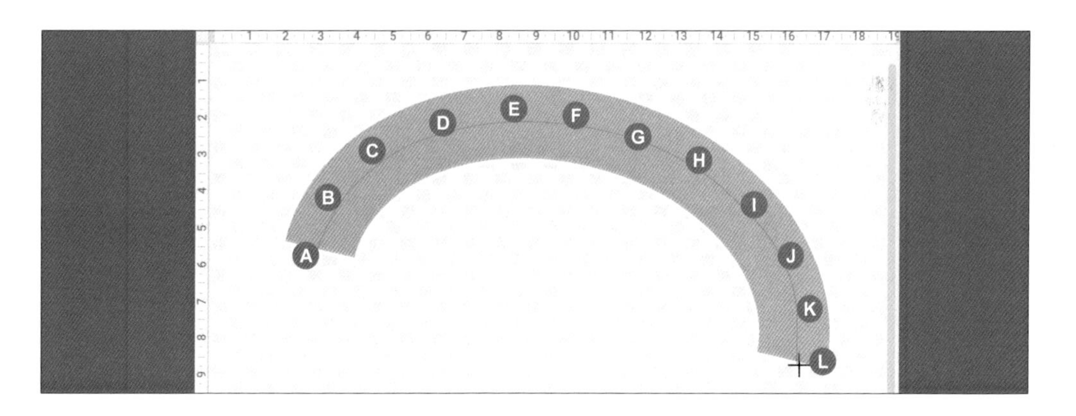

STEP 03 在選取曲線狀態下，於功能區分別選按 **虛線**、**框線粗細** 和 **線條顏色** 設定曲線樣式。

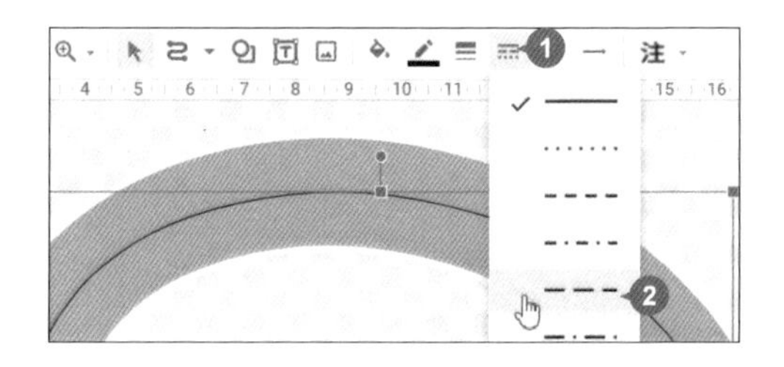

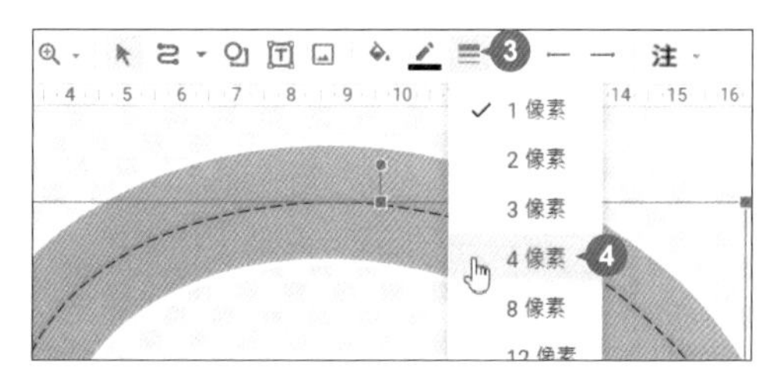

最後選按 **儲存並關閉** 鈕結束繪圖編輯。

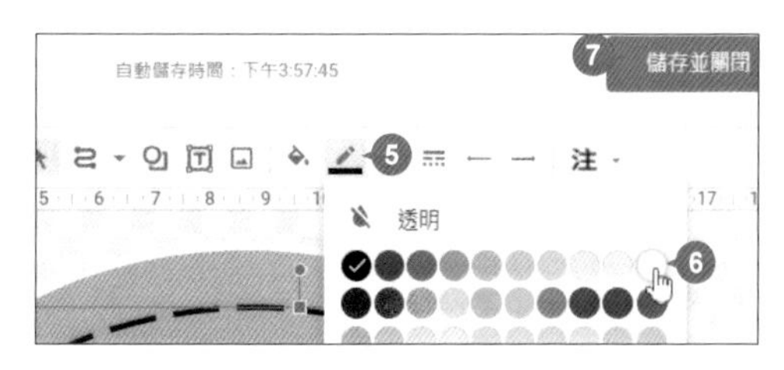

STEP 04 返回 Google 文件，會發現剛才繪製的圖案已插入段落中，於下方工具列選按 ▣ **置於文字前方**，並拖曳圖案四周控點調整變形的外觀與大小，然後拖曳至如圖左下角位置。

STEP 05 最後選取 family 圖案，於下方工具列選按 ▣ **置於文字前方**，設定 **位置選項**：**頁面上的固定位置**，一樣拖曳圖案四周控點調整大小，再拖曳至如圖右下角位置。

文字藝術的應用

文字藝術可以輕鬆將文字轉換成美術文字，達到放大縮小、旋轉傾斜、變更顏色...等效果，讓字型變化更加出色，視覺效果更為豐富！

STEP 01 將輸入線移至第一段 "南投日月潭..." 文字最上方的空白段落中，於 **插入** 索引標籤選按 **繪圖 \ 新增** 開啟 **繪圖** 編輯畫面。

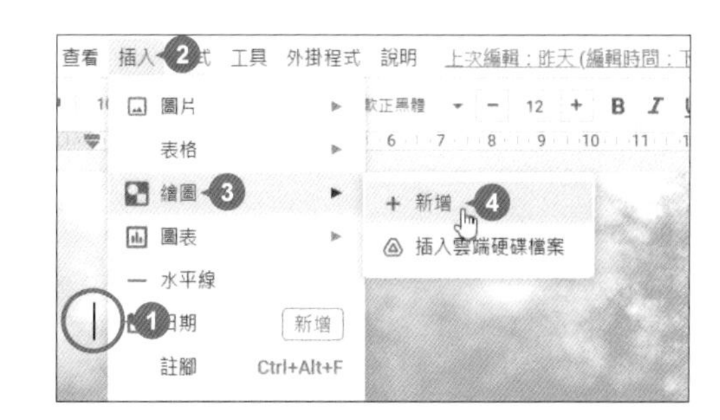

STEP 02 於功能區選按 **動作 \ 文字藝術** 開啟對話方塊，輸入欲顯示的文字，按 Enter 鍵，回到 **繪圖** 編輯畫面就可以看到文字藝術的初始效果。

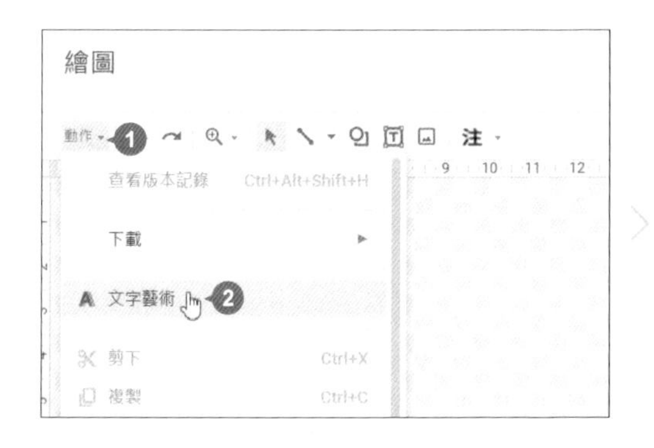

STEP **03** 於功能區設定 **字型**，選按 B **粗體**、I **斜體**，再各別選按 **填滿顏色**、 **框線粗細** 和 **框線顏色** 設定樣式，然後選按 **儲存並關閉** 鈕。

STEP **04** 返回 Google 文件，會發現剛才繪製的文字藝術已插入段落中，最後於下方工具列選按 **置於文字前方**，即完成此章範例。

合併列印

地址標籤與會議名牌

學習重點

不管是商家顧客或公司員工的聯絡資料...等，如果想要變成信封上統一格式的地址標籤，或會議中的名牌標籤，並一次列印時，不妨試試合併列印功能，藉此完成這個繁雜且重複的動作。

11560
40758
彰化市中山路2段187號
張心怡 小姐 收

11560
42047
苗栗縣苗栗市府前路46號2樓
蔡政霖 先生 收

11560
73003
南投市復興路二號四樓
余芝如 小姐 收

11560
36002
雲林縣斗六市府文路35號3樓
郭威倫 先生 收

11560
54062
臺南市北區富北街7號1~5樓
黃靜怡 小姐 收

11560
64054
嘉義市中山路199號4~5樓1
張旻傑 先生 收

70402
嘉義縣太保市祥和二路東段5號4樓
郭湘婷 小姐 收

11560
60041
臺南縣新營市中正路15號
黃琬婷 小姐 收

61249
高雄縣鳳山市曹公路55之1號
金莉婷 小姐 收

11560
63003
屏東市北興街55號
郭展霖 先生 收

04通訊錄

檔案 編輯 查看 插入 格式 資料 工具 外掛程式 說明 上次編輯：2 天前

100% NT$ % .0 .00 123 預設 (Arial) 10 B I S

N21 fx

	A	B	C	D	E
1	姓名	稱謂	郵遞區號	地址	電話
2	張心怡	小姐	40758	彰化市中山路2段187號	886-29391035
3	蔡政霖	先生	42047	苗栗縣苗栗市府前路46號2樓	886-25771868
4	余芝如	小姐	73003	南投市復興路二號四樓	886-27640853
5	郭威倫	先生	36002	雲林縣斗六市府文路35號3樓	886-27373671
6	黃靜怡	小姐	54062	臺南市北區富北街7號1~5樓	886-27255111
7	張旻傑	先生	64054	嘉義市中山路199號4~5樓1	886-28735757
8	郭湘婷	小姐	70402	嘉義縣太保市祥和二路東段5號4樓	886-28168585
9	黃琬婷	小姐	60041	臺南縣新營市中正路15號	886-28271616
10	金莉婷	小姐	61249	高雄縣鳳山市曹公路55之1號	886-28915533
11	郭展霖	先生	63003	屏東市北興街55號	886-26582620

- Avery Label Merge 合併列印外掛程式
- 關於合併列印
- 設定資料來源
- 選擇標籤版面
- 插入收件者的合併欄位
- 調整邊框
- 產生合併列印結果

原始檔：<本書範例 \ Part04 \ 原始檔 \ 04通訊錄>

完成檔：<本書範例 \ Part04 \ 完成檔 \ 04學員地址合併列印結果ok>、<04學員地址合併列印標籤ok>

Avery Label Merge 合併列印外掛程式

第三方的外掛程式，可以補充 Google 文件不足的功能，讓你處理文件時更加得心應手。以下將安裝 **Avery Label Merge** 合併列印外掛程式，準備建立標籤。

STEP 01 於 **文件** 首頁選按右下角 ＋ **建立新文件**，產生一份空白 Google 文件，重新命名為「學員地址」。

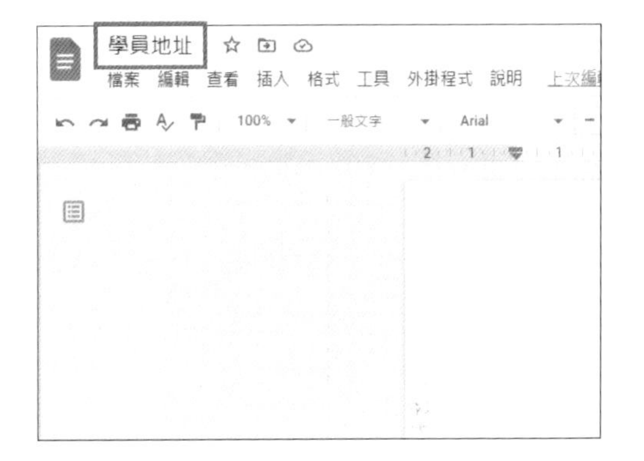

STEP 02 於 **外掛程式** 索引標籤選按 **取得外掛程式** 開啟視窗，於搜尋列輸入「Avery Label Merge」關鍵字，按 Enter 鍵，於下方搜尋結果中選按 **Avery Label Merge**。

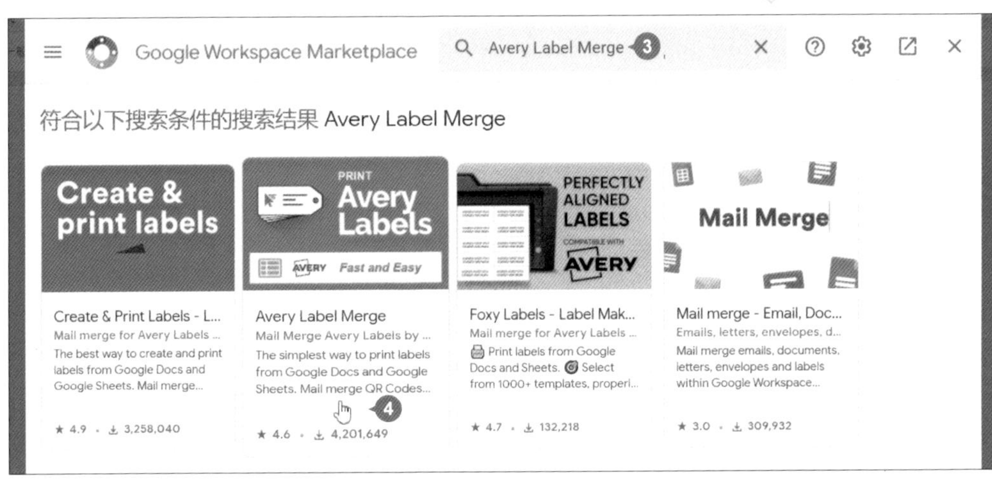

STEP 03 程式介紹視窗中選按 **安裝** 鈕，再選按 **繼續**。

STEP 04 選按欲安裝的 Google 帳戶和 **允許** 鈕確認存取權，安裝程式結束後選按 **完成**，再選按 [×] 關閉視窗。

合併列印信封標籤

使用 Google 文件可達到合併列印的效果。接下來將應用通訊錄，快速列印出每位學員可黏貼在信封上的寄送標籤。

關於合併列印

Google 中，合併列印是以 Google 試算表為資料來源，再與 Google 文件中製作好的信封標籤格式合併。

舉例來說，要產生大量郵寄的信封標籤，內容相同，可是要標示的學員姓名不同，若要一一製作十分耗時。如果已經事先整理好學員名單，只要在信封標籤中指定姓名欄位並插入欲顯示的位置，就能快速產生不同的信封標籤，這就是合併列印。

合併列印中使用的資料來源為學員通訊錄的 Google 試算表，其中佈置通訊錄資料時，注意第一列必須輸入欄位名稱，之後進行合併列印時，才可以順利新增欄位，方便排版。

04通訊錄

檔案 編輯 查看 插入 格式 資料 工具 外掛程式 說明 上次編輯：2 天前

姓名	稱謂	郵遞區號	地址	電話
張心怡	小姐	40758	彰化市中山路2段187號	886-29391035
蔡政霖	先生	42047	苗栗縣苗栗市府前路46號2樓	886-25771868
余芝如	小姐	73003	南投市復興路二號四樓	886-27640853
郭威倫	先生	36002	雲林縣斗六市府文路35號3樓	886-27373671
黃靜怡	小姐	54062	臺南市北區富北街7號1~5樓	886-27255111
張昱傑	先生	64054	嘉義市中山路199號4~5樓1	886-28735757
郭湘婷	小姐	70402	嘉義縣太保市祥和二路東段5號4樓	886-28168585
黃琬婷	小姐	60041	臺南縣新營市中正路15號	886-28271616
金莉婷	小姐	61249	高雄縣鳳山市曹公路55之1號	886-28915533
郭展霖	先生	63003	屏東市北興街55號	886-26582620

開啟外掛程式並設定資料來源

STEP 01 於 **外掛程式** 索引標籤選按 **Avery Label Merge \ Start**。

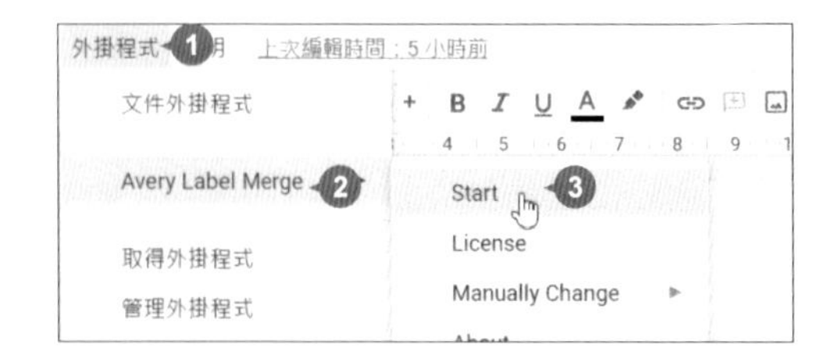

STEP 02 編輯區顯示操作流程的說明，右側則是出現側邊欄。此處先設定資料來源，選按右側 **Select Spreadsheet** 鈕，開啟的對話方塊中，於 **Spreadsheets** 標籤選按範例原始檔 <04通訊錄> Google 試算表，再選按 **Select** 鈕。

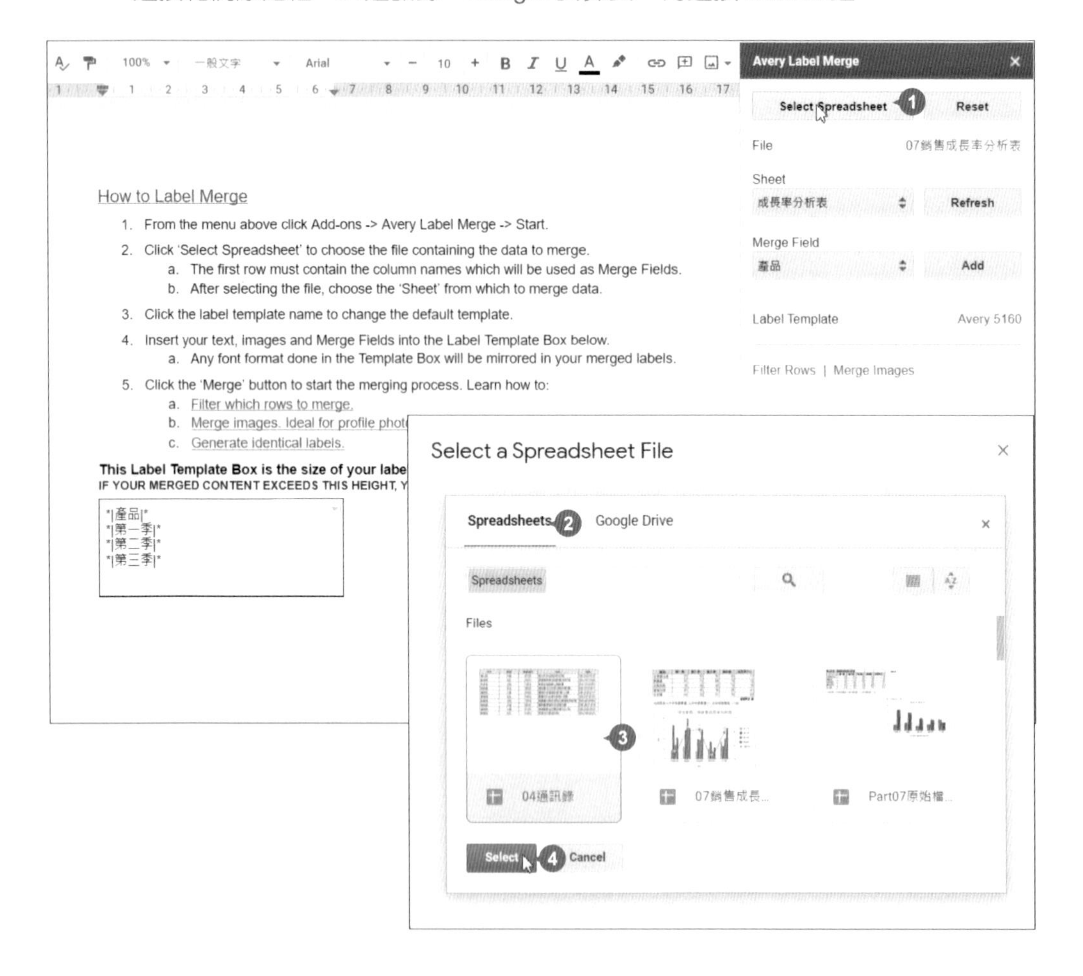

選擇標籤版面

STEP 01 於 **Label Template** 右側選按標籤編號，會顯示標籤編號清單，可利用右側捲軸上下捲動瀏覽，其中有 **Address Labels** (住址標籤)、**File Folder Labels** (檔案資料夾標籤)、**Shipping Labels** (貨運標籤)...等版面可套用。

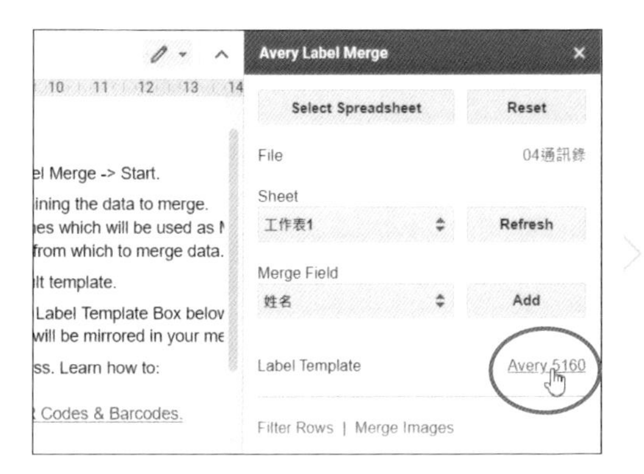

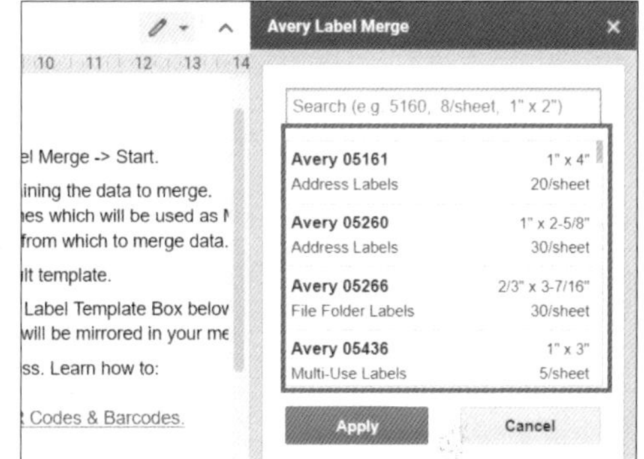

STEP 02 市面上販售的標籤版面，大部分都可以在標籤編號清單中找到合適的版面大小並套用。如果覺得一一瀏覽太耗時，也可以利用關鍵字搜尋出欲套用的標籤並選按後，再選按 **Apply** 鈕。

此時編輯區會依版面顯示其範圍。

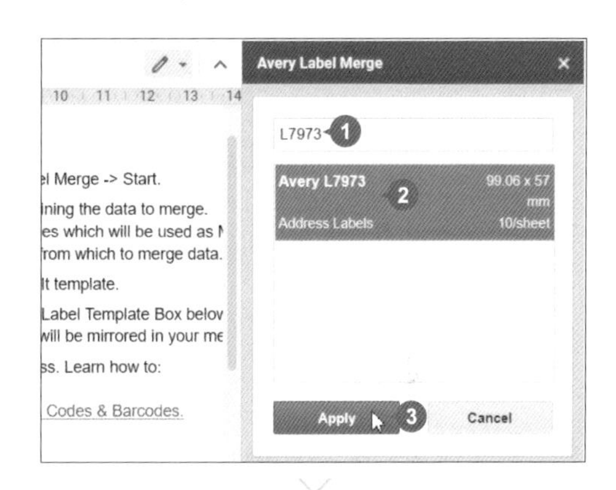

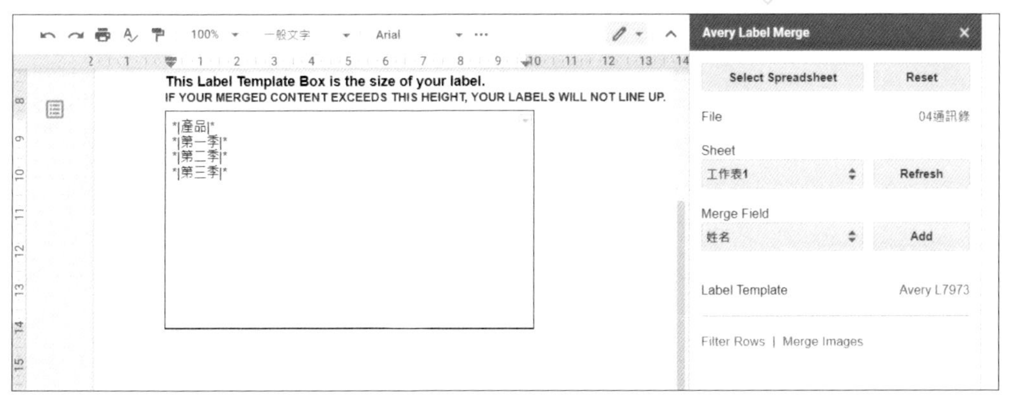

插入收件者的合併欄位

STEP 01 於方格區域選取所有預設欄位，先按 Del 鍵刪除，然後如圖輸入固定的寄件者地址。

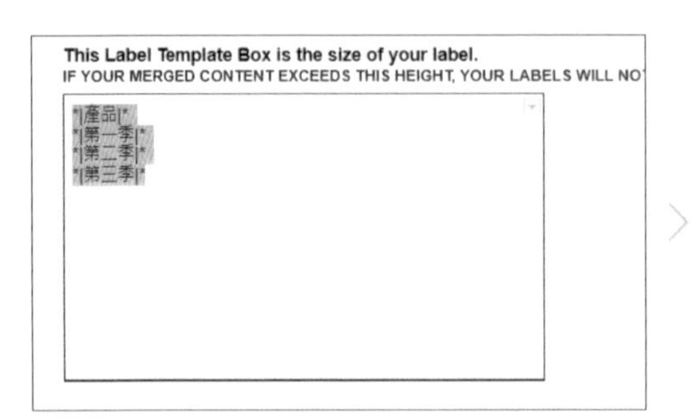

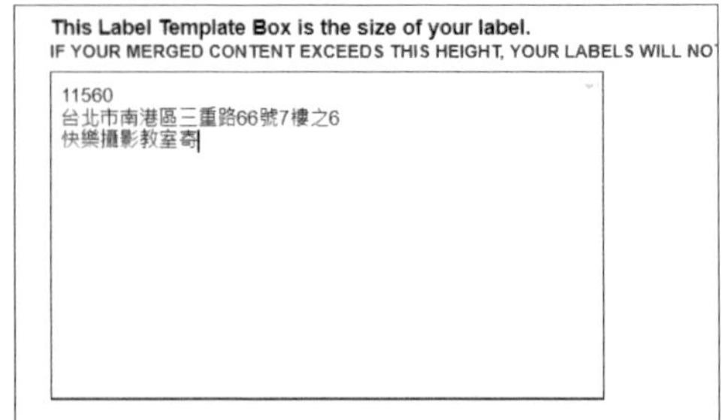

STEP 02 確認輸入線在 "...寄" 文字後方，按三次 Enter 鍵，然後於 **插入** 索引標籤選按 **表格**，拖曳出 1×1 表格，準備佈置為收件者資料顯示的位置。

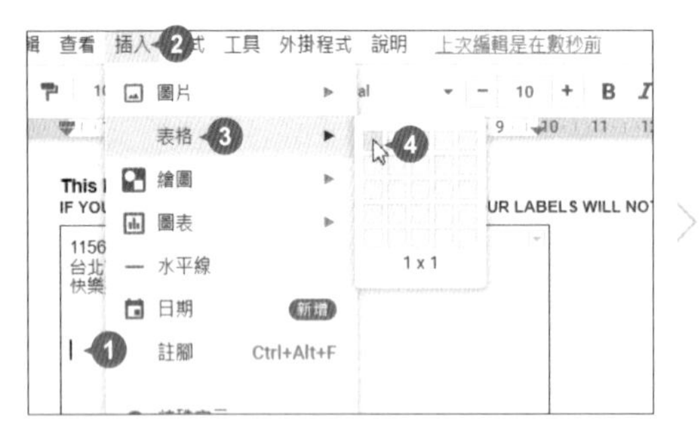

STEP 03 確認輸入線在表格內，於側邊欄設定 **Merge Field**：**郵遞區號**，選按 **Add** 鈕插入欄位，之後按 Enter 鍵移至下一段。

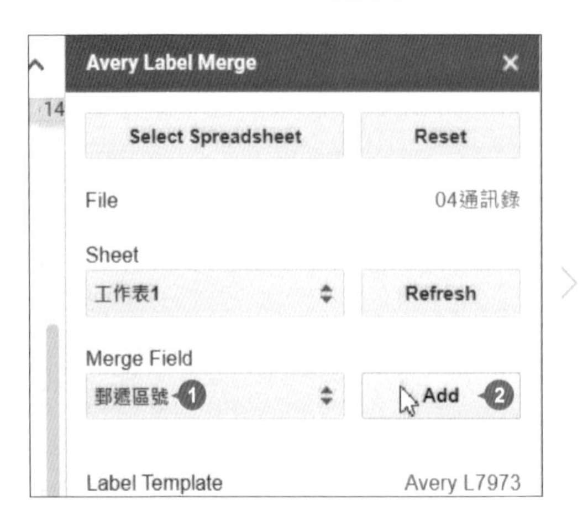

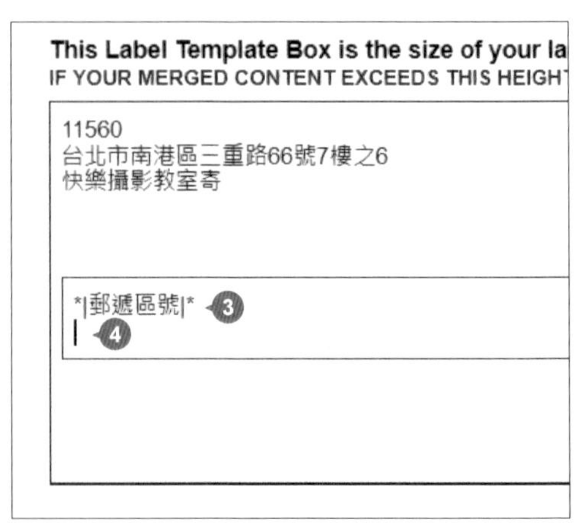

STEP 04 依相同方式，參考下圖內容，利用 Enter 鍵分段，依序插入 **地址**、**姓名**、**稱謂** 欄位，在 **稱謂** 後方按一下 Space 鍵輸入空白字元，再輸入「收」字，最後調整一下 **姓名** 欄位的文字大小並套用粗體。

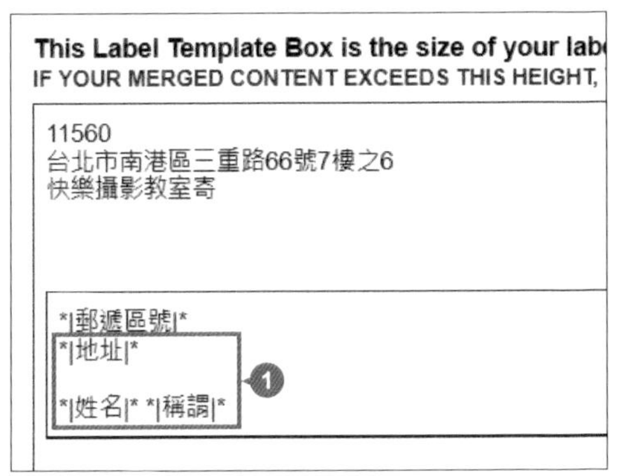

調整邊框

STEP 01 為了讓收件者資料移至方格區域中間位置，將滑鼠指標移至表格左側框線上，呈 ⫩ 狀，按滑鼠左鍵不放往右拖曳縮短欄寬。

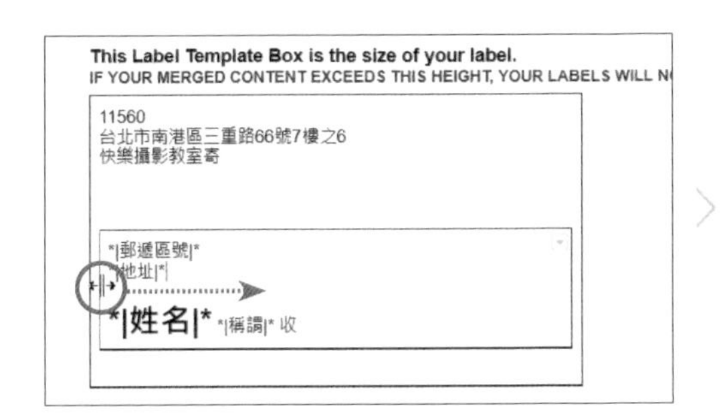

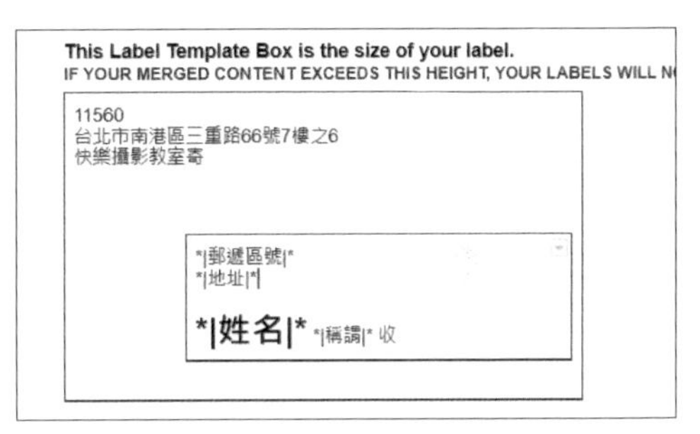

STEP 02 選按 ▾ \ ⊞，整個表格外框線呈藍色選取狀，於功能區選按 ≡ **框線寬度 \ 0 點**，取消框線顯示。

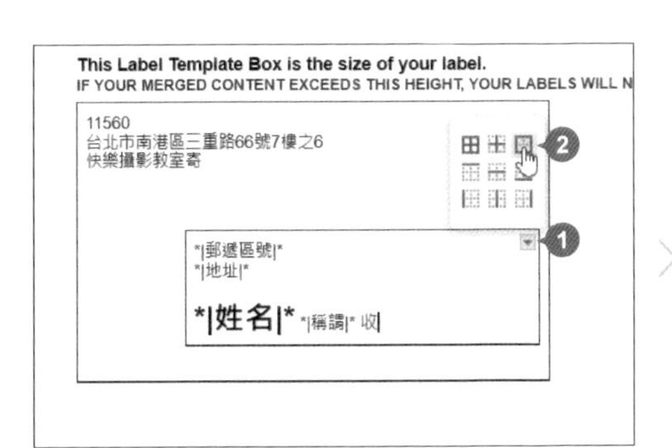

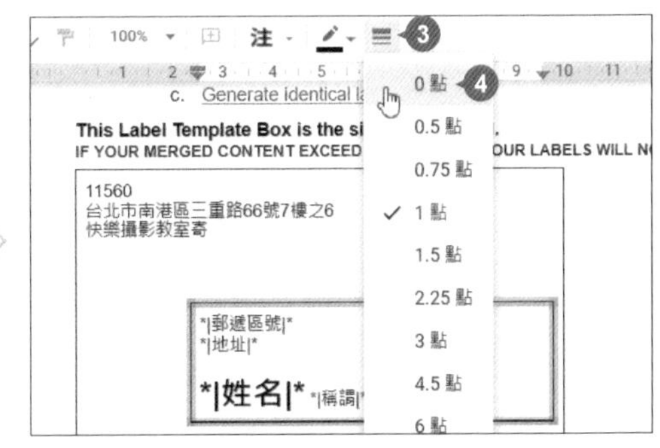

STEP 03 於方格區域選按 ▾ \ ⊡，整個表格外框線呈藍色選取狀，於功能區選按 ☰ **虛線框線** \ 第二個虛線樣式，讓住址標籤以虛線框顯示。

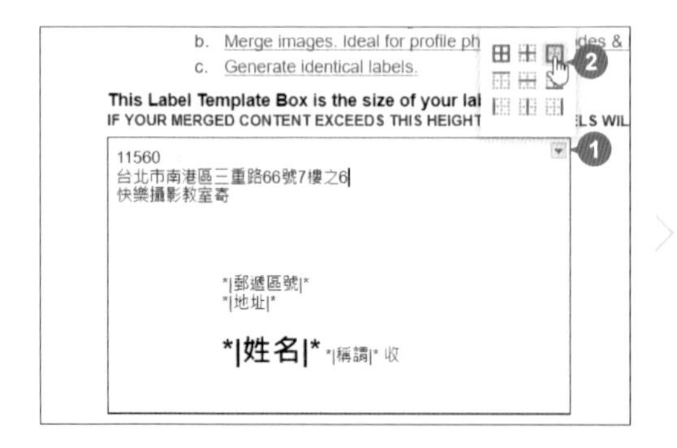

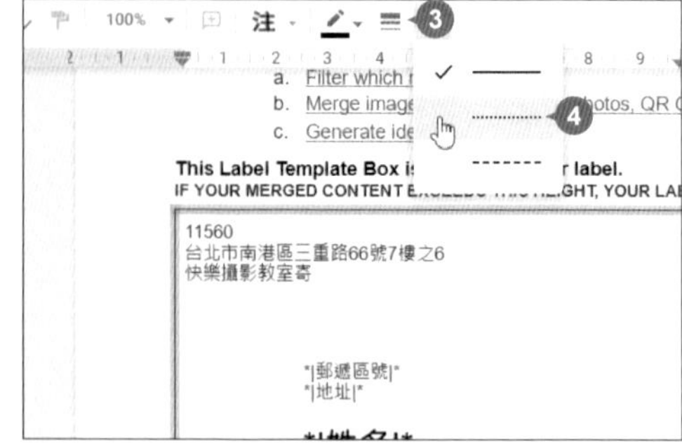

產生合併列印結果

STEP 01 完成標籤設計後，於側邊欄選按 **Merge** 鈕，開始自動處理合併。

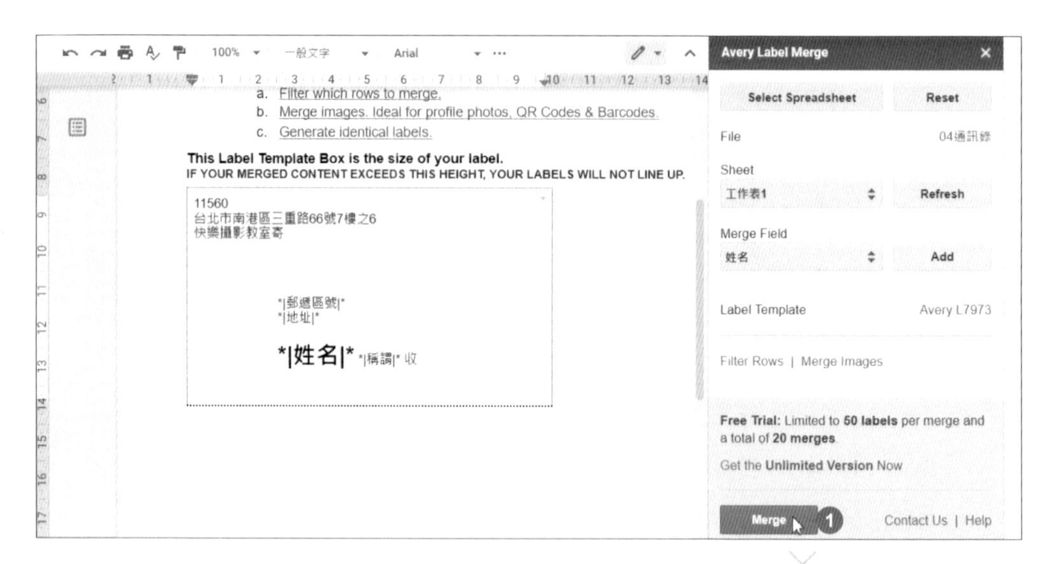

選按 **Yes**，繼續執行合併。

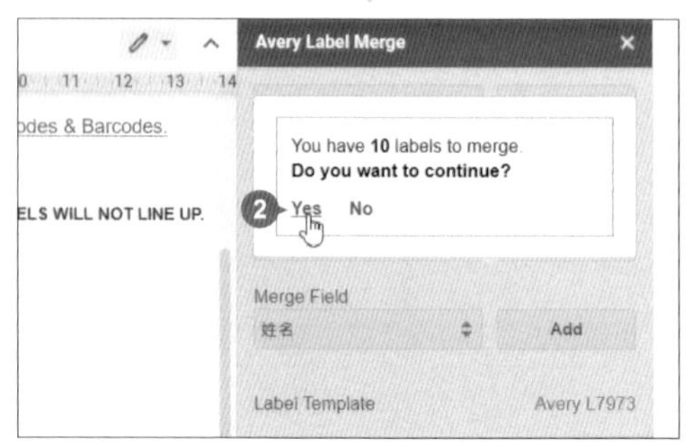

STEP 02 合併成功後，選按 **Google Document** 開啟 Google 文件看到套用標籤的結果。

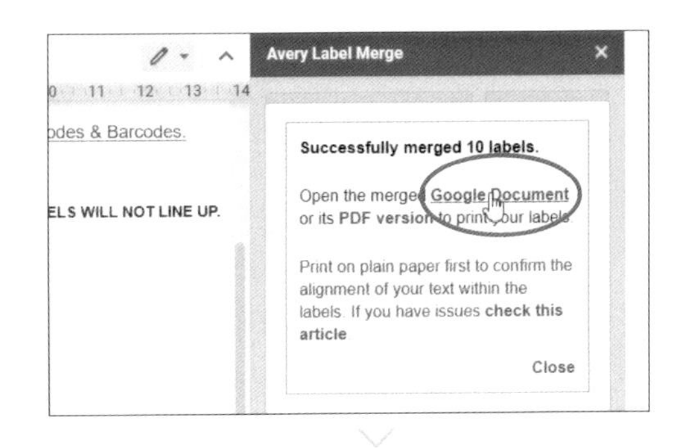

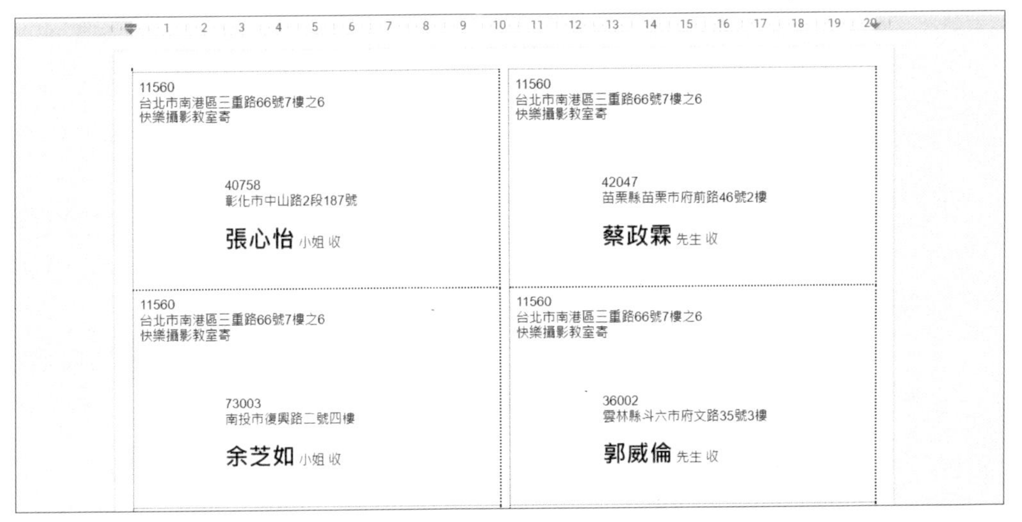

若是選按 **PDF version**，則會下載合併結果的 PDF 檔，方便後續運用，最後可選按 **Close** 關閉訊息顯示。

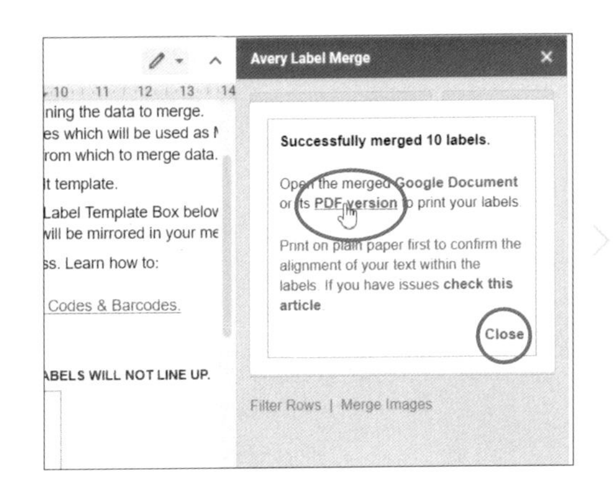

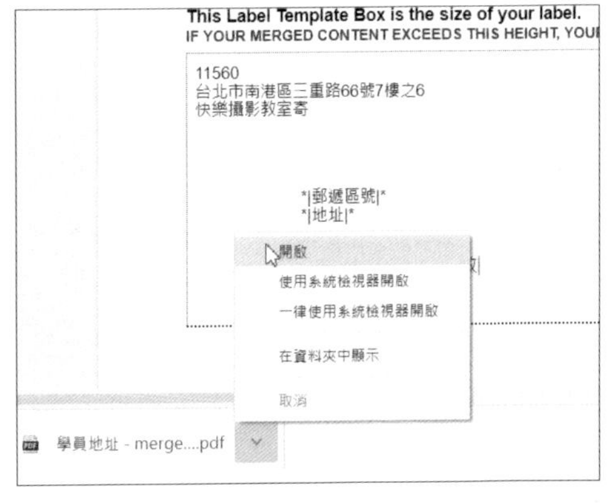

目前免費版本每次可合併 50 個標籤，可執行 20 次合併，如果需要更多功能，可以於側邊欄末選按 **Merge** 鈕合併前，選按 **Get the Unlimited Version Now** 購買完整版本。

NOTE

資料建立與運算

活動支出明細表

學習重點

"活動支出明細表" 包含編號、發票日期、申請者、名細、金額、稅額與小計資料，方便記錄並計算活動產生的每一筆支出。藉由這一份簡單、實用的支出明細表開始 Google 試算表的學習！

活動支出明細表

編號	發票日期	申請者	活動名稱/名細	金額	稅額	小計
A-001	2021-08-09	李政美	員工旅遊/交通費	$904	$45	$949
A-002	2021-08-09	曹惠雯	員工旅遊/餐費	$280	$14	$294
A-003	2021-08-15	蕭皓鳳	員工旅遊/住宿費	$36,000	$1,800	$37,800
A-004	2021-08-16	蔡雅珮	員工旅遊/郵寄文件	$75	$4	$79
A-005	2021-08-16	林怡潔	員工旅遊/伴手禮	$604	$30	$634
A-006	2021-09-08	陳秉屏	公司週年慶/餐費	$28,000	$1,400	$29,400
A-007	2021-09-10	曹惠雯	公司週年慶/員工禮	$1,190	$60	$1,250
A-008	2021-09-12	楊如幸	公司週年慶/紀念品	$5,000	$250	$5,250
A-009	2021-10-23	李宗恩	尾牙/餐費	$20,000	$1,000	$21,000
A-010	2021-10-23	蔡雅珮	尾牙/禮券	$6,000	$300	$6,300
A-011	2021-10-23	李政美	尾牙/伴手禮	$5,000	$250	$5,250
A-012	2021-10-24	楊詩正	尾牙/交通費	$3,500	$175	$3,675

- 開啟空白試算表
- 認識 Google 試算表操作界面
- 認識儲存格與位址
- 移動與選取儲存格
- 輸入文字、日期、數值
- 調整欄位寬度
- 修改與清除資料
- 插入欄、列的方法
- 使用自動填滿
- 認識、輸入與複製公式
- 格式化數值並加上貨幣符號
- 格式化文字對齊方式
- 快速為儲存格套用色彩
- 儲存與列印

原始檔：<本書範例 \ Part05 \ 原始檔 \ 05支出明細表文字.txt>

完成檔：<本書範例 \ Part05 \ 完成檔 \ 05活動支出明細表ok>

建立 Google 試算表

Google 試算表類似 Excel，可以運算、整合資料，還能進一步分析相關數據、製作圖表。

開啟空白試算表

01 開啟 Chrome 瀏覽器，連結至 Google 首頁 (http://www.google.com.tw)，確認登入 Google 帳號後，選按 ⋮⋮⋮ **Google 應用程式 \ 試算表**。

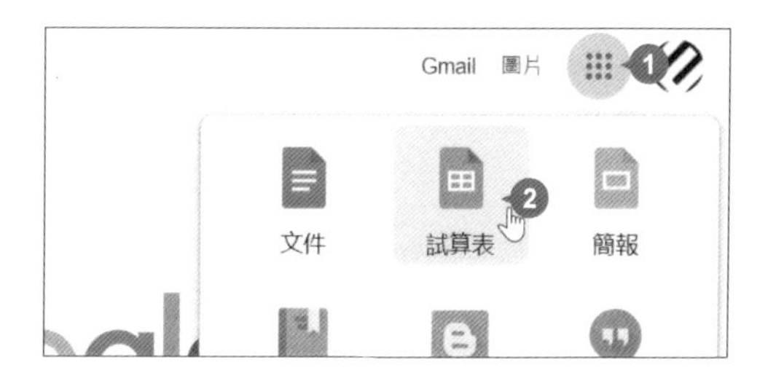

02 於 **試算表** 首頁選按右下角 ⊞ **建立新試算表**，即可產生一份空白試算表，預設命名為 "未命名的試算表"。

03 如果想再建立一個新試算表時，可以於 **檔案** 索引標籤選按 **新文件 \ 試算表**。

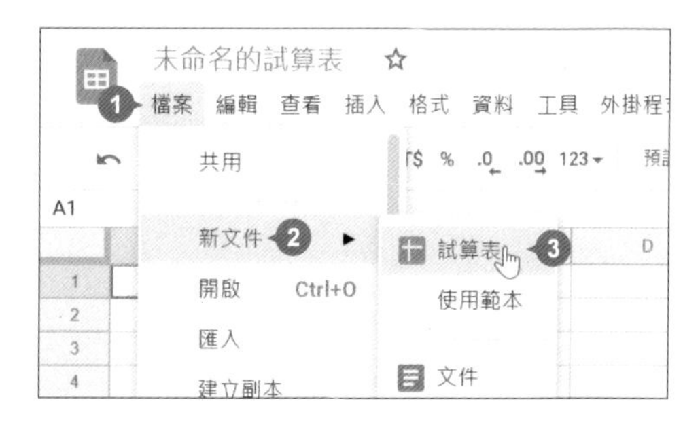

認識操作界面

透過下圖標示，熟悉 Google 試算表各項功能的位置，讓你在接下來的操作過程中，可以更加得心應手。

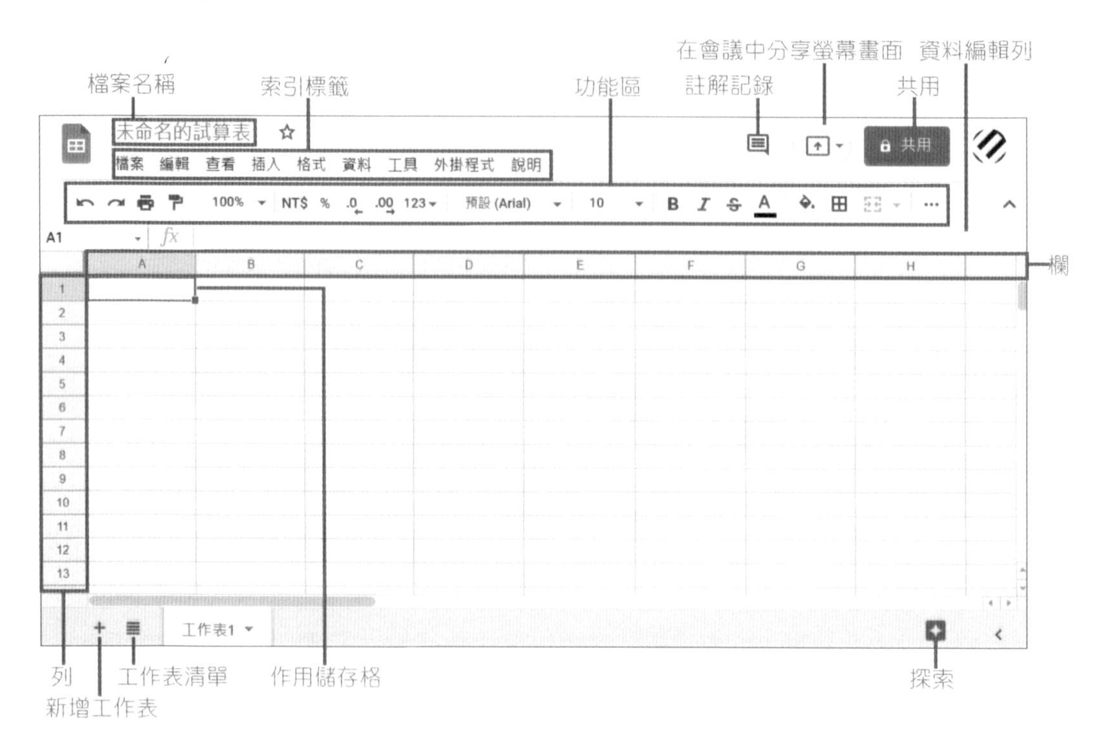

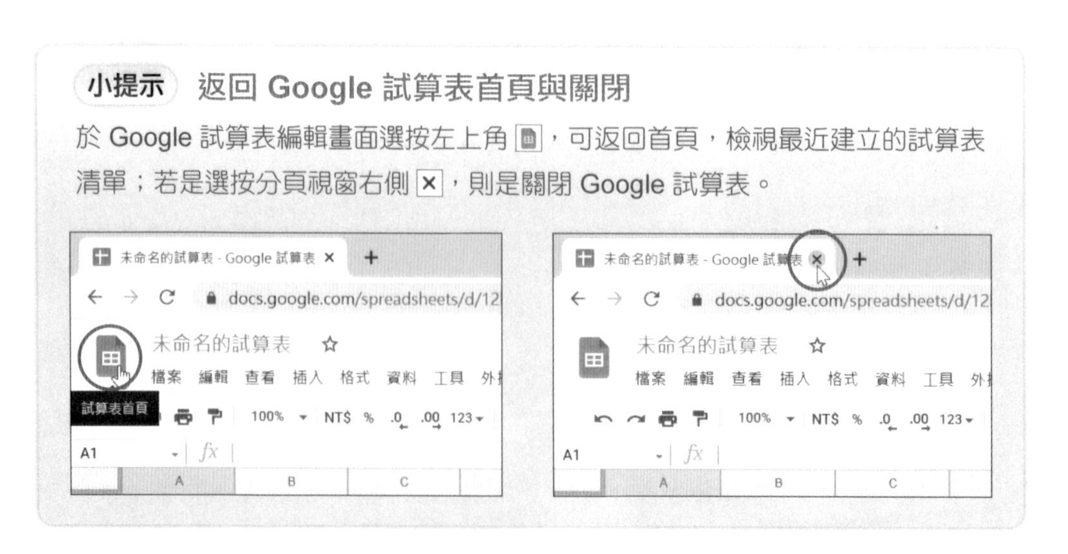

認識儲存格與位址

儲存格是工作表中的基本編輯單位，並以 "欄名" 加 "列號" 來代表位址。當選按任一儲存格時，該儲存格即成為 **作用儲存格**，並在 **名稱方塊** 中顯示其位址。

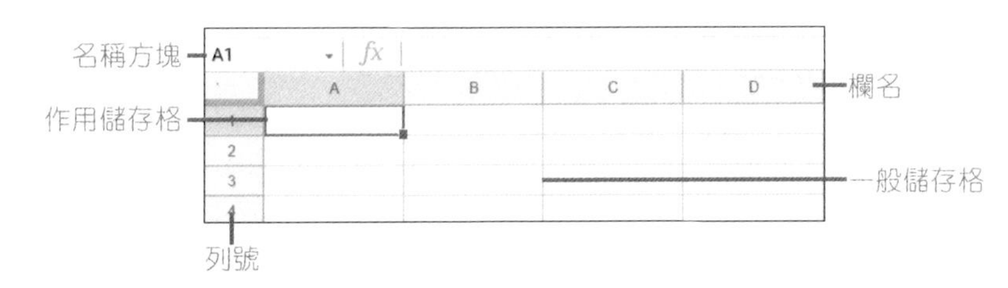

儲存格位址的表示方法有 **相對位址**、**絕對位址**、**混合位址**、**區塊位址** 四種：

位址	說明
相對位址	複製時其位址會隨著對應的儲存格而自動改變 (如 C2)。
絕對位址	在欄名及列號前都加上 $ 符號 (如 $C$2)，複製時其位址是固定的，不會隨著對應的儲存格而改變。
混合位址	欄名與列號中一個為相對位址，另一個為絕對位址 (如 $C2)。複製後絕對位址部分不變，但是相對位址的部分會隨著對應儲存格而改變。
區塊位址	以區塊範圍的左上角與右下角儲存格位址表示，如 A1:D3 即是由 A1 儲存格至 D3 儲存格交集所組成的矩形區塊範圍。

移動儲存格

如果要移動到某一儲存格時，可以在 **名稱方塊** 輸入位址，再按 Enter 鍵，作用儲存格就會移到指定儲存格。

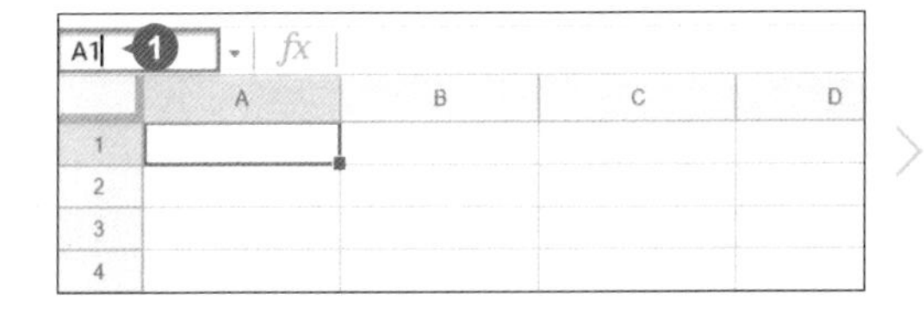

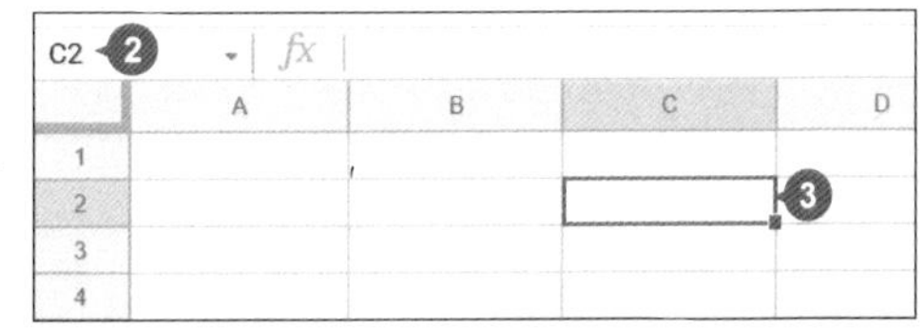

選取儲存格

如何選取儲存格是進行 Google 試算表各項操作的必備技巧，以下將一一示範常用的儲存格選取方法。

- **單一儲存格的選取**：在儲存格上按一下滑鼠左鍵可選取單一儲存格。

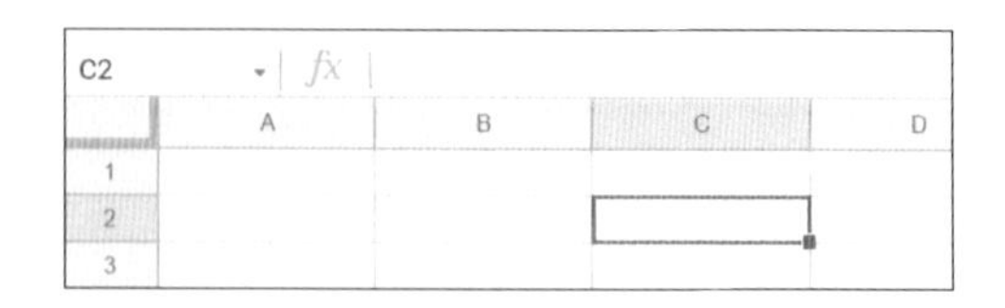

- **區塊選取**：第一個儲存格選取後按滑鼠左鍵不放，拖曳至預設選取範圍最後一個儲存格，再放開左鍵。

- **非相鄰儲存格的選取**：選取一個儲存格後，按 Ctrl 鍵不放再選取其他儲存格。

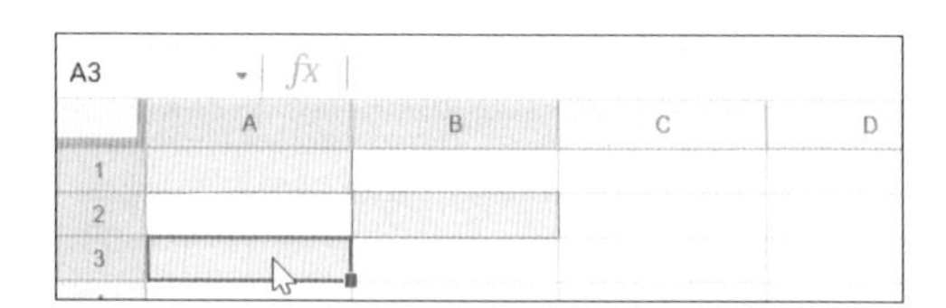

- **選取整列或整欄**：在欄名或列號上按一下滑鼠左鍵便可選取此整欄或整列。

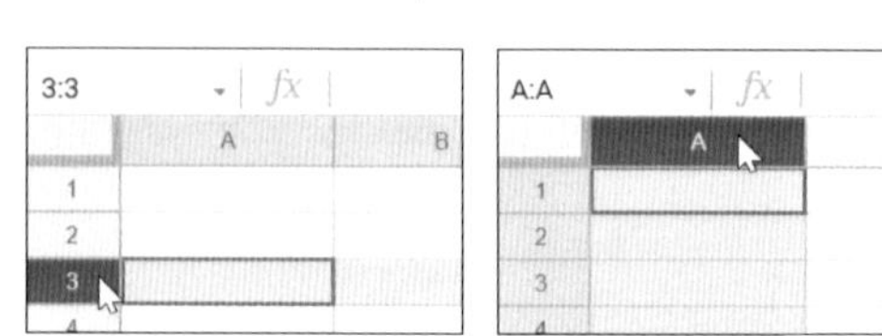

- **選取相鄰的列或欄**：在欄名或列號上按滑鼠左鍵不放後向相鄰的列或欄進行拖曳可選取相鄰的列或欄。

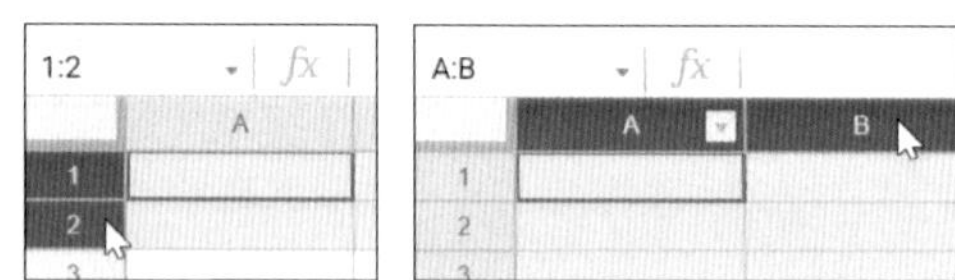

- **選取所有的儲存格**：按欄列交界的 **全選** 鈕，可以將該工作表全部的儲存格一次選取起來。

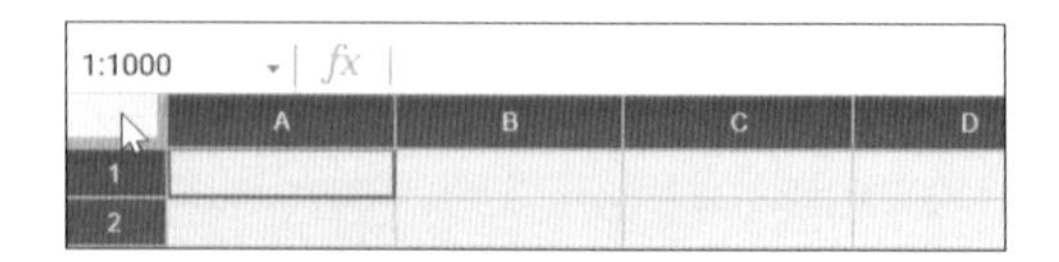

- **輸入位址選取儲存格**： 於名稱方塊輸入儲存格位址或範圍，按 Enter 鍵後，會選取指定的儲存格範圍。

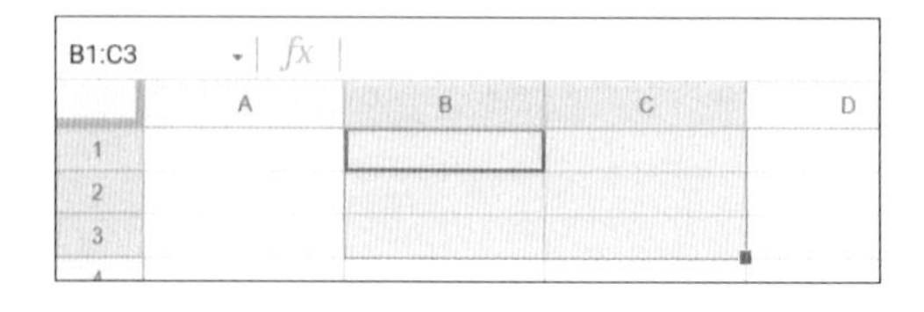

建立支出明細表

透過資料輸入、欄寬調整、修改與清除、插入欄、自動填滿及設定儲存格的資料格式...等功能，動手建立支出明細表。

輸入文字

01 選取 A1 儲存格，於資料編輯列輸入「活動支出明細表」文字，輸入完成後按 Enter 鍵。

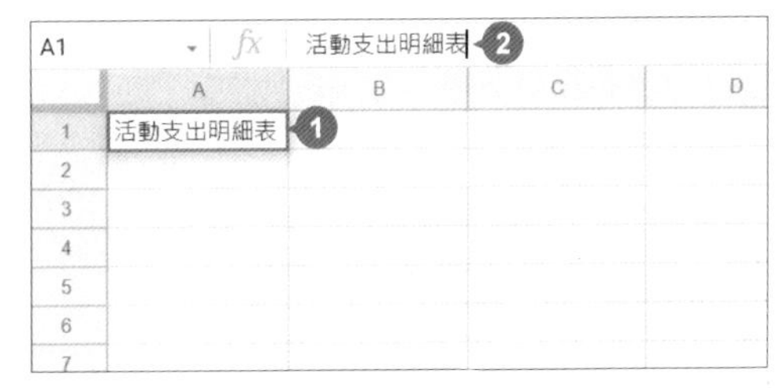

▲ 也可以在選取 A1 儲存格，直接輸入文字，儲存格內的文字資料預設為靠左側對齊。

02 在 A3 儲存格輸入「發票日期」，按 Tab 鍵往右移動，參考下圖輸入所有欄位名稱。

03 接著輸入 "申請者" 與 "活動名稱/明細" 欄位下方的內容，也可開啟範例原始檔 <05活動支出明細表.txt>，複製相關文字並貼上 (貼上後，選按 **貼上格式設定 \ 僅貼上值**。)。

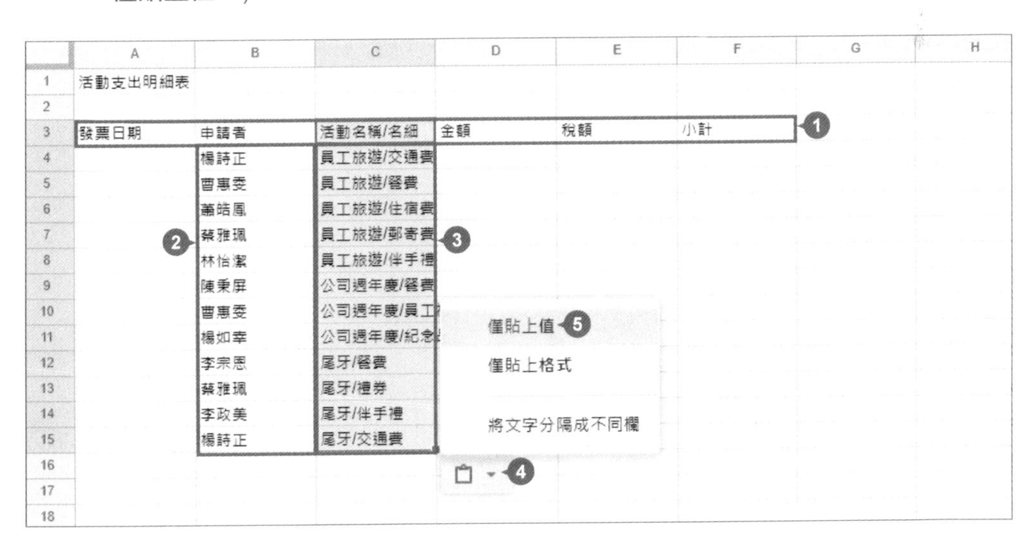

輸入日期

切換回英數輸入的狀態，為差旅費用標示日期。選取 A4 儲存格，輸入「8/9」日期後，按 Enter 鍵，依相同方式，完成其他日期的輸入。

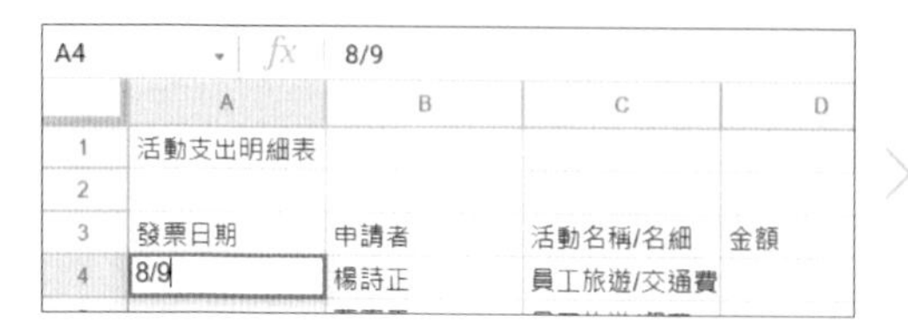

調整日期樣式

選取 A4:A15 儲存格範圍，於 **格式** 索引標籤選按 **數值 \ 日期**，套用日期樣式。

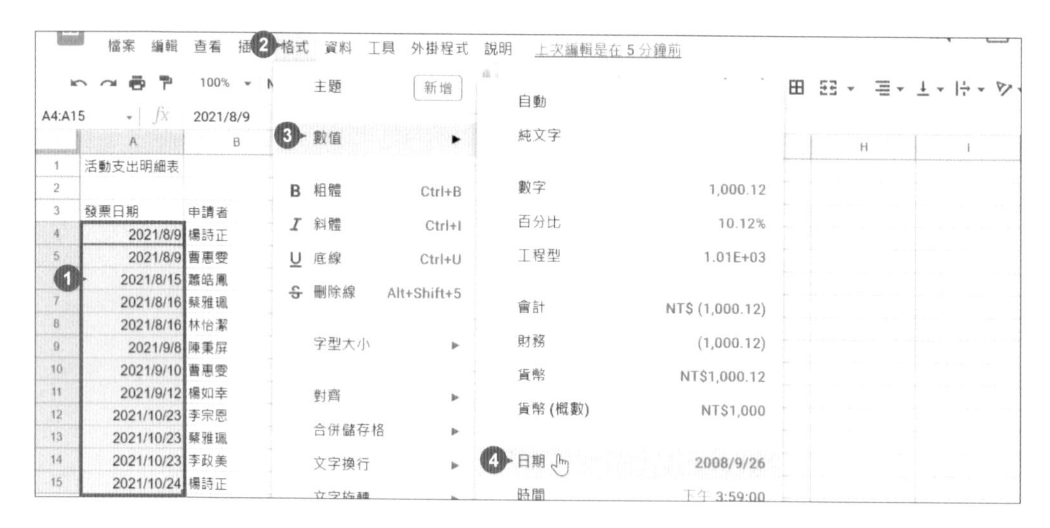

除了可套用此款日期樣式，還可以於 **格式** 索引標籤選按 **數值 \ 更多日期和時間格式** 開啟對話方塊，選擇合適的日期樣式，再選按 **套用** 鈕。

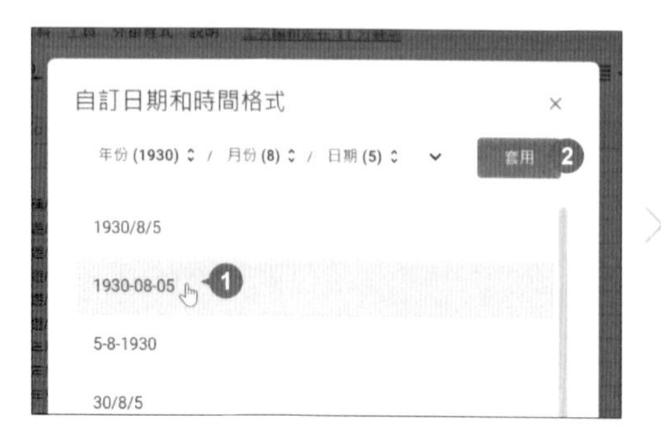

資訊補給站

認識儲存格的資料型態

儲存格中的資料基本型態有三種：文字、數值及日期/時間：

資料型態	說明
文字	在儲存格中輸入中、英文及標點符號的內容，會被判斷為文字資料型態，預設為靠左對齊。若要將數值設定為文字資料型態，可在輸入前加上「'」符號。例如：「168」數值，要輸入成「'168」。
數值	在儲存格中輸入數值的方式與一般文字相同，但儲存格內的數值可以運算，顯示的方式預設是靠右對齊。 分數資料與日期資料相似，例如：「5/4」，若為分數要輸入「=5/4」，再套用 **格式** 索引標籤選按 **數值 \ 其他格式 \ 自訂數字格式 \ # ??/??** 樣式，否則很容易被判斷成為日期。 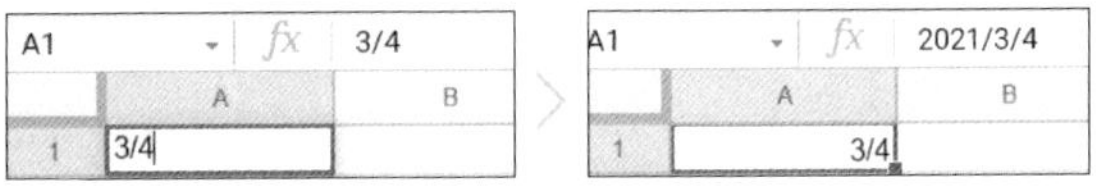 
日期 / 時間	日期時間資料也被視為數值資料，因為儲存格內的資料是可以運算，預設是靠右對齊。只要在儲存格中依習慣的日期時間格式輸入，大都可以被正確判別，若是沒有依照格式輸入則會被視為文字。 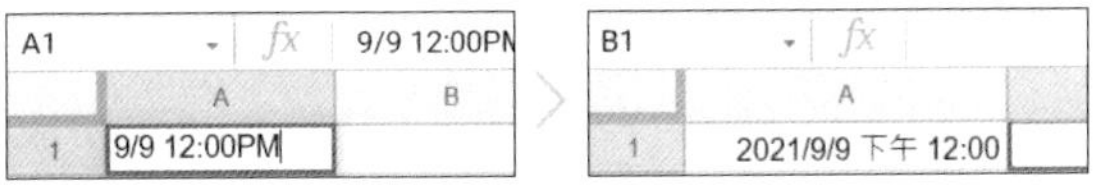

輸入數值

延續上個操作，在英數輸入的狀態下，如右圖輸入 "金額"、"稅額" 欄位下方的金額 (或開啟範例原始檔 <05活動支出明細表.txt> 複製相關資料並貼上，貼上後，選按 **貼上格式設定 \ 僅貼上值**。)，儲存格內的數值資料，預設為靠右側對齊。

	C	D	E	F
3	活動名稱/名細	金額	稅額	小計
4	員工旅遊/交通費	904	45	
5	員工旅遊/餐費	280	14	
6	員工旅遊/住宿費	36000	1800	
7	員工旅遊/郵寄費	76	4	
8	員工旅遊/伴手禮	604	30	
9	公司週年慶/餐費	28000	1400	
10	公司週年慶/員工	1190	60	
11	公司週年慶/紀念	5000	250	
12	尾牙/餐費	20000	1000	
13	尾牙/禮券	6000	300	
14	尾牙/伴手禮	5000	250	
15	尾牙/交通費	3500	175	

調整欄位寬度

輸入過程中會發現有些資料長度大於儲存格寬度，所以資料無法完整呈現，可參考以下方式調整。

手動調整欄位寬度：將滑鼠指標移到要調整寬度的欄名之間，待滑鼠指標呈 ⇔ 狀，按左鍵不放拖曳到適當欄位的寬度後放開。

	A	B	C	D
3	發票日期	申請者	活動名稱/名細	金額
4	2021-08-09	楊詩正	員工旅遊/交通費	
5	2021-08-09	曹惠雯	員工旅遊/餐費	
6	2021-08-15	蕭皓鳳	員工旅遊/住宿費	3
7	2021-08-16	蔡雅珮	員工旅遊/郵寄費	

另一種是自動調整寬度：將滑鼠指標移到要調整寬度的欄名之間，待滑鼠指標呈 ⇔ 狀，連按二下滑鼠左鍵，儲存格即會依該欄的內容自動調整寬度。

	A	B	C	D
3	發票日期	申請者	活動名稱/名細	金額
4	2021-08-09	楊詩正	員工旅遊/交通費	90
5	2021-08-09	曹惠雯	員工旅遊/餐費	28
6	2021-08-15	蕭皓鳳	員工旅遊/住宿費	3600
7	2021-08-16	蔡雅珮	員工旅遊/郵寄費	7

修改與清除資料

儲存格中輸入的資料，可以透過以下方式修改與清除編修內容。

STEP 01 在想要更新資料的儲存格上按一下滑鼠左鍵，即可重新輸入資料，完成新資料的輸入後按 Enter 鍵。

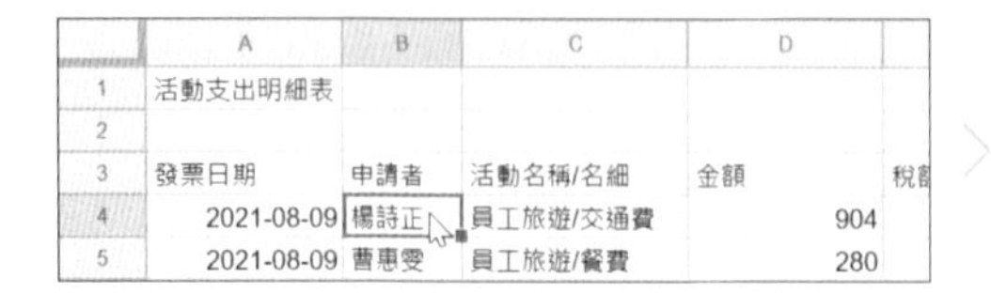

	A	B	C	D	
1	活動支出明細表				
2					
3	發票日期	申請者	活動名稱/名細	金額	稅額
4	2021-08-09	楊詩正	員工旅遊/交通費	904	
5	2021-08-09	曹惠雯	員工旅遊/餐費	280	

	A	B	C	D	
1	活動支出明細表				
2					
3	發票日期	申請者	活動名稱/名細	金額	稅額
4	2021-08-09	李政美	員工旅遊/交通費	904	
5	2021-08-09	曹惠雯	員工旅遊/餐費	280	

STEP 02 在想要局部修改資料的儲存格上連按二下滑鼠左鍵，即可修改輸入線前後的內容文字。

	A	B	C	D
5	2021-08-09	曹惠雯	員工旅遊/餐費	280
6	2021-08-15	蕭皓鳳	員工旅遊/住宿費	36000
7	2021-08-16	蔡雅珮	員工旅遊/郵寄費	76
8	2021-08-16	林怡潔	員工旅遊/伴手禮	604
9	2021-09-08	陳秉屏	公司週年慶/餐費	28000

	A	B	C	D
5	2021-08-09	曹惠雯	員工旅遊/餐費	280
6	2021-08-15	蕭皓鳳	員工旅遊/住宿費	36000
7	2021-08-16	蔡雅珮	員工旅遊/郵寄文件	
8	2021-08-16	林怡潔	員工旅遊/伴手禮	604
9	2021-09-08	陳秉屏	公司週年慶/餐費	28000

STEP 03 選取想要清除資料的儲存格，按 Del 鍵即可清除此儲存格內的資料，但不會刪除該儲存格，之後再輸入正確內容。

	A	B	C	D
5	2021-08-09	曹惠雯	員工旅遊/餐費	280
6	2021-08-15	蕭皓鳳	員工旅遊/住宿費	36000
7	2021-08-16	蔡雅珮	員工旅遊/郵寄文件	
8	2021-08-16	林怡潔	員工旅遊/伴手禮	604
9	2021-09-08	陳秉屏	公司週年慶/餐費	28000

	A	B	C	D
5	2021-08-09	曹惠雯	員工旅遊/餐費	280
6	2021-08-15	蕭皓鳳	員工旅遊/住宿費	36000
7	2021-08-16	蔡雅珮	員工旅遊/郵寄文件	75
8	2021-08-16	林怡潔	員工旅遊/伴手禮	604
9	2021-09-08	陳秉屏	公司週年慶/餐費	28000

插入欄、列

除了現有資料的編修，也可隨時依需求增減 "欄" 或 "列" 改變工作表結構。以下要為這個活動支出明細表新增 "編號" 一欄。

STEP 01 於欄號 A 上按一下滑鼠左鍵選取此欄，接著於 **插入** 索引標籤選按 **向左插入 1 欄**，即可在選取欄左側新增一空白欄。

STEP 02 如下圖分別於 A3 至 A4 儲存格輸入「編號」、「A-001」。

	A	B	C	D	E
1		活動支出明細表			
2					
3	編號	發票日期	申請者	活動名稱/名細	金額
4	A-001	2021-08-09	李政美	員工旅遊/交通費	
5		2021-08-09	曹惠雯	員工旅遊/餐費	
6		2021-08-15	蕭皓鳳	員工旅遊/住宿費	
7		2021-08-16	蔡雅珮	員工旅遊/郵寄文件	
8		2021-08-16	林怡潔	員工旅遊/伴手禮	
9		2021-09-08	陳秉屏	公司週年慶/餐費	
10		2021-09-10	曹惠雯	公司週年慶/員工禮	
11		2021-09-12	楊如幸	公司週年慶/紀念品	
12		2021-10-23	李宗恩	尾牙/餐費	
13		2021-10-23	蔡雅珮	尾牙/禮券	
14		2021-10-23	李政美	尾牙/伴手禮	
15		2021-10-24	楊詩正	尾牙/交通費	
16					
17					
18					
19					

使用自動填滿

輸入的過程，常需要在相鄰儲存格中填入連續的數值、編號或相關文字，此時可以使用自動填滿功能。這個例子要於 "編號" 欄位輸入連續數值，方式如下：

STEP 01

選取已填入號碼的 A4 儲存格，將滑鼠指標移到儲存格右下角的 **填滿控點** 上，滑鼠指標呈 ＋ 狀，於 **填滿控點** 上連按二下滑鼠左鍵。

	A	B	C	D
1		活動支出明細表		
2				
3	編號	發票日期	申請者	活動名稱/名細
4	A-001	2021-08-09	李政美	員工旅遊/交通費
5		2021-08-09	曹惠雯	員工旅遊/餐費
6		2021-08-15	蕭皓鳳	員工旅遊/住宿費
7		2021-08-16	蔡雅珮	員工旅遊/郵寄文
8		2021-08-16	林怡潔	員工旅遊/伴手禮

STEP 02

即會向下自動為相鄰資料筆數填滿連續資料 (數值部份會自動遞增 1)。

	A	B	C	D
1		活動支出明細表		
2				
3	編號	發票日期	申請者	活動名稱/名細
4	A-001	2021-08-09	李政美	員工旅遊/交通費
5	A-002	2021-08-09	曹惠雯	員工旅遊/餐費
6	A-003	2021-08-15	蕭皓鳳	員工旅遊/住宿費
7	A-004	2021-08-16	蔡雅珮	員工旅遊/郵寄文
8	A-005	2021-08-16	林怡潔	員工旅遊/伴手禮

小提示 自動填滿的應用方式

當要藉由自動填滿複製儲存格內容，該儲存格左或右側需有輸入內容，才能以連按二下 **填滿控點** 填滿至與相鄰儲存格。

若為單獨儲存格，有以下幾種不同填滿方式：

1. 只有**數值資料**的儲存格：可直接拖曳填滿相同數值，按著 Ctrl 鍵再拖曳可填滿遞增的數值。
2. 只有**文字資料**的儲存格：可直接拖曳填滿相同文字。
3. 若儲存格中有**文字在前與數值在後的組合式資料**，例如：A1，直接拖曳可填滿遞增數值，文字不變。
4. 只有**日期資料**的儲存格：可直接拖曳填滿遞增的日期，按著 Ctrl 鍵拖曳可填滿相同的日期。

金額運算

你可以利用運算功能快速計算出產品銷售數量、公司營運目標達成...等。

認識公式

公式是由 "運算子" 與 "數值" 所組成，其運算的優先順序為：**括弧** 〉**次方** 〉**乘除** 〉**加減** 為基本架構。而所有公式皆以 **"="** 等號為起始，再加上數值或儲存格位址與運算子組合而成。

C1 | fx =(A1+B1)/2

	A	B	C	D	E
1	20	3	=(A1+B1)/2		
2					
3					
4					
5					
6					

算術運算子	比較運算子
+ 加號	= 等於
- 減號	> 大於
* 乘號	< 小於
/ 除法	>= 大於或等於
% 百分比	<= 小於或等於
^ 次方符號 (乘冪)	<> 不等於

輸入公式

以範例中的 G 欄 "小計" 為例，公式為 E 欄 "金額" + F 欄 "稅額"。選取 G4 儲存格，直接輸入公式「=E4+F4」，按 Enter 鍵完成運算。

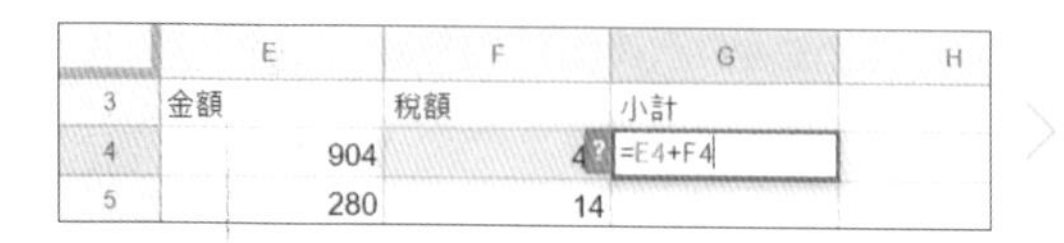

	E	F	G	H
3	金額	稅額	小計	
4	904	45	949	
5	280	14	294	

複製公式

輸入公式之後，會顯示 **自動填入** 訊息，選按 ☑ 就會向下自動為相鄰資料筆數填滿相同公式，並調整相對儲存格，產生正確小計值。

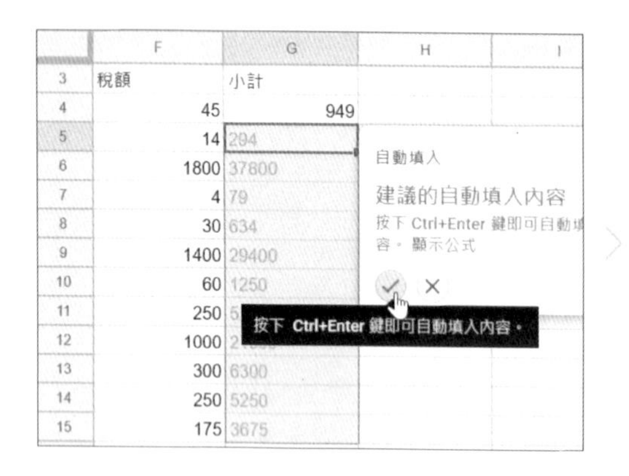

	F	G	H	I
3	稅額	小計		
4	45	949		
5	14	294		
6	1800	37800		
7	4	79		
8	30	634		
9	1400	29400		
10	60	1250		
11	250	5250		
12	1000	21000		
13	300	6300		
14	250	5250		
15	175	3675		

另一個方法，選取 G4 儲存格，將滑鼠指標移至該儲存格右下角 **填滿控點** 上呈 ＋ 狀，按滑鼠左鍵不放往下拖曳到 G15 儲存格，放開滑鼠左鍵。(也可直接於 G4 儲存格右下角 **填滿控點** 上連按二下滑鼠左鍵)

	F	G	H	I
3	稅額	小計		
4	45	949		
5	14			
6	1800			
7	4			
8	30			
9	1400			
10	60			
11	250			
12	1000			
13	300			
14	250			
15	175			
16				

	F	G	H	I
3	稅額	小計		
4	45	949		
5	14	294		
6	1800	37800		
7	4	79		
8	30	634		
9	1400	29400		
10	60	1250		
11	250	5250		
12	1000	21000		
13	300	6300		
14	250	5250		
15	175	3675		
16				

設定儲存格樣式

一份混合文字數值的試算表，如果沒有善用格式呈現，不但閱讀時無法明確表達訊息，更無法善用於其他相關分析，所以儲存格的格式相當重要。

格式化數值並加上貨幣符號

試算表中最常見的就是數值資料，數值預設的類別區分為：數值、貨幣、會計專用、百分比、分數...等，以下示範選取要格式化的儲存格範圍加上貨幣符號 "$"：

STEP 01 選取 E4:G15 儲存格，於 **格式** 索引標籤選按 **數值 \ 其他格式 \ 自訂數字格式** 開啟對話方塊。

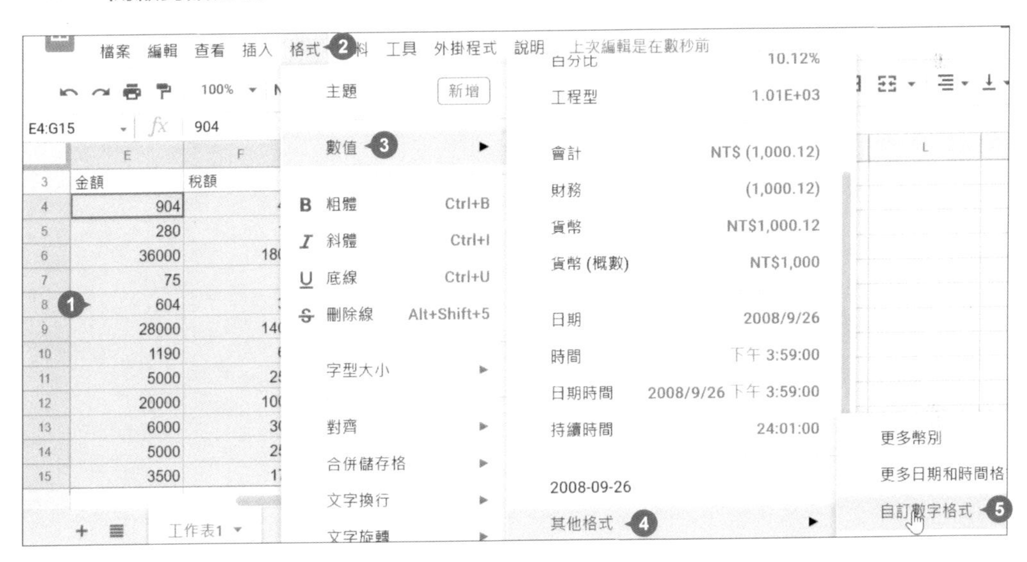

STEP 02 於 **自訂數字格式** 對話方塊，選擇合適的格式後，選按 **套用**，即會依指定的千分位、小數位數、貨幣符號樣式套用在數值資料。

自訂數字格式 ×

$#,##0_);($#,##0) 套用 2

正數： $1,235
負數： ($1,235)
說明

$#,##0_);($#,##0) 1 $1,235

	E	F	G	H
3	金額	稅額	小計	
4	$904	$45	$949	
5	$280	$14	$294	
6	$36,000	$1,800	$37,800	
7	$75	$4	$79	
8	$604	$30	$634	
9	$28,000	$1,400	$29,400	
10	$1,190	$60	$1,250	
11	$5,000	$250	$5,250	

格式化文字對齊方式及合併儲存格

文字資料預設是 **靠左對齊**，數值資料預設是 **靠右對齊**，但儲存格中的資料仍可透過對齊功能整理，讓資料顯得更有條理。

STEP 01 選取 A3:G3 儲存格，按 Ctrl 鍵不放再選取 A4:D15 儲存格，於 **格式** 索引標籤選按 **對齊 \ 置中對齊**、**中央對齊**，將儲存格的資料內容擺放在儲存格正中央(垂直、水平均置中)。

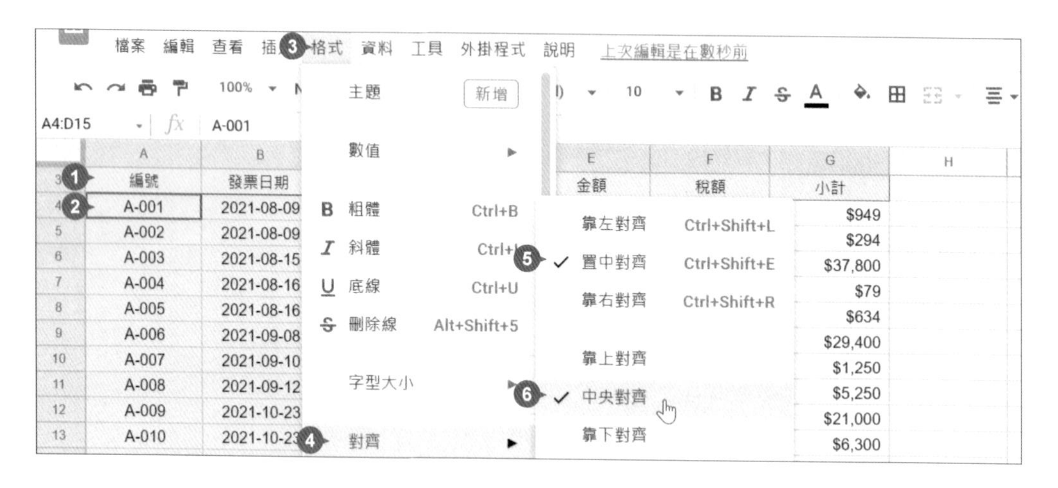

STEP 02 明細表標題文字要置中擺放在目前資料欄位中：選取 A1:G1 儲存格，於 **格式** 索引標籤選按 **合併儲存格 \ 水平合併**，如此一來即將 A1:G1 儲存格合併為一個儲存格，再於 **格式** 索引標籤選按 **對齊 \ 置中對齊**、**中央對齊**，讓資料擺放於該儲存格中央。

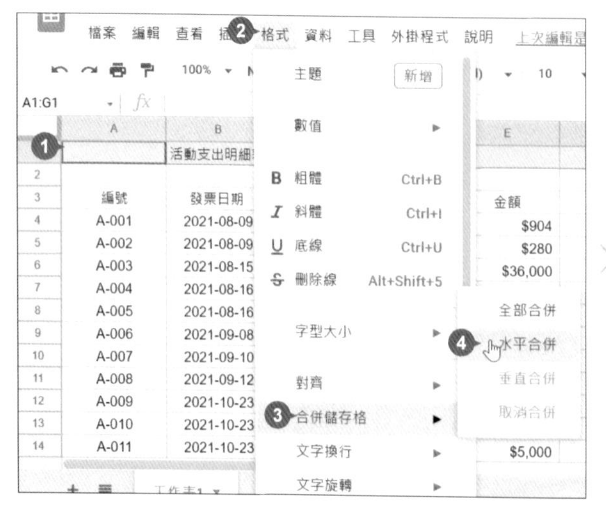

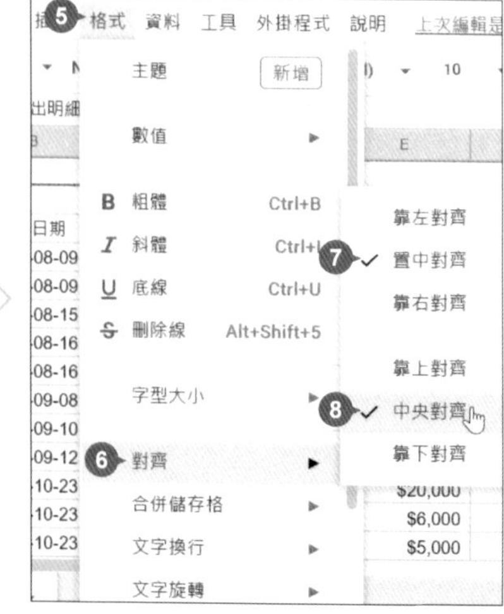

為儲存格套用色彩

合適的樣式可以讓閱讀者更容易區分，顯現出明細表中各個區域。

STEP 01 選取 A1 儲存格，於 **功能區** 設定 **字型大小**：**12**、B **粗體**、A **文字顏色**：**深藍色1**。

A1:G1 fx 活動支出明細表

	B	C	D	E	F	G
1	活動支出明細表					
2						
3	發票日期	申請者	活動名稱/名細	金額	稅額	小計
4	2021-08-09	李政美	員工旅遊/交通費	$904	$45	$949
5	2021-08-09	曹惠雯	員工旅遊/餐費	$280	$14	$294
6	2021-08-15	蕭皓鳳	員工旅遊/住宿費	$36,000	$1,800	$37,800
7	2021-08-16	蔡雅珮	員工旅遊/郵寄文件	$75	$4	$79
8	2021-08-16	林怡潔	員工旅遊/伴手禮	$604	$30	$634

重設　深藍

STEP 02 選取 A3:G3 儲存格，於 **功能區** 設定 A **文字顏色**：**白色**、 **填滿顏色**：**深藍色1**，再選取 A4:G15 儲存格，於 **功能區** 設定 **填滿顏色**：**淺藍色3**。

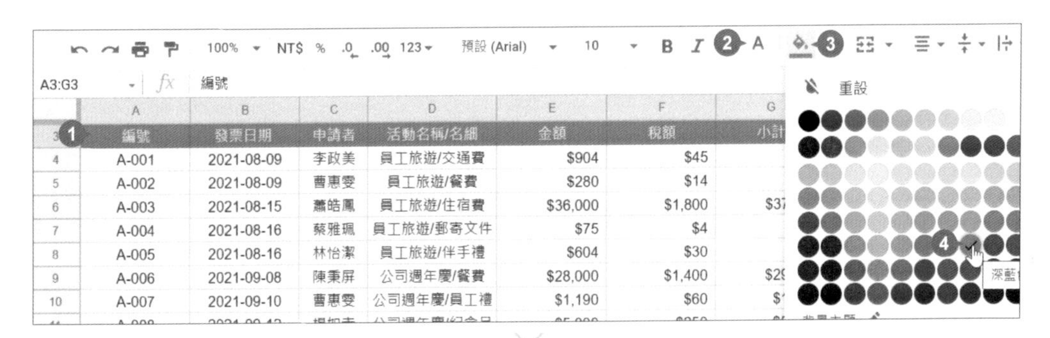
A3:G3 fx 編號

	A	B	C	D	E	F	G
3	編號	發票日期	申請者	活動名稱/名細	金額	稅額	小計
4	A-001	2021-08-09	李政美	員工旅遊/交通費	$904	$45	
5	A-002	2021-08-09	曹惠雯	員工旅遊/餐費	$280	$14	
6	A-003	2021-08-15	蕭皓鳳	員工旅遊/住宿費	$36,000	$1,800	$37
7	A-004	2021-08-16	蔡雅珮	員工旅遊/郵寄文件	$75	$4	
8	A-005	2021-08-16	林怡潔	員工旅遊/伴手禮	$604	$30	
9	A-006	2021-09-08	陳秉屏	公司週年慶/餐費	$28,000	$1,400	$29
10	A-007	2021-09-10	曹惠雯	公司週年慶/員工禮	$1,190	$60	$1

A4:G15 fx A-001

	A	B	C	D	E	F	G
3	編號	發票日期	申請者	活動名稱/名細	金額	稅額	小計
4	A-001	2021-08-09	李政美	員工旅遊/交通費	$904	$45	
5	A-002	2021-08-09	曹惠雯	員工旅遊/餐費	$280	$14	
6	A-003	2021-08-15	蕭皓鳳	員工旅遊/住宿費	$36,000	$1,800	$37
7	A-004	2021-08-16	蔡雅珮	員工旅遊/郵寄文件	$75	$4	
8	A-005	2021-08-16	林怡潔	員工旅遊/伴手禮	$604	$30	
9	A-006	2021-09-08	陳秉屏	公司週年慶/餐費	$28,000	$1,400	$29
10	A-007	2021-09-10	曹惠雯	公司週年慶/員工禮	$1,190	$60	$1
11	A-008	2021-09-12	楊如幸	公司週年慶/紀念品	$5,000	$250	$5
12	A-009	2021-10-23	李宗恩	尾牙/餐費	$20,000	$1,000	$21
13	A-010	2021-10-23	蔡雅珮	尾牙/禮券	$6,000	$300	$6
14	A-011	2021-10-23	李政美	尾牙/伴手禮	$5,000	$250	$5
15	A-012	2021-10-24	楊詩正	尾牙/交通費	$3,500	$175	$3

重設　背景主題　自訂　淺藍

自動儲存與離線編輯

Google 試算表在編輯時會自動儲存，無需手動設定；而離線編輯功能則是可讓 Google 試算表在沒有網路的情況下，繼續存取或編輯。

檔案命名與儲存

編輯 Google 試算表時會自動儲存檔案。以命名檔案名稱為例，於左上角輸入檔案名稱，右側會顯示 儲存中...，完成後則會顯示 已儲存到雲端硬碟。

如果想要確認試算表是否已經完成儲存，可以選按 ，當清單中顯示 **所有變更都已儲存到雲端硬碟** 代表已儲存成功。

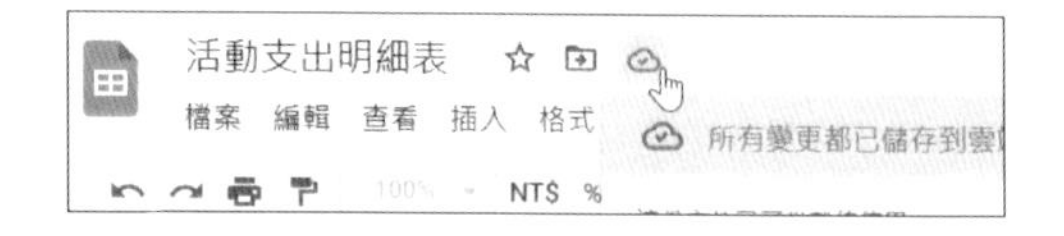

離線編輯

離線編輯功能在設定時必須先確認以下幾點：

- 在連接網路的情況下使用 Chrome 瀏覽器，避免使用無痕視窗模式。
- 安裝並啟用 **Google 文件離線版** Chrome 擴充功能。
- 確認裝置仍有足夠的儲存空間。

STEP 01 於 Chrome 瀏覽器視窗右上角選按 ⋮ \ **更多工具** \ **擴充功能**，確認 **Google 文件離線版** 功能是否開啟。(Chrome 預設 **Google 文件離線版** 已內建，如果發現無此擴充功能時，可至 Chrome 線上應用程式商店搜尋安裝。)

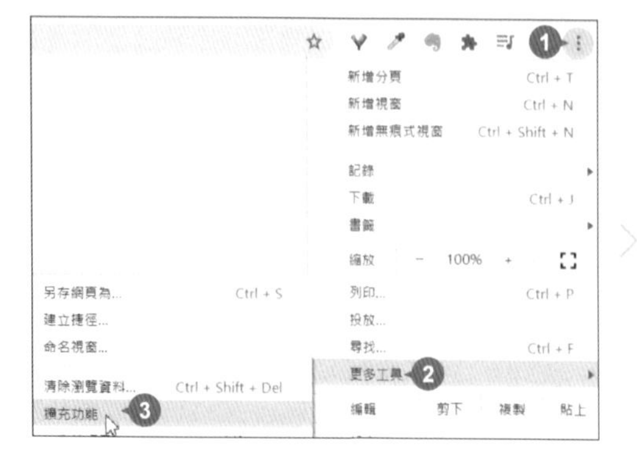

STEP 02 接著於 Chrome 瀏覽器網址列輸入「https://docs.google.com/spreadsheets/」開啟 **試算表** 首頁，於左上角選按 ☰ **主選單 \ 設定** 開啟對話方塊。

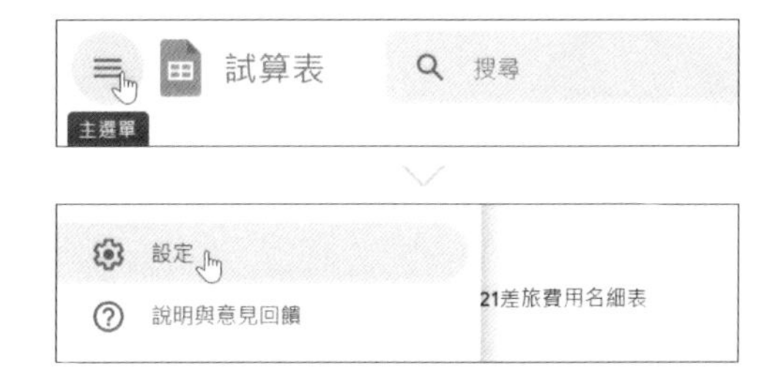

STEP 03 於 **離線** 項目右側選按 呈 狀，再選按 **確定** 鈕，即可開啟 Google 試算表的離線編輯功能。

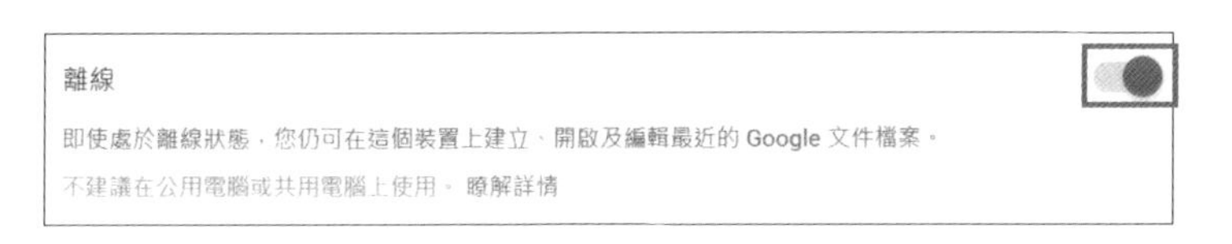

STEP 04 之後 Google 試算表編輯中如果發生網路中斷的情況，畫面上方即會顯示 **離線作業**，此時仍然可繼續編輯該試算表；過程中可看到 **已儲存到這部裝置**，表示已將變更的內容儲存至本機硬碟中。

STEP 05 待重新連上網路，會自動將本機變更的內容上傳並儲存到雲端硬碟。

小提示　不是 Google 檔案也可以離線編輯嗎？

Google 試算表目前已全面支援離線編輯，但如果要離線編輯 Office 格式的檔案，除了要啟用離線編輯功能設定外，在 **試算表** 首頁，可以於要設定離線編輯的檔案右側選按 ⋮ \ **離線存取** 右側 呈 狀，之後檔案名稱右側只要出現 圖示，代表可離線編輯。

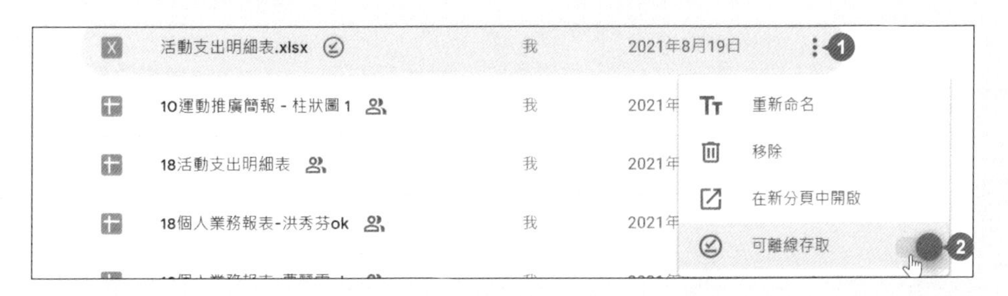

列印

要將完成的試算表列印為紙本，可以在列印設定中調整最適合的紙張大小、邊界...等項目，讓試算表更專業的呈現。

STEP 01 於 **檔案** 索引標籤選按 **列印** 進入列印設定畫面，於左側預覽畫面確認列印效果，接著設定 **列印**、**紙張大小**、**頁面方向**...等，再按 **下一步** 鈕。

預覽列印畫面

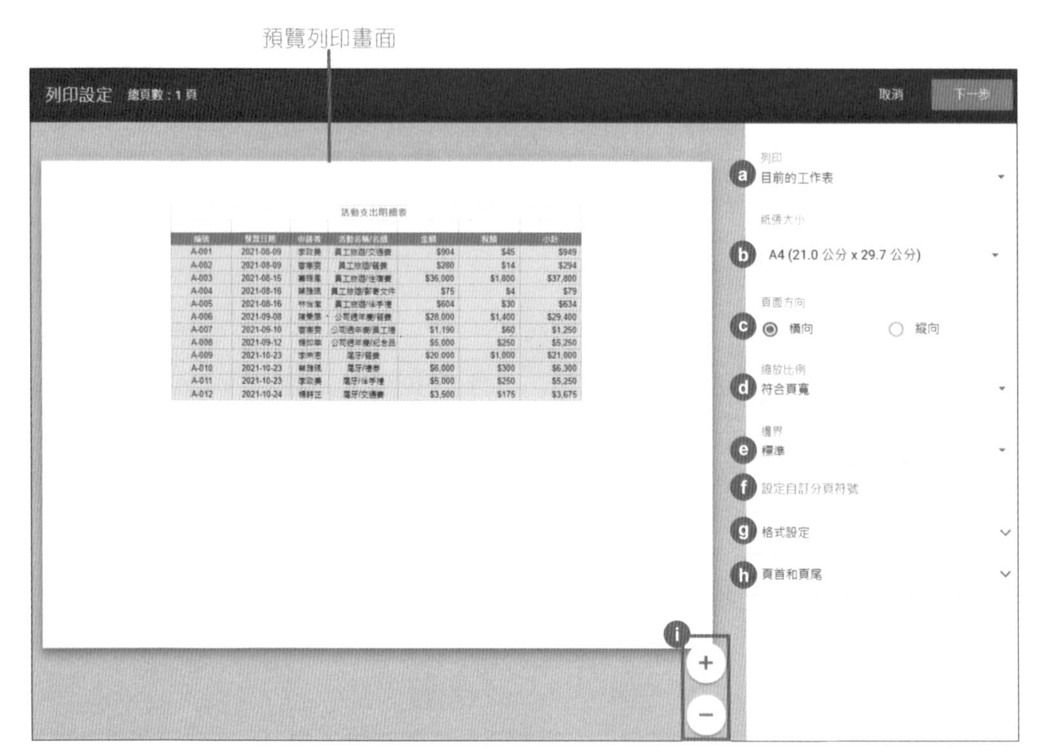

- **a** 列印工作簿 (全部工作表)、目前工作表或所選的儲存格
- **b** 設定紙張大小
- **c** 設定紙張縱向或橫向
- **d** 設定縮放比例：符合頁寬、頁高或自訂大小
- **e** 設定邊界：窄、寬或自訂數字，也可拖曳調整，
- **f** 以拖曳欄或列分頁線新增，可新增多條，按左側或上方的 ✖ 可刪除分頁線。
- **g** 設定顯示格線、標註、頁面順序與對齊。
- **h** 新增頁碼、標題、日期...等項目或自訂文字。
- **i** 當滑鼠指標移到預覽畫面時，畫面右下角會顯示 + **放大**、− **縮小** 鈕。

STEP 02 於右側設定 **目的地**、**網頁**...等項目，再選按 **顯示更多設定**，可以有更多不同選項(不同印表機有不同設定)，完成設定後按 **列印** 鈕即可。

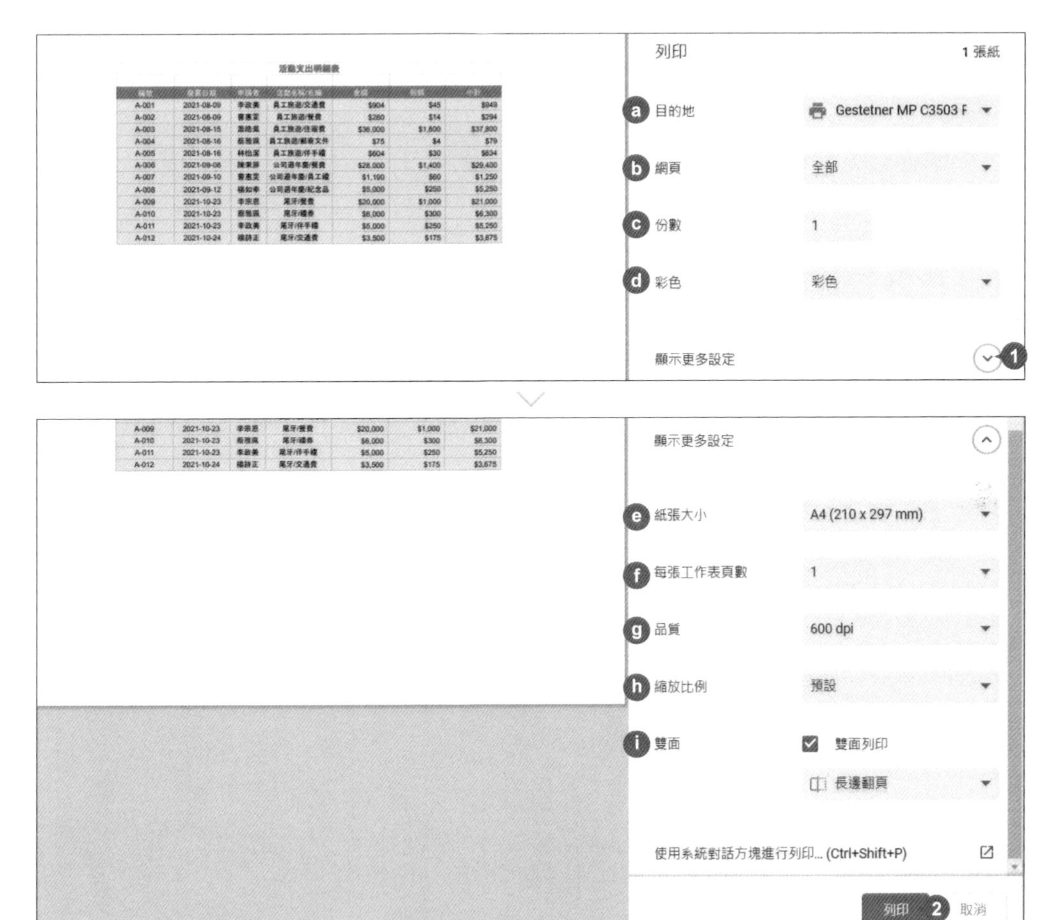

- **a** 設定印表機
- **b** 指定列印頁面
- **c** 設定多印份數
- **d** 設定彩色或黑白列印
- **e** 設定紙張大小
- **f** 設定每張頁面包含的工作表數量
- **g** 設定列印品質
- **h** 設定列印縮放比例
- **i** 雙面列印相關設定

NOTE

函式應用

業績統計表

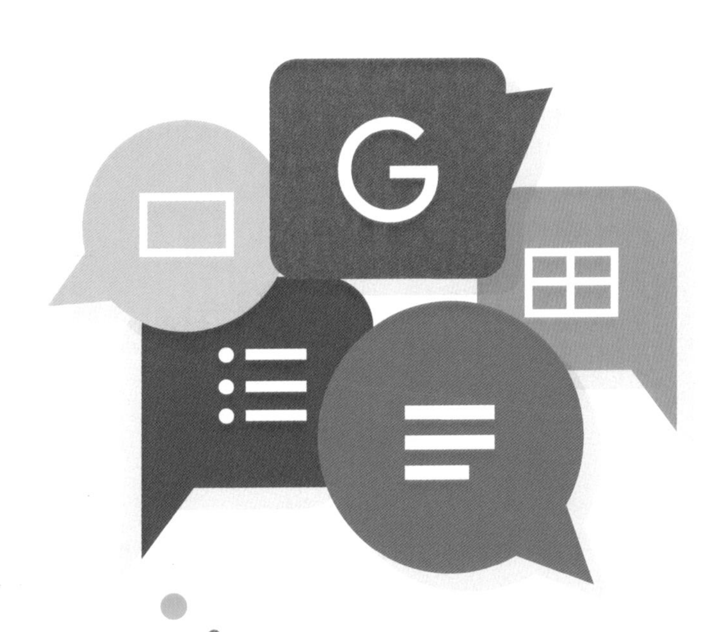

學 習 重 點

"業績統計表" 具有運算與統計的功能，為了加速工作流程並提高正確率，此時會應用到函式。業績輸入可即時產生總和與平均，還可以統計名次與評等，再加上翻譯與即時匯率幣值轉換，即使有修改或是更動都能馬上重新產生正確的數據。

欣榮文具上半年業績統計表 (台幣)

業務名稱	一月	二月	三月	四月	五月	六月	總和	平均	名次	評等
顏欣潔	8435	604	500	3872	2520	4050	19981	3330	1	A
鄭宏函	6420	1650	1530	1500	3010	2100	16210	2702	2	B
陳志倩	9990	350	1250	588	1250	2380	15808	2635	3	B
楊雅婷	3999	280	1600	4232	411	4608	15130	2522	4	C
蔡至芝	1999	1200	1400	3528	2738	3200	14065	2344	5	D
蔡誠祐	3450	1100	1300	1500	4000	2100	13450	2242	6	D
陳鈺治	5499	904	1190	1250	1800	2738	13381	2230	7	D
張慧茹	4888	2244	135	3444	1300	76	12087	2015	8	E
孫書岑	1367	750	1800	2730	840	2738	10225	1704	9	F
蔣佳琪	3210	800	1740	1280	940	2160	10130	1688	10	F

欣榮文具上半年業績統計表 (美金)

Business Name	January	February	March	April	May	June	Sum	Average	Reputation	Review
Yan Xinjie	301.11	21.56	17.85	138.22	89.96	144.58	713.28	119	1	A
Zheng Hong Letter	229.18	58.9	54.62	53.55	107.45	74.97	578.67	96	2	B
Chen Zhiqian	356.62	12.49	44.62	20.99	44.62	84.96	564.3	94	3	B
Yang Yuting	142.76	10	57.12	151.07	14.67	164.5	540.12	90	4	C
Cai Zhi	71.36	42.84	49.98	125.94	97.74	114.23	502.09	84	5	D
Cai Chengyou	123.16	39.27	46.41	53.55	142.79	74.97	480.15	80	6	D
Chen Yuzhi	196.3	32.27	42.48	44.62	64.26	97.74	477.67	80	7	D
Zhang Huiru	174.49	80.11	4.82	122.94	46.41	2.71	431.48	72	8	E
Sun Shu	48.8	26.77	64.26	97.45	29.99	97.74	365.01	61	9	F
Jiang Jiaqi	114.59	28.56	62.11	45.69	33.56	77.11	361.62	60	10	F

- 認識函式
- 加入 SUM 函式運算加總
- 加入 AVERAGE 函式運算平均
- 加入 ROUND 函式設定四捨五入
- 加入 RANK 函式設定名次
- 加入 VLOOKUP 函式評定等級
- 設定格式化條件
- 資料排序、自動篩選
- GOOGLETRANSLATE 函式翻譯語言
- GOOGLEFINANCE 函式取得即時匯率

原始檔：<本書範例 \ Part06 \ 原始檔 \ 06業績統計表>

完成檔：<本書範例 \ Part06 \ 完成檔 \ 06業績統計表ok>

TIPS 1

認識函式

簡單的加、減、乘、除運算不敷使用時，該怎麼辦？Google 函式，可以在最短時間內將數值轉成有用的統計數據，使工作更有效率。

Google 試算表已將數百個常用的數學運算公式，放置於 **函式** 項目中，只要遵守其內建的語法輸入即可。

STEP 01

於儲存格輸入要運算的值，然後選取存放運算結果的儲存格，於 **插入** 索引標籤選按 **函式**，再於清單選按要使用的函式。

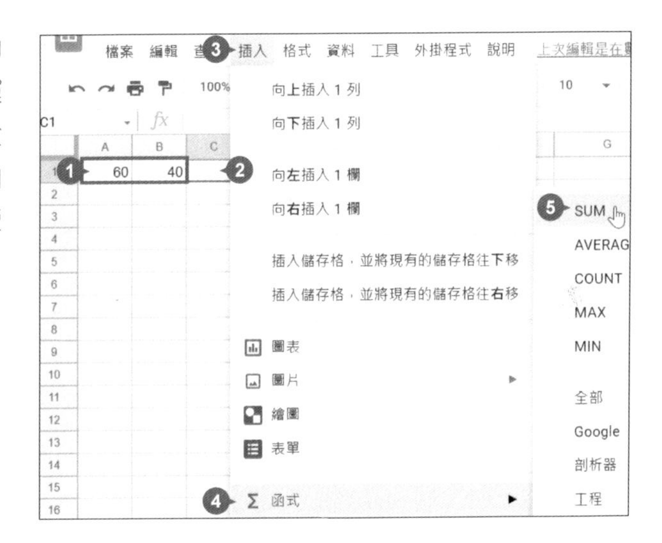

STEP 02

於儲存格下方會顯示函式說明，依照說明指定要作用的儲存格後，按 Enter 鍵，儲存格中會顯示運算結果。

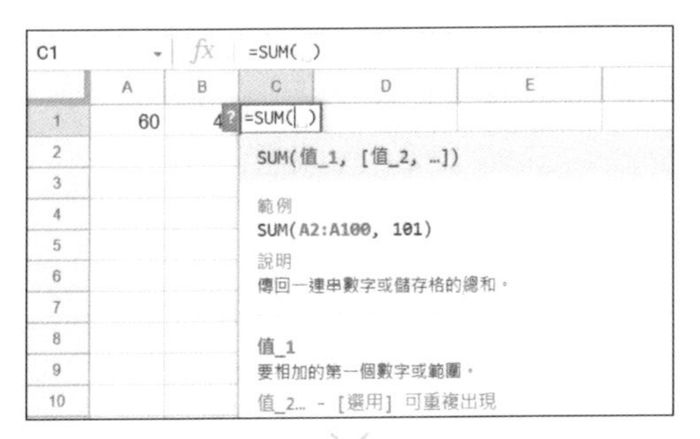

每個函式指定的語法，以括弧包含著，其中以 ":" (半型冒號) 表示範圍。例如 "A1:B1" 表示由 A1 到 B1 儲存格的範圍。

常用的函式與應用方法，在此以表列的方式整理：

函式	說明	語法及應用方法
COUNT	數量	=COUNT(運算範圍) =COUNT(A1:A10)
SUM	加總	=SUM(運算範圍) =SUM(A1:C10)
AVERAGE	平均數	=AVERAGE(運算範圍) =AVERAGE(A1:A10)
INT	整數	=INT(數值) =INT(1000/30)
ROUND	四捨五入	=ROUND(數值，小數點的指定位數) =ROUND(1000/30,2)
MAX	最大值	=MAX(運算範圍) =MAX(A1:A10)
MIN	最小值	=MIN(運算範圍) =MIN(A1:A10)
RANK	排序值	=RANK(尋找值，參照的範圍) =RANK(A3,$A$1:$A$10)
PMT	借貸利息投資定期支付金額	=PMT(本金，利率，期數) =PMT(50000,0.2/12,6)
IF	條件式判斷	=IF(條件式，真值，假值) =IF(A10>=30,True,False)
VLOOKUP	垂直查詢	=VLOOKUP(查詢儲存格，查詢表範圍，值的間隔數) =VLOOKUP(A10,$A$1:$A$10,2)

加入 SUM 函式運算加總

SUM 函式只要指定要加總的範圍就可以快速得到範圍內數值的總和，不需要再一格格計算。

開啟範例原始檔 <06業績統計表>，目前工作表中已經輸入一到六月的業績，接下來是利用函式完成工作表的其他內容，在此先運算 "總和" 欄位中的值。

語法：=SUM(運算範圍)

STEP 01 選取 H3 儲存格，於 **插入** 索引標籤選按 **函式 \ SUM**。

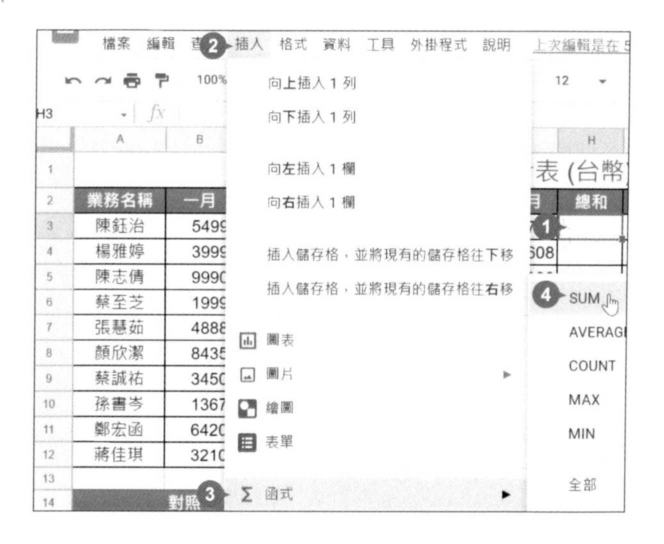

STEP 02 於 SUM 函式引數輸入加總的儲存格範圍，在此輸入「B3:G3」，再按 Enter 鈕完成運算。

H3 =SUM(B3:G3)

	B	C	D	E	F	G	H	I
1	欣榮文具上半年業績統計表 (台幣)							
2	一月	二月	三月	四月	五月	六月	總和	平均
3	5499	904	1190	1250	1800	273	=SUM(B3:G3)	
4	3999	280	1600	4232	411	4608	SUM(值_1, [值_2, …])	

小提示　修改函式引數的儲存格範圍

要更改函式的儲存格範圍，可以先選取資料編輯列的引數，輸入儲存格範圍或在工作表中選取儲存格範圍，再按 Enter 鍵。

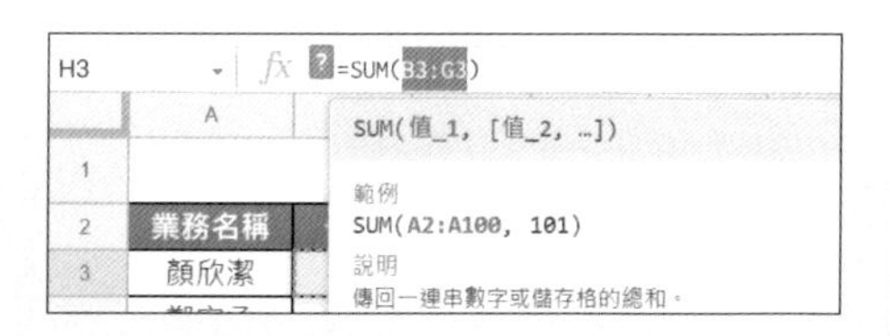

03 函式輸入完成會顯示 **自動填入** 訊息，選按 ☑ 就會向下自動為相鄰資料筆數填滿相同公式，並調整相對儲存格。(若沒有 **自動填入** 訊息，可將滑鼠指標移到 H3 儲存格右下角的 **填滿控點** 上，滑鼠指標呈 ＋ 狀，於 **填滿控點** 上連按二下滑鼠左鍵。)

	A	B	C	D	E	F	G	H	I	J	K
1	欣榮文具上半年業績統計表 (台幣)										
2	業務名稱	一月	二月	三月	四月	五月	六月	總和	平均	名次	評等
3	陳鈺治	5499	904	1190	1250	1800	2738	13381			
4	楊雅婷	3999	280	1600	4232	411	4608	15130			
5	陳志倩	9990	350	1250	588	1250	2380	15808			
6	蔡至芝	1999	1200	1400	3528	2738	3200	14065			
7	張慧茹	4888	2244	135	3444	1300	76	12087			
8	顏欣潔	8435	604	500	3872	2520	4050	19981			
9	蔡誠祐	3450	1100	1300	1500	4000	2100	[illegible]			

自動填入

建議的自動填入內容

按下 Ctrl+Enter 鍵即可自動填入內容。顯示公式

	A	B	C	D	E	F	G	H	I	J	K
1	欣榮文具上半年業績統計表 (台幣)										
2	業務名稱	一月	二月	三月	四月	五月	六月	總和	平均	名次	評等
3	陳鈺治	5499	904	1190	1250	1800	2738	13381			
4	楊雅婷	3999	280	1600	4232	411	4608	15130			
5	陳志倩	9990	350	1250	588	1250	2380	15808			
6	蔡至芝	1999	1200	1400	3528	2738	3200	14065			

小提示 想了解更多函式說明與功能

使用函式時，如果想知道更多其他函式或用法，可於 **插入** 索引標籤選按 **函式 \ 瞭解詳情** 開啟網頁，於 **Google 試算表函式清單** 頁面使用類別與關鍵字查詢。找到要查訊的函式後，可在 **描述** 中選按 **瞭解詳情** 進入單一函式說明頁面。

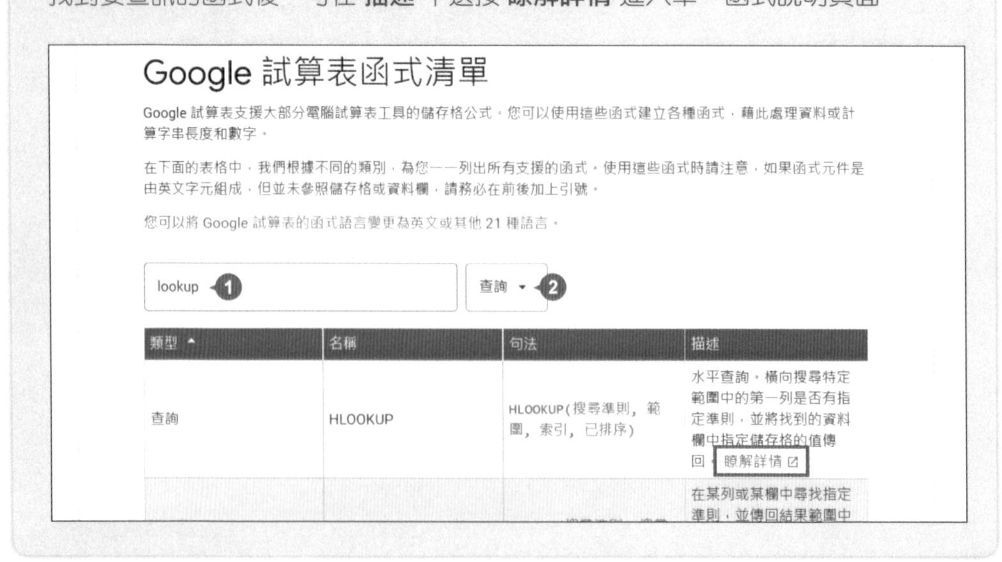

加入 AVERAGE 函式運算平均

AVERAGE 函式能輕鬆算出一整排數值的平均數，不需要一筆筆加總然後再除以個數運算平均。

語法：AVERAGE(運算範圍)

STEP 01 選取 I3 儲存格，於 **插入** 索引標籤選按 **函式 \ AVERAGE**。

	A	B	C	D	E	F	G	H	I	J
1	欣榮文具上半年業績統計表 (台幣)									
2	業務名稱	一月	二月	三月	四月	五月	六月	總和	平均	名次
3	陳鈺治	5499	904	1190	1250	1800	2738	1338	=AVERAGE( )	
4	楊雅婷	3999	280	1600	4232	411	4608	15130	AVERAGE(值_1,	
5	陳志倩	9990	350	1250	588	1250	2380	15808		
6	蔡至芝	1999	1200	1400	3528	2738	3200	14065	範例 AVERAGE(A2:A10	
7	張慧茹	4888	2244	135	3444	1300	76	12087	說明	

STEP 02 於 **AVERAGE** 函式引數輸入運算平均數的儲存格範圍，在此輸入「B3:G3」，再按 Enter 鈕完成運算。

	A	B	C	D	E	F	G	H	I	J
1	欣榮文具上半年業績統計表 (台幣)									
2	業務名稱	一月	二月	三月	四月	五月	六月	總和	平均	名次
3	陳鈺治	5499	904	1190	1250	1800	2738	1338	=AVERAGE(B3:G3)	
4	楊雅婷	3999	280	1600	4232	411	4608	15130	AVERAGE(值_1,	
5	陳志倩	9990	350	1250	588	1250	2380	15808		
6	蔡至芝	1999	1200	1400	3528	2738	3200	14065	範例 AVERAGE(A2:A10	
7	張慧茹	4888	2244	135	3444	1300	76	12087	說明	

STEP 03 接著會顯示 **自動填入** 訊息，只要選按 ✓ 就會自動為相鄰資料筆數填滿相同公式，並自動調整相對儲存格。

G	H	I	J	K
統計表 (台幣)				
六月	總和	平均	名次	評等
2738	13381	2230.16		
4608	15130	2521.66		
2380	15808	2634.66		
3200	14065	2344.16		
76	12087	2014.5		
4050	19981	3330.16		
2100	13450	2241.66		

自動填入
建議的自動填入內容
按下 Ctrl+Enter 鍵即可自動填入內容。顯示公式

C	D	E	F	G	H	I
欣榮文具上半年業績統計表 (台幣)						
二月	三月	四月	五月	六月	總和	平均
904	1190	1250	1800	2738	13381	2230.16
280	1600	4232	411	4608	15130	2521.66
350	1250	588	1250	2380	15808	2634.66
1200	1400	3528	2738	3200	14065	2344.16
2244	135	3444	1300	76	12087	2014.5
604	500	3872	2520	4050	19981	3330.16
1100	1300	1500	4000	2100	13450	2241.66

加入 ROUND 函式設定四捨五入

整理資料的時候，太多的小數位數常常會看的頭昏腦脹，ROUND 函式可以指定小數點位數，還能自動四捨五入。

語法：ROUND(數值，小數點的指定位數)

01 選取 I3 儲存格，於資料編輯列原來的 "=" 與 AVERAGE 函式之前輸入「ROUND(」，接著在最後方輸入「,0)」指定引數的位數 (代表顯示小數位數；0 即取到個位正整數)，按 Enter 鍵完成。

I3 ❶ =ROUND(AVERAGE(B3:G3),0) ❷

	A	B	C	D	E	F	G	H	I	J	K
1	欣榮文具上半年業績統計表 (台幣)										
2	業務名稱	一月	二月	三月	四月	五月	六月	總和	平均	名次	評等
3	陳鈺治	5499	904	1190	1250	1800	2738	13381	=ROUND(AVERAGE(B3:G3),0)		
4	楊雅婷										
5	陳志倩										
6	蔡至芝										
7	張慧茹										
8	顏欣潔										

I4 =AVERAGE(B4:G4)

	A	B	C	D	E	F	G	H	I	J	K
1	欣榮文具上半年業績統計表 (台幣)										
2	業務名稱	一月	二月	三月	四月	五月	六月	總和	平均	名次	評等
3	顏欣潔	8435	604	500	3872	2520	4050	19981	3330		
4	鄭宏函	6420	1650	1530	1500	3010	2100	16210	2701.66		

02 將滑鼠指標移至 I3 儲存格右下角的填滿控點上，待呈 ＋ 狀，按滑鼠左鍵不放往下拖曳到 I12 儲存格，放開滑鼠左鍵後即可完成複製，所有 "平均" 數值都以四捨五入的方式呈現。

	F	G	H	I	J	K
1	年業績統計表 (台幣)					
2	五月	六月	總和	平均	名次	評等
3	1800	2738	13381	2230		
4	411	4608	15130	2522		
5	1250	2380	15808	2635		
6	2738	3200	14065	2344		
7	1300	76	12087	2015		
8	2520	4050	19981	3330		
9	4000	2100	13450	2242		
10	840	2738	10225	1704		
11	3010	2100	16210	2702		
12	940	2160	10130	1688		

小提示　ROUND 函式引數中的位數

- 輸入「-1」取到十位數。(例如：123.456，取得 120。)
- 輸入「0」取到個位正整數。(例如：123.456，取得 123。)
- 輸入「1」取到小數點以下第一位。(例如：123.456，取得 123.5。)

加入 RANK 函式設定名次

透過 RANK 函式，會依每位業務一到六月的業績總和，傳回數值在數列中的排名。

六個月份的總和在 H 欄，名次是以每位業務 H 欄中總和值與所有總和儲存格範圍 H3:H12 比較。

語法：RANK(尋找值，參照的範圍)

01 選取 J3 儲存格，於 **插入** 索引標籤選按 **函式 \ 統計 \ RANK**。

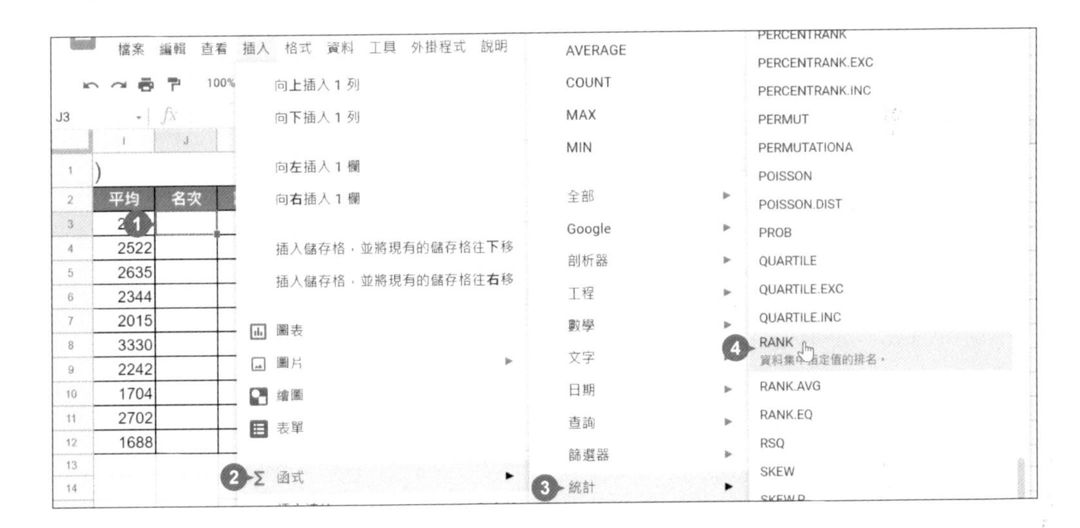

02 於 RANK 函式引數輸入第一位業務的總和儲存格「H3,」，再輸入所有總和的儲存格範圍「$H$3:$H$12」(因為之後要利用自動填入複製 J3 儲存格，因此總和的儲存格範圍以絕對位址固定。)，按 Enter 鍵完成。

	B	C	D	E	F	G	H	I	J	K	L	M
1	欣榮文具上半年業績統計表 (台幣)											
2	一月	二月	三月	四月	五月	六月	總和	平均	名次	評等		
3	5499	904	1190	1250	1800	2738	13381	223	=RANK(H3,$H$3:$H$12)			
4	3999	280	1600	4232	411	4608	15130	2522	RANK(值, 資料, [遞增])			
5	9990	350	1250	588	1250	2380	15808	2635				
6	1999	1200	1400	3528	2738	3200	14065	2344	範例 RANK(42, A2:A100, 1)			
7	4888	2244	135	3444	1300	76	12087	2015	說明			
8	8435	604	500	3872	2520	4050	19981	3330	傳回資料集中指定值的排名。			
9	3450	1100	1300	1500	4000	2100	13450	2242	值			

STEP 03 接著會顯示 **自動填入** 訊息，選按 ☑ 就會向下自動為緊鄰資料筆數填滿相同公式，並調整為相對儲存格

業績統計表 (台幣)

五月	六月	總和	平均	名次	評等
1800	2738	13381	2230	7	
411	4608	15130	2522	4	
1250	2380	15808	2635	3	
2738	3200	14065	2344	5	
1300	76	12087	2015	8	
2520	4050	19981	3330	1	
4000	2100	13450	22[illegible]	[illegible]	
840	2738	10225	17[illegible]	[illegible]	
3010	2100	16210	2702	2	
940	2160	10130	1688	10	

自動填入

建議的自動填入內容

按下 Ctrl+Enter 鍵即可自

容，顯示公式

按下 Ctrl+Enter 鍵即可自動填入內容。

上半年業績統計表 (台幣)

四月	五月	六月	總和	平均	名次	評等
1250	1800	2738	13381	2230	7	
4232	411	4608	15130	2522	4	
588	1250	2380	15808	2635	3	
3528	2738	3200	14065	2344	5	
3444	1300	76	12087	2015	8	
3872	2520	4050	19981	3330	1	
1500	4000	2100	13450	2242	6	
2730	840	2738	10225	1704	9	
1500	3010	2100	16210	2702	2	
1280	940	2160	10130	1688	10	

小提示　相對、絕對位址的觀念

Google 試算表中無論是公式或是函式，在複製儲存格內的值或位址，其位址會隨著對應的儲存格而自動改變；這稱為相對位址。例如儲存格往下複製，相對位址會變動的是列號，欄名不會變動，所以位址會保持相同的欄名，根據相對位置變更列號。

但有時候函式參照時必須使用絕對位址，就是在欄名及列號前都加上 $ 符號 (如 $C$2)，這樣複製時位址才不會隨著對應儲存格改變。

小提示　快速設定絕對位址的方式

絕對位址的設定方式是在欄名列號前加上 "$"，但是在輸入上很麻煩。這時可以選取位址，按 F4 鍵，快速為欄名列號前自動加上 "$"。

加入 VLOOKUP 函式評定等級

VLOOKUP 函式的 V 代表 Vertical 垂直，可以從垂直的參照表中判斷符合條件的資料回傳，讓資料項目依指定標準分類出不同等級。

透過 "平均" 值判定業績等級，例如：平均業績 0-1999 為 F、2000-2199 為 E、2200-2399 為 D、2400-2599 為 C、2600-2799 為 B、達 2800 為 A。

VLOOKUP 函式是在一指定範圍內以最左欄為比對的值 (需遞增排序)，若符合時傳回同一列中指定儲存格資料。例如：以業務員 "陳鈺治" 來說，要顯示業績等級必須依據 I3 儲存格的平均業績來判斷，參照表範圍為絕對位址 "$A$15:$D$20"，用來比對的是參照表範圍內最左欄 "對照" 欄，並回傳參照表範圍內第 4 欄 "評定" 中的值。

語法：VLOOKUP(查詢儲存格，查詢表範圍，值的間隔數)

STEP 01 選取 K3 儲存格，於 **插入** 索引標籤選按 **函式 \ 查詢 \ VLOOKUP**。

STEP 02 於 **VLOOKUP** 引數輸入搜尋準則、範圍與索引「I3,$A$15:$D$20,4」(因為之後要利用自動填入複製 K3 儲存格，所以必須為絕對位址。)，再按 Enter 鍵完成。

	A	B	C	D	E	F	G	H	I	J	K
1	欣榮文具上半年業績統計表 (台幣)										
2	業務名稱	一月	二月	三月	四月	五月	六月	總和	平均	名次	評等
3	陳鈺治	5499	904	1190	1250	1800	2738	13381	2230	7	=VLOOKUP(I3,$A$15:$D$20,4)
4	楊雅婷	3999	280	1600	4232	411	4608	15130	2522	4	
5	陳志倩	9990	350	1250	588	1250	2380	15808	2635	3	
6	蔡至芝	1999	1200	1400	3528	2738	3200	14065	2344	5	
7	張慧茹	4888	2244	135	3444	1300	76	12087	2015	8	
8	顏欣潔	8435	604	500	3872	2520	4050	19981	3330	1	
9	蔡誠祐	3450	1100	1300	1500	4000	2100	13450	2242	6	
10	孫書岑	1367	750	1800	2730	840	2738	10225	1704	9	
11	鄭宏函	6420	1650	1530	1500	3010	2100	16210	2702	2	
12	蔣佳琪	3210	800	1740	1280	940	2160	10130	1688	10	
13											
14	對照			評等							
15	0	-	1999	F							
16	2000	-	2199	E							
17	2200	-	2399	D							
18	2400	-	2599	C							
19	2600	-	2799	B							

VLOOKUP(搜尋準則, 範圍, 索
範例
VLOOKUP(10003, A2:B26, 2,
說明
垂直查詢，縱向搜尋特定範圍中的
找到的資料列中指定儲存格的值傳
搜尋準則
要尋找的值，例如「42」、「貓」
範圍
搜尋的指定範圍。系統會針對範圍
準則」中指定的準則。
索引
代表要傳回的值所屬的欄索引，指
1。
已排序 - [選用]
指定要搜尋的欄 (指定範圍的第一
序，則傳回「搜尋準則」的最接近
瞭解詳情

STEP 03 接著會顯示 **自動填入** 訊息，選按 ☑ 會向下自動為相鄰資料筆數填滿相同公式，並調整相對儲存格。

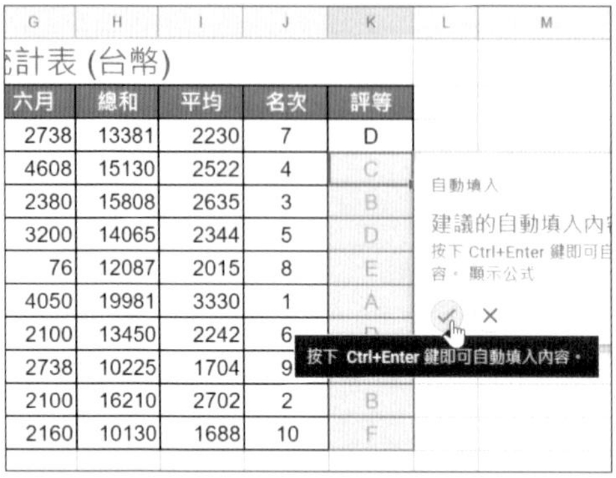

計表 (台幣)

六月	總和	平均	名次	評等
2738	13381	2230	7	D
4608	15130	2522	4	C
2380	15808	2635	3	B
3200	14065	2344	5	D
76	12087	2015	8	E
4050	19981	3330	1	A
2100	13450	2242	6	D
2738	10225	1704	9	
2100	16210	2702	2	B
2160	10130	1688	10	F

自動填入

建議的自動填入內容

按下 Ctrl+Enter 鍵即可自動填入內容，顯示公式

按下 Ctrl+Enter 鍵即可自動填入內容。

半年業績統計表 (台幣)

月	五月	六月	總和	平均	名次	評等
1250	1800	2738	13381	2230	7	D
4232	411	4608	15130	2522	4	C
588	1250	2380	15808	2635	3	B
3528	2738	3200	14065	2344	5	D
3444	1300	76	12087	2015	8	E
3872	2520	4050	19981	3330	1	A
1500	4000	2100	13450	2242	6	D
2730	840	2738	10225	1704	9	F
1500	3010	2100	16210	2702	2	B
1280	940	2160	10130	1688	10	F

小提示　VLOOKUP 函式查詢範圍的找尋原則

VLOOKUP 函式第三個引數為 **索引**，代表要傳回的值所屬的欄位，指定範圍中的第一欄編號為 1，其它欄位編號以此類推。

VLOOKUP 函式最後一個引數為 **功能**，如果範圍的第一欄有排序，可輸入 TRUE 或省略，若範圍的第一欄未排序，可輸入 FALSE。在大多數情況下，如果已將資料排序，引數設為 TRUE ，VLOOKUP 函式可發揮最佳效能。

設定條件式格式

所謂條件式格式，會判斷指定儲存格範圍內的資料是否符合條件，若符合條件即套用特定格式，如此能將有差異性的資料明顯標示出來。

在此要標示六個月中低於 "1000" 的業績，利用 **格式規則** 依儲存格內的數值、文字、日期...等，找到符合條件的資料。

STEP 01 選取資料格式化的範圍 B3:G12 儲存格，於 **格式** 索引標籤選按 **條件式格式設定** 開啟側邊欄，於 **單色** 標籤設定 **格式規則**：**小於**、**值或公式** 輸入：「1000」，再設定 **格式設定樣式**，完成後按 **完成** 鈕。

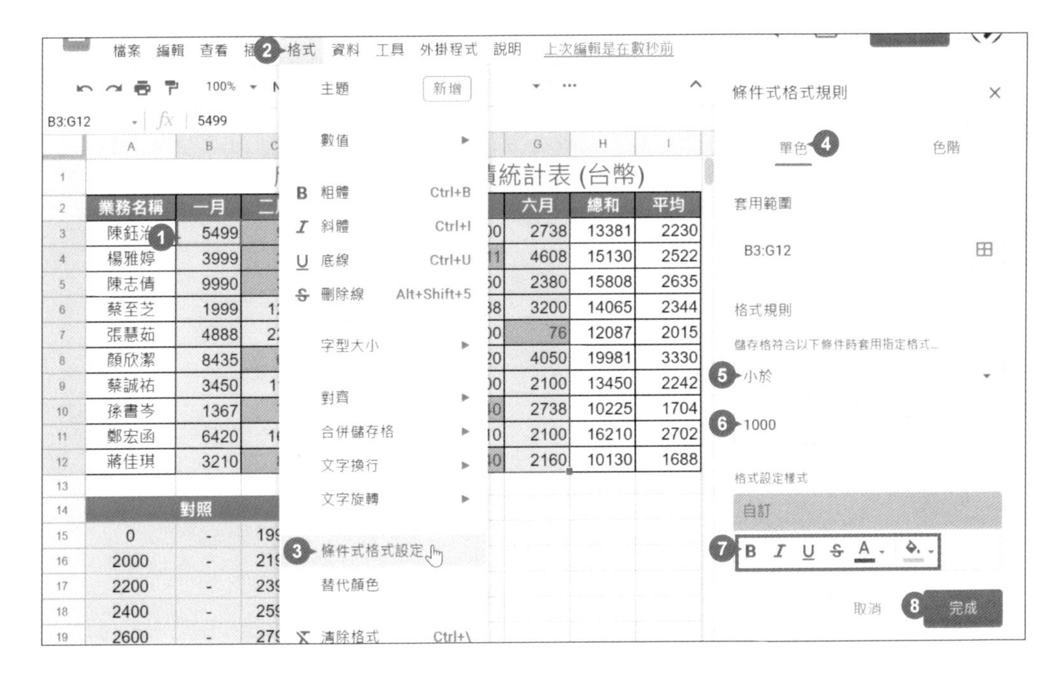

STEP 02 完成條件式格式的設定，業績低於 "1000" 會被標示，可選按 **條件式格式設定** 側邊欄右上角 [×] 關閉。若修改套用條件式格式的儲存格內容，會依新的內容即時調整。

一月	二月	三月	四月	五月	六月	總和
5499	904	1190	1250	1800	2738	13381
3999	280	1600	4232	411	4608	15130
9990	350	1250	588	1250	2380	15808
1999	1200	1400	3528	2738	3200	14065
4888	2244	135	3444	1300	76	12087
8435	604	500	3872	2520	4050	19981
3450	1100	1300	1500	4000	2100	13450
1367	750	1800	2730	840	2738	10225
6420	1650	1530	1500	3010	2100	16210
3210	800	1740	1280	940	2160	10130

資料排序與篩選

面對統計表明細記錄，可使用排序與篩選讓資料更符合需求，也能更清楚顯示。

資料排序

STEP 01 選取統計表主資料範圍 A2:K12 儲存格，於 **資料** 索引標籤選按 **建立篩選器** 。

STEP 02 於 J3 儲存格右側選按 ☰ \ **排序 (A→Z)**，統計表主資料範圍內所有資料會依 **名次** 欄位從最小至最大排序，排序完成可於 **資料** 索引標籤選按 **關閉篩選器**。

欣榮文具上半年業績統計表 (台幣)

業務名稱	一月	二月	三月	四月	五月	六月	總和	平均	名次	評等
顏欣潔	8435	604	500	3872	2520	4050	19981	3330	1	A
鄭宏函	6420	1650	1530	1500	3010	2100	16210	2702	2	B
陳志倩	9990	350	1250	588	1250	2380	15808	2635	3	B
楊雅婷	3999	280	1600	4232	411	4608	15130	2522	4	C
蔡至芝	1999	1200	1400	3528	2738	3200	14065	2344	5	D
蔡誠祐	3450	1100	1300	1500	4000	2100	13450	2242	6	D
陳鈺治	5499	904	1190	1250	1800	2738	13381	2230	7	D
張慧茹	4888	2244	135	3444	1300	76	12087	2015	8	E
孫書岑	1367	750	1800	2730	840	2738	10225	1704	9	F
蔣佳琪	3210	800	1740	1280	940	2160	10130	1688	10	F

自動篩選資料

要如何快速顯示符合條件的記錄而暫時隱藏不需要的呢？這方面的工作同樣可以用 **篩選器** 功能快速完成。

STEP 01 選取統計表主資料範圍 A2:K12 儲存格，於 **資料** 索引標籤選按 **建立篩選器** 。

STEP 02 於 K2 儲存格右側選按 ☰ \ **清除** 取消所有選項，選按 D，再選按 **確定** 鈕可以看到篩選的結果 。

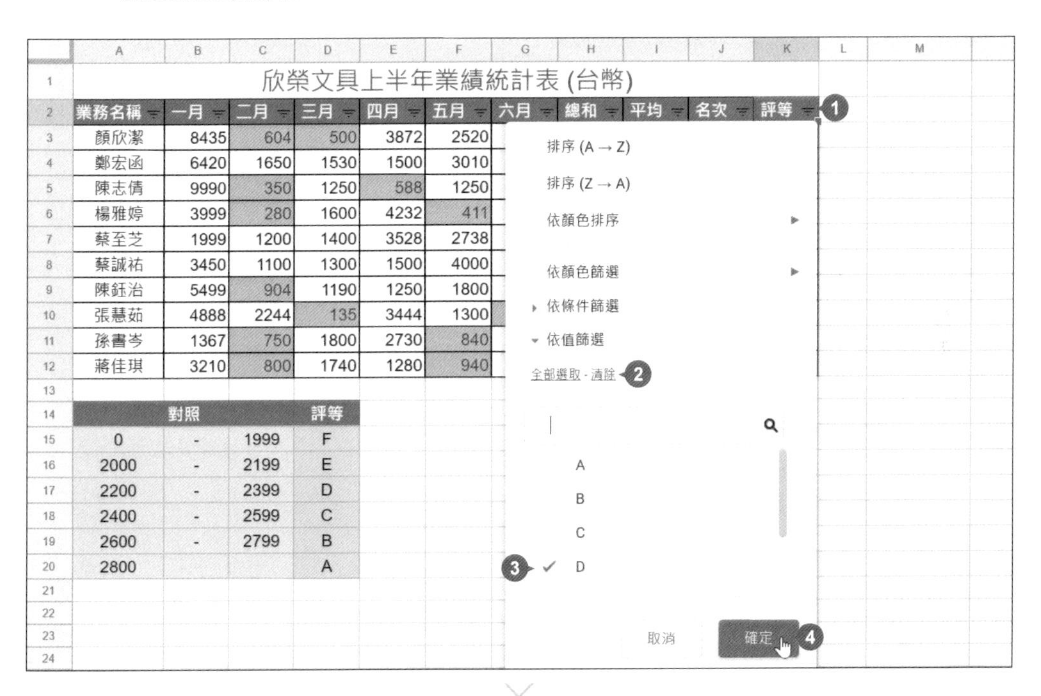

欣榮文具上半年業績統計表 (台幣)

業務名稱	一月	二月	三月	四月	五月
顏欣潔	8435	604	500	3872	2520
鄭宏函	6420	1650	1530	1500	3010
陳志倩	9990	350	1250	588	1250
楊雅婷	3999	280	1600	4232	411
蔡至芝	1999	1200	1400	3528	2738
蔡誠祐	3450	1100	1300	1500	4000
陳鈺治	5499	904	1190	1250	1800
張慧茹	4888	2244	135	3444	1300
孫書岑	1367	750	1800	2730	840
蔣佳琪	3210	800	1740	1280	940

對照			評等
0	-	1999	F
2000	-	2199	E
2200	-	2399	D
2400	-	2599	C
2600	-	2799	B
2800			A

欣榮文具上半年業績統計表 (台幣)

業務名稱	一月	二月	三月	四月	五月	六月	總和	平均	名次	評等
蔡至芝	1999	1200	1400	3528	2738	3200	14065	2344	5	D
蔡誠祐	3450	1100	1300	1500	4000	2100	13450	2242	6	D
陳鈺治	5499	904	1190	1250	1800	2738	13381	2230	7	D

篩選後僅顯示 "評等" 為 "D" 的資料，且 "評等" 欄位名稱的多了漏斗圖案。

	A	B	C	D	E	F	G	H	I	J	K
1	欣榮文具上半年業績統計表 (台幣)										
2	業務名稱	一月	二月	三月	四月	五月	六月	總和	平均	名次	評等
7	蔡至芝	1999	1200	1400	3528	2738	3200	14065	2344	5	D
8	蔡誠祐	3450	1100	1300	1500	4000	2100	13450	2242	6	D
9	陳鈺治	5499	904	1190	1250	1800	2738	13381	2230	7	D
13											

STEP 03 運用多次套用篩選的方法，可讓資料的篩選動作處理多重欄位篩選。於 I2 欄位右側選按 ⊟ \ **清除** 取消所有選項，選按 **2230**，再選按 **確定** 鈕。

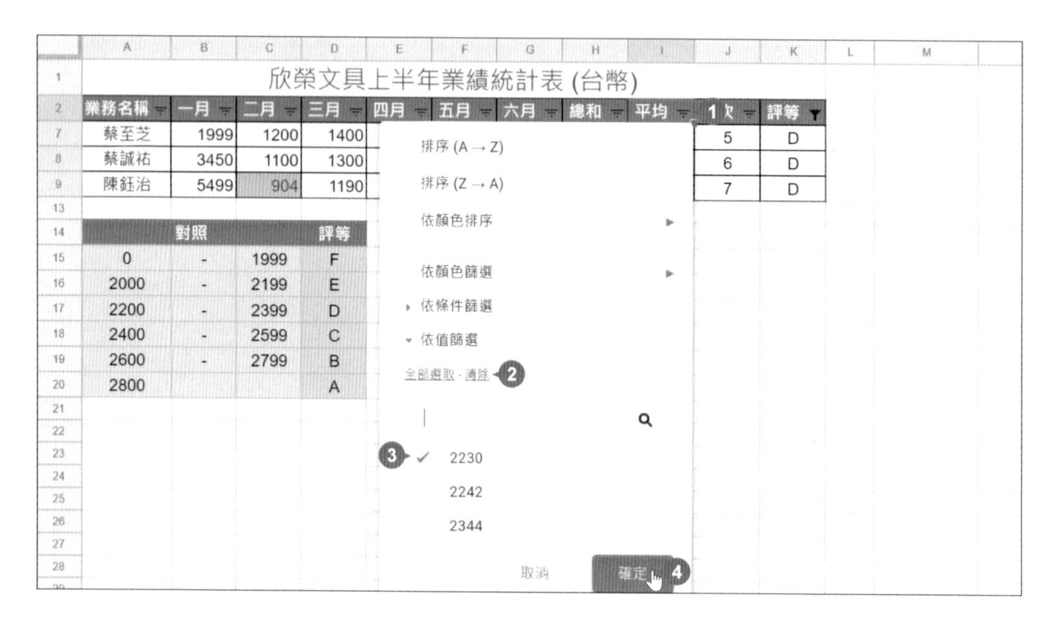

顯示 "評等" 為 "D" 且 "平均" 為 "2230" 的資料。

	A	B	C	D	E	F	G	H	I	J	K
1	欣榮文具上半年業績統計表 (台幣)										
2	業務名稱	一月	二月	三月	四月	五月	六月	總和	平均	名次	評等
9	陳鈺治	5499	904	1190	1250	1800	2738	13381	2230	7	D

如果要取消單一欄位的篩選，可於該篩選欄位右側選按 ⊟ \ **全部選取** 選取所有項目，再按 **確定** 鈕；如果要取消全部欄位的篩選顯示所有資料，可於 **資料** 索引標籤選按 **關閉篩選器**。

語系與幣值轉換相關函式應用

Google 試算表內建的函式可以讓資料數據輕鬆轉換成多國語言，還可以取得即時匯率並換算成當地幣值。

複製並重新命名工作表

01 於要複製的工作表標籤右側選按 ▾ \ **複製**。

02 複製的工作表預設名稱為 "***的副本"，如果要改為容易辨識的名稱，於要重新命名的工作表標籤右側選按 ▾ \ **重新命名**，輸入名稱後按 Enter 鍵變更工作表名稱。

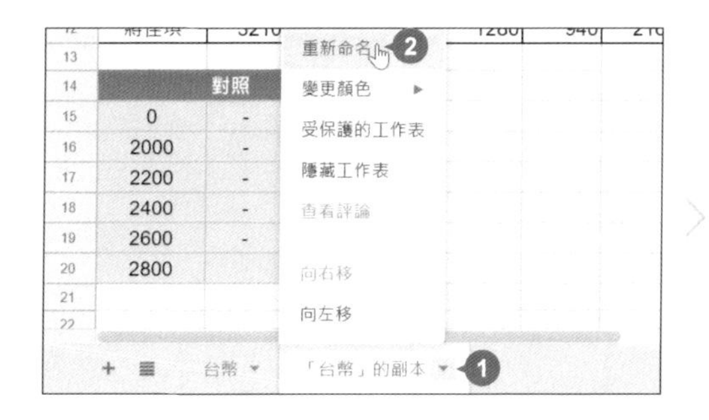

03 選取 A1 儲存格，於 **資料編輯列中選取** "台幣"，輸入「美金」變更標題名稱。

以 GOOGLETRANSLATE 函式翻譯成其他語言

在 **美金** 工作表中用 GOOGLETRANSLATE 函式翻譯統計表標頭文字。

語法：GOOGLETRANSLATE(文字, [原文語言], [譯文語言])

STEP 01 選取 A2 儲存格，於 **插入** 索引標籤選按 **函式 \ Google \ GOOGLETRANSLATE**。

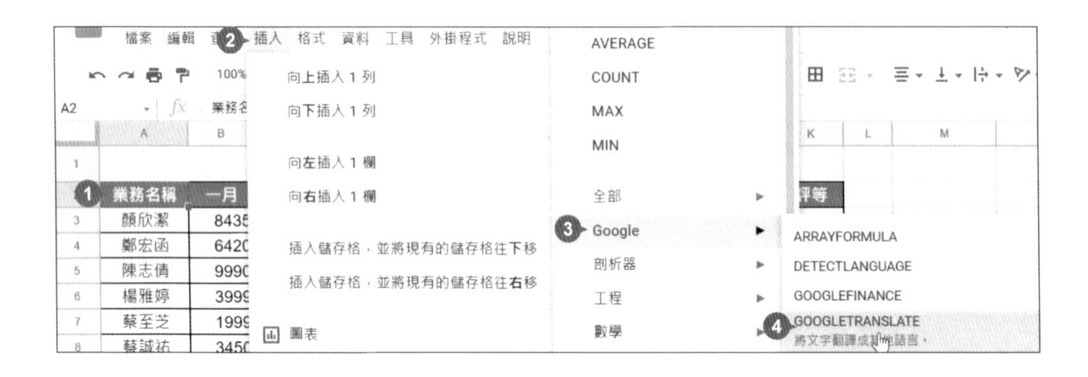

STEP 02 於 GOOGLETRANSLATE 引數輸入「'台幣'!A2,"zh","en"」，即指定文字來源為 **台幣** 工作表的 A2 儲存格，並將原文語言為中文轉譯為英文，按 Enter 鍵完成。接著將滑鼠指標移到 A 欄右側呈 ⇔ 狀，按滑鼠左鍵不放拖曳到適當欄位的寬度後放開。

小提示　關於 GOOGLETRANSLATE 函式

GOOGLETRANSLATE 函式是將文字翻譯成其他語言，除了範例使用的 "zh" 中文、"en" 英文，還有、"ko" 韓文、"ja" 日文、"th" 泰文...等應用，也可以輸入 "auto" 讓 Google 自動辨識。

更多說明可以參考 https://support.google.com/docs/answer/3093331?hl=zh-Hant。

以 PROPER 函式轉換英文首字大寫

預設的英文翻譯不一定有首字大寫，為了讓統計表看起來更具專業性，以 PROPER 函式將翻譯後的英文單字轉換為首字大寫。

語法：PROPER (首字要大寫的文字)

選取 A2 儲存格，於資料編輯列原來的 GOOGLETRANSLATE 函式外加入 PROPER 函式，在 "=" 與 "G" 之間輸入「PROPER(」，然後按 Enter 鍵完成輸入。(函式最後方會自動加上另一個 ")")

	A	B	C	D	E
1	欣榮文具上半年業績				
2	Business Name	一月	二月	三月	四月

複製公式

藉由翻譯與首字大寫的 A2 儲存格公式，完成主資料表月份、業務名稱與對照表標頭。

STEP 01 月份翻譯：選取 A2 儲存格，將滑鼠指標移至 A2 儲存格右下角的填滿控點上呈 ＋ 狀，按滑鼠左鍵不放往右拖曳到 K2 儲存格，放開滑鼠左鍵即可。

	A	B	C	D	E	F	G	H	I	J	K	L	M
1	欣榮文具上半年業績統計表 (美金)												
2	Business Name	January	February	March	April	May	June	Sum	Average	eputatio	Review		
3	顏欣潔	8435	604	500	3872	2520	4050	19981	3330	1	A		

STEP 02 業務員名稱翻譯：選取 A2 儲存格，按 Ctrl + C 鍵複製，再選取 A3:A12 儲存格，於 **編輯** 索引標籤選按 **選擇性貼上 \ 僅貼上公式**。

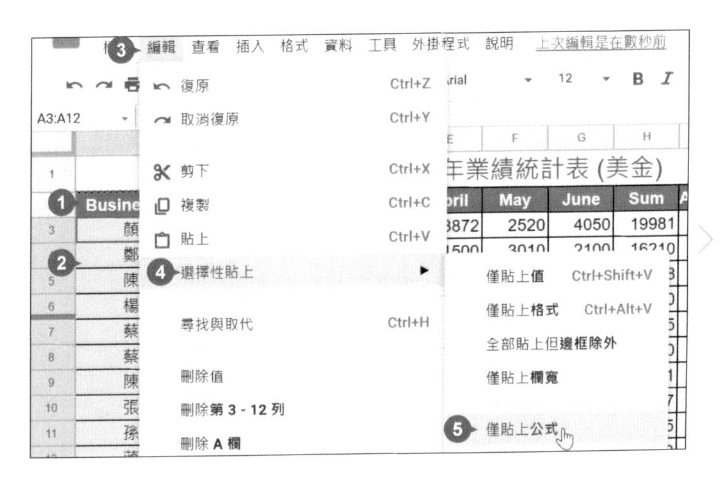

	A	B
1	欣	
2	Business Name	January
3	Yan Xinjie	8435
4	Zheng Hong Letter	6420
5	Chen Zhiqian	9990
6	Yang Yuting	3999
7	Cai Zhi	1999
8	Cai Chengyou	3450
9	Chen Yuzhi	5499
10	Zhang Huiru	4888
11	Sun Shu	1367
12	Jiang Jiaqi	3210
13		
14	對照	
15	0	-

03 對照表標頭翻譯：選取 A2 儲存格，按 Ctrl + C 鍵複製，選取 A14:D14 儲存格。以上步驟相同的方式完成 "對照" 與 "評等" 翻譯。

14	Comparison			Review
15	0	-	1999	F
16	2000	-	2199	E
17	2200	-	2399	D
18	2400	-	2599	C
19	2600	-	2799	B

04 由於 Google 翻譯是以文字直接翻譯，不一定能切合商業或不同情境的使用，在完成函式複製，請務必檢查翻譯結果，最後再依文字長度調整欄寬。

以 GOOGLEFINANCE 函式取得即時匯率

在 **美金** 工作表中先以 GOOGLEFINANCE 函式取得新台幣對美金即時匯率，再將原本台幣的幣值轉換為美金。

● **語法：GOOGLEFINANCE(代號, 屬性, 開始日期, 結束日期|天數, 間隔)**

01 選取 B3 儲存格，於 **插入** 索引標籤選按 **函式 \ Google** \ GOOGLEFINANCE。

02 接著於引數輸入台幣對美金即時匯率「"Currency:TWDUSD"」，再乘以 **台幣** 工作表的 B3 儲存格，輸入「*'台幣'!B3」，按 Enter 鍵完成即時匯率轉換。

A	B	C	D	E
		欣榮文具上半年		
Business Name	January	Febr 1 y	March	2 il
Yan Xinjie	=GOOGLEFINANCE("Currency:TWDUSD")*'台幣'!B3			
Zheng Hong Letter	6420	1650	1530	1500

	A	B	C	D	E
1			欣榮文具上半		
2	Business Name	January	February	March	Ap
3	Yan Xinjie	300.92225	604	500	3
4	Zheng Hong Letter	6420	1650	1530	1

小提示　關於 GOOGLEFINANCE 函式

GOOGLEFINANCE 函式是從 Google 財經服務擷取有價證券的最新或過往資訊，除了範例使用的 Currency 查詢匯率以外，還有許多不同財經屬性，例如："priceopen" 股市開盤時的價格、"high" 今天的最高價、"low" 今天的最低價、"volume" 今天的股市交易量、"marketcap" 股票的市場價值...等應用，更多詳細說明可參考：https://support.google.com/docs/answer/3093281?hl=zh-Hant。

在使用時也請留意其免責條款，由於有時並非即時更新，所以數據僅供參考，不適合做為即時買賣或諮詢依據。

加入 ROUND 函式設定四捨五入

轉換為美金後，再以 ROUND 函式指定小數點為 2 位數並四捨五入。

語法：ROUND(值, 位數)

STEP 01 一樣選取 B3 儲存格，於資料編輯列原來的函式 "=" 與 "G" 之間輸入「ROUND(」，接著在最後方輸入「,2)」指定小數點位數，按 Enter 鍵完成。

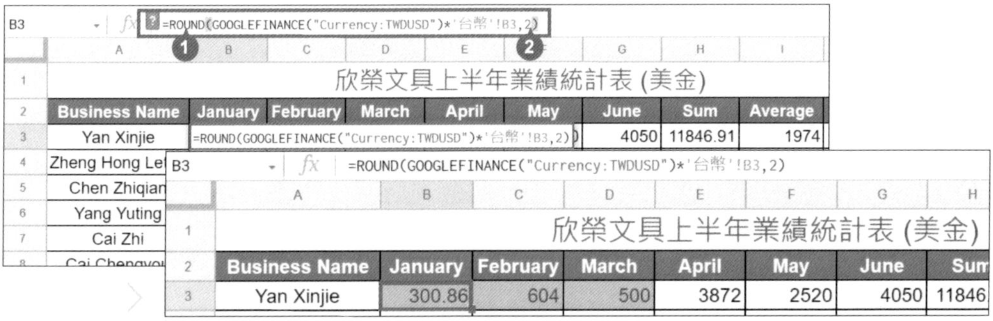

B3 | =ROUND(GOOGLEFINANCE("Currency:TWDUSD")*'台幣'!B3,2)

	A	B	C	D	E	F	G	H	I
1	欣榮文具上半年業績統計表 (美金)								
2	Business Name	January	February	March	April	May	June	Sum	Average
3	Yan Xinjie	=ROUND(GOOGLEFINANCE("Currency:TWDUSD")*'台幣'!B3,2)					4050	11846.91	1974
4	Zheng Hong Le								
5	Chen Zhiqian								
6	Yang Yuting								
7	Cai Zhi								

B3 | =ROUND(GOOGLEFINANCE("Currency:TWDUSD")*'台幣'!B3,2)

	A	B	C	D	E	F	G	H
1	欣榮文具上半年業績統計表 (美金)							
2	Business Name	January	February	March	April	May	June	Sum
3	Yan Xinjie	300.86	604	500	3872	2520	4050	11846

STEP 02 主統計表幣值轉換：選取 B3 儲存格，按 Ctrl + C 鍵複製，再選取 B3:G12 儲存格，於 **編輯** 索引標籤選按 **選擇性貼上 \ 僅貼上公式**。

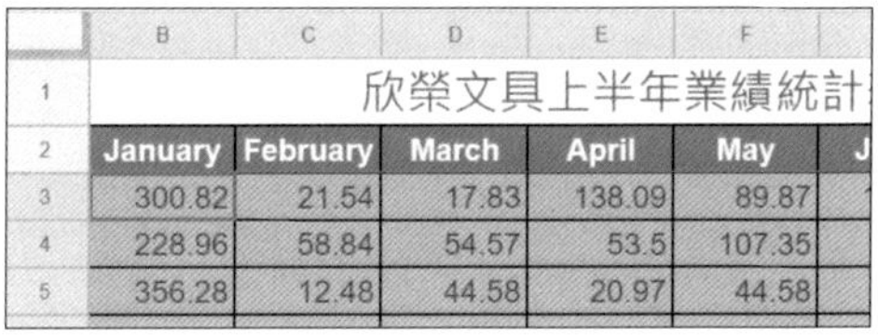

	B	C	D	E	F
1	欣榮文具上半年業績統計				
2	January	February	March	April	May
3	300.82	21.54	17.83	138.09	89.87
4	228.96	58.84	54.57	53.5	107.35
5	356.28	12.48	44.58	20.97	44.58

STEP 03 對照表幣值轉換：選取 B3 儲存格，按 Ctrl + C 鍵複製，再選取 A15:A20 儲存格，於 **編輯** 索引標籤選按 **選擇性貼上 \ 僅貼上公式**。

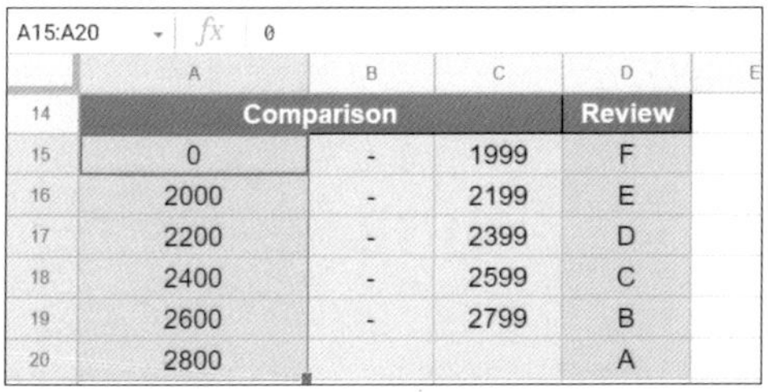

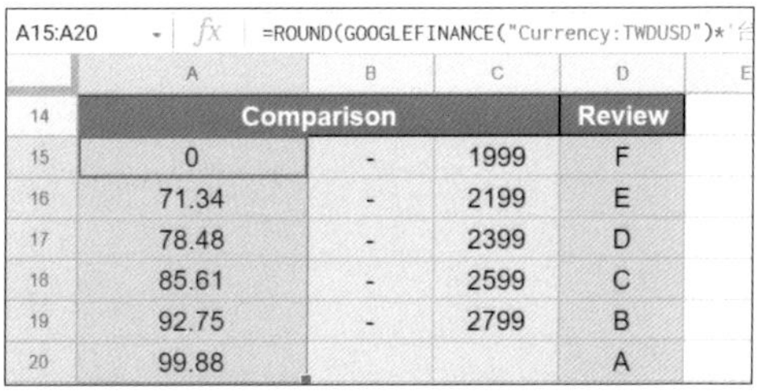

A15:A20 | 0

	A	B	C	D
14	Comparison			Review
15	0	-	1999	F
16	2000	-	2199	E
17	2200	-	2399	D
18	2400	-	2599	C
19	2600	-	2799	B
20	2800			A

A15:A20 | =ROUND(GOOGLEFINANCE("Currency:TWDUSD")*'台

	A	B	C	D
14	Comparison			Review
15	0	-	1999	F
16	71.34	-	2199	E
17	78.48	-	2399	D
18	85.61	-	2599	C
19	92.75	-	2799	B
20	99.88			A

STEP 04 對照表幣值轉換：依相同方法，完成 B2 儲存格公式至 C15:C19 儲存格。

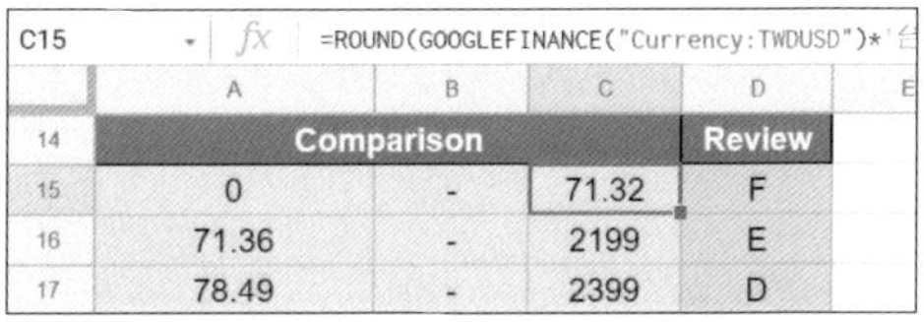

C15 | =ROUND(GOOGLEFINANCE("Currency:TWDUSD")*'台

	A	B	C	D
14	Comparison			Review
15	0	-	71.32	F
16	71.36	-	2199	E
17	78.49	-	2399	D

修改設定條件式格式

由於業績數值轉為美金，所以之前的條件式格式件已不符合需求，只要修改之前設定的條件式格式數值就可以。

STEP 01 選取 B3 儲存格，於 **格式** 索引標籤選按 **條件式格式設定** 開啟側邊欄，選按要修改的條件格式規則。

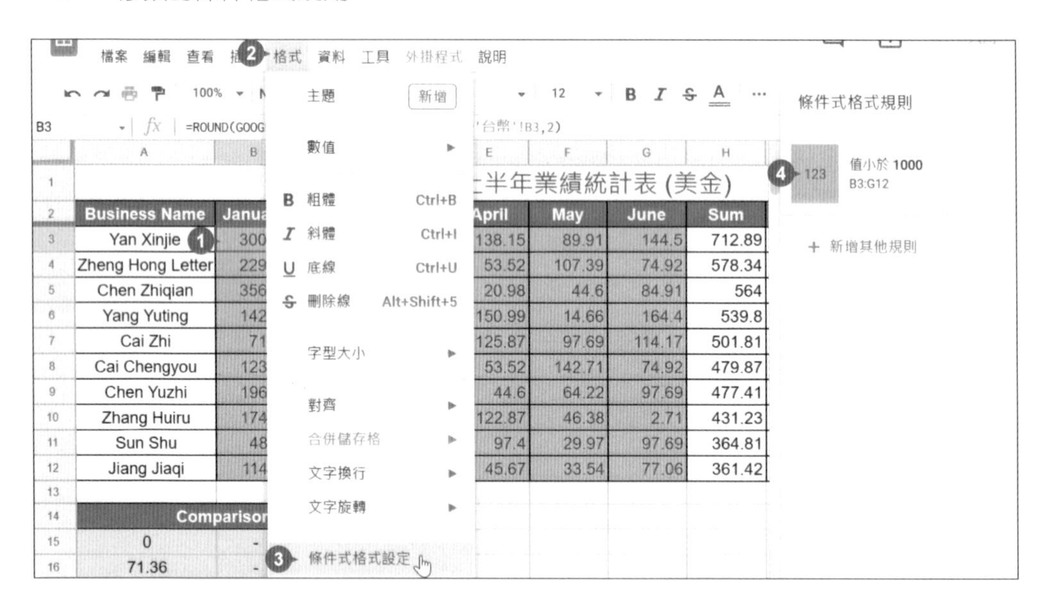

STEP 02 變更數值為「30」，再選按 **完成** 鈕，即完成條件式格式修改。

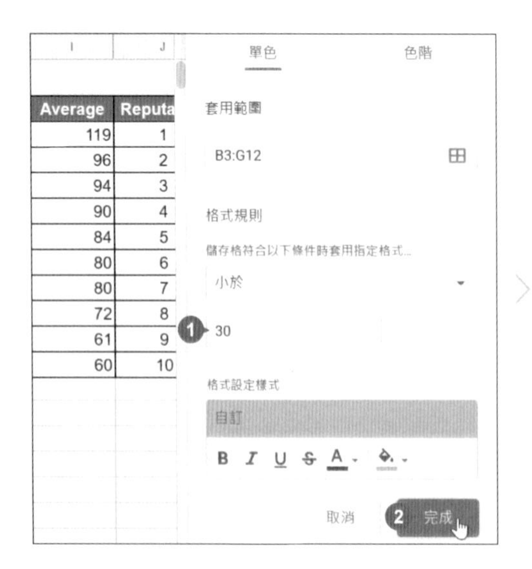

欣榮文具上半年業績統計表 (美

January	February	March	April	May	June
300.9	21.55	17.84	138.13	89.9	144.48
229.02	58.86	54.58	53.51	107.38	74.91
356.38	12.49	44.59	20.98	44.59	84.9
142.66	9.99	57.08	150.97	14.66	164.38
71.31	42.81	49.94	125.86	97.67	114.15
123.07	39.24	46.38	53.51	142.69	74.91
196.17	32.25	42.45	44.59	64.21	97.67
174.37	80.05	4.82	122.86	46.38	2.71
48.77	26.75	64.21	97.39	29.97	97.67
114.51	28.54	62.07	45.66	33.53	77.05

arison		Review
-	71.31	F
-	2199	E
-	2399	D
-	2599	C
-	2799	B

圖表製作

銷售成長率分析表

學習重點

全是數字的統計，總顯得較生硬讓人難以理解，將 "銷售成長率分析表" 適度以圖文並茂的顯示，有助於瀏覽者快速消化數據資料，掌握報表重點。

產品	第一季	第二季	第三季	第四季	成長率(%)
主管辦公桌	23	83	35	53	-17
會議桌	31	71	99	76	72
主管皮椅	19	49	48	73	78
會客沙發	25	43	18	29	-31
公文櫃	44	32	51	76	67

金額單位：萬

※成長率=(下半年銷售量-上半年銷售量) ÷ 上半年銷售量 × 100

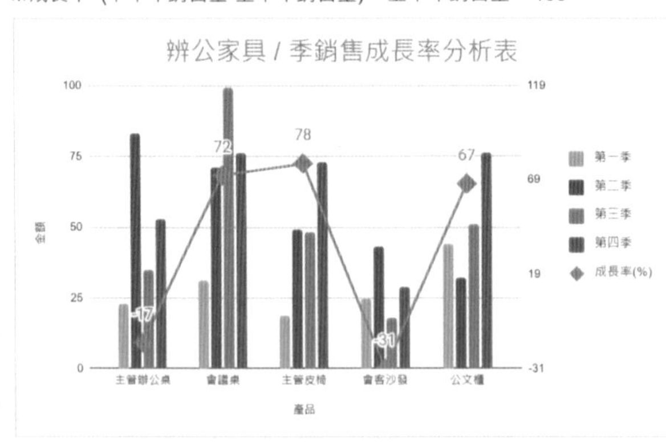

- 解析圖表、圖表製作流程
- 圖表使用小技巧
- 選擇合適的圖表類型
- 常見圖表錯誤用法、圖表類型
- 建立圖表
- 調整圖表位置並設定圖表寬高
- 變更圖表來源資料
- 變更圖表類型
- 新增副座標軸
- 格式化資料點加上資料標籤
- 格式化圖例
- 設計座標軸標題文字

原始檔：<本書範例 \ Part07 \ 原始檔 \ 07銷售成長率分析表>

完成檔：<本書範例 \ Part07 \ 完成檔 \ 07銷售成長率分析表ok>

認識統計圖表

圖表的主要功能是將數值資料轉換為圖形，因為大家的閱讀習慣都是先看圖再看文字，用圖表說明複雜的統計數據會比用口頭說明或冗長的文字報告來的有效率。

組成圖表的項目

圖表包含了代表整個圖表的 **圖表區** 與代表圖表主體的 **繪圖區**。**圖表區** 是由 **圖表標題**、**座標軸標題**、**繪圖區** 以及 **圖例** ...等組成，而 **繪圖區** 則是由 **座標軸**、**資料數列**...等組成，以下以組合式柱狀圖為例說明：

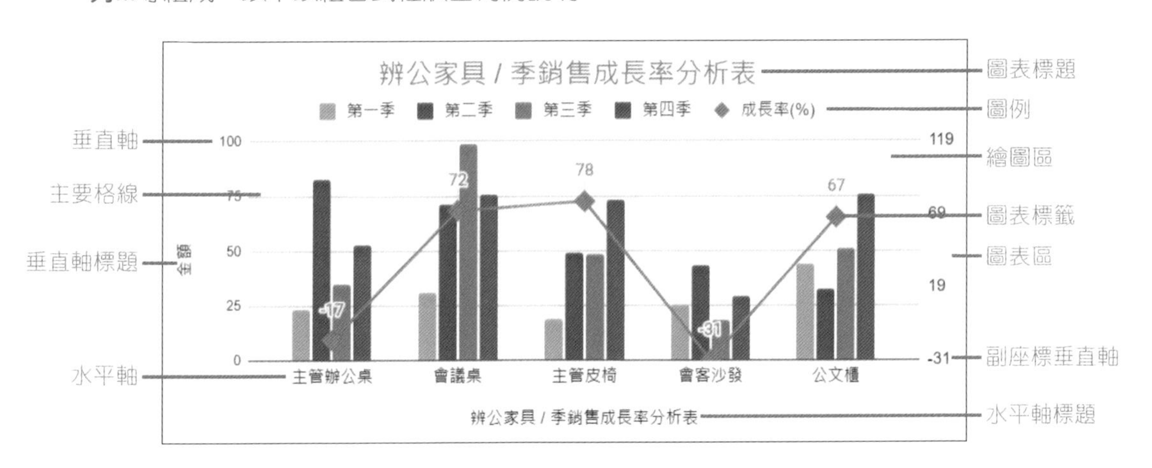

將資料數據化為圖表的步驟

圖表包含折線圖、區域圖、柱狀圖、長條圖、圓餅圖...等類別，要將資料轉換為圖表其實不難，但首要將資料內容整理好並選擇合適的圖表類型套用，才能有效的透析數據中的資訊。以下列出將資料數據化為圖表的五個步驟：

輸入相關資料與數據 → 確認圖表主題 → 套用合適的圖表類型 → 調整圖表相關元素 → 設定圖表樣式與色彩

圖表使用小技巧

1. 依資料內容與主題建立合適的圖表。
2. 一個圖表只表達一個觀點，不做過於複雜的圖表，必要時分成多個圖表呈現。
3. 掌握圖表標題說出重點，讓瀏覽者一看就知道是什麼主題的圖表。
4. 色彩搭配上盡量使用柔和色調，或者使用同一顏色不同深淺的搭配。
5. 儘量不使用立體效果的圖表，實在想用的話也不要套用太多花俏設計。

選擇合適的圖表類型

製作圖表前需要先思考資料的重點與方向，例如：表現年度銷售量的變化、每個月數量的比率或是不同年度同項目的價格比較...等，此思考的方向主要可分為 "數量"、"變化" 與 "比較" 三大原則，透過這三大原則可以更了解該選擇哪種類型圖表。

"數量" 是指資料內容著重在總合、比率、平均...等的差異時，較適用表現部分與總體關係的圓餅圖；"變化" 是指資料內容著重在某段時間內的值或項目的變化，較適用折線圖、長條圖...等；而 "比較" 則是指資料內容著重在不同項目間數量的差異，較適用 XY 散佈圖...等。判斷出資料內容的正確方向才能選用合適的圖表類型，圖表設計也能更有效率。

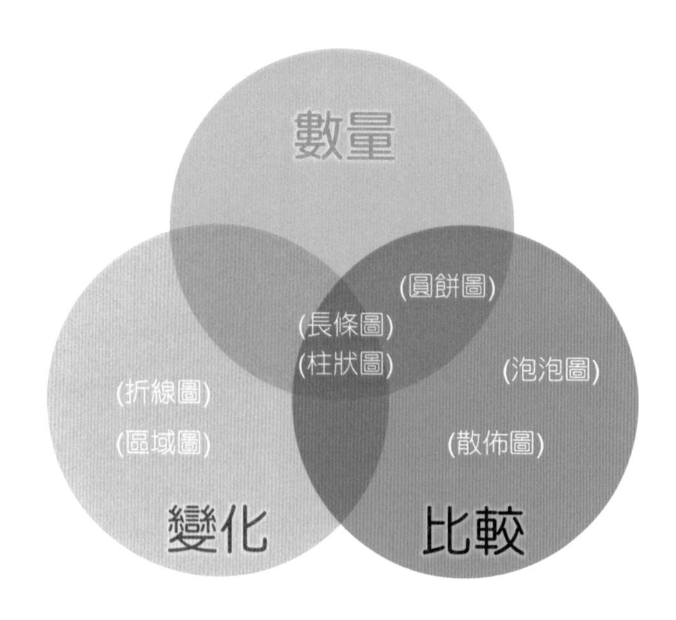

常見的圖表問題

圖表製作過程中，常著眼於美化的動作，反而忘了格式在套用時，是否會影響資訊的表達。畢竟圖表再好看，如果無法讓瀏覽者一目瞭然，也只是虛有其表，而沒有任何意義。以下整理了圖表製作常見問題，提醒你避免這些錯誤。

例 1：整年度銷售業績

錯誤

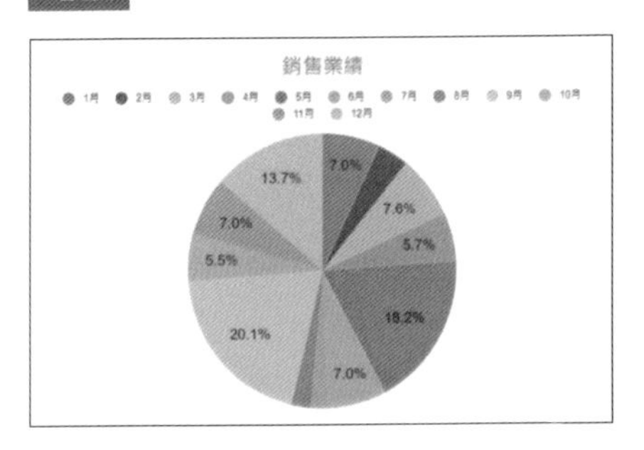

問題1：整年度的銷售業績用圓餅圖表現較不適合，無法直接看出整年份銷售的起伏。

問題2：圖表標題太過於籠統，沒有清楚的傳達出圖表主題。

問題3：當資料數列為八項以上時，建議套用折線圖來表現較為合適。

正確

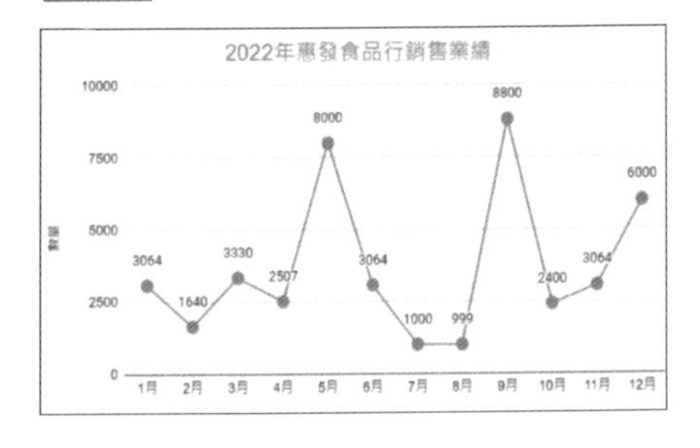

優點1：折線圖清楚的傳達出該公司整年度的銷售業績起伏。

優點2：圖表標題清楚且明確，文字格式經過設計，在圖表中更合適。

優點3：水平與垂直座標軸的標示讓圖表資料一目瞭然。

例 2：商品佔有率

錯誤

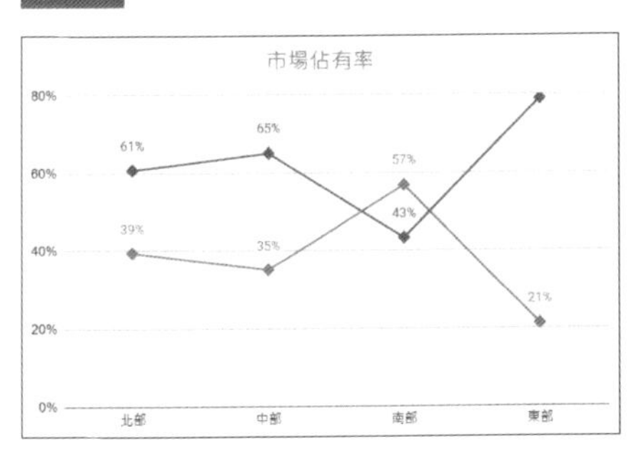

問題1：折線圖較不適合表現項目對比關係，無法清楚看出同一地區與其他公司的佔有率對比。

問題2：水平與垂直座標軸沒有加上文字標題，瀏覽者無法明白所要表達的意思。

問題3：因為沒有標示圖例，所以會導致觀看圖表時無法有效分辨資訊。

正確

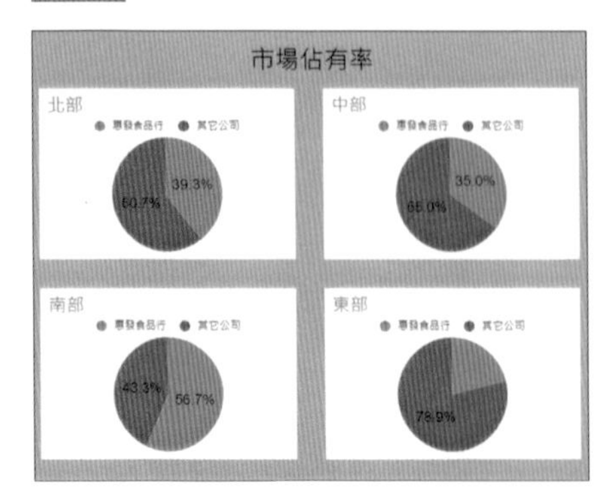

優點1：分別用四個圓餅圖表示，佔有率對比一目瞭然，清楚的由圖表了解目前各地區佔有率的對比關係。

優點2：圓餅圖中的資料標籤是一項重要設定，像 **類別名稱** 與 **值** 資料標籤的標示，讓圖表簡單易懂。

優點3：雖使用四個圓餅圖表示，但同一公司行號的代表色彩要一致，才不會造成圖表閱讀上的困擾。

例3：近二年度價格、銷售量、利潤比對。

錯誤

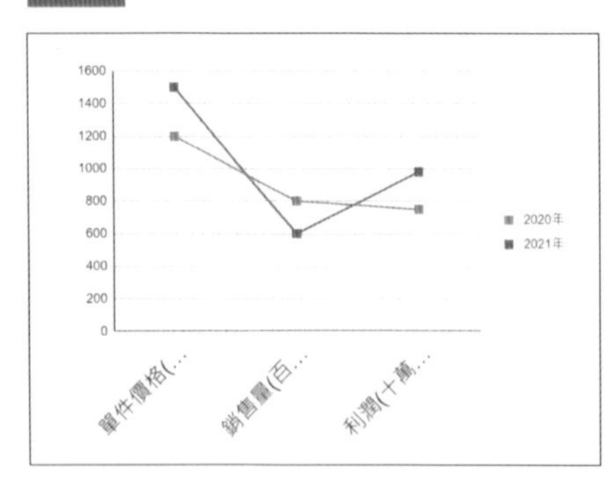

問題1：圖表沒有標題也沒有水平與垂直座標軸標題。

問題2：圖表繪圖區太小，水平座標軸文字呈傾斜擺放，令瀏覽者不易觀看。

問題3：折線圖太細無法表現圖表主題 (每一個項目不同年度的差異)。

正確

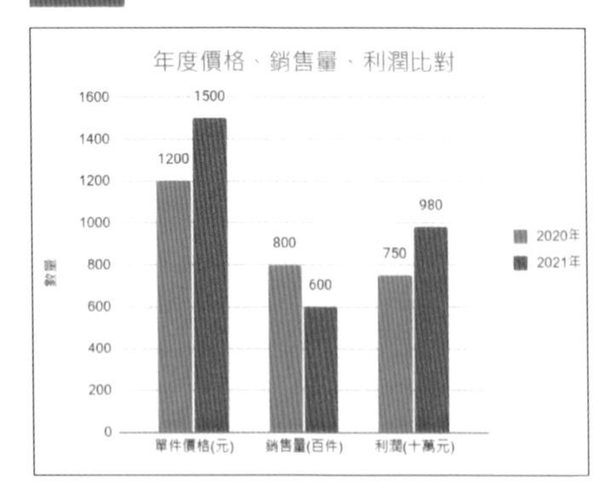

優點1：圖表標題、座標軸標題與圖例標註，清楚且明確。

優點2：繪圖區較大，資料數列表現明顯，水平座標軸文字位於相對資料數列下方，較易閱讀。

優點3：柱狀圖清楚的傳達出每一項目不同年度的起伏關係。

圖表類型

Google 試算表內建多種常見圖表，只要選按圖表右上角 ⋮ \ **編輯圖表** 開啟側邊欄，於 **設定** 標籤選按 **圖表類型**，即可選擇要套用的圖表類型。

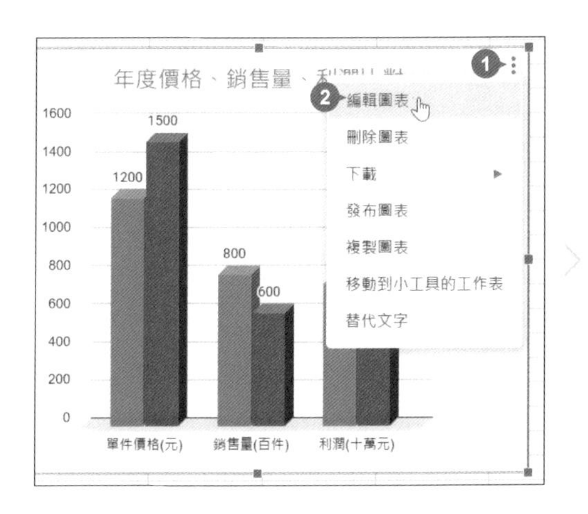

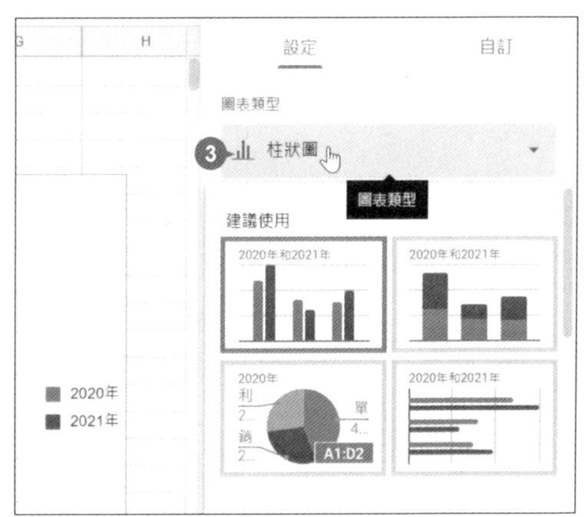

圖表類型	操作方法
折線圖	用描點方式繪製資料再相連接，呈現期間趨勢變化或未來走勢。
區域圖	強調一段時間內的變化幅度，用面積大小表示其與整體間的關係。
柱狀圖	呈現一或多種資料類別或群組，尤其是各類別底下還有子類別。
長條圖	可比較資料間的相差情形，呈現一或多種類別間的資料點差異。
圓餅圖	只能顯示一組資料數列，呈現各項目相對於全體資料的佔有率。
散佈圖	用散布圖呈現橫軸 (X 軸) 及縱軸 (Y 軸) 的數值座標，並觀察兩個變數間的趨勢和模式。
地圖	使用地理圖呈現國家/地區、洲或區域的地圖，各地點的相關值則會以不同顏色表示。
其他圖表	瀑布圖、直方圖、雷達圖、度量圖、評量圖表、K 線圖、組織圖、樹狀圖、時間線圖、表格圖...。

TIPS 2

新增圖表

已建置好的工作表資料經由簡單的步驟，彈指間快速轉換成美觀、專業的圖表，並透過移動、位置與大小調整，讓圖表更方便檢閱。

建立圖表

開啟範例原始檔 <07銷售成長率分析表>，依照如下步驟建立圖表。

選取製作圖表的資料來源範圍 A1:E6 儲存格，再於 **插入** 索引標籤選按 **圖表**。

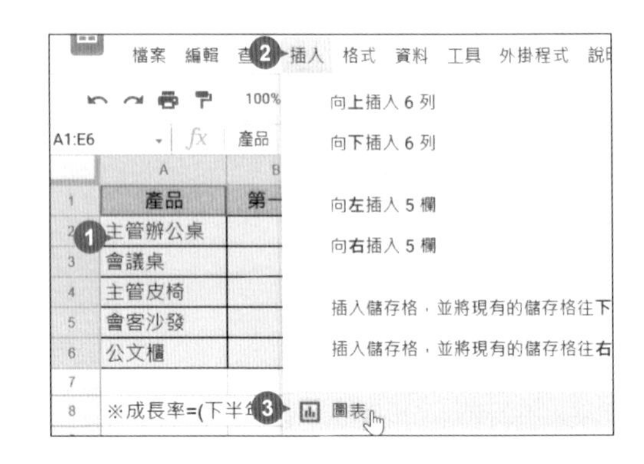

調整圖表位置與寬高

為了讓版面方便編輯及符合需求，可以適當調整圖表位置與大小。

在圖表選取的狀態下，將滑鼠指標移至圖表空白處，按滑鼠左鍵不放可移至適當位置擺放。將滑鼠指標移至圖表四周控點上呈 ⇔ 狀時，按滑鼠左鍵不放拖曳，可調整圖表的大小。

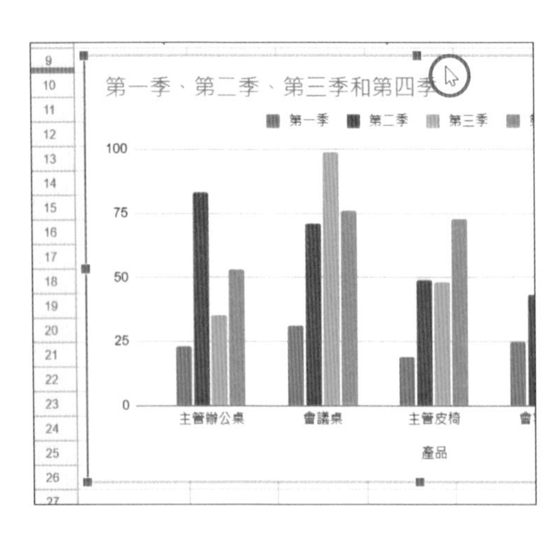

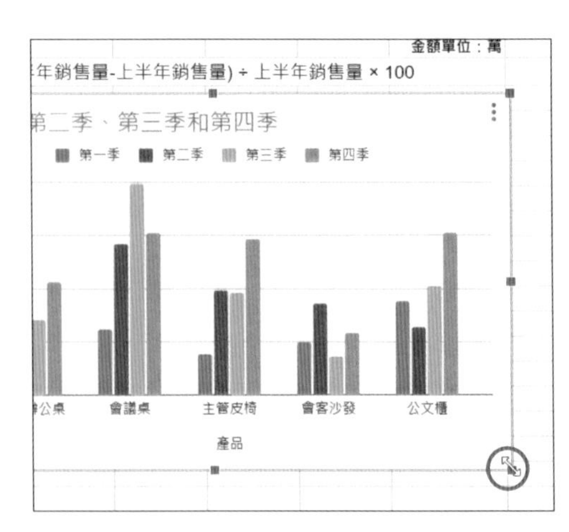

套用圖表類型與色彩

圖表可藉由套用 Google 試算表提供的類型與色彩設定，快速變更圖表外觀。

STEP 01

於側邊欄 **設定** 標籤選按 **圖表類型** 清單鈕 \ **柱狀圖** \ **柱狀圖**。(如果側邊欄沒有開啟，選按圖表右上角 ⋮ \ **編輯圖表** 即可)。

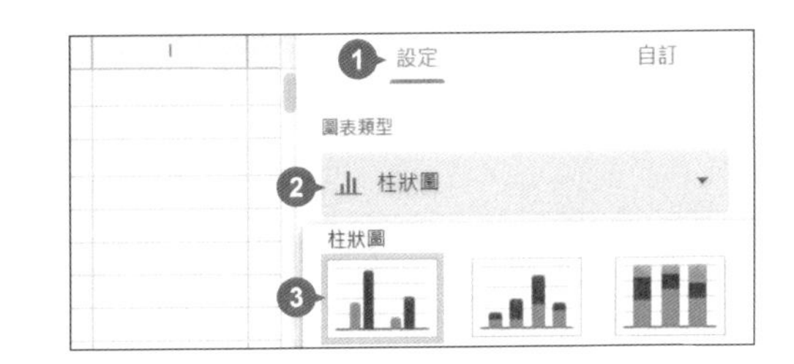

STEP 02

於要修改顏色的數列上連按二下滑鼠左鍵，這時側邊欄自動切換至 **自訂** 標籤 \ **系列**，接著選按 **填滿顏色**，並在清單中選擇合適的色彩套用。

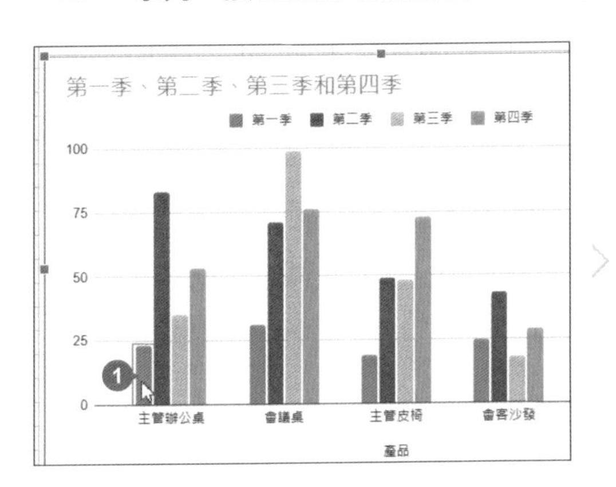

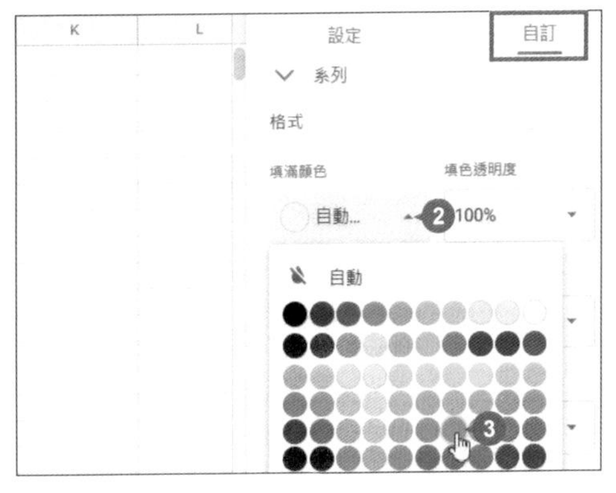

STEP 03

選按第二個數列，一樣於側邊欄選按 **填滿顏色**，在清單中選擇合適的色彩套用。依相同方式，分別完成第三、四個數列色彩修改，完成後選按側邊欄右上角 × 關閉側邊欄。

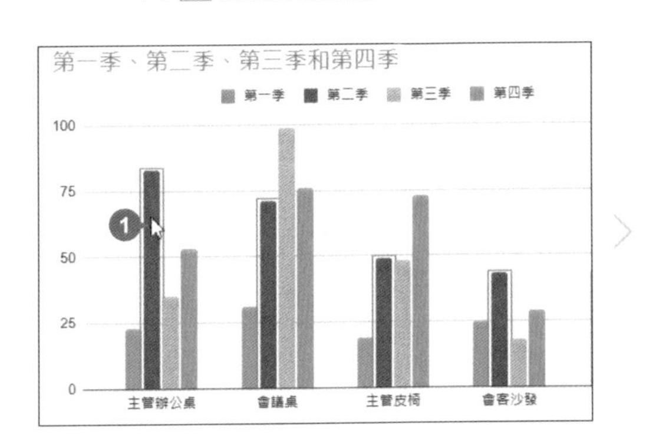

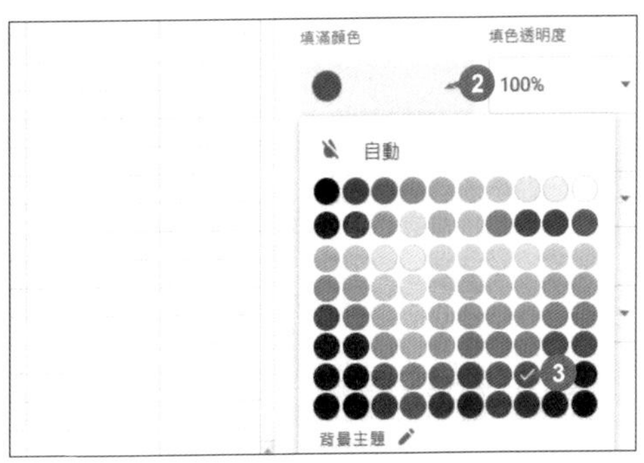

編修與格式化圖表

插入工作表中的圖表仍可再依用途目的以及整體資料，變更既有元素，讓圖表更顯專業與美觀。

變更圖表資料來源

已建立的圖表可能因不同的用途，而需要新增或刪除圖表原有資料，接著來看看如何讓圖表更符合需求。

STEP 01 選按圖表右上角 ⋮ \ **編輯圖表** 開啟側邊欄。於 **設定** 標籤選按 **系列** \ **新增系列** \ ⊞ **選取資料範圍**。

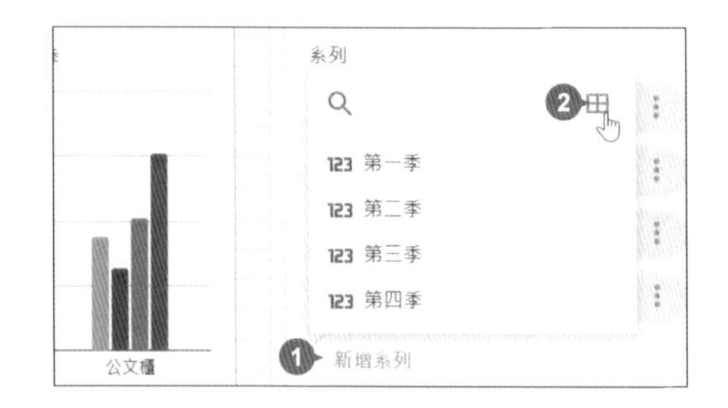

STEP 02 選取 F1:F6 儲存格，再選按 **確定** 鈕，在圖表中加入新增的數列。

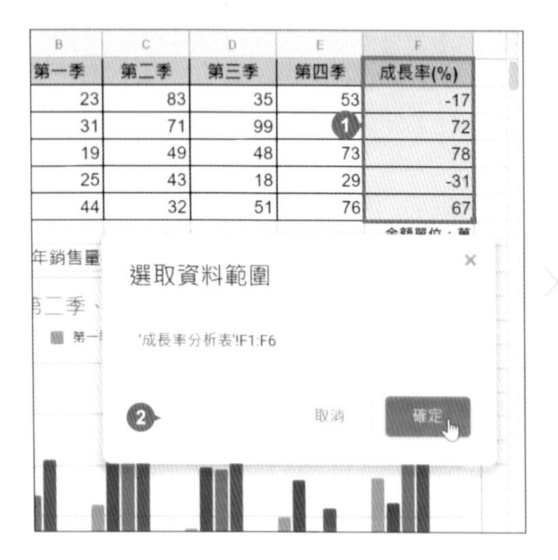

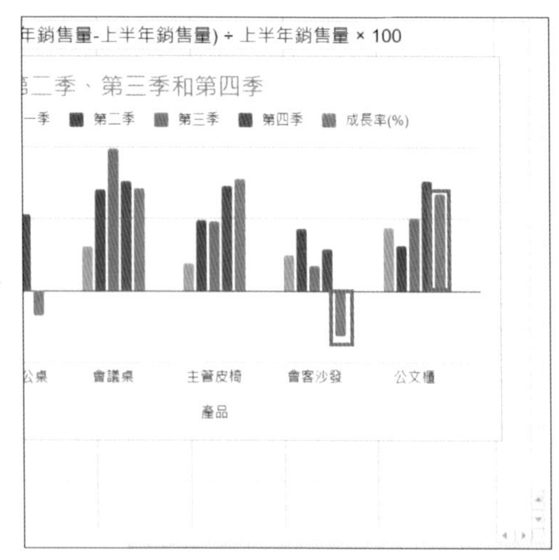

如果要刪除某一欄資料，可以於 **設定** 標籤選按 **系列**，該系列資料欄名稱右側點選 ⋮ \ **移除**，就可以在圖表中刪除該欄資料了

變更圖表類型與新增副座標軸

因為 "成長率%" 數列與其他數列的屬性不同，所以需變更圖表類型並藉由副座標軸 (圖表右側增加第二個數值 Y 軸) 顯示，以突顯數值。

STEP 01 於側邊欄 **設定** 標籤選按 **圖表類型** 清單鈕 \ **折線圖** \ **組合圖**，將圖表改為直條圖加折線圖的組合。

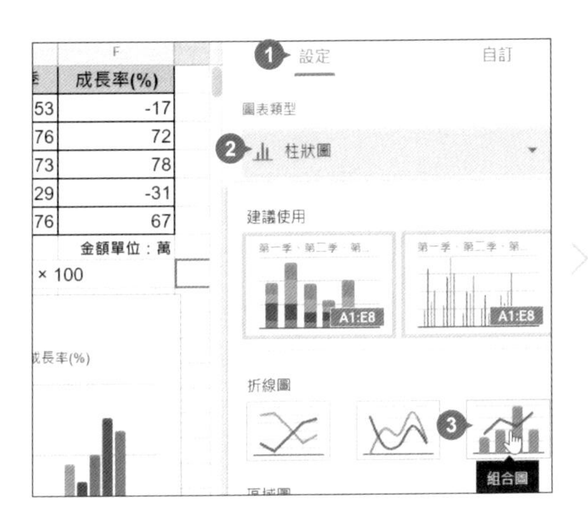

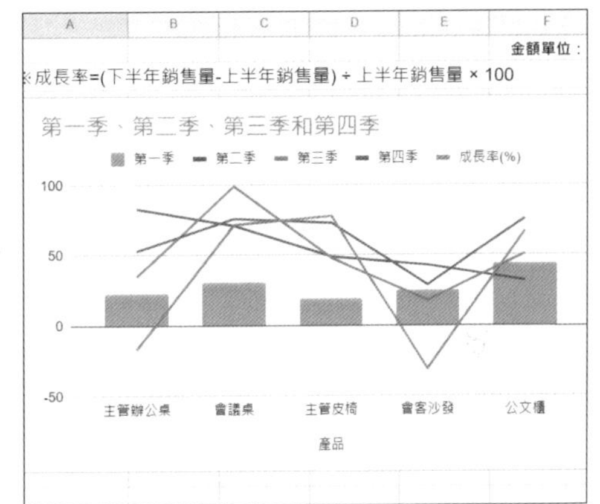

STEP 02 變更圖表類型後，得先將 **第二季**、**第三季**、**第四季** 數列改為直條圖，於側邊欄 **自訂** 標籤選按 **系列** 展開項目，設定 **數列選擇工具：第二季**、**類型：直條圖**，變更數列類型，依相同方式，分別變更第三、四季數列類型。

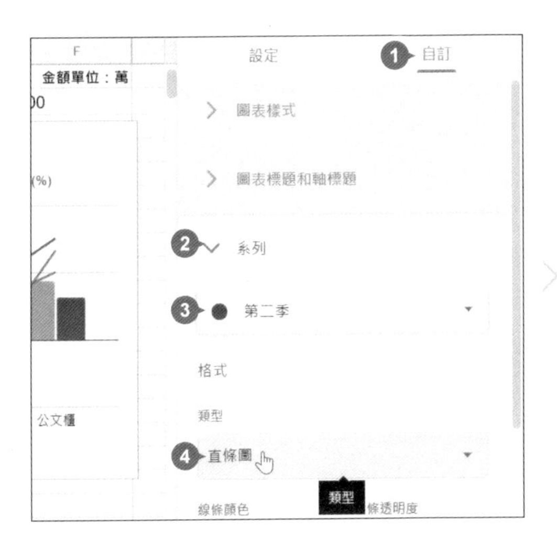

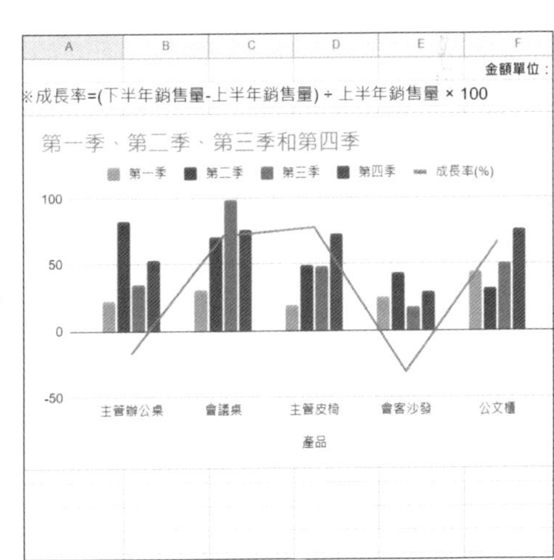

03 變更 **成長率(%)** 數列為副座標軸，於側邊欄 **自訂** 標籤選按 **系列** 展開項目，選擇 **成長率(%)**，再設定 **軸**：**右軸**，可以於圖表右側新增副座標軸。

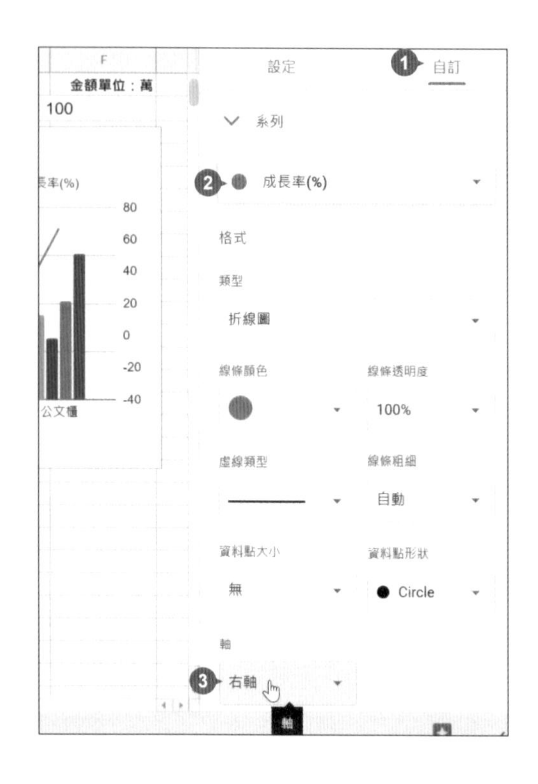

04 左、右二側座標軸會依數據資料自動判斷合適的格線間距，若想要調整間距，於側邊欄 **自訂** 標籤選按 **格線與刻度** 展開項目，選擇要改變的座標軸 (在此選按 **右縱軸**)，再於 **主要格線間距** 調整間距值。

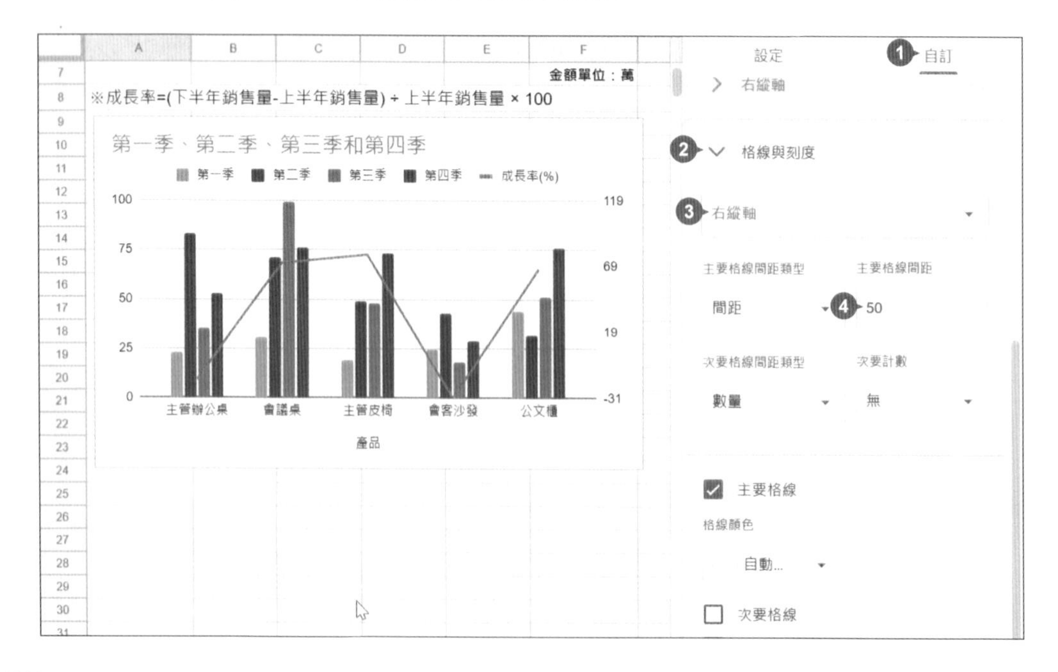

加上資料點

折線圖可藉由 **資料點**，標註折線上各項目的數值。於側邊欄 **自訂** 標籤選按 **系列** 展開項目，設定 **數列選取工具： 成長率(%)**、**資料點大小：14px**、**資料點形狀：菱形**，為折線圖加上資料點。

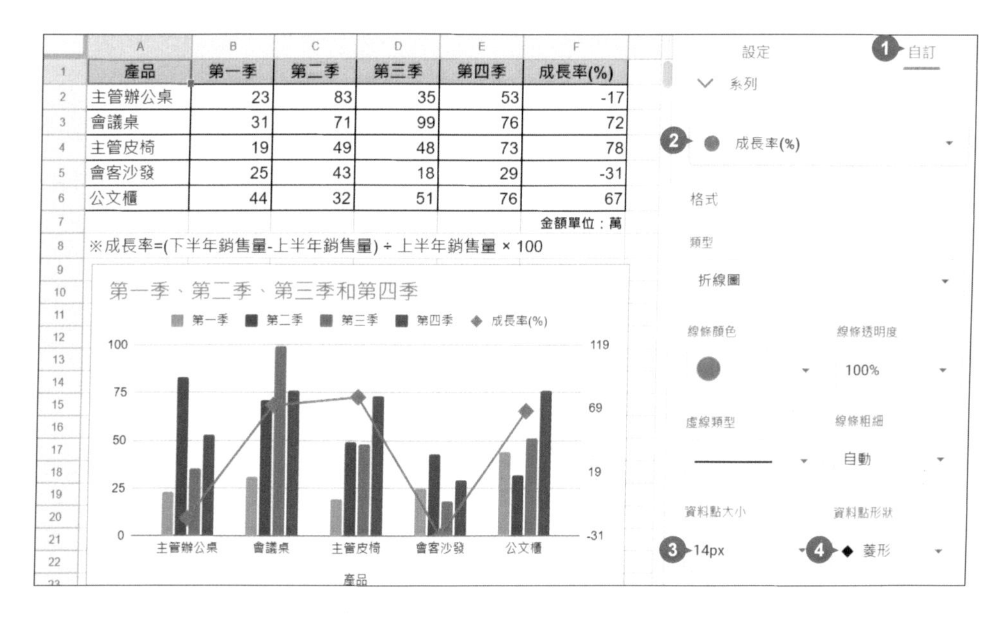

產品	第一季	第二季	第三季	第四季	成長率(%)
主管辦公桌	23	83	35	53	-17
會議桌	31	71	99	76	72
主管皮椅	19	49	48	73	78
會客沙發	25	43	18	29	-31
公文櫃	44	32	51	76	67

金額單位：萬

※成長率=(下半年銷售量-上半年銷售量) ÷ 上半年銷售量 × 100

加上資料標籤

資料標籤 是標示於數列上的數值，讓圖表資料更容易理解。承上個步驟，核選 **資料標籤**，會在折線圖加上資料標籤，如要調整字型格式或字型大小...等項目，可於下方設定合適的樣式套用。

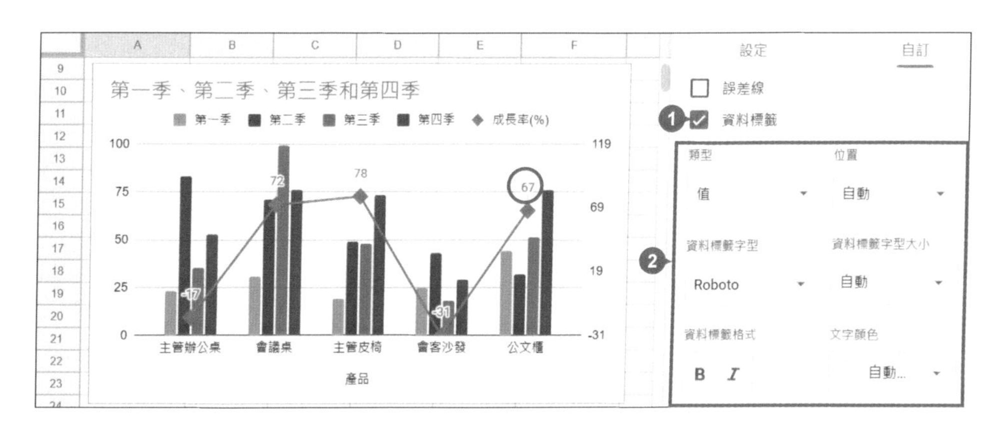

格式化圖例

圖例 是用來說明圖表上各種色彩或符號代表的意義，調整圖例擺放位置讓圖表更容易說明。

STEP 01 於側邊欄 **自訂** 標籤選按 **圖例** 展開項目，設定 **位置**：**右側**，如要調整字型格式或字型大小...等項目，可於下方設定合適的樣式套用。

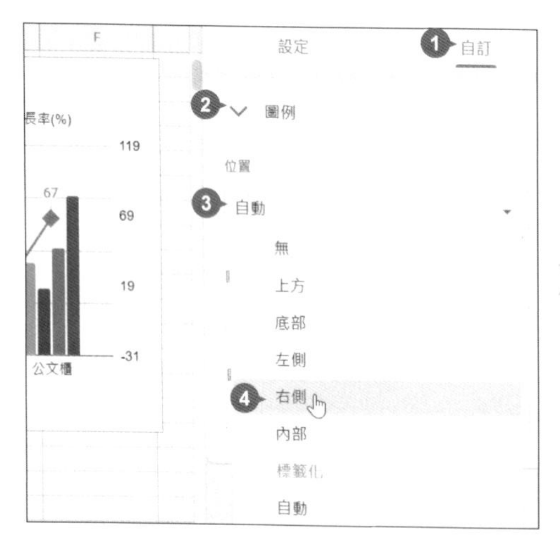

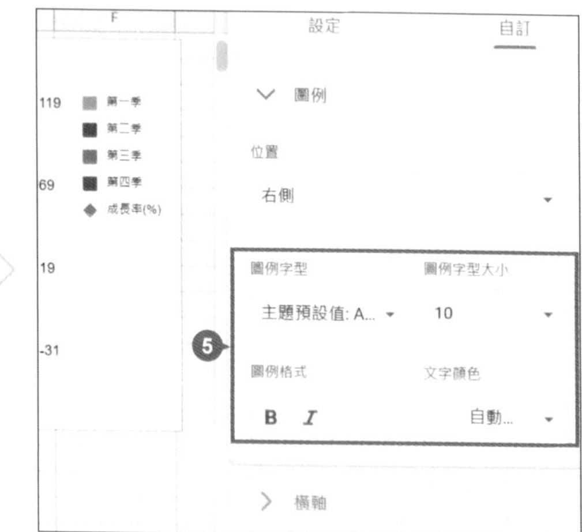

STEP 02 若要微調圖例位置，可於圖例上按一下滑鼠左鍵選取 (呈藍色框狀)，再拖曳至合適的位置擺放。

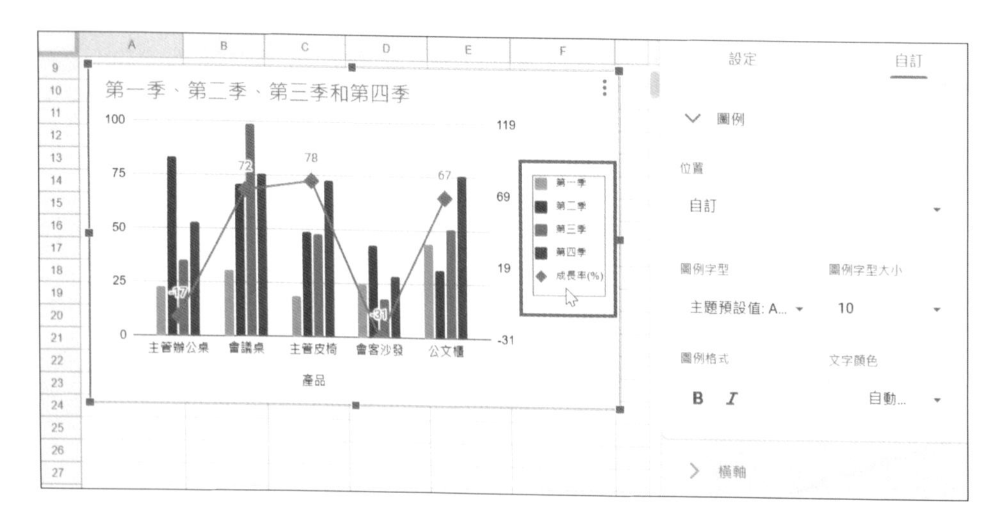

格式化圖表與座標軸標題

適當的圖表與座標軸標題能概括內容，協助瀏覽者了解圖表所表達的意訊息。

STEP 01 修改預設的圖表標題：於側邊欄 **自訂** 標籤選按 **圖表標題和軸標題** 展開項目，設定 **標題類型選取工具**：**圖表標題**，修改 **標題文字** 為「辦公家具 / 季銷售成長率分析表」，再設定 **標題格式 \ 對齊方式 \ ☰ 置中對齊**。

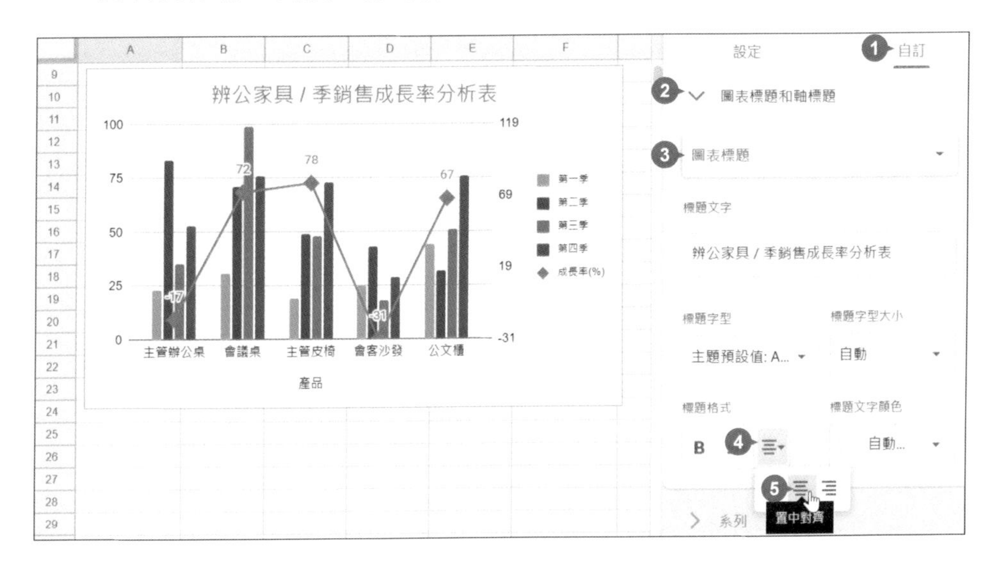

STEP 02 新增垂直座標軸：承上個步驟，設定 **標題類型選取工具**：**垂直軸標題**，輸入 **標題文字** 為「金額」，如要調整字型格式或字型大小...等項目，可於下方設定合適的樣式套用。

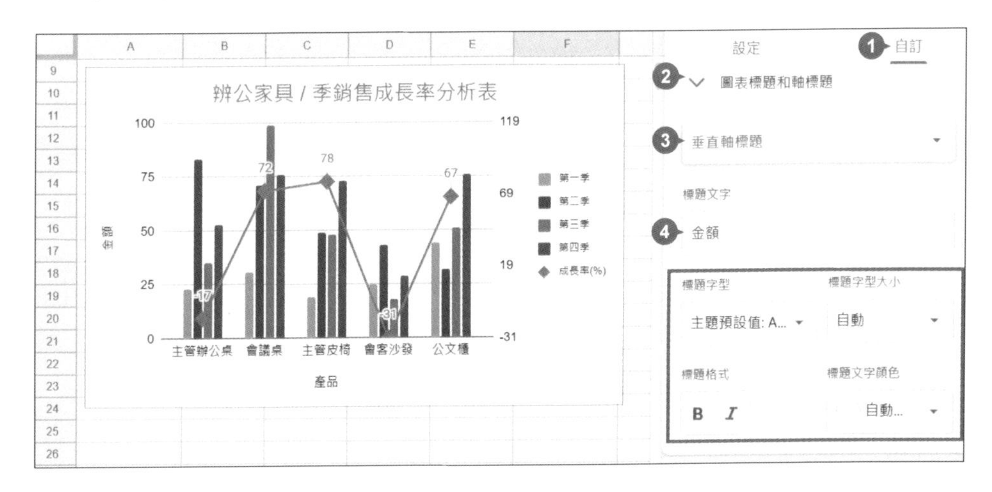

STEP 03 最後調整 **縱軸**、**橫軸**、**右縱軸** 的 **字型大小**，先選取右縱軸文字後 (呈藍色框狀)，設定 **標籤字型大小：10**，再依相同方式完成 **縱軸** 與 **橫軸** 字型大小設定。

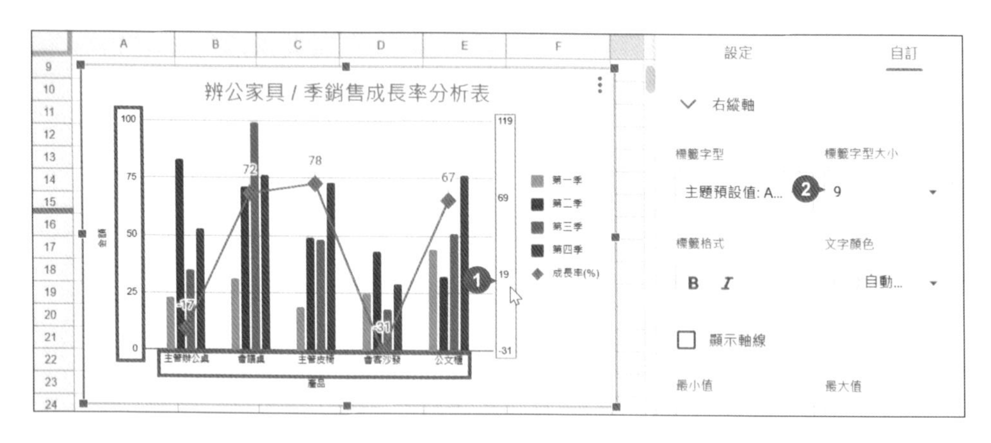

小提示 利用探索建立與分析圖表

Google 試算表的 **探索** 功能，選取儲存格範圍後選按 **探索**，在側邊欄位 **分析** 欄位可以看到多個建議圖表，可於合適的圖表右上角選按 **插入圖表**，也可選按 **更多圖表** 參考更多建議。

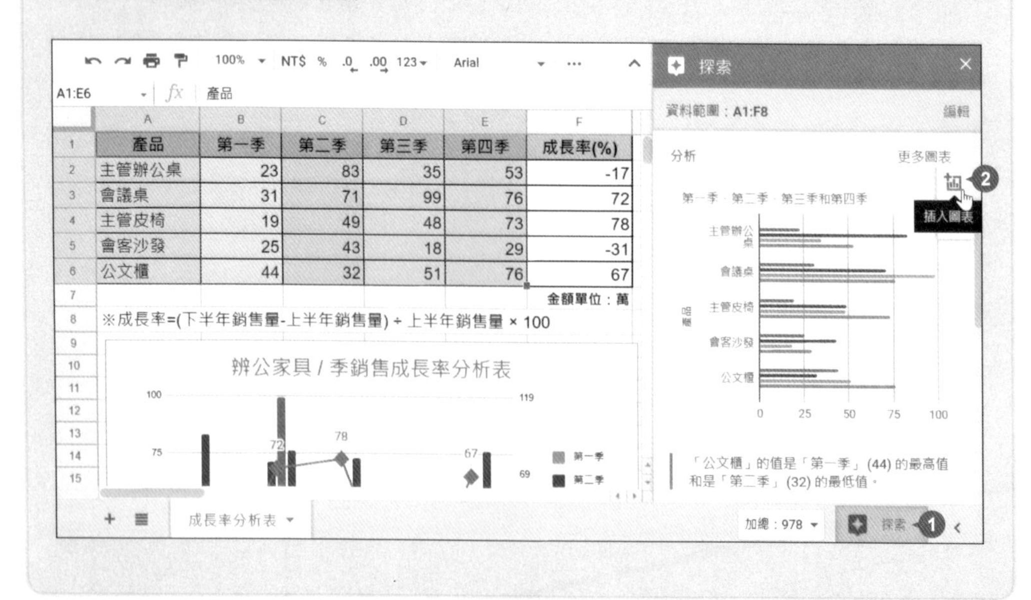

資料透視表

產品出貨年度報表

學習重點

Google 的資料透視表功能即類似於Excel 中的樞紐分析表，本範例將 "產品出貨年度報表" 以資料透視表整合資料、交叉運算，快速分析各項報表重點。

數量的SUM		銷售員						
已分組的「產品	產品類別	洪秀芬	曹麗雯	陳威任	黃禹美	賴冠廷	戴俊廷	總和
服飾	女裝	1960	1580	490	1360	1305	620	7315
	男裝	1920	1675	815	1185	1605	580	7780
	童裝	1150	1025	575	925	480	380	4535
服飾 總計		5030	4280	1880	3470	3390	1580	19630
家俱	家俱	2150	645	590	520	1360	660	5925
家俱 總計		2150	645	590	520	1360	660	5925
飾品	皮件	685	750	245	680	495	330	3185
	配件	3215	2305	705	2350	1860	755	11190
飾品 總計		3900	3055	950	3030	2355	1085	14375
總和		11080	7980	3420	7020	7105	3325	39930

- 製作資料透視表
- 配置資料透視表欄位
- 摺疊/展開資料欄位
- 變更欄列資料與排列
- 篩選欄列資料
- 排序欄列資料
- 群組相關類別的列資料
- 為資料透視表套用色彩

原始檔：<本書範例 \ Part08 \ 原始檔 \ 08產品出貨年度報表>

完成檔：<本書範例 \ Part08 \ 完成檔 \ 08產品出貨年度報表ok>

認識資料透視表

資料透視表 會將收集來的資料妥善且有系統的整理，讓使用者可以快速分析與組織資料，更可運用篩選、排序分組取得符合要求與參考價值的資訊。

"產品出貨年度報表" 為報表中常見的格式之一，因為報表中的原始資料，大多只要按時間輸入正確數值即可完成，但面對大量資料想要快速且有系統的整理，運用資料透視表是最直接的方式，將各欄位內的資料、數值擺放到合適的位置進行綜合分析，即可快速產生比較資料，幫助決策者歸納出有參考價值的資訊。

	B	C	D	E	F	G	H	I	J	K
1	下單日期	銷售員	廠商編號	廠商名稱	產品編號	產品名稱	產品類別	數量	訂價	交易金額
2	2021/1/2	賴冠廷	M-007	昌公事業	F024	運動潮流直筒椅	童裝	45	2030	$91,350
3	2021/1/2	黃禹美	M-009	通潤貿易	F012	托特包刺繡系列	配件	25	1740	$43,500
4	2021/1/2	陳威任	M-010	仁華事業	F008	法蘭絨格紋襯衫	女裝	25	1800	$45,000
5	2021/1/2	戴俊廷	M-008	吉本貿易	F033	高機能伸縮衣架	家俱	45	600	$27,000
6	2021/1/2	黃禹美	M-011	優亨事業	F001	運動潮流連帽外	女裝	25	1450	$36,250
7	2021/1/2	曹麗雯	M-001	慶盛事業	F040	機能運動風褲-	童裝	25	900	$22,500
8	2021/1/2	黃禹美	M-009	通潤貿易	F009	大化妝包-深藍	配件	45	2100	$94,500
9	2021/1/2	曹麗雯	M-002	興瑞貿易	F012	托特包刺繡系列	配件	25	1740	$43,500
10	2021/1/2	洪秀芬	M-003	聖瑞事業	F008	法蘭絨格紋襯衫	女裝	25	1800	$45,000
11	2021/1/2	陳威任	M-010	仁華事業	F033	高機能伸縮衣架	家俱	45	600	$27,000
12	2021/1/2	曹麗雯	M-001	慶盛事業	F039	12格書櫃	家俱	25	2500	$62,500
13	2021/1/2	曹麗雯	M-002	興瑞貿易	F040	機能運動風褲-	童裝	25	900	$22,500
14	2021/1/2	黃禹美	M-011	優亨事業	F008	法蘭絨格紋襯衫	女裝	45	1800	$81,000
15	2021/1/2	洪秀芬	M-003	聖瑞事業	F012	托特包刺繡系列	配件	25	1740	$43,500
16	2021/1/2	賴冠廷	M-007	昌公事業	F009	大化妝包-深藍	配件	25	2100	$52,500
17	2021/1/2	曹麗雯	M-001	慶盛事業	F033	高機能伸縮衣架	家俱	45	600	$27,000
18	2021/1/2	戴俊廷	M-008	吉本貿易	F039	12格書櫃	家俱	25	2500	$62,500
19	2021/1/2	曹麗雯	M-001	慶盛事業	F040	機能運動風褲-	童裝	25	900	$22,500
20	2021/1/4	黃禹美	M-009	通潤貿易	F012	托特包刺繡系列	配件	25	1740	$43,500
21	2021/1/4	陳威任	M-010	仁華事業	F012	托特包刺繡系列	配件	25	1740	$43,500

	A	B	C	D	E	F	G	H	I
1	*數量的SUM*		*銷售員*						
2	*已分組的「產品*	*產品類別*	洪秀芬	曹麗雯	陳威任	黃禹美	賴冠廷	戴俊廷	總和
3	服飾	女裝	1960	1580	490	1360	1305	620	7315
4		男裝	1920	1675	815	1185	1605	580	7780
5		童裝	1150	1025	575	925	480	380	4535
6	服飾 總計		5030	4280	1880	3470	3390	1580	19630
7	家俱	家俱	2150	645	590	520	1360	660	5925
8	家俱 總計		2150	645	590	520	1360	660	5925
9	飾品	皮件	685	750	245	680	495	330	3185
10		配件	3215	2305	705	2350	1860	755	11190
11	飾品 總計		3900	3055	950	3030	2355	1085	14375
12	**總和**		**11080**	**7980**	**3420**	**7020**	**7105**	**3325**	**39930**
13									
14									

▲ 資料透視表

製作資料透視表

報表中的數據資料，藉由 **資料透視表** 功能產生出貨年度報表，進而分析銷售員所負責各產品類別的出貨數量。

以資料內容開始建立

開啟範例原始檔 <08產品出貨年度報表>，選按 **產品出貨年度報表** 工作表，依照如下步驟以工作表內容建立資料透視表。

STEP 01 選取製作資料透視表的資料來源範圍 A1:K1199 儲存格 (也可選按 A1 儲存格，再按 Ctrl + A 鍵，快速選取資料範圍。)，接著於 **插入** 索引標籤選按 **資料透視表** 開啟對話方塊。

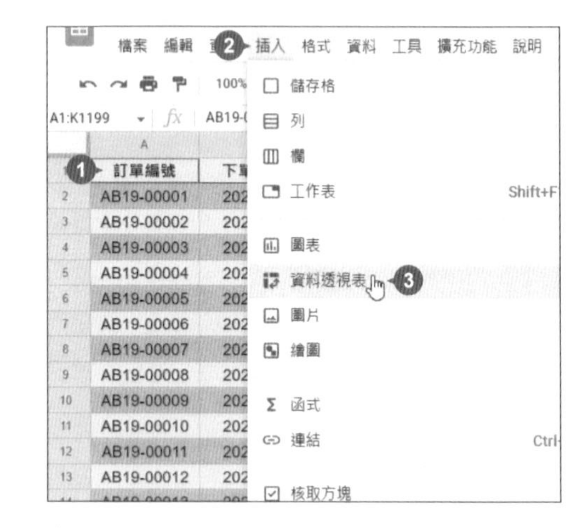

STEP 02 核選 **現有工作表**，選按 田 **選取資料範圍**，接著選按 **透視分析** 工作表，再選按 A1 儲存格，最後按 **確定** 鈕及 **建立** 鈕。

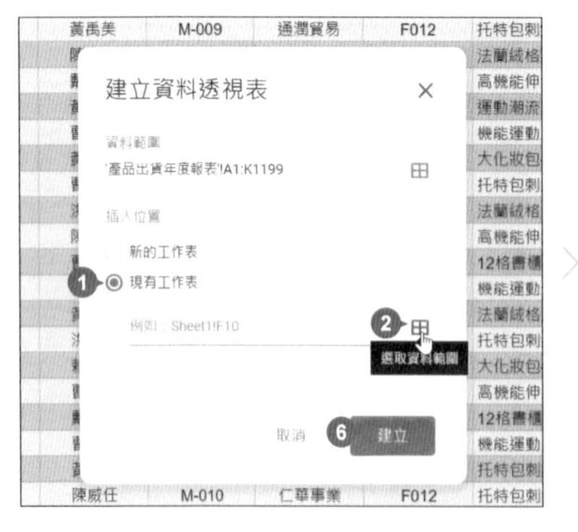

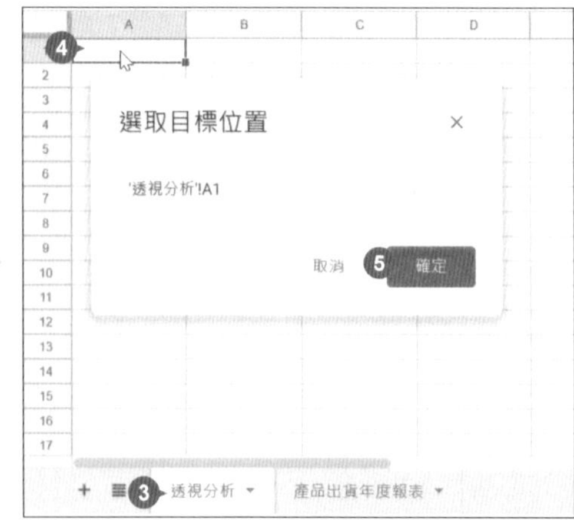

STEP 03 剛建置好的資料透視表一開始是未指定欄列資料的狀態，側邊欄會開啟 **資料透視表編輯器**。

小提示 由 Google 自動判斷合適的資料透視表完成製作

若不知道數據資料該如何製作成資料透視表，於 **資料透視表編輯器 \ 建議使用** 清單中選按合適的資料透視表右側 🔍 **預覽資料透視表**，預覽後確認要使用此自動生成透視表可選按 **插入資料透視表**，若不使用可選按右上角的 ✕ 關閉預覽。

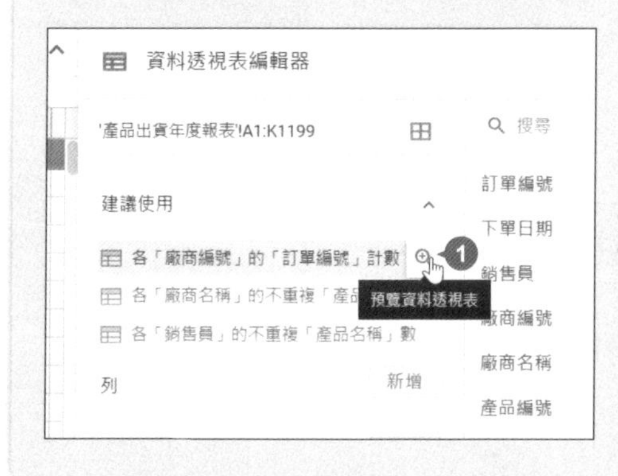

插入資料透視表 2

各「廠商編號」的「訂單編號」計數

廠商編號	訂單編號的COUNTA
M-001	122
M-002	120
M-003	118
M-004	109
M-005	107

配置資料透視表欄位

此範例中以 "產品類別"、"銷售員"、"下單日期" 為主要交叉條件，再將 "數量" 值資料匯整於報表上，首先從來源資料欄位中拖曳欄位至相關對應區域。

STEP 01 將 **產品類別** 欄位拖曳至 **欄** 區域。

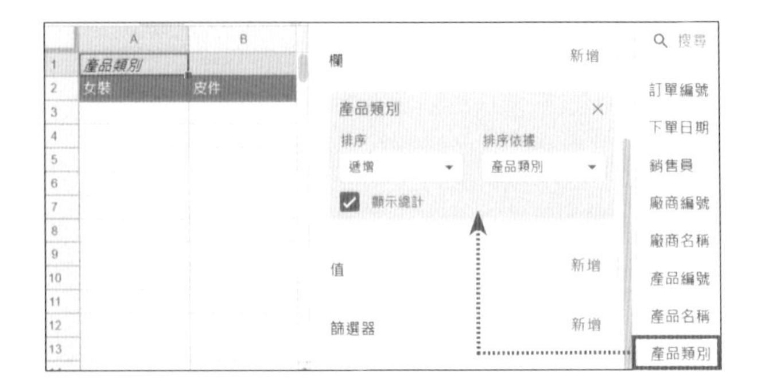

STEP 02 將 **銷售員** 欄位拖曳至 **列** 區域。

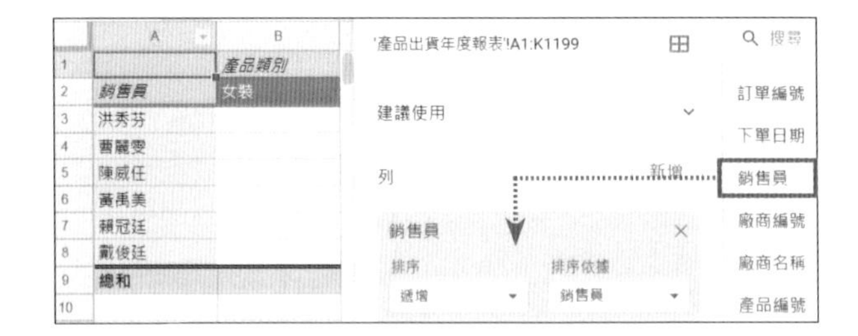

STEP 03 將 **數量** 欄位拖曳至 **值** 區域，將 **下單日期** 欄位拖曳至 **列** 區域，擺放於 **銷售員** 欄位項目下方。

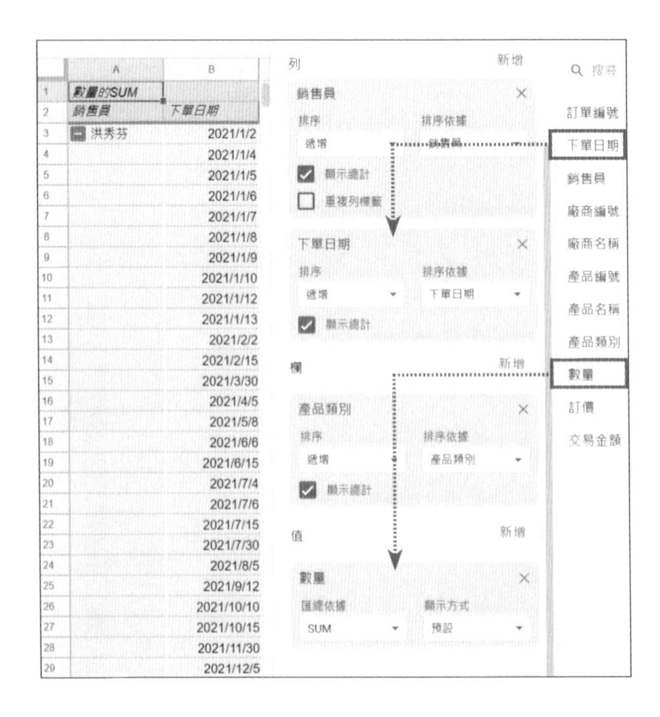

編修資料透視表

資料透視表配置欄位後並不代表已製作完成，依需求進行資料數值的排列、篩選、摺疊/展開資料欄位、交叉分析、群組...等，才能幫助使用者分析、組織資料。

摺疊 / 展開資料欄位

摺疊的欄位，可暫時隱藏日期資料的顯示讓畫面更精簡。於 A3 儲存格按滑鼠右鍵選按 **收合「***」中的所有元件**，會發現日期資料已經被暫時隱藏 (若再按滑鼠右鍵選按 **選按 展開「***」**中的 **所有的元件** 可再次呈現日期資料)。

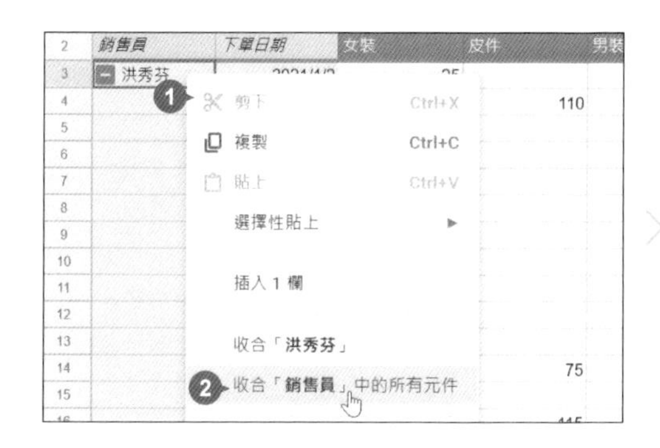

篩選欄列資料

可透過 **篩選器** 指定欄位的資料隱藏與顯示。

STEP 01 從來源資料欄位中指定篩選欄位，此處將 **產品類別** 欄位拖曳至 **篩選器** 區域。接著選按 **狀態** 清單，取消核選 "皮件"、"家俱"、"配件"，再按 **確定** 鈕

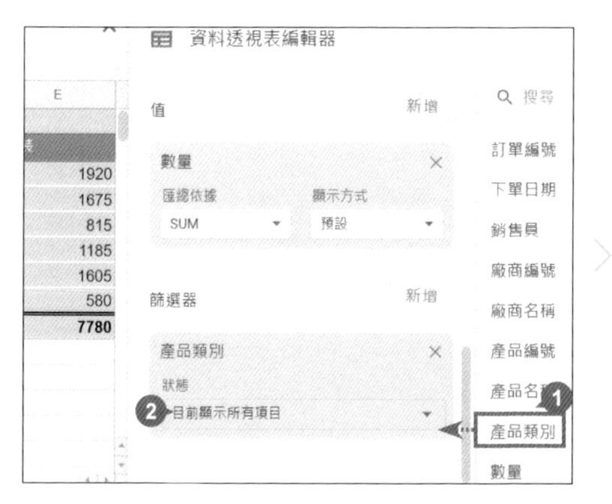

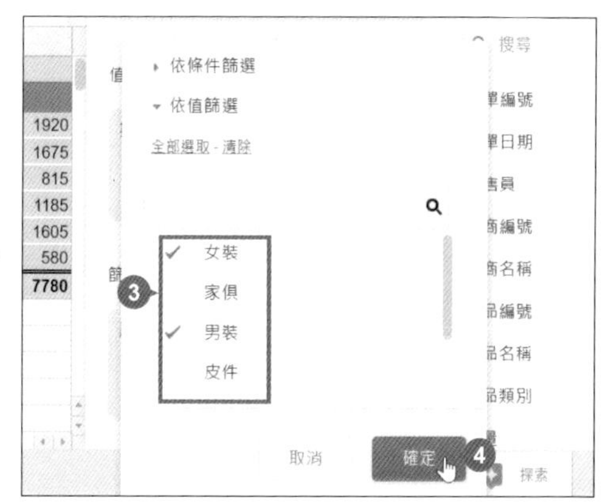

STEP 02 會看到取消核選的項目資料已隱藏，在 **篩選器** 區域的 **狀態** 顯示 **目前顯示 3 個項目**。(若再核選該項目就會顯示)

	A	B	C	D	E
1	數量的SUM		產品類別		
2	銷售員	下單日期	女裝	男裝	童裝
3	洪秀芬 總計		1960	1920	1150
4	曹麗雯 總計		1580	1675	1025
5	陳威任 總計		490	815	575
6	黃禹美 總計		1360	1185	925
7	賴冠廷 總計		1305	1605	480
8	戴俊廷 總計		620	580	380
9	總和		7315	7780	4535

值 新增
數量
匯總依據 SUM
顯示方式 預設
篩選器 新增
產品類別
狀態 目前顯示 3 個項目
搜尋
訂單編號
下單日期
銷售員
廠商編號
廠商名稱
產品編號
產品名稱
產品類別

排序欄列資料

資料透視表內若有大量資料時，可依字母或文字筆劃排序，或依數值資料從最大值排到最小值，更輕鬆地找到所要分析的項目。

STEP 01 選按欲排序的 **欄** 區域或 **列** 區域的 **排序** 項目，清單中選按 **遞增** 或 **遞減** 排序。

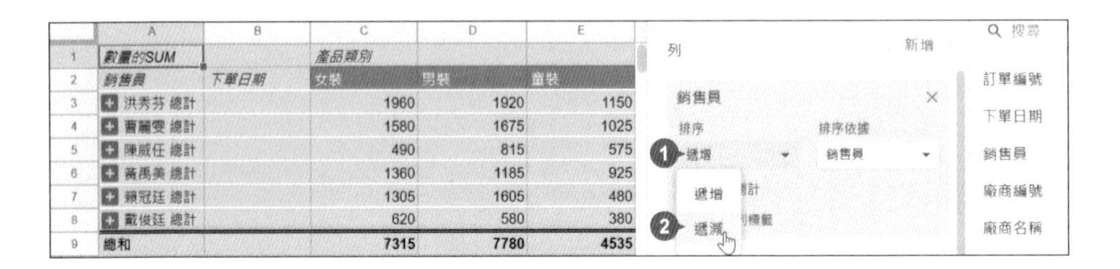

STEP 02 即可看到資料依指定欄位與指定排序方式整理。

	A	B	C	D	E
1	數量的SUM		產品類別		
2	銷售員	下單日期	女裝	男裝	童裝
3	戴俊廷 總計		620	580	380
4	賴冠廷 總計		1305	1605	480
5	黃禹美 總計		1360	1185	925
6	陳威任 總計		490	815	575
7	曹麗雯 總計		1580	1675	1025
8	洪秀芬 總計		1960	1920	1150
9	總和		7315	7780	4535

列 新增
銷售員
排序 遞減
排序依據 銷售員
顯示總計
重複列標籤
搜尋
訂單編號
下單日期
銷售員
廠商編號
廠商名稱

變更欄列資料

若是覺得目前指定於欄、列區塊的欄位需要變更，可以在側邊欄快速調整。

STEP 01 取代現有項目：將滑鼠指標移到 **欄** 區域 **產品類別** 項目上呈 ✥ 狀，按滑鼠左鍵不放拖曳覆蓋 **列** 區域 **下單日期** 項目，再放開即可取代。

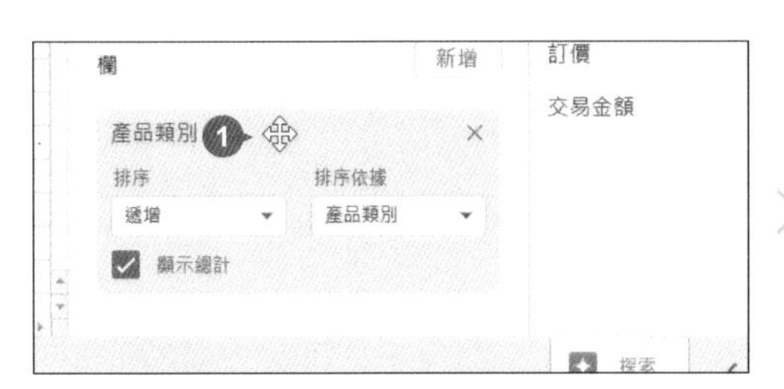

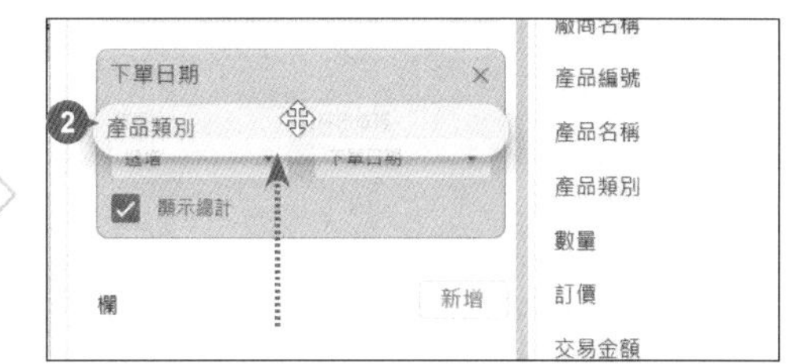

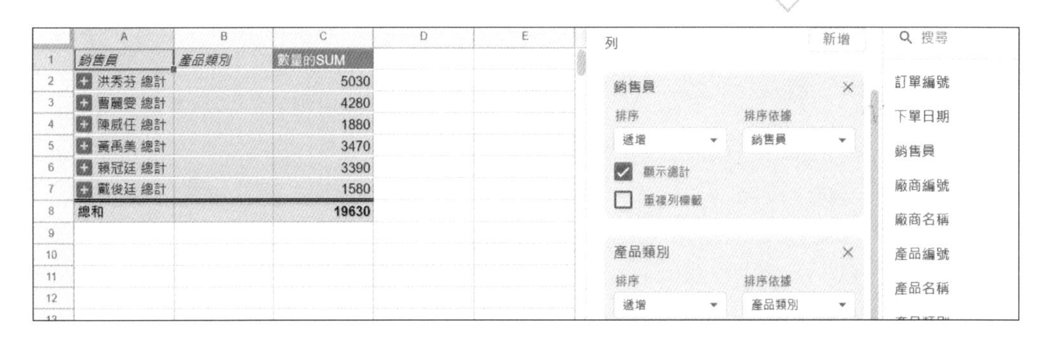

STEP 02 搬移項目：將滑鼠指標移到 **列** 區域 **銷售員** 項目上呈 ✥ 狀，按滑鼠左鍵不放拖曳至 **欄** 區域再放開即可搬移。

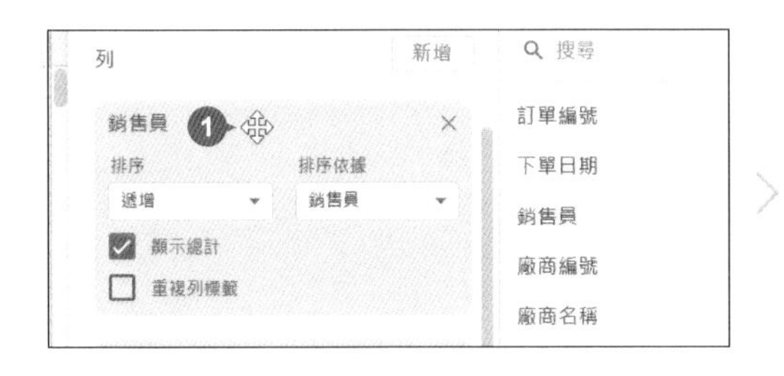

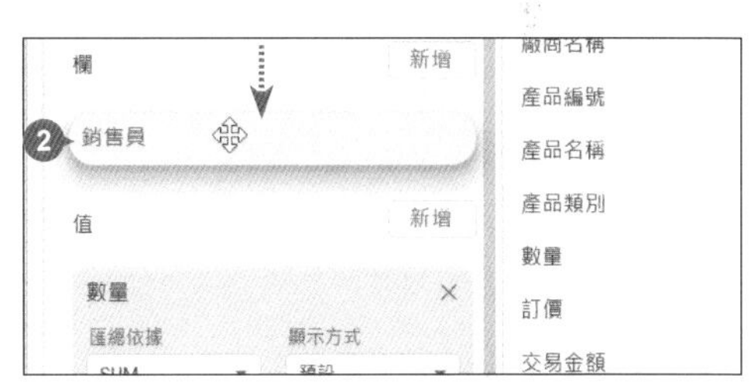

4	男裝	1920	1675	815	1185
5	童裝	1150	1025	575	925
6	總和	5030	4280	1880	3470

遞增　產品類別　顯示總計
欄　新增
銷售員　排序　排序依據　遞增　銷售員　顯示總計
下單日期　銷售員　廠商編號　廠商名稱　產品編號　產品名稱　產品類別　數量

STEP 03 刪除項目：各區域中，於要刪除的項目右上角選按 ×，就會刪除該項目。

	A	B	C	D	E
	數量的SUM	銷售員			
	產品類別	洪秀芬	曹麗雯	陳威任	黃禹美
	女裝	1960	1580	490	1360
	男裝	1920	1675	815	1185
	童裝	1150	1025	575	925
	總和	5030	4280	1880	3470

SUM 預設 搜尋
篩選器 新增
產品類別
狀態
目前顯示 3 個項目
訂單編號
下單日期
銷售員
廠商編號
廠商名稱

	A	B	C	D	E
1	數量的SUM	銷售員			
2	產品類別	洪秀芬	曹麗雯	陳威任	黃禹美
3	女裝	1960	1580	490	1360
4	皮件	685	750	245	680
5	男裝	1920	1675	815	1185
6	家俱	2150	645	590	520
7	配件	3215	2305	705	2350
8	童裝	1150	1025	575	925
9	總和	11080	7980	3420	7020

顯示總計 搜尋
值 新增
數量
匯總依據 顯示方式
SUM 預設
訂單編號
下單日期
銷售員
廠商編號
廠商名稱

群組相關類別的列資料

按 Ctrl 或 Shift 鍵選取相鄰或不相鄰的列項目，設定成群組可方便快速管理、檢視相關資料。

STEP 01 選取 A8 儲存格，再按 Ctrl 鍵不放，一一選取 A5、A3 儲存格 (童裝、男裝、女裝)，於 A3 儲存格按一下滑鼠右鍵，於清單選按 **建立資料透視表元素群組**。

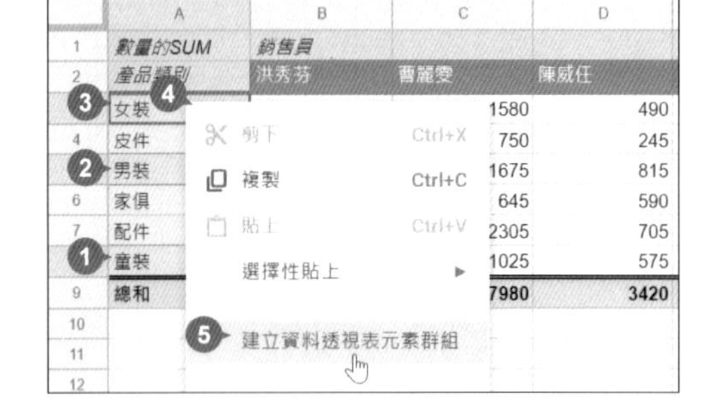

STEP 02 此時 **童裝,男裝,女裝** 就會組成群組項目。

	A	B	C	D
1	數量的SUM		銷售員	
2	已分組的「產品	產品類別	洪秀芬	曹麗雯
3	皮件	皮件	685	750
4	皮件 總計		685	750
5	家俱	家俱	2150	645
6	家俱 總計		2150	645
7	配件	配件	3215	2305
8	配件 總計		3215	2305
9	童裝, 男裝, 女	女裝	1960	1580
10		男裝	1920	1675
11		童裝	1150	1025

STEP 03 在 A9 儲存格連按滑鼠左鍵二下，刪除原文字後，輸入「服飾」變更群組名稱，讓資料項目變得更好辨識。

	A	B	C	D
1	數量的SUM		銷售員	
2	已分組的「產品	產品類別	洪秀芬	曹麗雯
3	皮件	皮件	685	750
4	皮件 總計		685	750
5	家俱	家俱	2150	645
6	家俱 總計		2150	645
7	配件	配件	3215	2305
8	配件 總計		3215	2305
9	服飾	女裝	1960	1580
10		男裝	1920	1675
11		童裝	1150	1025

	A	B	C	D
1	數量的SUM		銷售員	
2	已分組的「產品	產品類別	洪秀芬	曹麗雯
3	皮件	皮件	685	750
4	皮件 總計		685	750
5	服飾	女裝	1960	1580
6		男裝	1920	1675
7		童裝	1150	1025
8	服飾 總計		5030	4280
9	家俱	家俱	2150	645
10	家俱 總計		2150	645
11	配件	配件	3215	2305

STEP 04 選取 B11 儲存格，再按 Ctrl 鍵不放，選取 B3 儲存格 (配件、皮件)，於 B3 儲存格按一下滑鼠右鍵，於清單選按 **建立資料透視表元素群組**。

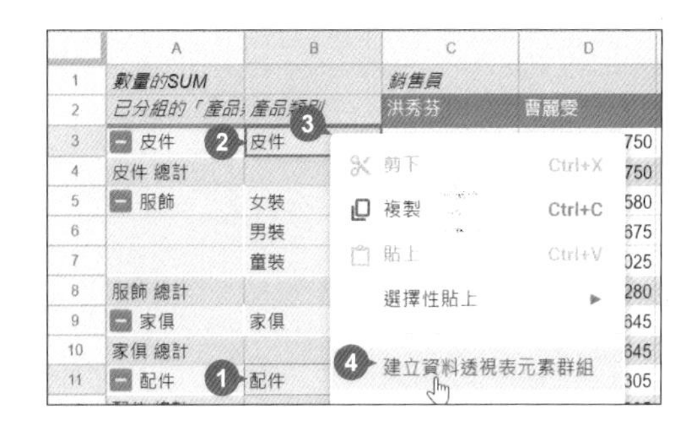

STEP 05 依相同的方式，選取 A9 儲存格，刪除原文字後，輸入「飾品」變更群組名稱。

	A	B	C	D
1	數量的SUM		銷售員	
2	已分組的「產品	產品類別	洪秀芬	曹麗雯
3	服飾	女裝	1960	1580
4		男裝	1920	1675
5		童裝	1150	1025
6	服飾 總計		5030	4280
7	家俱	家俱	2150	645
8	家俱 總計		2150	645
9	配件, 皮件	皮件	685	750
10		配件	3215	2305
11	配件, 皮件 總計		3900	3055

	A	B	C	D
1	數量的SUM		銷售員	
2	已分組的「產品	產品類別	洪秀芬	曹麗雯
3	服飾	女裝	1960	1580
4		男裝	1920	1675
5		童裝	1150	1025
6	服飾 總計		5030	4280
7	家俱	家俱	2150	645
8	家俱 總計		2150	645
9	飾品	皮件	685	750
10		配件	3215	2305
11	配件, 皮件 總計		3900	3055

小提示　無法建立群組功能及取消群組

如果欄或列包含二個以上的欄位項目，例如：在 **列** 區域有 **產品類別** 與 **下單日期** 二個欄位項目就會無法建立群組，必須要先刪除一項才能建立群組。

如果要取消群組，只要於群組名稱儲存格 (可多選) 按一下滑鼠右鍵，於清單選按 **將多個資料透視表項目取消分組**，就會取消群組功能。

為資料透視表套用色彩

合適的資料透視表樣式，可以讓閱讀者更容易辨識各個不同的區域。

STEP 01 選按 **格式 \ 替代顏色** 開啟側邊欄。

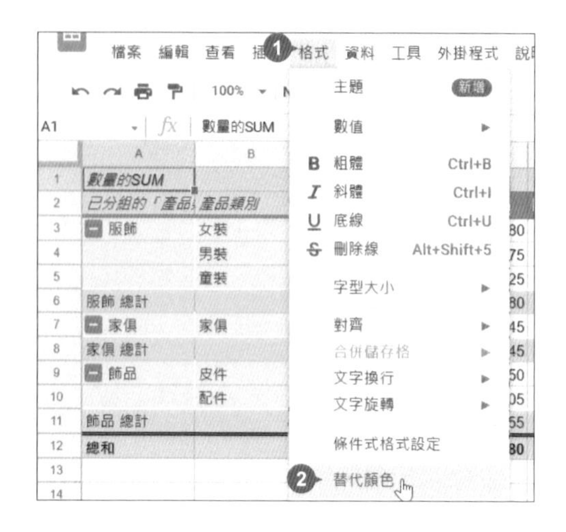

STEP 02 於 **樣式** 核選 **頁首**、**頁尾**，再於 **預設樣式** 選按合適的樣式套用，選按 **完成** 鈕即可。若要調整文字顏色，可於功能區選按 A ，於清單中選按合適的文字顏色套用，即完成此資料透視表製作。

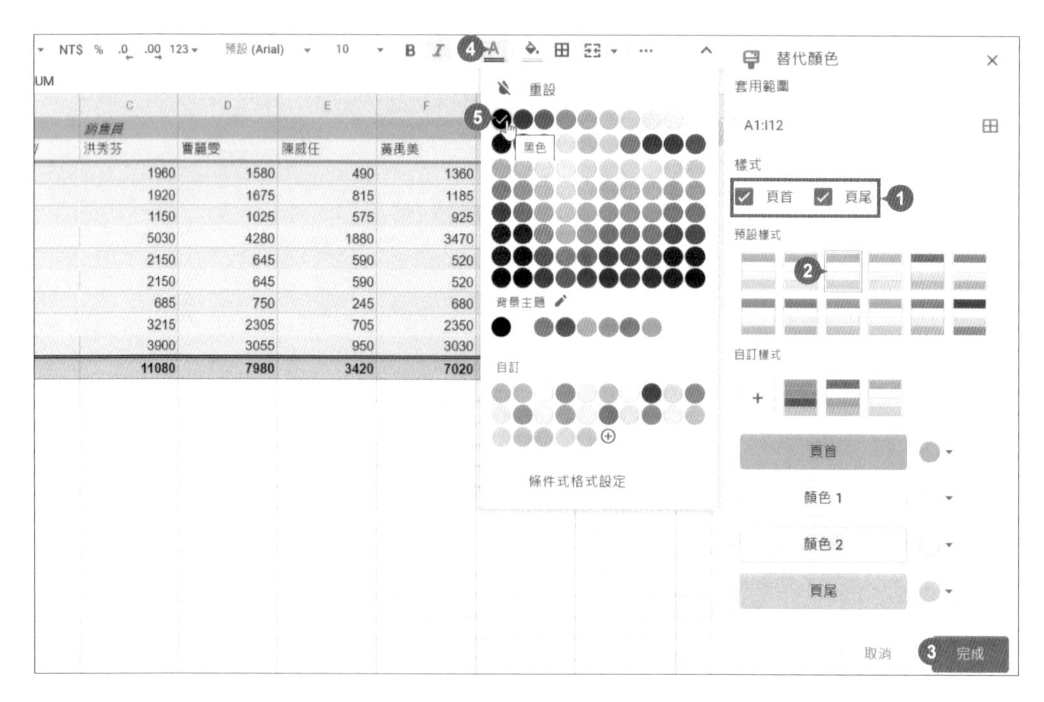

最後，如果想為此資料透視表插入圖表，可參考 Part07 插入圖表的說明。

圖文整合與視覺設計

主題宣傳簡報

學習重點

"主題宣傳簡報" 運用主題功能就能輕鬆建立一份新簡報，藉由輸入文字、插入圖片與線上圖片、圖案設計...等功能，讓作品擁有專業的外觀。

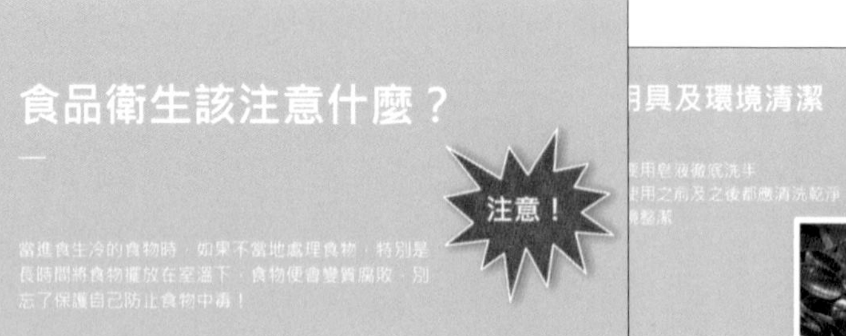

- 建立簡報
- 用主題快速設計簡報風格
- 變更簡報中的投影片大小
- 變更簡報背景色彩
- 文字新增與編修
- 圖片插入與編修
- 圖案的繪製與調整
- 自動儲存與離線編輯

原始檔：<本書範例 \ Part09 \ 原始檔 \ 09食品衛生相關文字.txt>

完成檔：<本書範例 \ Part09 \ 完成檔 \ 09食品衛生宣傳簡報ok>

建立 Google 簡報

Google 簡報可以於最短的時間內完成一份圖文並茂、生動活潑且具專業感的簡報，讓你的專題報告不再是一成不變的文字內容。

開啟空白簡報

01 開啟 Chrome 瀏覽器，連結至 Google 首頁 (http://www.google.com.tw)，確認登入 Google 帳號後，選按 **Google 應用程式 \ 簡報**。

02 於 **簡報** 首頁選按右下角 **建立新簡報**，即可產生一份空白 Google 簡報，預設命名為 "未命名簡報"。

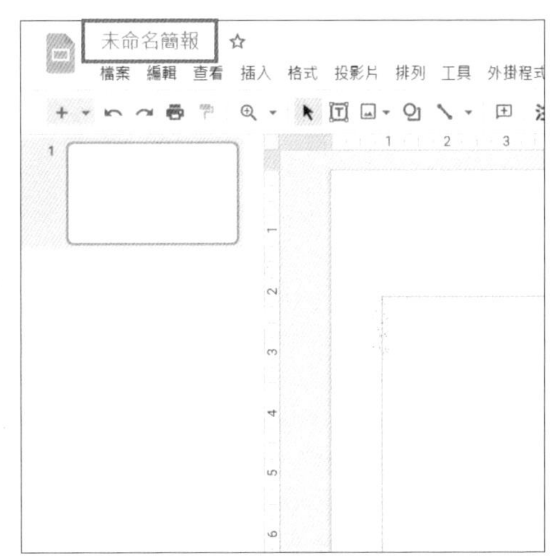

03 如果想再建立一個新簡報時，可以於 **檔案** 索引標籤選按 **新文件 \ 簡報**。

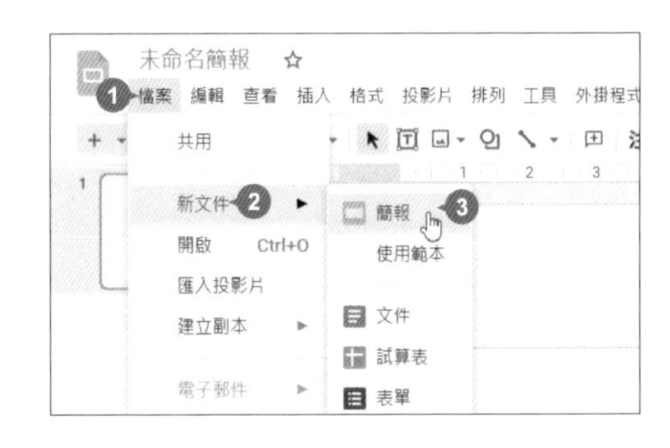

認識操作界面

透過下圖標示，熟悉 Google 簡報各項功能的所在位置，讓你在接下來的操作過程，可以更加得心應手。

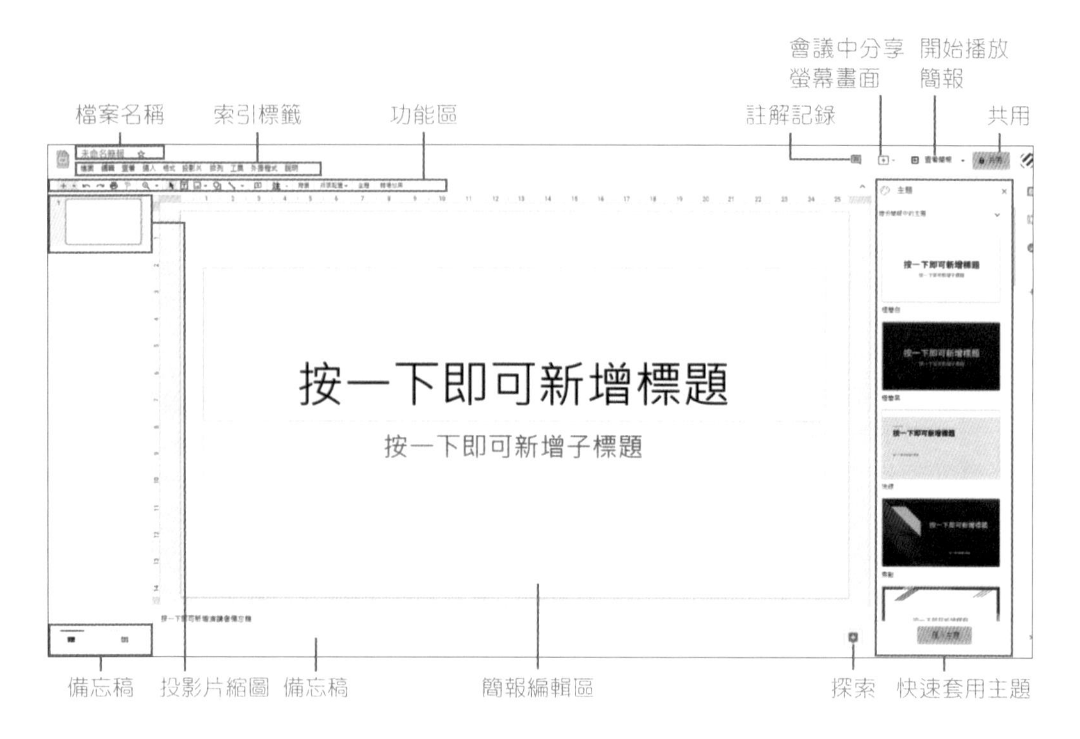

小提示 **返回 Google 簡報首頁與關閉**

於 Google 簡報編輯畫面選按左上角 ，可返回首頁，檢視最近建立的簡報清單；若是選按分頁視窗右側 ，則是關閉 Google 簡報。

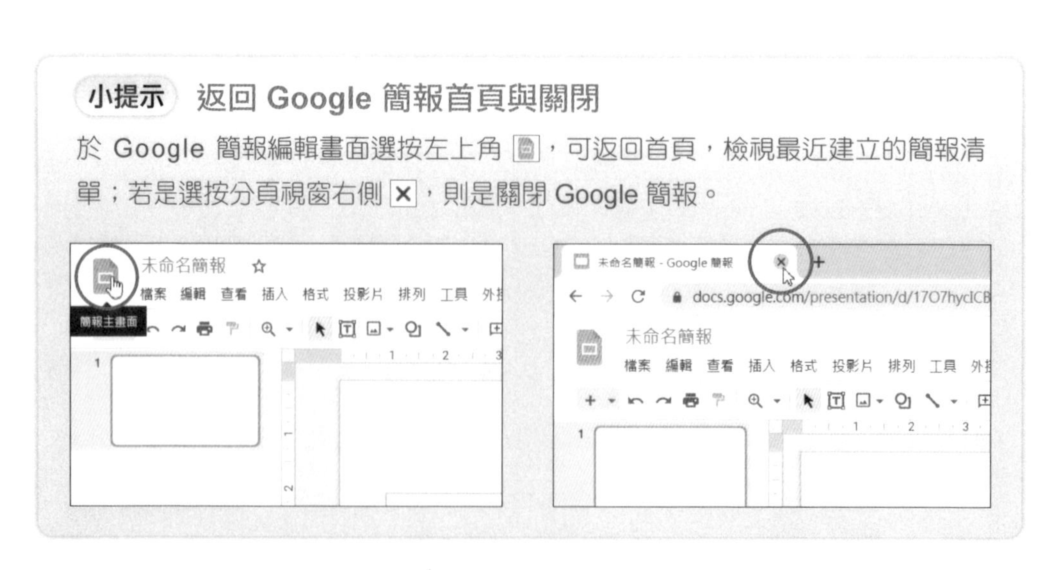

用主題快速設計簡報風格

Google 簡報的 **主題** 功能，可快速套用內建好的版面設計及配置，建立風格一致、外觀專業的簡報。

套用內建的主題範本

在開啟空白簡報後，右側會自動出現 **主題** 側邊欄，清單中有數十種簡報範本可供選擇，選按後即可直接套用。(於側邊欄右上角選按 ☒ 即可關閉。)

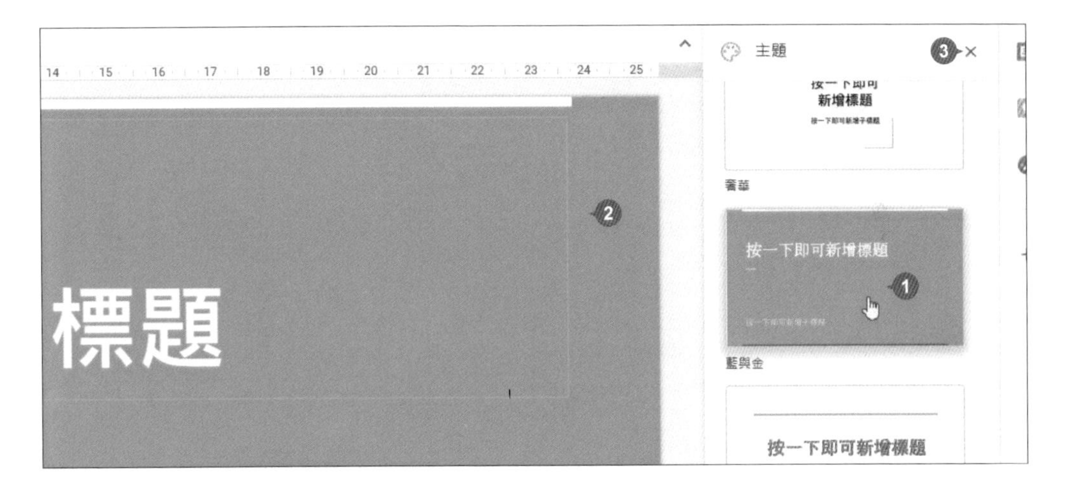

之後若是想要再變更不同主題時，可於 **投影片** 索引標籤選按 **變更主題**，即可再開啟 **主題** 側邊欄。(在開啟空白簡報時，若沒有自動出現 **主題** 側邊欄，只要依此操作就可以開啟。)

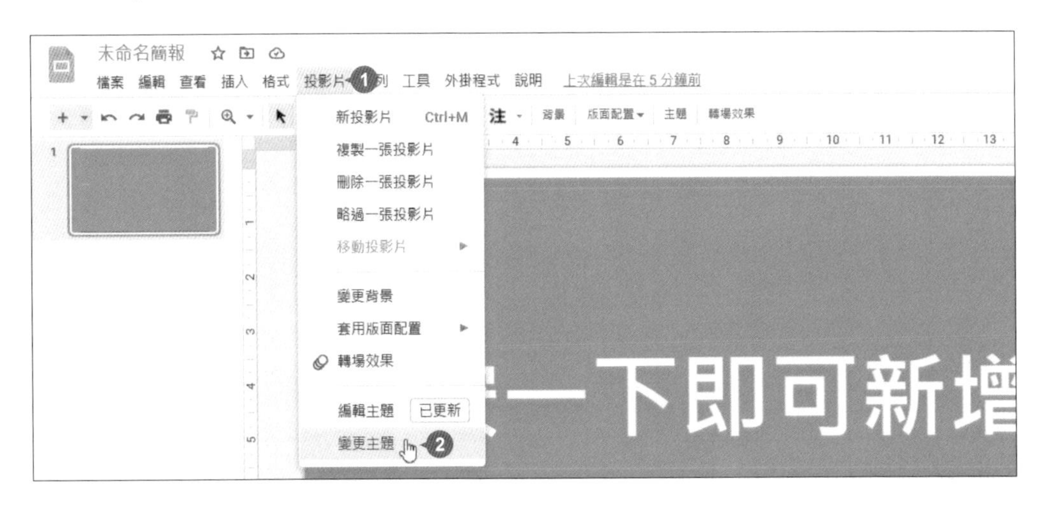

資訊補給站

用 "探索" 建立簡報風格

探索 是 Google 獨有的全自動簡報版面設計功能，它會根據簡報內容，自動分析並建議出合適的版面設計，讓製作簡報變成一件容易的事。

當你在簡報中輸入完整的文字內容時，於編輯畫面右下角選按 **探索** 開啟側邊欄，清單中會顯示合適的版面設計供選按套用。

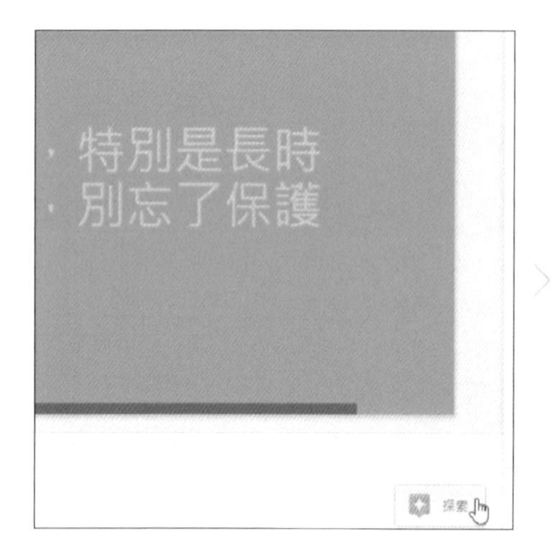

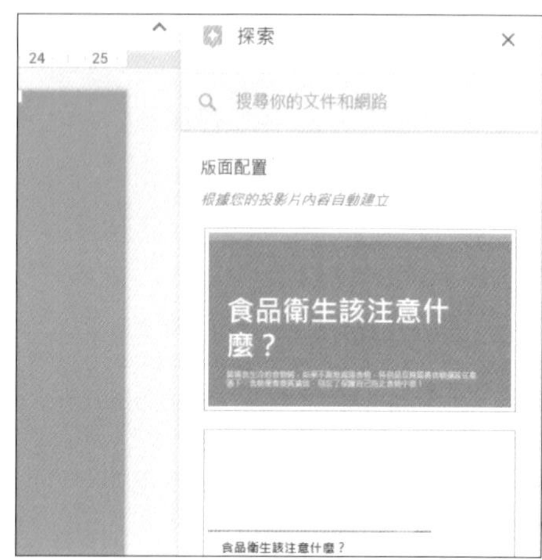

如果簡報內容含有圖片，也會自動裁切並聚焦圖片中的重點部分，然後自動編排設計好看的版面設計。

從其他簡報匯入主題建立簡報風格

匯入現有的 Google 簡報或 PowerPoint 簡報主題，讓你不用從頭開始設計，就可以直接套用。

STEP 01 於 **投影片** 索引標籤選按 **變更主題** 開啟側邊欄，再於畫面右下角選按 **匯入主題** 鈕開啟對話方塊。

STEP 02 於 **上傳** 標籤選按 **選取裝置中的檔案** 鈕，選擇檔案後選按 **開啟** 鈕，待上傳完成後，即可在清單中看到該版面設計，選按該版面設計縮圖，再選按 **匯入主題** 鈕。

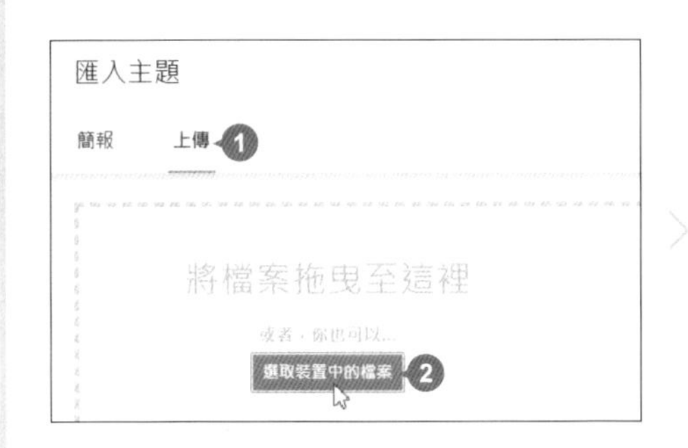

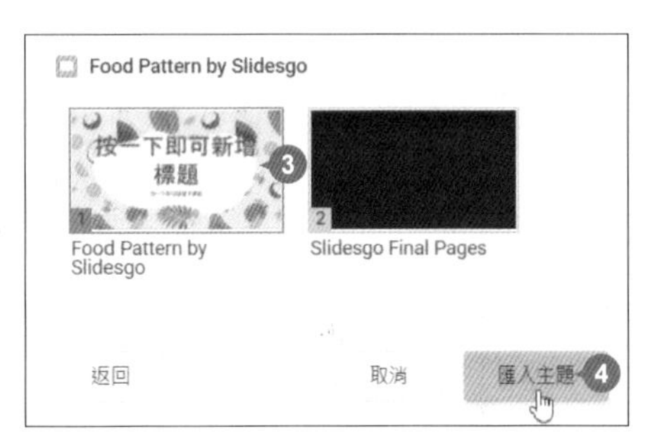

即可將該簡報檔的版面設計完整匯入至 Google 簡報中，之後建立新投影片時，就可以在清單中套用合適的版面設計。

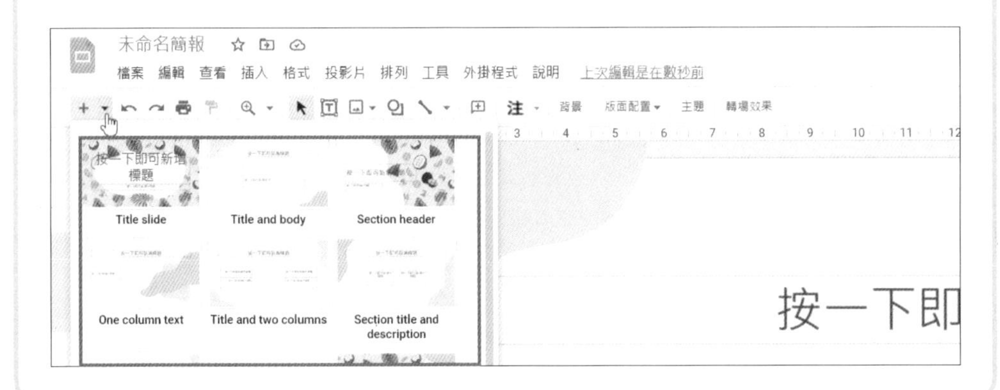

新增不同版面配置的投影片

新增投影片的同時請注意套用的版面配置樣式，合適的版面配置會讓簡報製作更加得心應手。所謂 **版面配置** 是定義新投影片上內容擺放的位置，版面配置含有版面配置區，這些配置區會依序保留標題、內文、區段、大字編號...等文字物件的位置；而不同主題可套用的版面配置樣式也不盡相同。

STEP 01 於功能區選按 ⊞ \ **新投影片配置 \ 標題與內文**，會新增一張 **標題與內文** 版面配置樣式的投影片，依相同方式再新增一張。

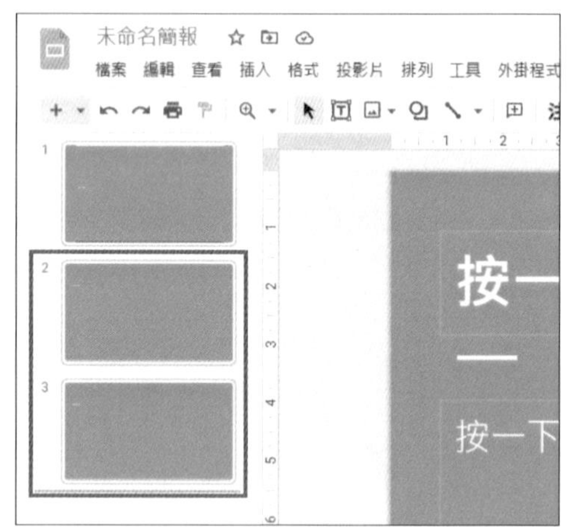

STEP 02 依相同方式，再新增一張 **單欄文字** 版面配置樣式的投影片。

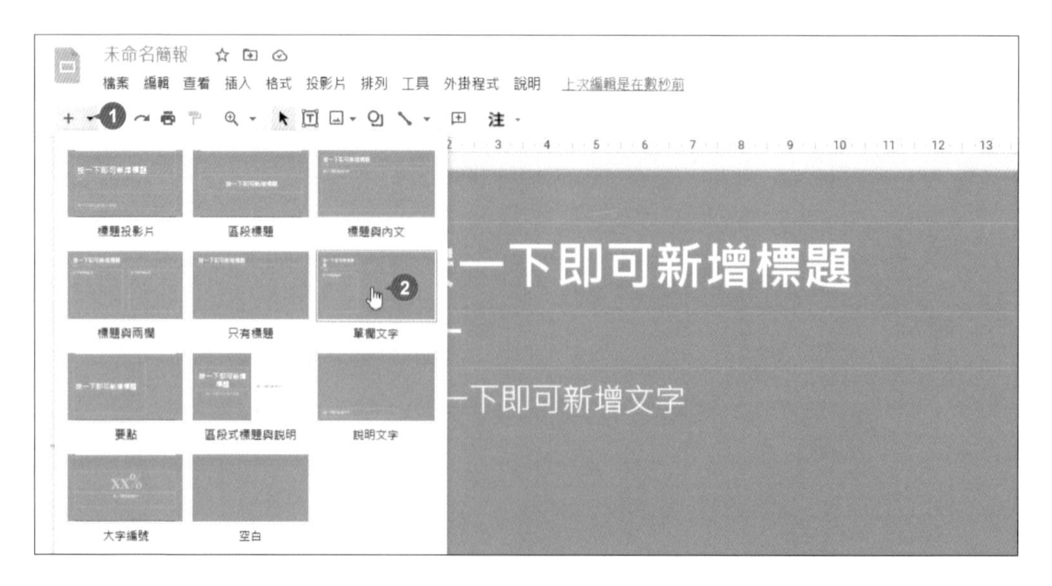

變更簡報中的投影片大小

市面上常見的電腦螢幕大都為寬螢幕比例，所以 Google 簡報也貼心提供了三種投影片尺寸，還可以自訂想要的單位與尺寸。

Google 簡報預設的大小雖然為 16:9 比例，但實際上簡報的解析度大小不到 HD 規格 (1280x720)，此範例要將簡報變更為較準確的 HD 品質。

STEP 01 於 **檔案** 索引標籤選按 **頁面設定** 開啟對話方塊，再選按 **頁面大小** 清單鈕 \ **自訂**。

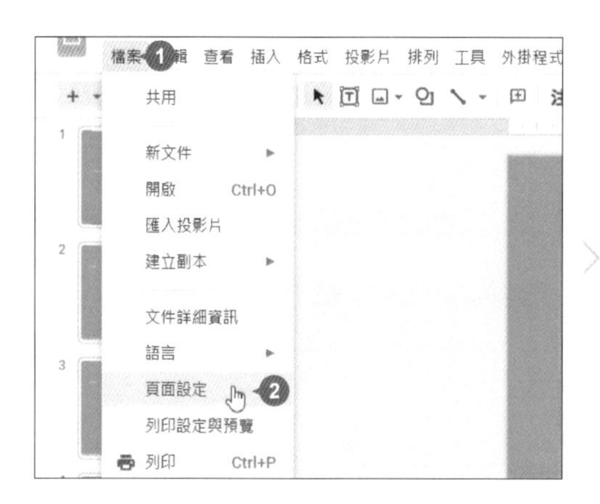

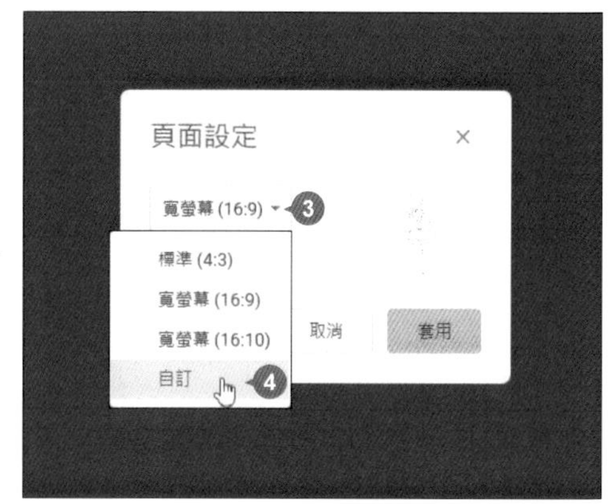

STEP 02 將 **單位** 設定為 **像素**，即可看到預設的大小為 960 X 540 像素，輸入正確的 HD 品質的尺寸後，選按 **套用** 鈕。

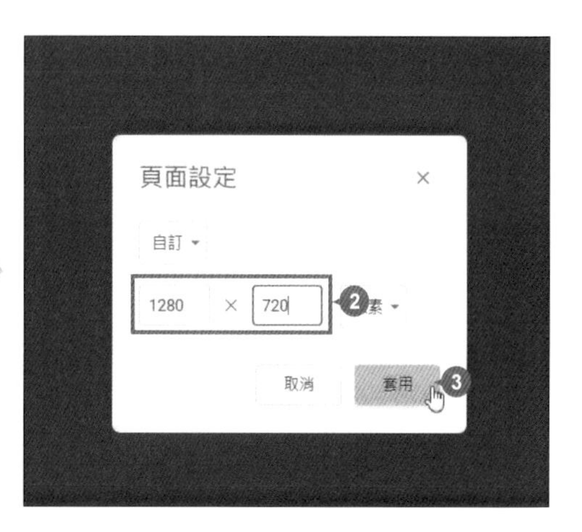

變更簡報背景色彩

預設的背景色彩若不適合這份簡報主題時，可以直接修改成其他顏色，讓整體視覺更符合主題內容。

STEP 01 於 **投影片** 索引標籤選按 **變更背景** 開啟對話方塊，選按 **顏色** 右側的 **背景顏色** 縮圖，接著於 **單色** 或 **漸層** 標籤中套用合適色彩。

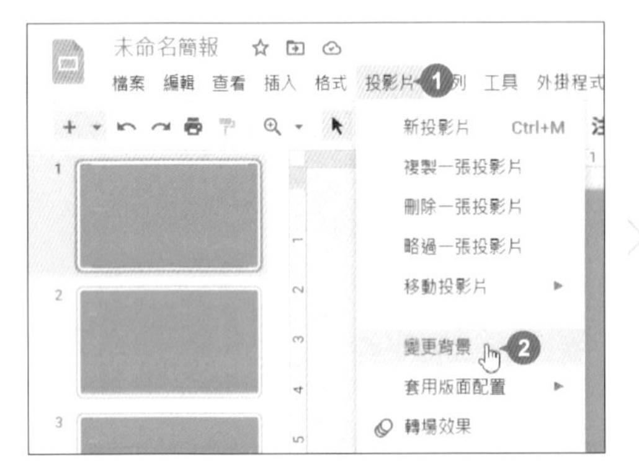

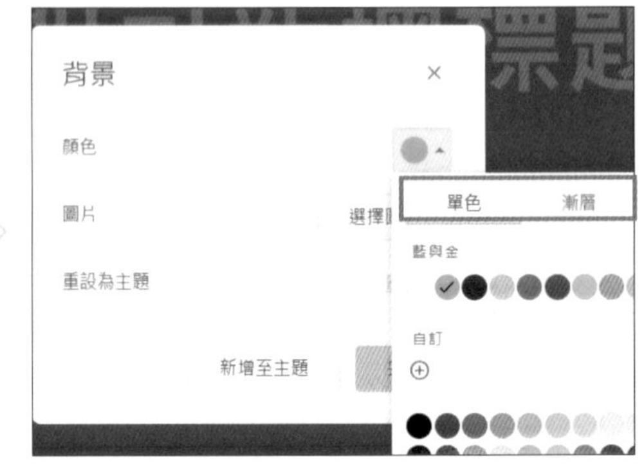

STEP 02 如果預設清單中的顏色都不滿意，可選按 ⊕ **自訂**，先於下方拖曳滑桿設定 **色調**，再於上方檢色器拖曳圓圈選擇顏色，完成後選按 **確定** 鈕。

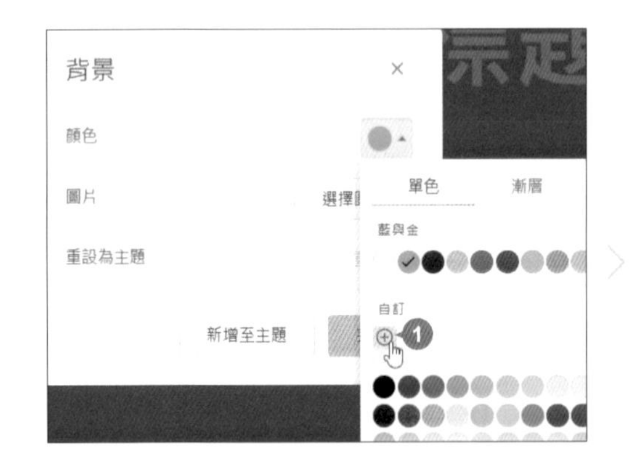

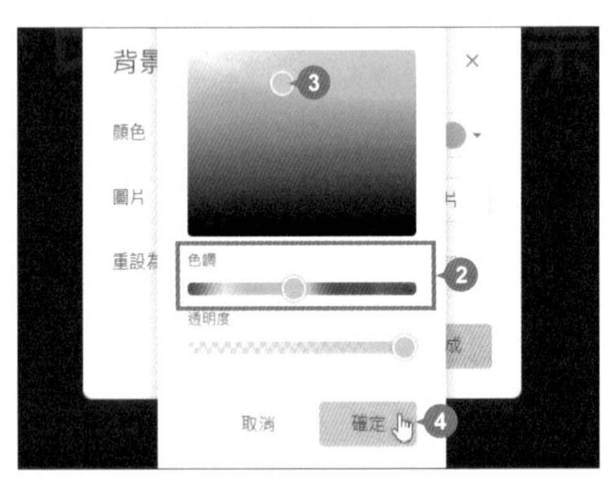

STEP 03 選按 **新增至主題** 鈕，將設定好的顏色套用到全部投影片，再選按 **完成** 鈕。

文字新增與編修

製作 Google 簡報時，除了可以輸入文字，也可以直接貼上其他檔案中的文字，掌握編修技巧可讓簡報文字變得有質感，好閱讀。

貼入純文字

STEP 01 於左側窗格選按第一張投影片縮圖，在標題文字配置區按一下滑鼠左鍵，於功能區選按 B **粗體**，輸入標題文字：「食品衛生該注意什麼？」。

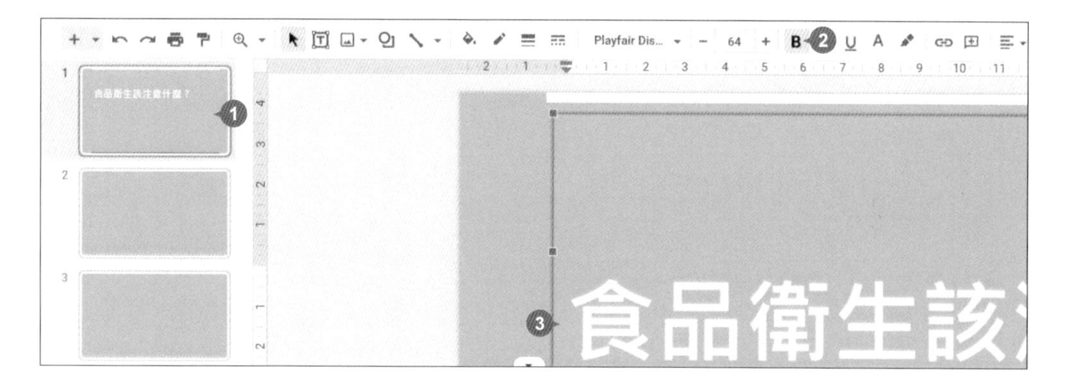

STEP 02 開啟範例原始檔 <09食品衛生相關文字.txt>，選取要貼入的文字，按 Ctrl + C 鍵複製選取的文字，回到 Google 簡報，在第一張投影片的子標題文字配置區中按一下滑鼠左鍵，按 Ctrl + V 鍵貼上文字。

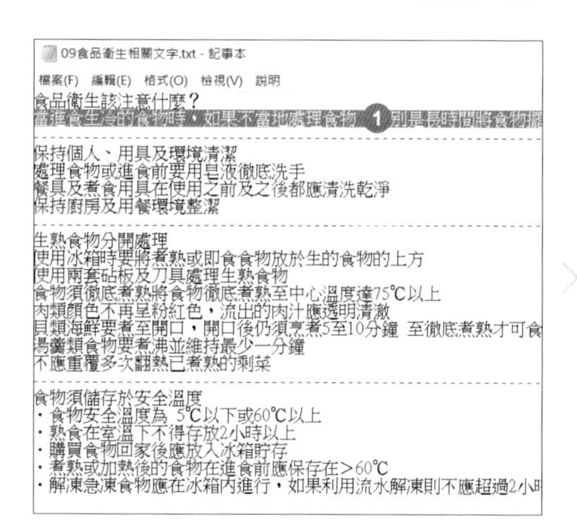

STEP 03 依相同方式，如下圖分別複製 <09食品衛生相關文字.txt> 相關文字至第二張到第四張投影片的文字配置區中貼上。

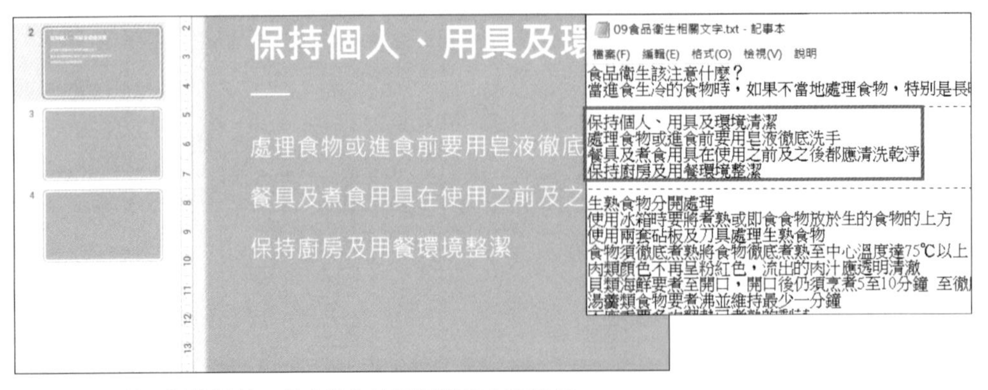

▲ 第二張投影片，於合適的位置幫標題文字換行。

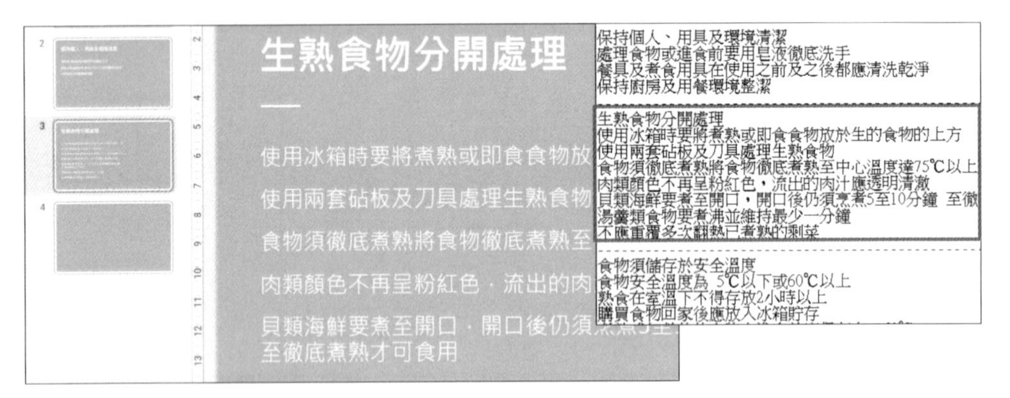

▲ 第三張投影片

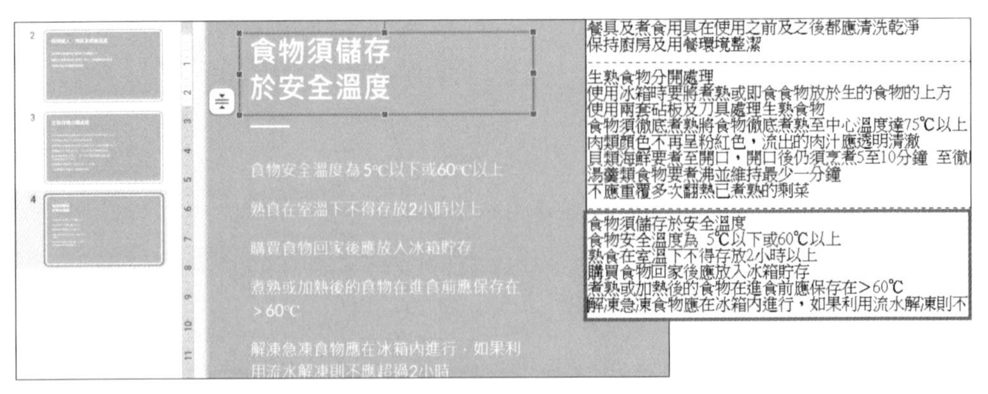

▲ 第四張投影片：將輸入線移至標題文字 "存" 字右側，按 Enter 鍵換行。

設定文字格式

STEP **01** 切換至第一張投影片，選取子標題文字後，設定 **字型**：**微軟正黑體**、**字型大小**：26。

STEP **02** 選按 [自動調整] \ **不要自動調整** 取消自動調整文字的功能，接著於功能區選按 [A] **文字顏色**，清單中套用合適色彩。

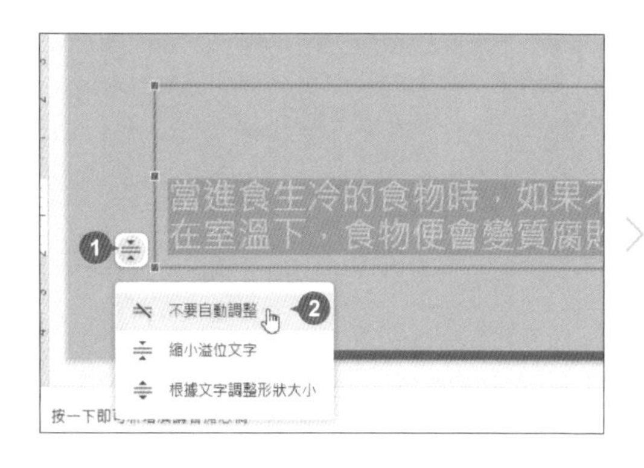

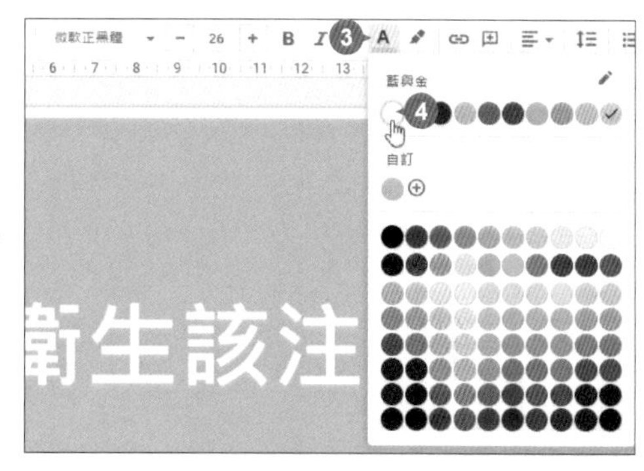

STEP **03** 最後選按 [行距] **行距及段落間距**，清單中設定合適行距。

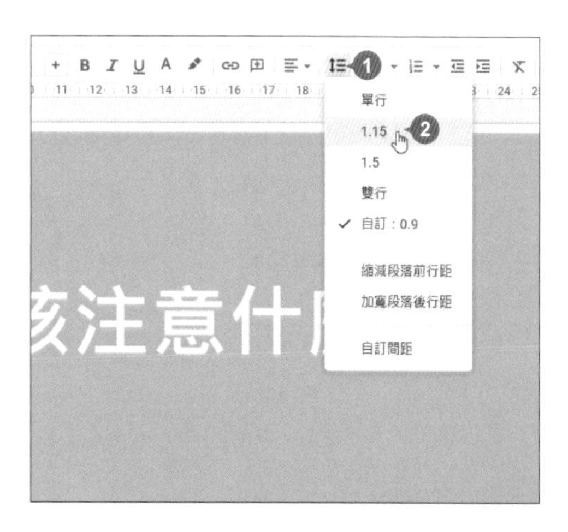

調整文字配置區的大小

STEP 01 將滑鼠指標移至副標文字上按一下滑鼠左鍵，顯示文字配置區及八個控點，接著將滑鼠指標移至右側控點上呈 ⇔ 狀，按滑鼠左鍵不放往左拖曳。

STEP 02 將滑鼠指標移至文字配置區上呈 ✥ 狀，向左或向右拖曳直到出現對齊線，對齊上方標題文字左側後，放開滑鼠左鍵。

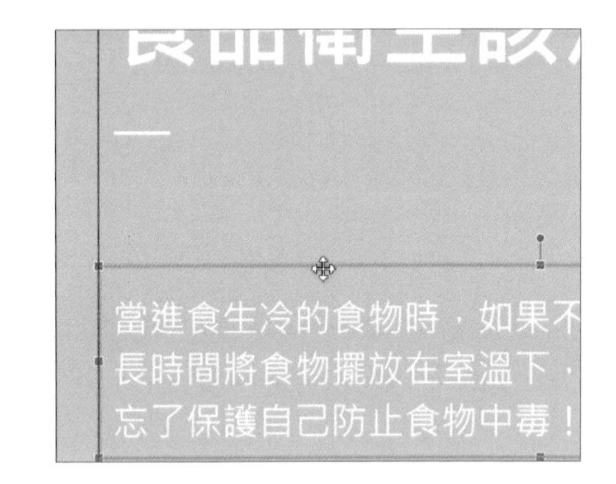

設定文字對齊位置

每個主題的版面配置都不盡相同，當文字的對齊方式不符合自己的簡報需求時，也可以自行調整。

STEP 01 切換至第二張投影片，選取標題文字，依相同方式先設定 **不要自動調整** 取消自動調整文字，再於功能區選按 **對齊**\ **底端對齊**。

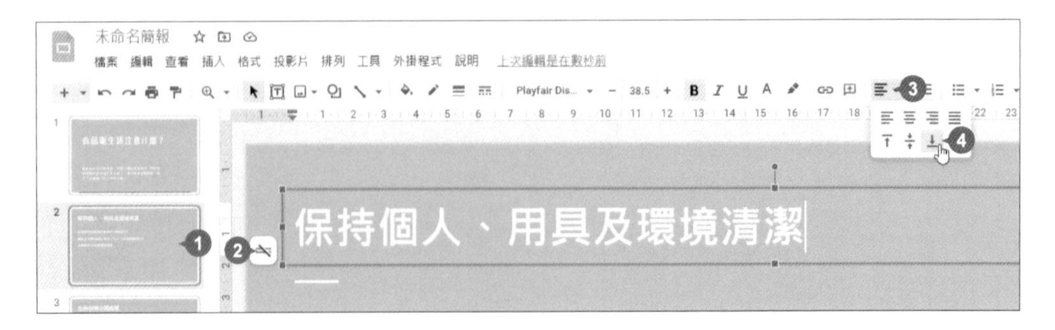

STEP 02 依相同方式，切換至第三、四張投影片，一樣選取標題文字，再設定 **不要自動調整** 以及 **對齊 \ 底端對齊**。

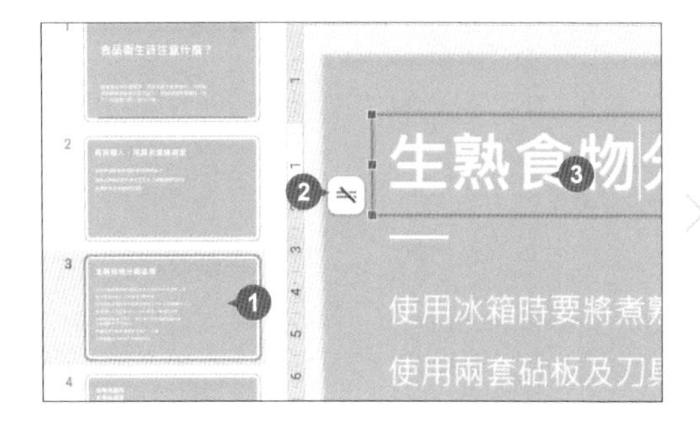

新增編號或項目符號

自動編號或項目符號，常常運用在需要強調順序的簡報內容，讓大量或冗長的文字變得簡潔有力。

STEP 01 切換至第二張投影片，選取要加上編號的文字段落，於功能區選按 **編號清單** 清單鈕 (若沒看到可選按 **更多**)，清單中選按欲套用的編號樣式。

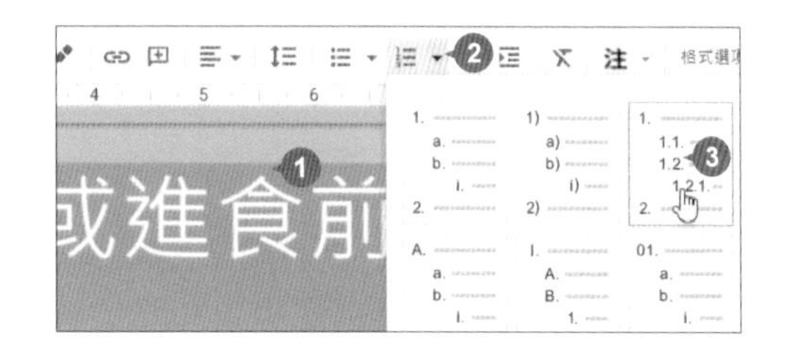

STEP 02 切換至第三張投影片，依相同方式，完成編號樣式的套用。

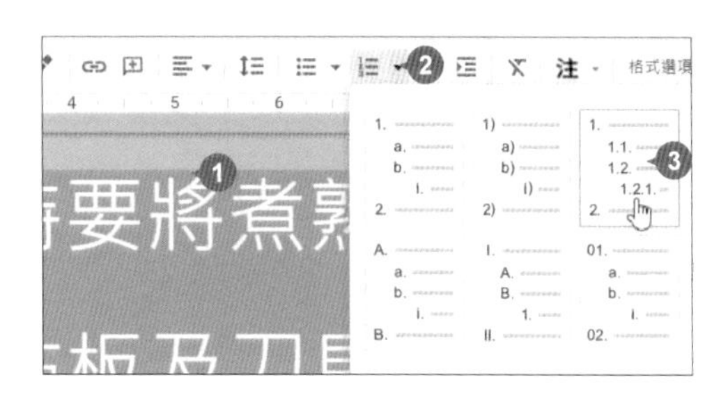

STEP 03 切換至第四張投影片，依相同方式，先選取要加上項目符號的文字段落，於功能區選按 **項目符號清單** 清單鈕，清單中選按欲套用的項目符號樣式。

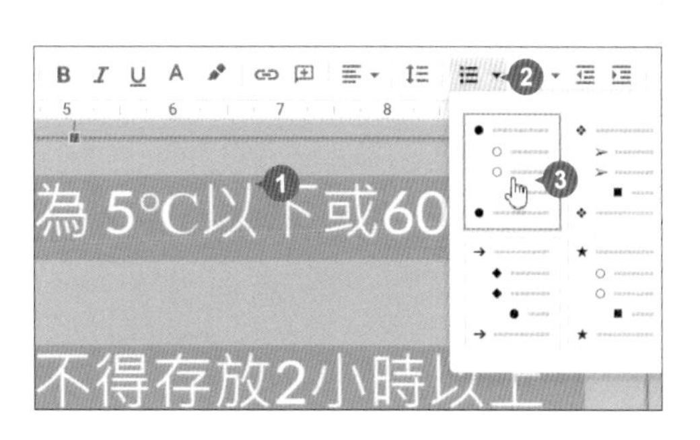

圖片插入與編修

簡報中插入圖片能讓內容更有畫面，如果手邊沒有合適的圖片，可以試試從 Google 簡報支援的線上來源找尋合適圖片。

插入線上圖片檔

STEP 01 切換至第二張投影片，於 **插入** 索引標籤選按 **圖片 \ 搜尋網路** 開啟側邊欄。

STEP 02 於搜尋欄位輸入「餐具」，按 Enter 鍵，接著於搜尋結果中核選合適圖片後，選按 **插入**。

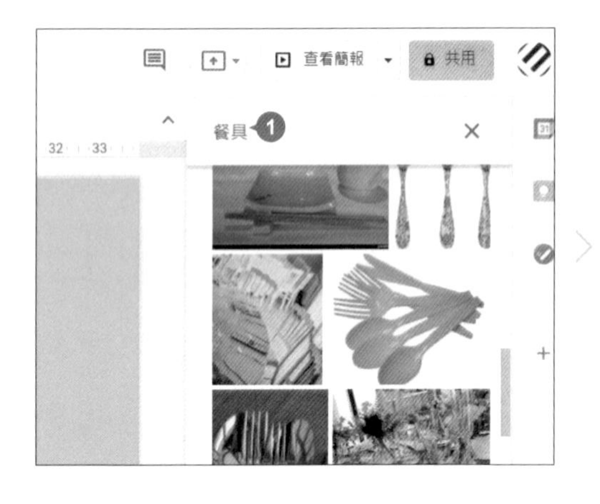

小提示 關於線上圖片的商業版權說明

在搜尋圖片時，於縮圖右下角選按 **預覽圖片** 可放大觀看，而圖片下方則會標註 "圖片可用於商業用途，並允許修圖。"，請選擇有權使用的圖片，並遵照 **合理使用** 範圍、不得對外銷售，亦不可提供給第三方的範本中使用...等規定。詳細說明可參考 https://support.google.com/drive/answer/179622。

STEP 03 選取圖片，將滑鼠指標移至圖片角落的白色控點上呈 ↗ 狀，按滑鼠左鍵不放，拖曳該控點正比例縮放圖片至如圖大小。接著將滑鼠指標移至圖片上方呈 ✥ 狀，拖曳圖片至合適位置。

插入雲端硬碟或相簿的圖片檔

如果已將圖片上傳至 Google 雲端硬碟或相簿時，就可以直接從雲端取用。(操作此範例時，請先將範例原始檔 <09-01.jpg> 上傳至雲端硬碟。)

STEP 01 切換至第三張投影片，於 **插入** 索引標籤選按 **圖片 \ 雲端硬碟** 開啟側邊欄。

STEP 02 於 **我的雲端硬碟** 標籤選按欲插入的圖片檔縮圖，再選按 **插入**，將圖片縮放並移至合適位置。

插入本機圖片檔

如果自己有拍攝或下載的圖片素材時，也可以運用插入本機圖片的方式，豐富簡報內容。

STEP 01 切換至第四張投影片，於 **插入** 索引標籤選按 **圖片 \ 上傳電腦中的圖片** 開啟對話方塊，選擇範例原始檔 <09-02.jpg>，選按 **插入** 鈕。

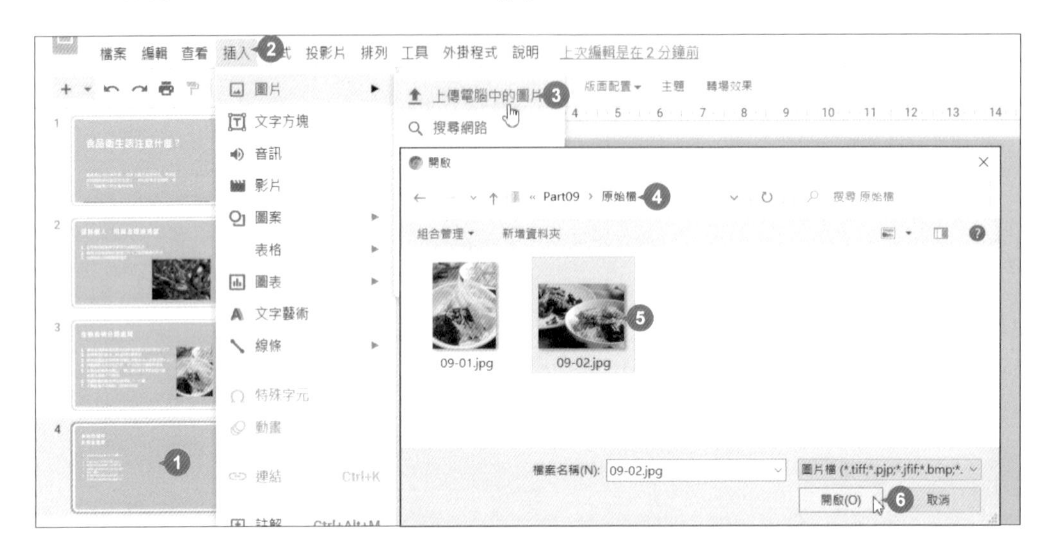

STEP 02 選取圖片後將滑鼠指標移至圖片角落的白色控點上呈 ⤢ 狀，按滑鼠左鍵不放，拖曳該控點等比例縮放圖片至合適大小，接著拖曳圖片至投影片右側如圖位置擺放。

裁剪圖片

建議利用功能區的 🔍 **縮放**，放大投影片的檢視比例至合適大小，讓畫面的工作區域變大以方便裁剪。

STEP 01 切換至第四張投影片，選取要裁剪的圖片，於功能區選按 ⊡ **裁剪圖片**。

STEP 02 圖片上出現裁剪圖片的控點後，就可依這些控點決定要裁剪的範圍。將滑鼠指標移至左下角的控點上，呈 ⤢ 狀，往右上拖曳剪裁至合適範圍；接著將滑鼠指標移至右上角的控點上，依相同方式往左下拖曳剪裁至合適範圍。

STEP 03 完成裁剪範圍後，於功能區再選按一次 ⊡ **裁剪圖片** 即完成。

旋轉圖片角度

圖片的角度調整包括了：水平與垂直翻轉、順時針或逆時針 90 度旋轉以及手動調整各式角度，讓圖片的呈現更多變化。

STEP 01 繼續在第四張投影片選取圖片，於功能區選按 **排列** 索引標籤選按 **旋轉 \ 水平翻轉**。

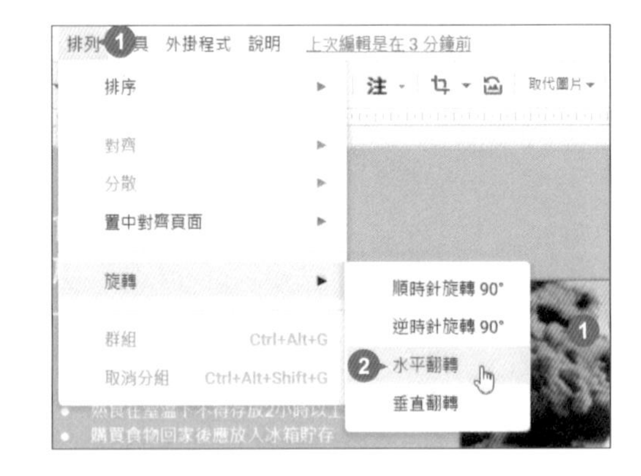

STEP 02 將滑鼠指標移至 ● 上方，呈 + 狀，按滑鼠左鍵不放往左、往右拖曳，即可調整圖片角度。

調整圖片亮度、對比

圖片若覺得太暗，可以利用 **格式選項** 的項目調整圖片。

STEP 01 繼續在第四張投影片選取圖片，於功能區選按 **格式選項** 開啟側邊欄。

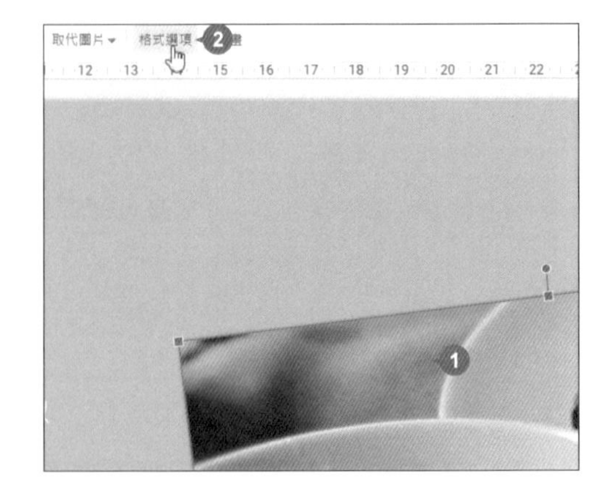

STEP 02 選按 **調整** 展開項目，於 **亮度** 及 **對比** 分別拖曳滑桿調整程度 (拖曳中會顯示數值方便掌握)。

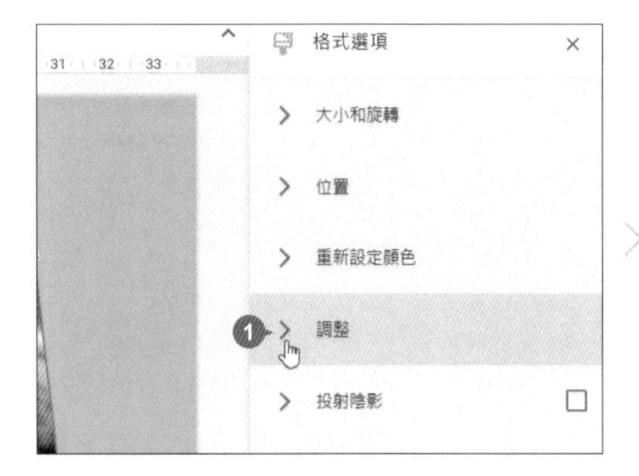

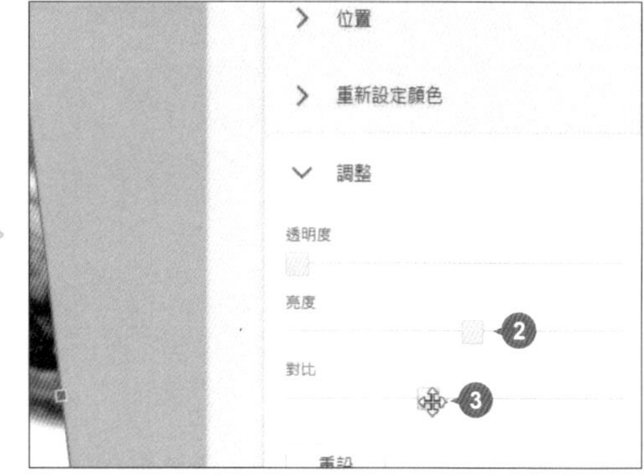

為圖片加入陰影

於側邊欄選按 **投射陰影** 展開項目 (預設打開後右側會自動呈核選狀態)，於 **透明度**、**角度**、**距離**、**模糊半徑** 分別拖曳滑桿調整程度，建立合適的投射陰影效果。

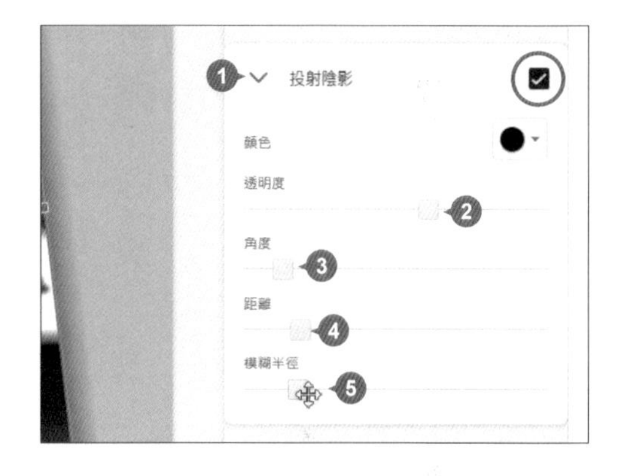

圖片外框樣式

STEP 01 繼續在第四張投影片選取圖片，於功能區選按 **格式** 索引標籤選按 **框線與線條 \ 框線顏色**，清單中套用合適色彩。

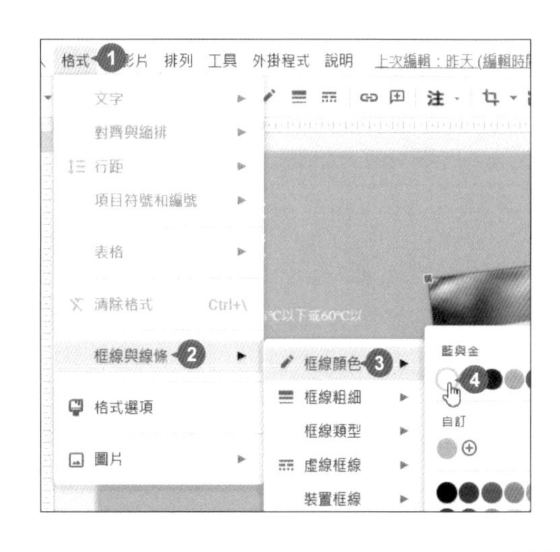

STEP 02 接著加粗框線，於功能區選按 **格式** 索引標籤選按 **框線與線條 \ 框線粗細**，清單中套用合適像素。

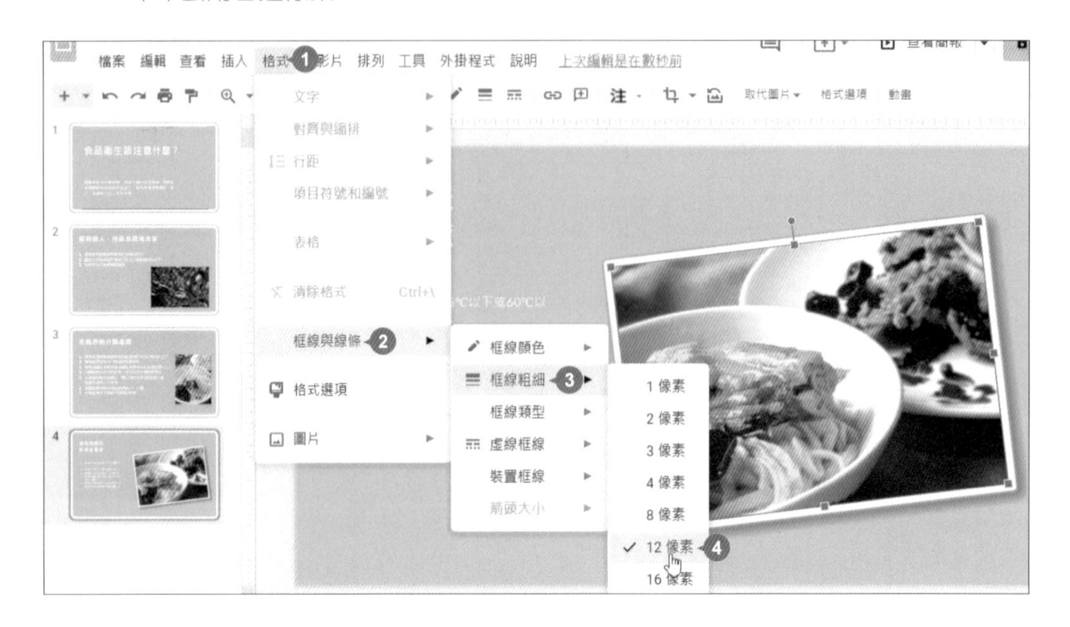

STEP 03 設定框線轉角的樣式，於功能區選按 **格式** 索引標籤選按 **框線與線條 \ 裝置框線**，清單中套用合適樣式。

STEP 04 最後依相同方式，切換至二、三張投影片，一樣選取圖片，加上 **框線顏色**、**框線粗細** 及 **裝置框線**。

圖案的繪製與調整

除了插入圖片，也可繪製各式圖案，利用一點點巧思，讓簡報擁有畫龍點睛的效果。

繪製圖案

切換至第一張投影片，於 **插入** 索引標籤選按 **圖案**，清單中有許多圖案可以選擇，在此選按 **圖說 \ 爆炸 1**。將滑鼠指標移至投影片上呈 ＋ 狀，先按 Shift 鍵不放，按再於 Ⓐ 點按滑鼠左鍵不放正比例拖曳至 Ⓑ 點後放開，繪製出一個對話雲圖案。

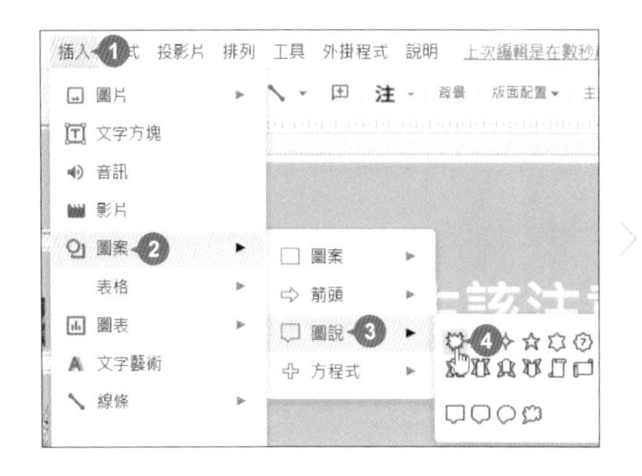

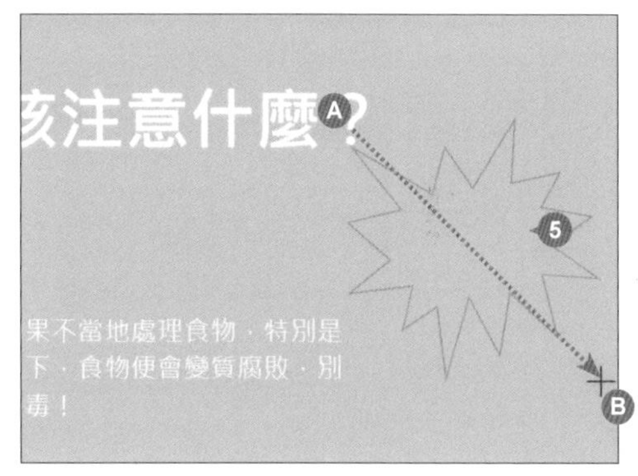

調整圖案色彩與外觀

STEP 01 選取圖案後，於功能區選按 **填滿顏色**，清單中套用合適色彩；接著再選按 **框線顏色**，清單中套用合適色彩。

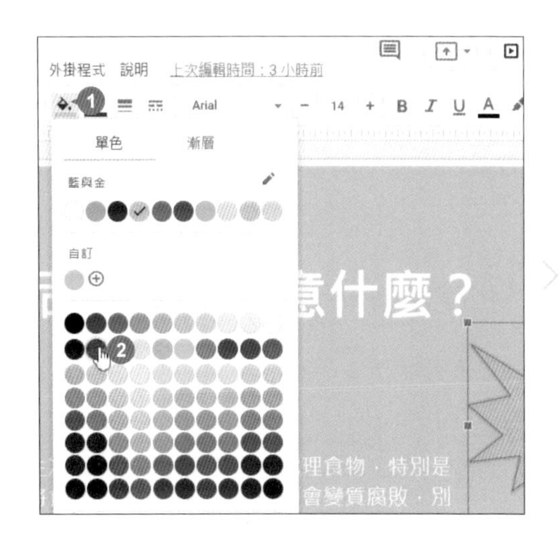

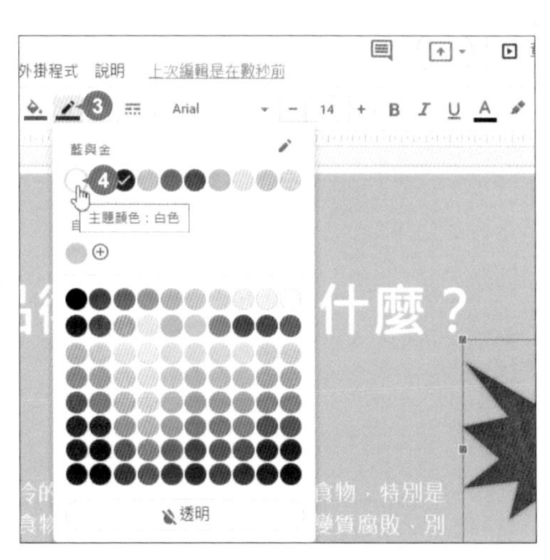

STEP 02

繼續於功能區選按 ☰ **框線粗細**，清單中套用合適像素，最後選按 **格式選項** 開啟側邊欄。

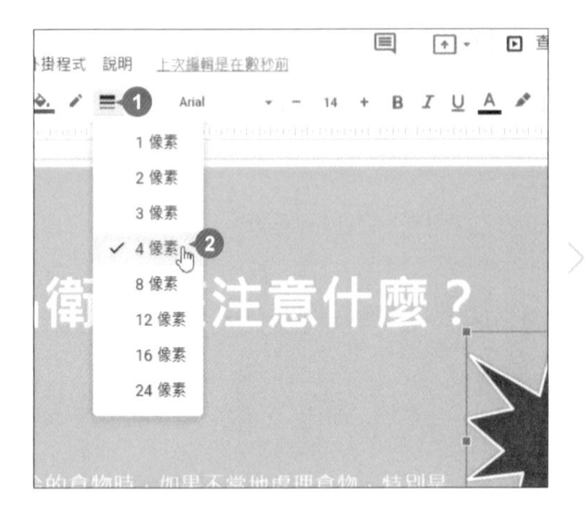

STEP 03

選按 **投射陰影** 展開項目，於 **透明度**、**角度**、**距離**、**模糊半徑** 分別拖曳滑桿調整程度，建立合適的投射陰影效果。

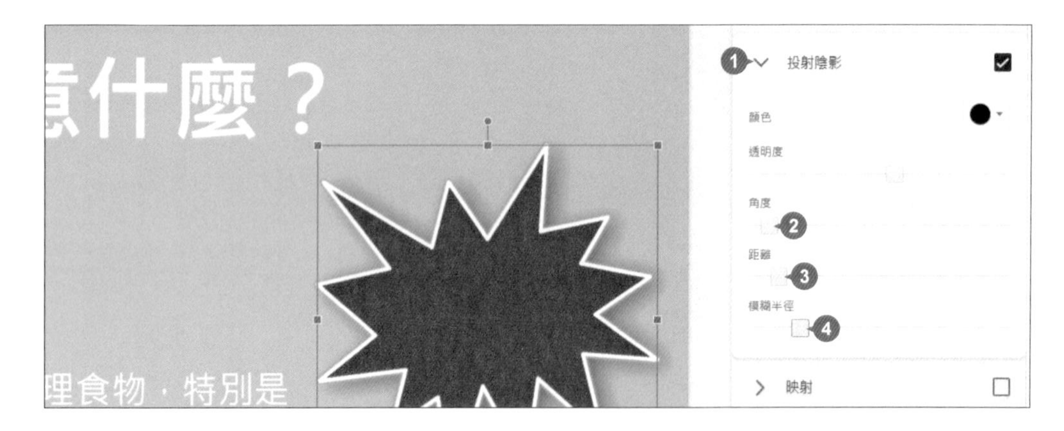

STEP 04

最後在圖案中間連按二下滑鼠左鍵出現輸入線，於功能區設定 **字型**：**微軟正黑**、**字型大小**：**40**、**粗體**、☰ **置中對齊**，再輸入「注意！」，完成這份簡報。

自動儲存與離線編輯

Google 簡報在編輯過程中會自動儲存，無需手動設定；而離線編輯功能，則是可以讓 Google 簡報在沒有網路的情況下，繼續存取或編輯。

檔案命名與儲存

編輯 Google 簡報時會自動儲存檔案。以命名檔案名稱為例，於左上角輸入檔案名稱後，右側會顯示 **儲存中...**，完成後則會顯示 **已儲存到雲端硬碟**。

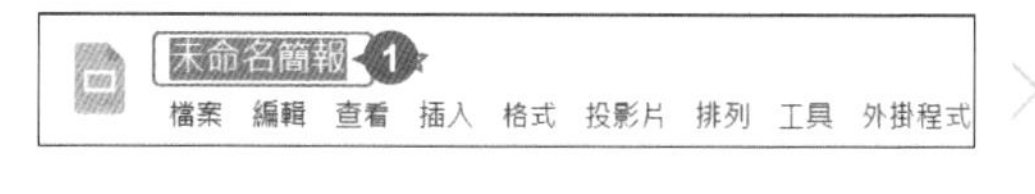

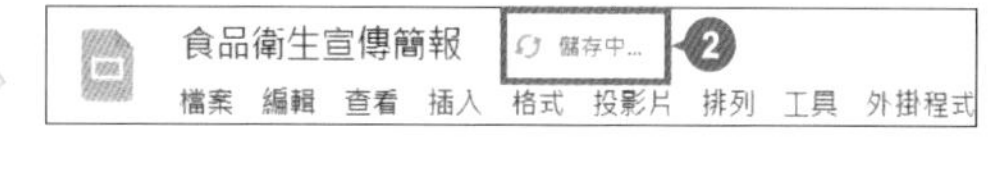

如果想要確認簡報是否已經完成儲存，可以選按 ，當清單中顯示 **所有變更都已儲存到雲端硬碟** 代表已儲存成功。

離線編輯

離線編輯功能在設定時必須先確認以下幾點：

- 在連接網路的情況下使用 Chrome 瀏覽器，避免使用無痕視窗模式。
- 安裝並啟用 **Google 文件離線版** Chrome 擴充功能。
- 確認裝置仍有足夠的儲存空間。

STEP 01 於 Chrome 瀏覽器視窗右上角選按 \ **更多工具** \ **擴充功能**，確認 **Google 文件離線版** 功能是否開啟。(Chrome 預設 **Google 文件離線版** 已內建，如果發現無此擴充功能時，可至 Chrome 線上應用程式商店搜尋安裝。)

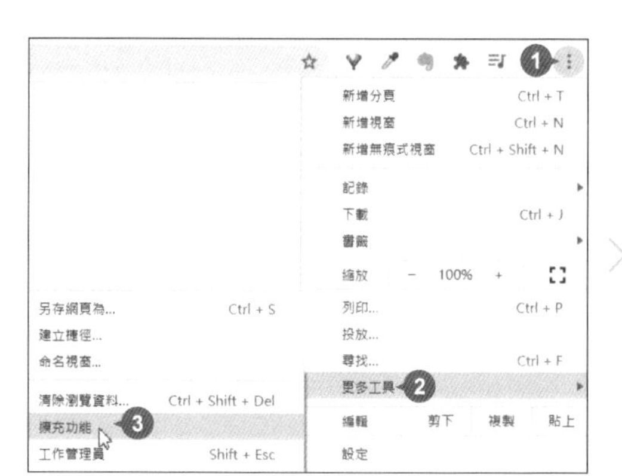

02 接著於 Chrome 瀏覽器網址列輸入「https://docs.google.com/presentation/」開啟 **簡報** 首頁，於左上角選按 ⋮ **主選單 \ 設定** 開啟對話方塊。

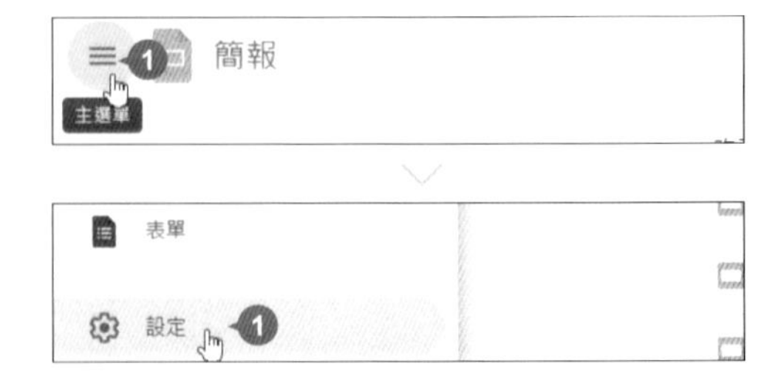

03 於 **離線** 項目右側選按 呈 狀，再選按 **確定** 鈕，即可開啟 Google 簡報的離線編輯功能。

04 之後 Google 簡報編輯中如果發生網路中斷的情況，畫面上方即會顯示 **離線作業**，此時仍然可繼續編輯該簡報；過程中可看到 **已儲存到這部裝置**，表示已將變更的內容儲存至本機硬碟中。

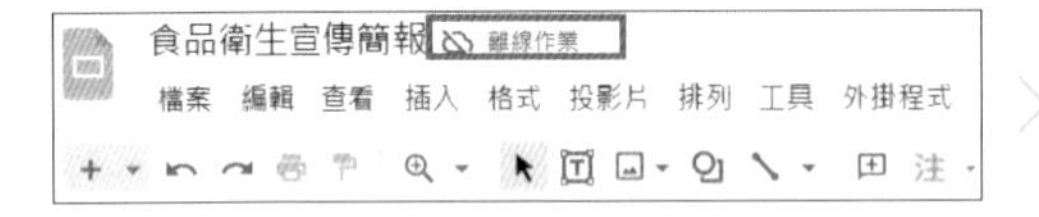

05 待重新連上網路後，會自動將本機變更的內容上傳並儲存到雲端硬碟。

小提示 不是 Google 檔案也可以離線編輯嗎？

Google 簡報目前已全面支援離線編輯，但如果要離線編輯 Office 格式的檔案，除了要啟用離線編輯功能設定外，在 **簡報** 首頁，可以於要設定離線編輯的檔案右側選按 ⋮ \ **離線存取** 右側 呈 狀，之後檔案名稱右側只要出現 圖示，代表可離線編輯。

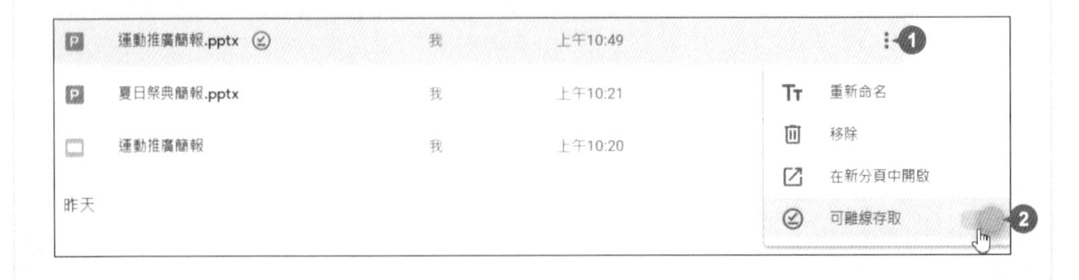

流程與資訊圖像化呈現

運動推廣簡報

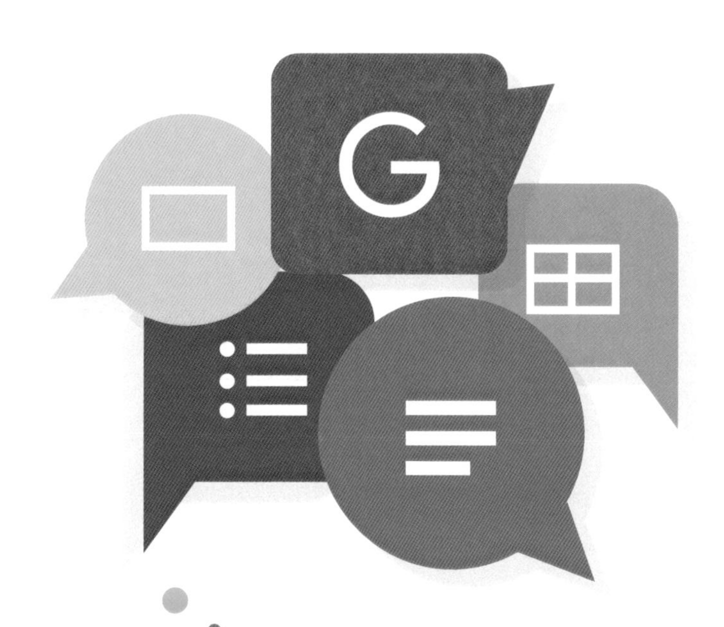

學 習 重 點

"活動推廣簡報" 主要學習如何運用圖案突顯簡報的重點、利用表格整合資料、藉由圖表將數據圖像化顯示，為簡報增添多樣化的視覺效果。

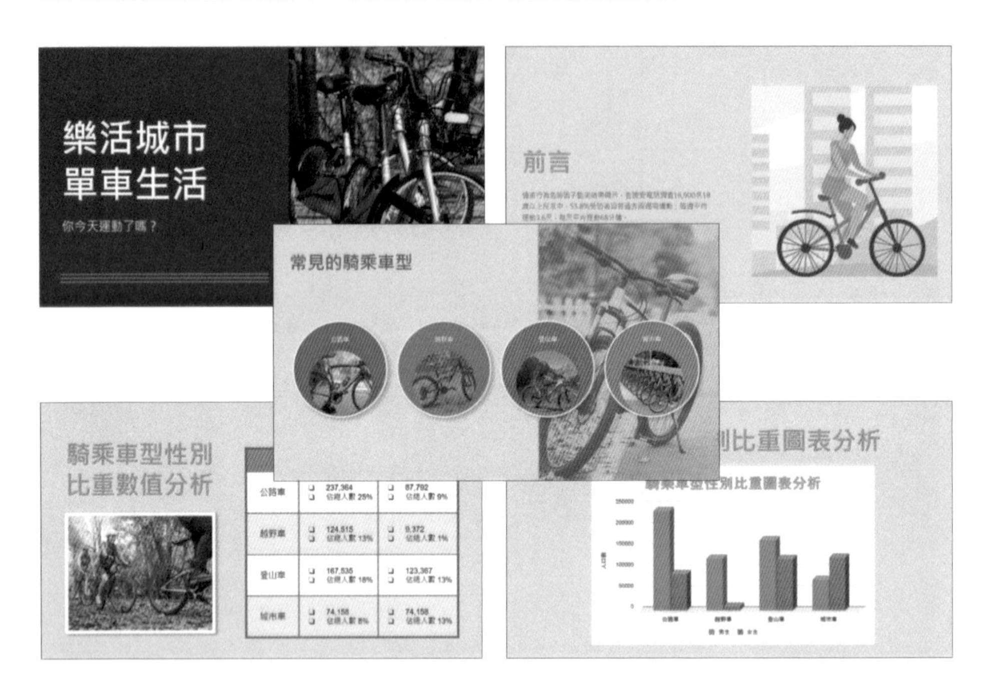

- 插入流程圖
- 美化圖案
- 於圖案輸入文字
- 於圖案中插入圖片
- 完成流程圖設計
- 插入表格
- 調整表格欄寬、列高與大小
- 美化表格外觀
- 加入項目符號
- 調整表格文字與位置
- 插入圖表
- 編修圖表資料
- 新增座標軸標題
- 美化圖表
- 格式化圖例
- 調整圖表文字格式
- 更新圖表設計

原始檔：<本書範例 \ Part10 \ 原始檔 \ 10運動推廣簡報>

完成檔：<本書範例 \ Part10 \ 完成檔 \ 10運動推廣簡報ok>

流程圖的製作與編修美化

流程圖 (或示意圖) 不但能以圖像突顯流程、概念、階層和關聯，每個類型都包含數種不同版面配置，讓作品更添豐富性及專業度。

插入流程圖

Google 簡報雖然沒有插入 SmartArt 圖案的功能，但還可以取得專業的流程圖，首先把語系切換至英文。

STEP 01 於 **Google 簡報** 首頁左上角選按 ☰ **主選單 \ 設定** 開啟對話方塊。

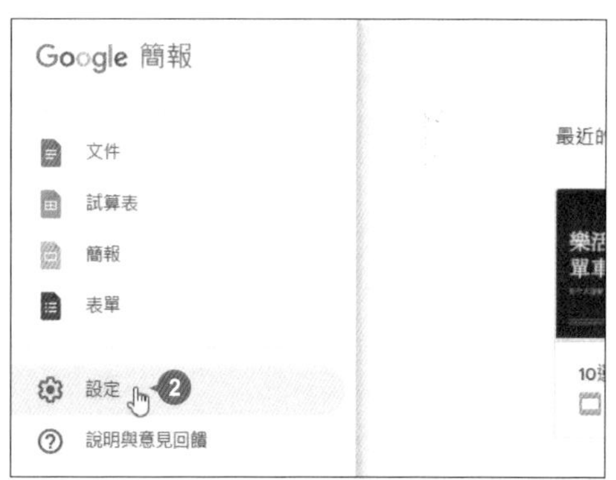

STEP 02 於 **語言** 項目中選按 **中文**，開啟一個新的分頁並連結至 Google 帳戶的 **語言** 設定畫面，於 **偏好語言** 項目右側選按 ✎。

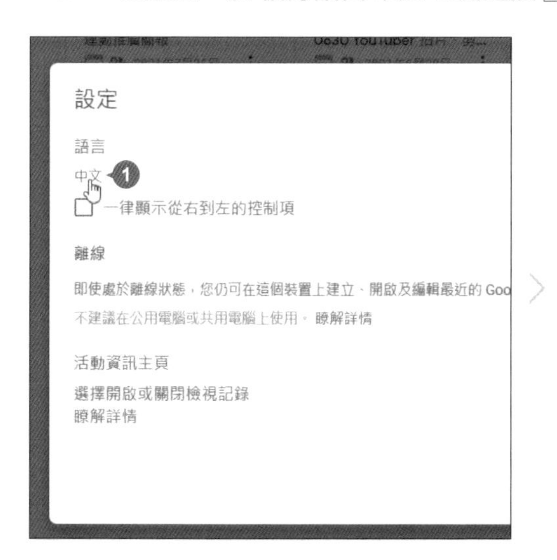

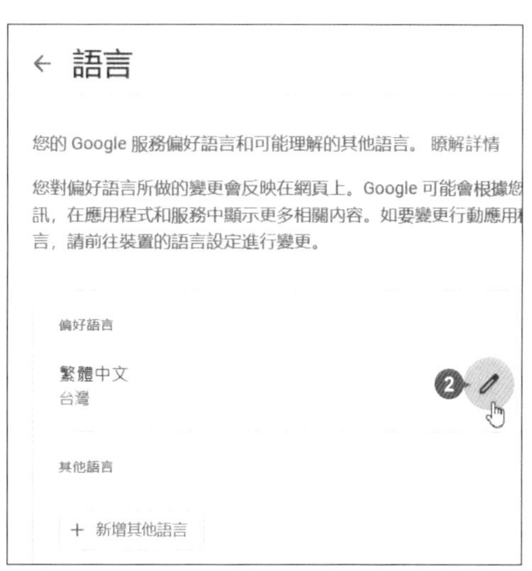

STEP 03 於 **新增語言** 欄位中輸入「english」，選按 **English**，清單中選按 **United States**，再選按 **選取**。

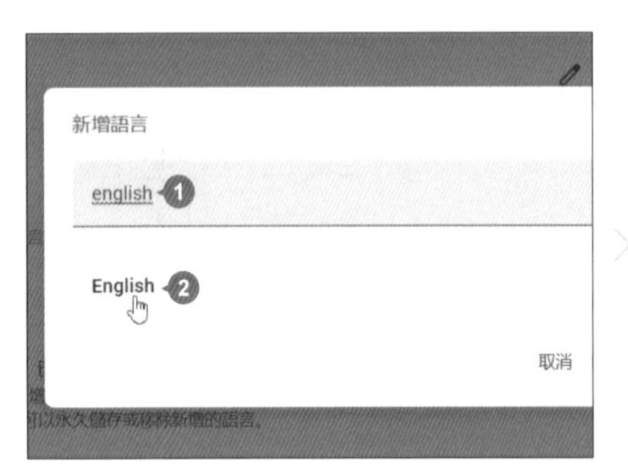

STEP 04 切換至 Google 簡報的分頁，選按 **確定** 鈕，於 Google 簡報首頁開啟範例原始檔 <10運動推廣簡報>。

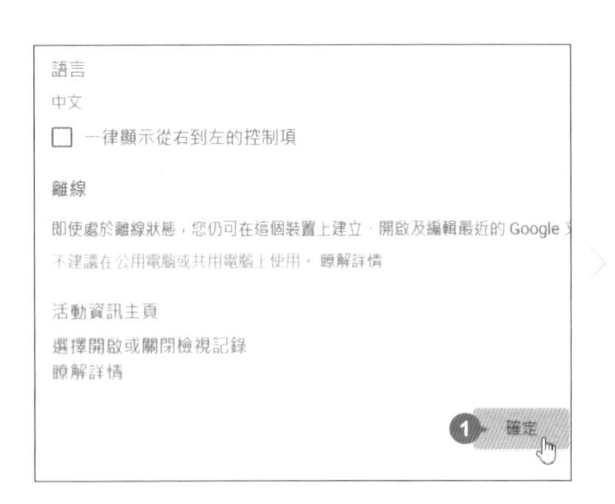

STEP 05 進入 Google 簡報編輯畫面，可看到介面上的語系已經變為英文。

STEP **06** 於 **Insert** 索引標籤選按 **Diagram** 開啟側邊欄。(**Diagram** 功能需在英文語系才能取得，目前在中文語系無此功能。)

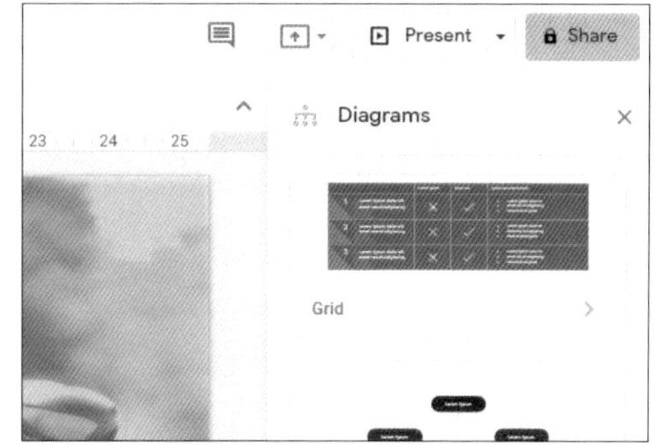

STEP **07** 先於左側窗格選按第三張投影片縮圖，再於側邊欄選按合適圖案類型，在此選按 **Relationship**。

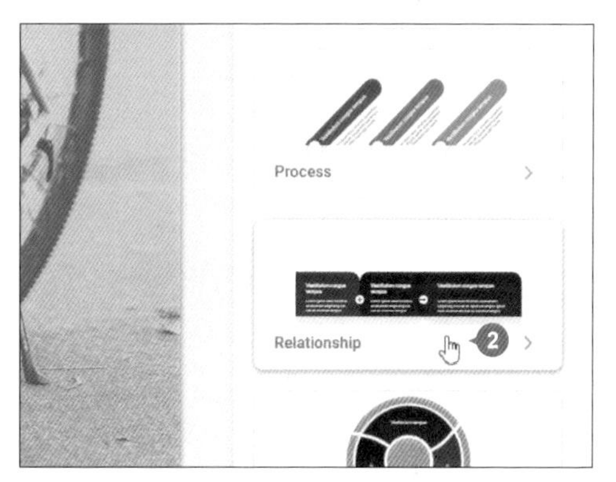

STEP **08** 設定欲套用的 **Areas** 數量與 **Color** 色彩，再選按圖案樣式，即可將該圖案插入至投影片中。

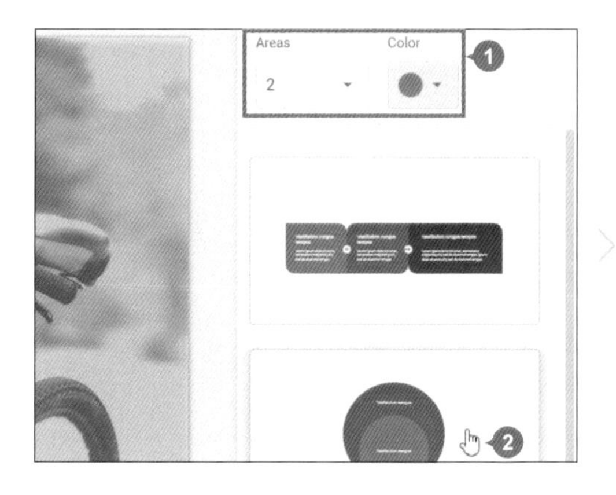

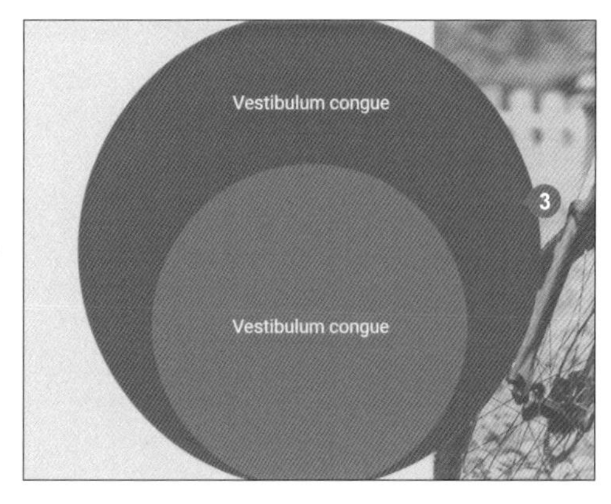

美化圖案

藉由色彩、樣式...等編修，讓圖案更有設計感，不過在設計前記得先把語系切換回中文，參考 P10-3 的相同方式，搜尋 **chinese**，選按 **繁體中文 (Chinese(Tradtional))**，再選按 **台灣 \ Select**，即可將語系切換回中文 (需重整網頁才能套用設定)。

STEP 01 回到 Google 簡報，按 Shift 鍵不放，分別選取圖案，再將滑鼠指標移至縮放控點上，呈 ⤢ 狀，拖曳縮放至合適大小。

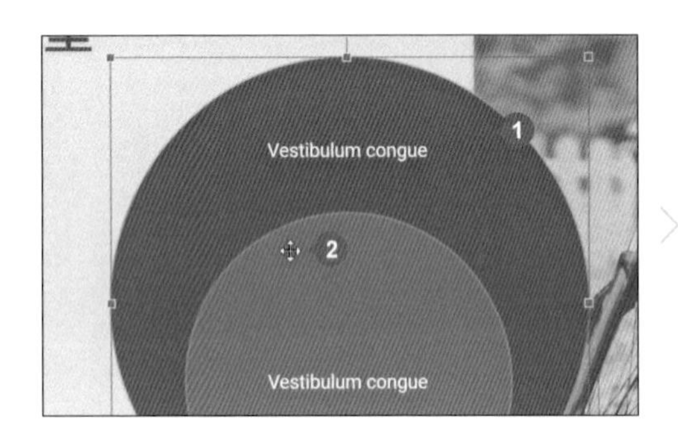

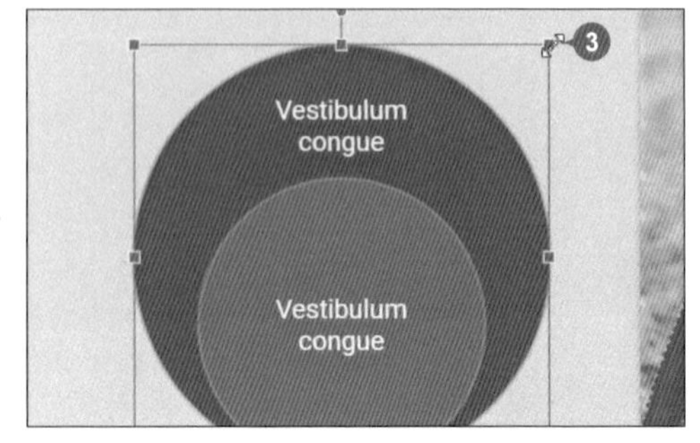

STEP 02 將滑鼠指標移至圖案上，呈 ✥ 狀，按滑鼠左鍵不放拖曳至合適位置擺放，接著在圖案上按滑鼠右鍵，選按 **取消分組**。

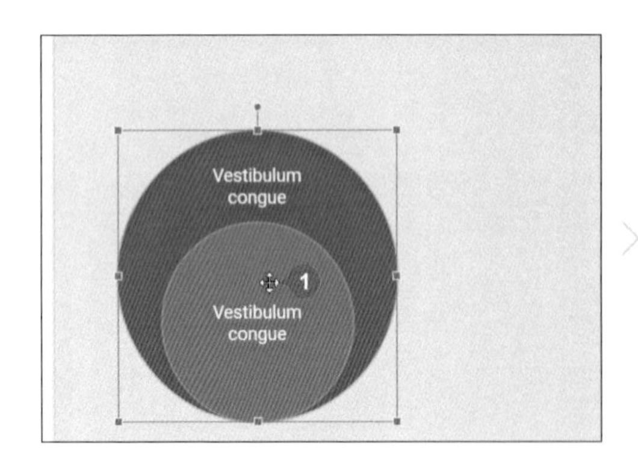

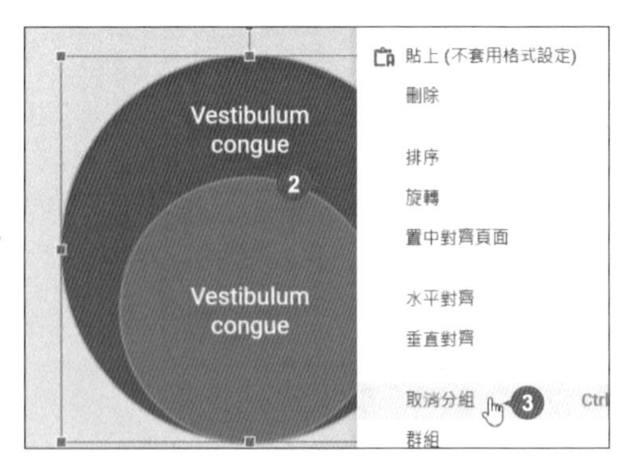

STEP 03 圖案選取狀態下，於功能區選按 **格式選項** 開啟側邊欄。

STEP 04 設計圖案框線及色彩：選取深藍色圓形，於功能區選按 **框線顏色 \ 白色**，再選按 **框線粗線 \ 3 像素**。

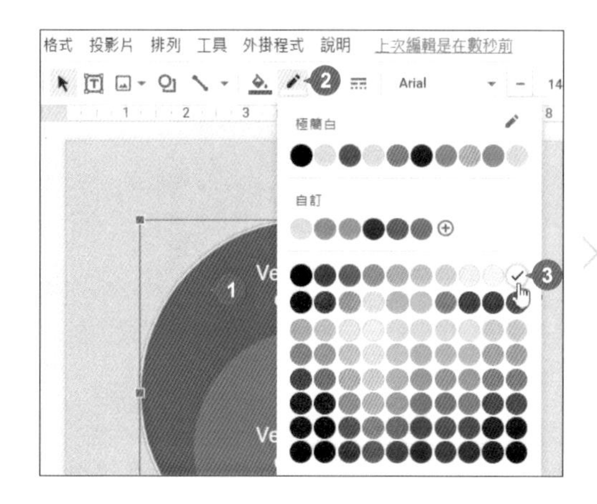

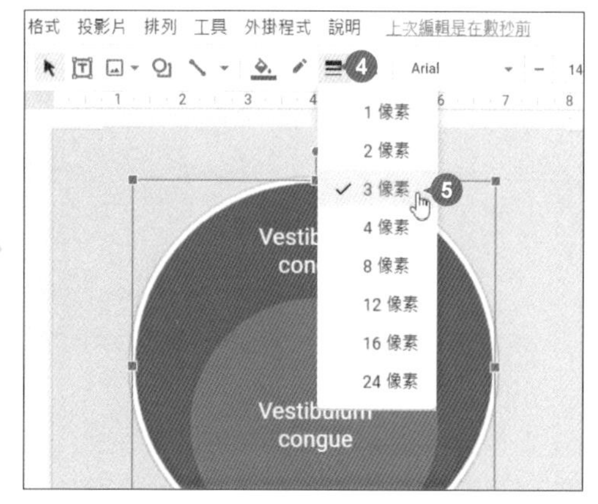

STEP 05 設計圖案陰影：選取深藍色圓形狀態下，於側邊欄選按 **投射陰影** 展開項目 (預設右側會自動呈核選狀態)，於 **透明度**、**角度**、**距離**、**模糊半徑** 分別拖曳滑桿調整程度 (拖曳中會顯示數值方便掌握)，建立合適的投射陰影效果。

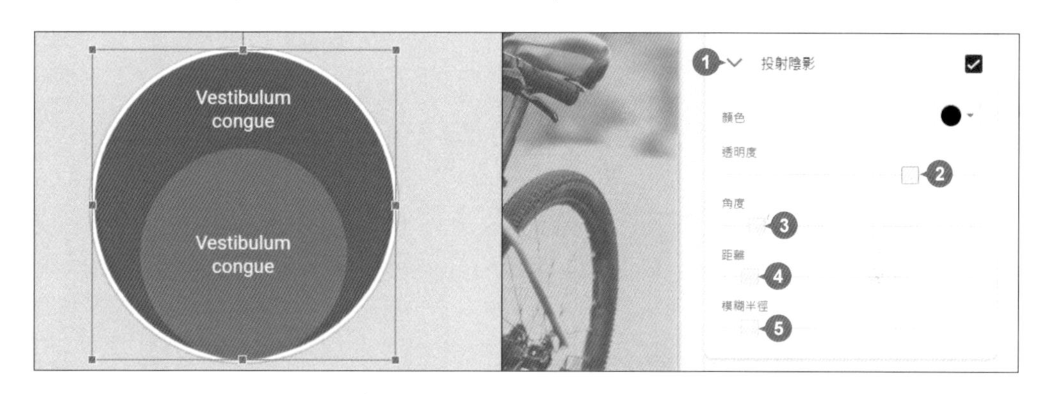

於圖案輸入文字

STEP 01 開啟範例原始檔 <10運動推廣簡報相關文字.txt> 選取要複製的 "公路車" 文字，按 Ctrl + C 鍵。

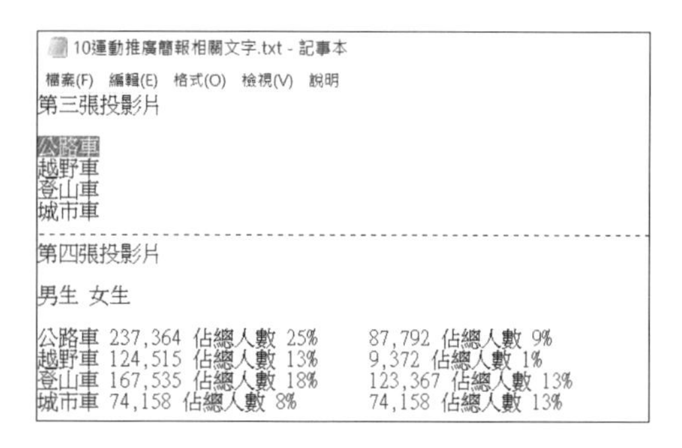

STEP 02 回到 Google 簡報，選取下方的文字區塊，按 Del 鍵刪除，再選取上方文字內容，按 Ctrl + C 鍵將文字內容貼上。

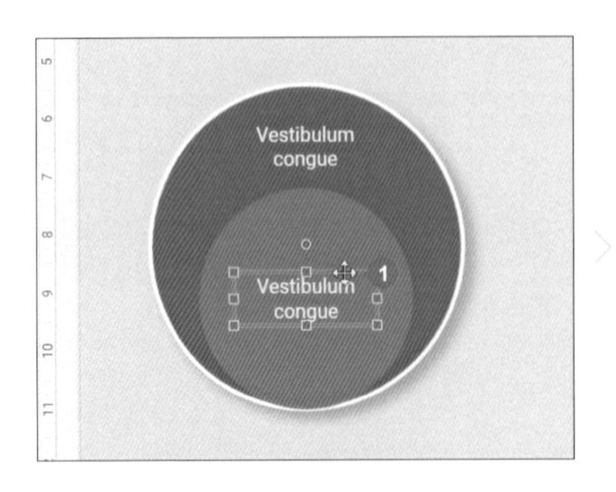

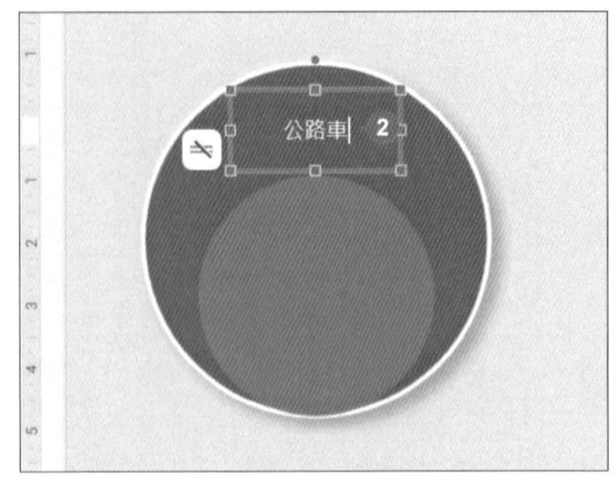

於圖案中插入圖片

利用圖片點綴讓流程圖更豐富。

STEP 01 於 **插入** 索引標籤選按 **圖片 \ 搜尋網路** 開啟側邊欄，於搜尋欄位輸入「公路車」，按 Enter 鍵。

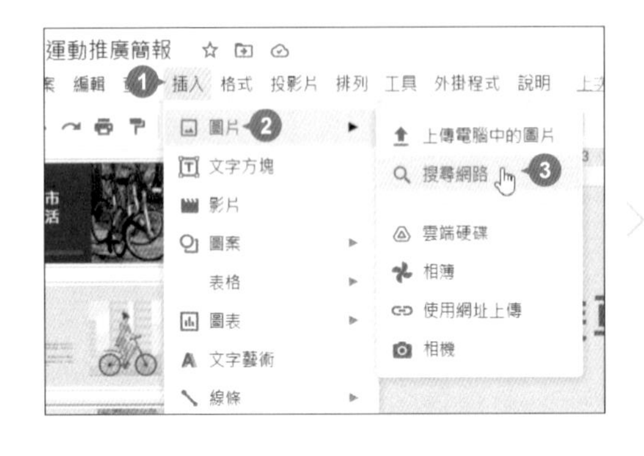

STEP 02 於搜尋結果中核選合適的圖片，選按 **插入**。

STEP 03 於功能區選按 **遮罩圖片** 清單鈕 \ **圖案** \ **橢圓形**，即可將圖片裁切為圓形，再選按 **裁剪圖片** 準備調整裁剪範圍。

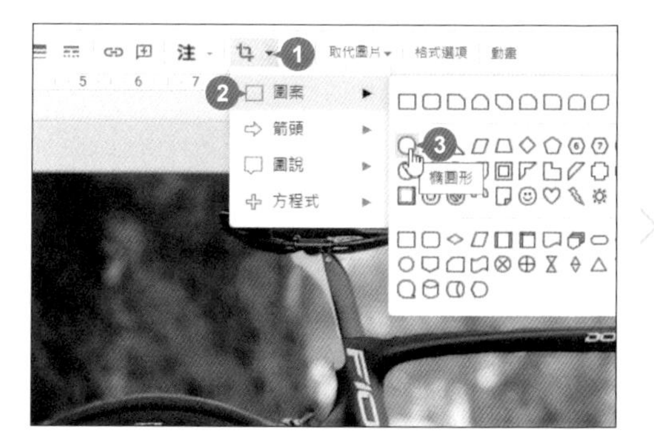

STEP 04 將滑鼠指標移至左側控點上，呈 ⇔ 狀，往右拖曳剪裁至合適範圍；接著將滑鼠指標移至右側控點上呈 ⇔ 狀，依相同方式往左拖曳剪裁，直至橢圓形的形狀接近正圓形，最後選按 **裁剪圖片** 完成調整。

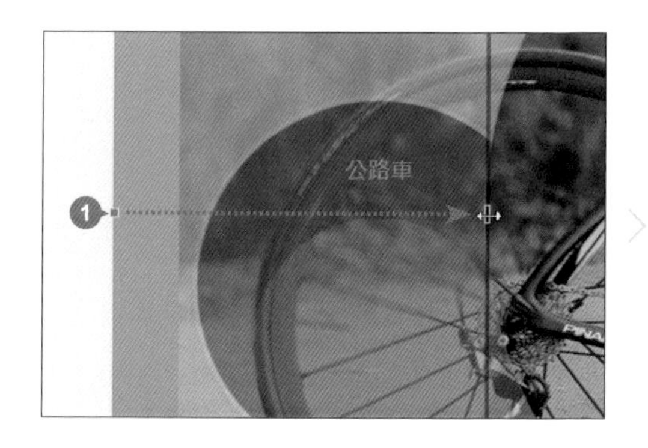

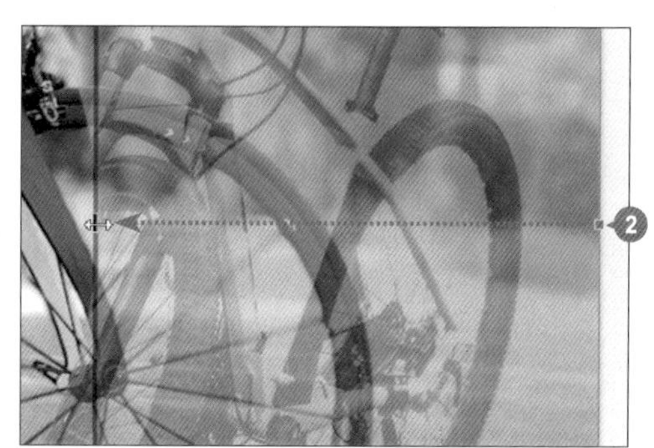

STEP 05 接著將圖片縮小至與淺藍色圓形差不多大小，選取淺藍色圓形後按 Del 鍵刪除，再拖曳圖片至該位置擺放。

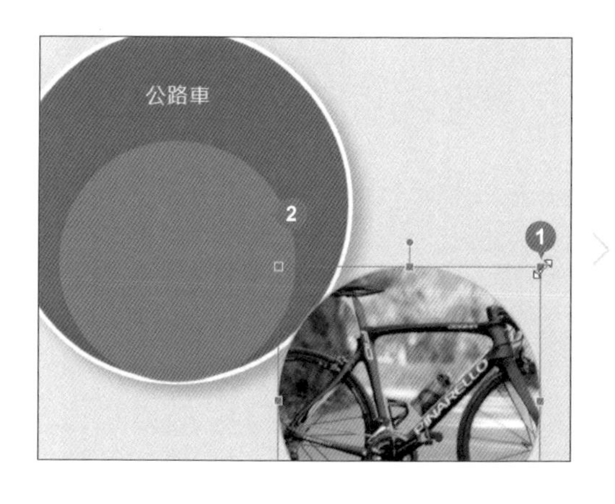

完成流程圖設計

STEP 01 選取所有圖形及文字後，將滑鼠指標移至上方，呈 ✥ 狀，按 Ctrl 鍵不放，往右拖曳即可複製相同的圖形。

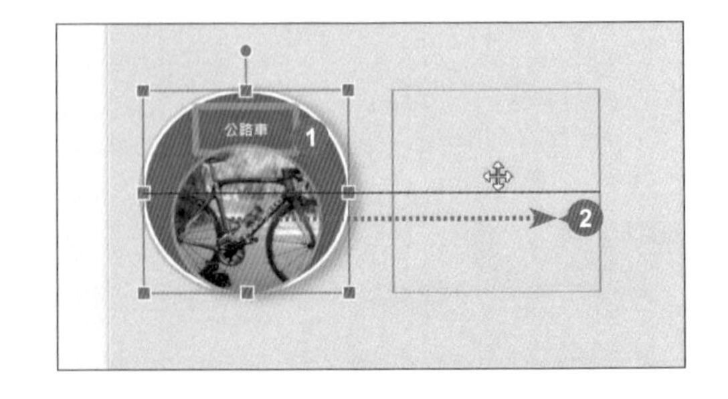

STEP 02 複製 <10運動推廣簡報相關文字.txt> 裡的文字替換 "公路車"，然後變更圖案填滿色彩，接著選取圖片，於功能區按 **取代圖片 \ 搜尋網路** (若沒看到可選按 ⋯ **更多**)。

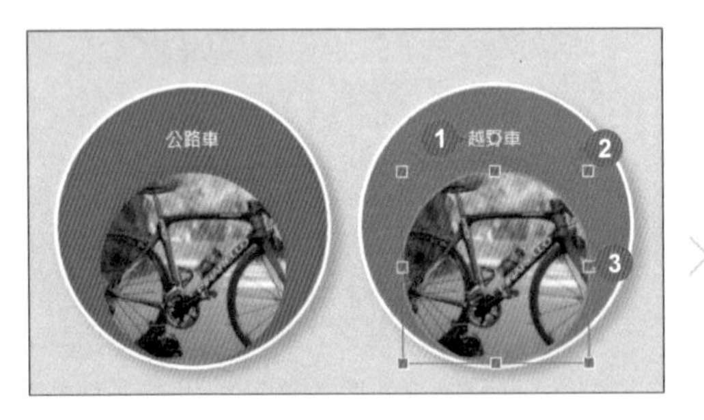

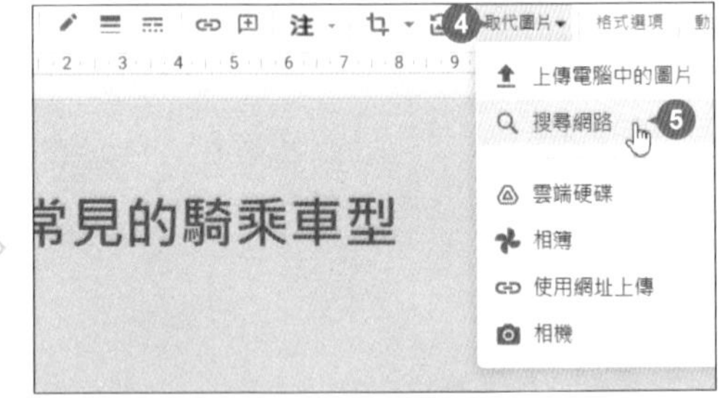

STEP 03 輸入關鍵字「越野單車」，搜尋並以合適圖片取代；最後依相同方式，複製其他二個圖案並替換文字及搜尋合適圖片取代，這樣就完成整個流程圖的設計製作。

表格製作與編修美化

在 Google 簡報中，可以根據內容屬性，將資訊透過表格靈活呈現，訊息也會變得清楚易讀。

插入表格

STEP 01 切換至第四張投影片，於 **插入** 索引標籤選按 **表格**，將滑鼠指標移到方格上，由左上角往右下角移動至需要的欄列方格數，在此拖曳 3 欄 5 列方格數，最後於右下角方格按一下滑鼠左鍵。

STEP 02 將滑鼠指標移至表格左側邊框的中間控點上，呈 ⟺ 狀，按滑鼠左鍵不放往右拖曳調整至合適表格寬度。再將滑鼠指標移至表格下方邊框的中間控點上，呈 ↕ 狀，往下拖曳調整至合適表格高度。

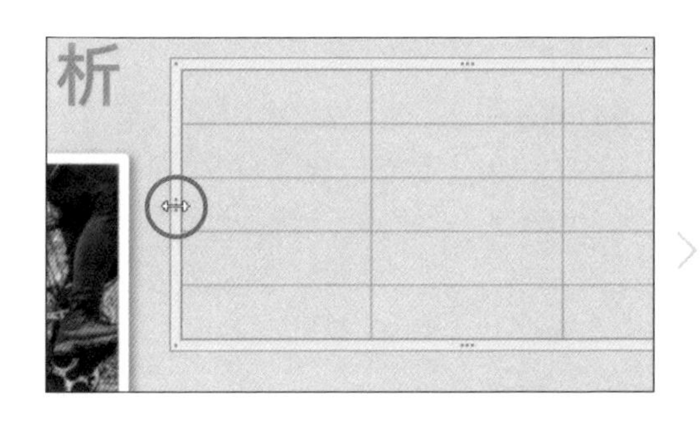

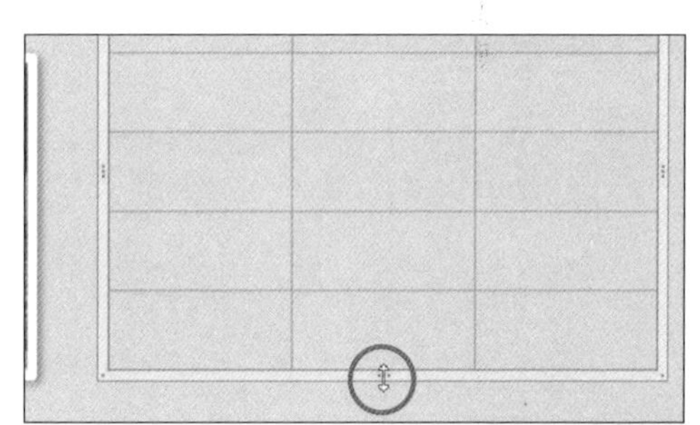

STEP 03 將滑鼠指標移至表格邊框上，呈 ✥ 狀，按滑鼠左鍵不放拖曳表格至合適位置擺放。

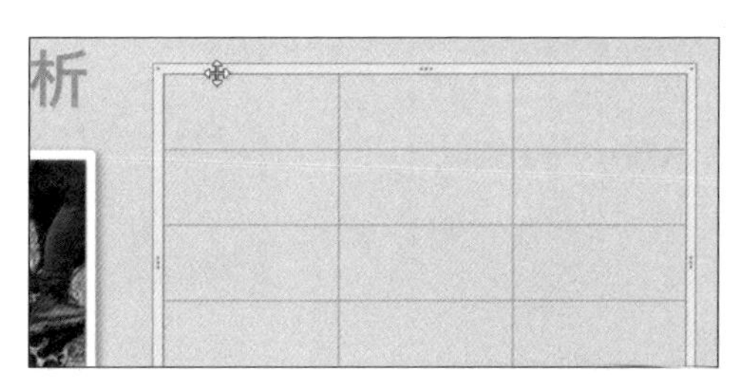

STEP 04 開啟範例原始檔 <運動推廣簡報相關文字.txt> 檔案，複製相關文字至表格中如圖位置貼上，過程中可以利用 Enter 鍵分段。

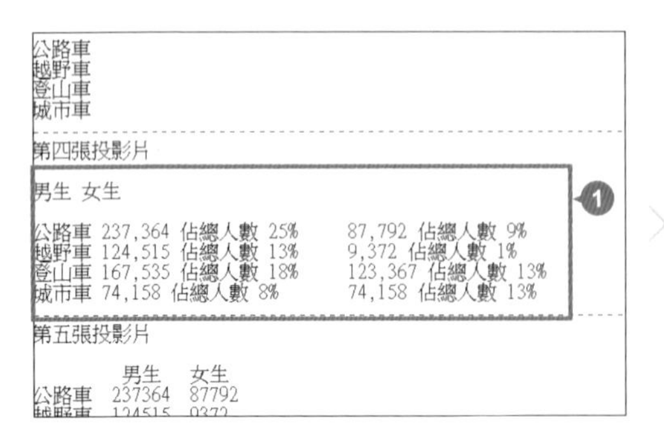

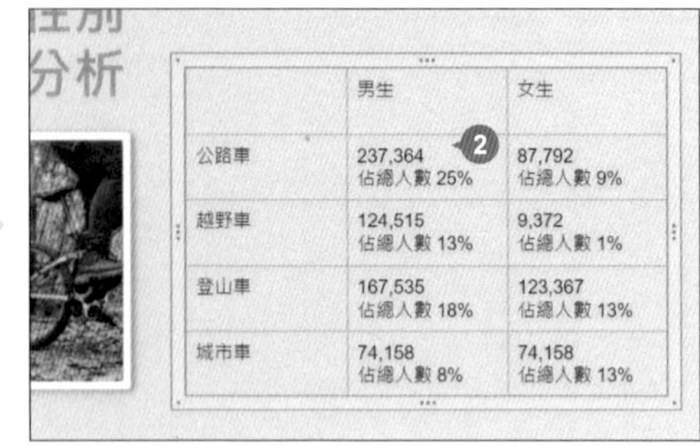

調整表格欄寬、列高與大小

STEP 01 將滑鼠指標移至表格第一列框下方線上，呈 ⇕ 時，按滑鼠左鍵不放，往上拖曳調整第一列列高。

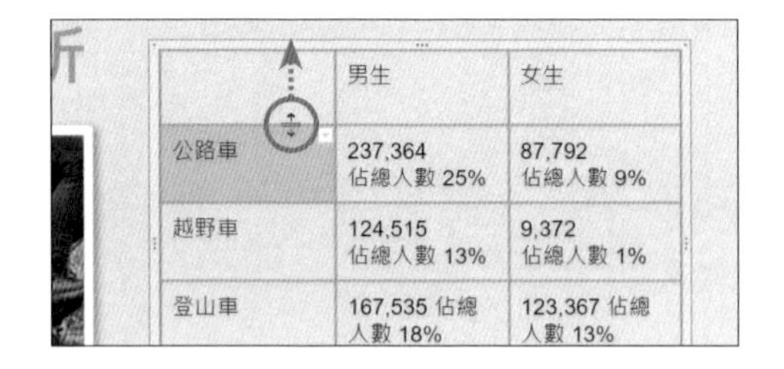

STEP 02 將滑鼠指標分別移至第一、二欄右側框線上，呈 ⇔ 時，按滑鼠左鍵不放，往左拖曳調整欄寬。

STEP 03 在表格選取狀態下，於功能區選按 **格式選項** 開啟側邊欄 (若沒看到可選按 ⋯ **更多**)。

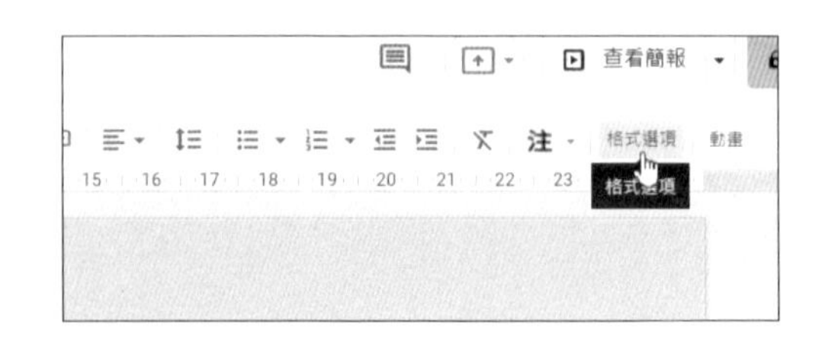

STEP 04 選按 **大小和旋轉** 展開項目，於 **大小** 設定 **高度**：「12 公分」、**寬度**：「8.5 公分」調整表格大小。

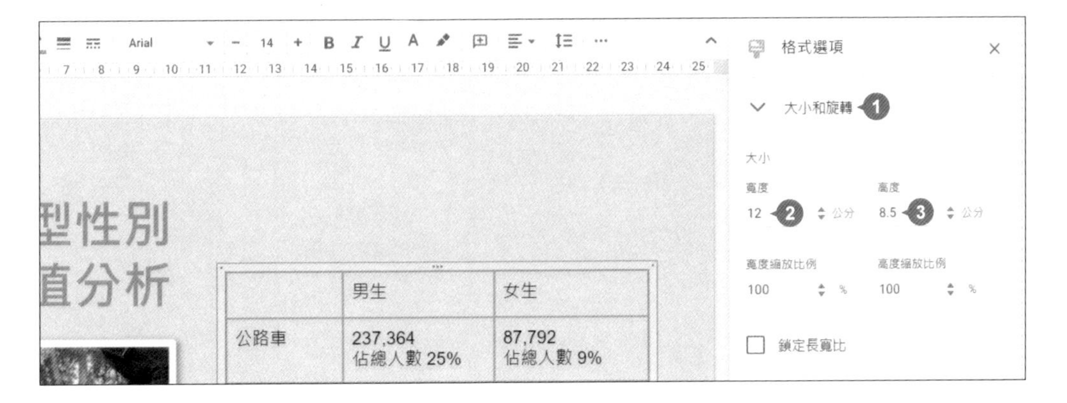

美化表格外觀

STEP 01 選取表格，於功能區選按 **框線粗細 \ 2 像素**，接著拖曳選取所有的表格。

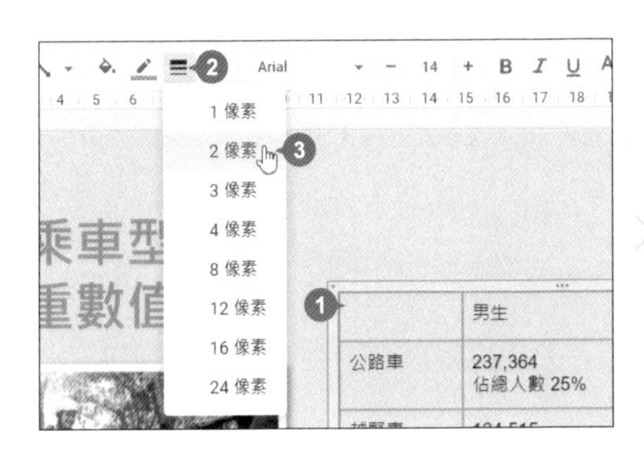

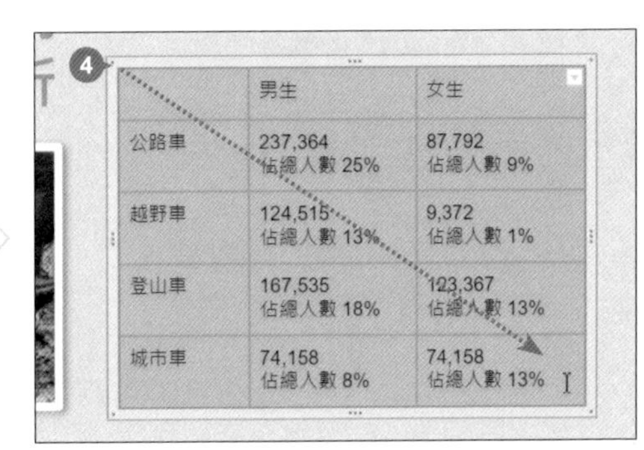

STEP 02 於表格右上角選按 **選取邊框 \ 選取外框線**，於功能區選按 **框線粗細 \ 4 像素**。

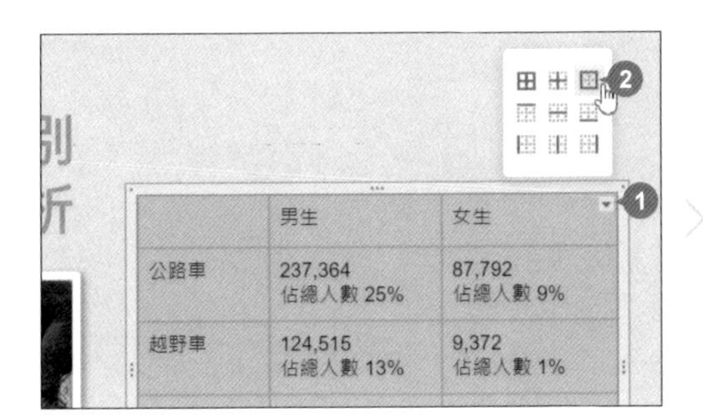

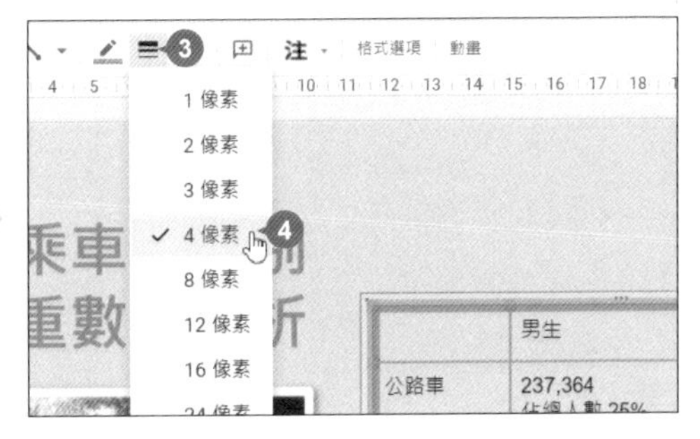

STEP 03 選取表格第一列，於功能區選按 填滿顏色，清單中套用合適色彩，再選取第二列，依相同方式填滿合適色彩。

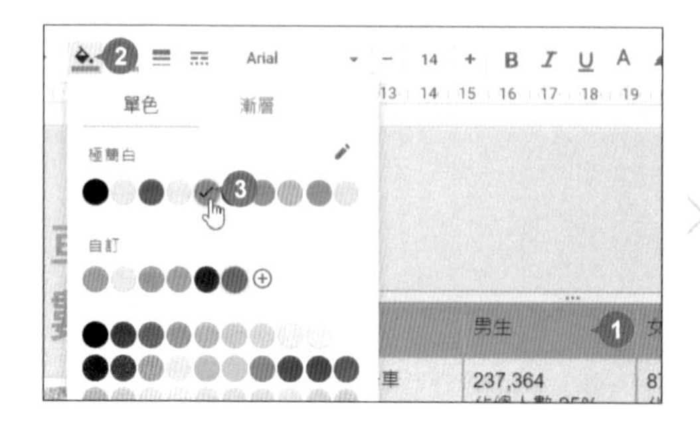

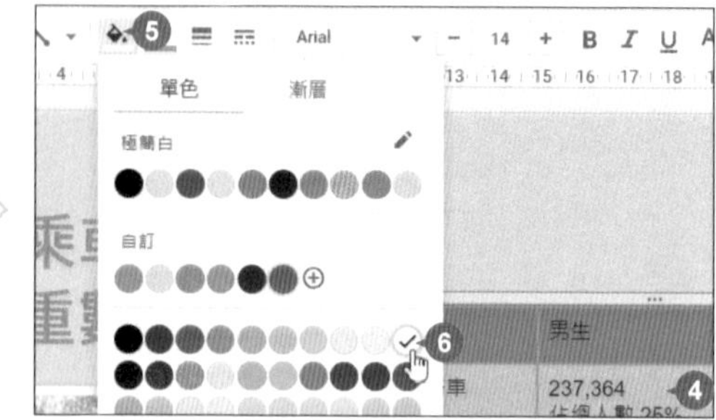

STEP 04 依相同方式，分別將第三、四、五列填滿如圖顏色，最後再選取整個表格，功能區選按 **框線顏色**，清單中套用合適色彩，即完成表格美化。

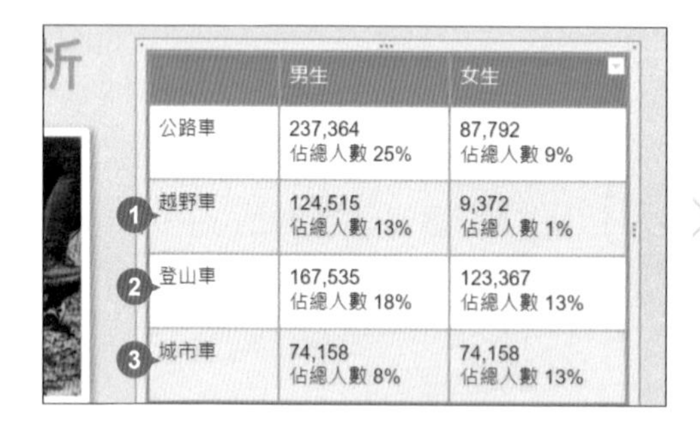

	男生	女生
公路車	237,364 佔總人數 25%	87,792 佔總人數 9%
越野車	124,515 佔總人數 13%	9,372 佔總人數 1%
登山車	167,535 佔總人數 18%	123,367 佔總人數 13%
城市車	74,158 佔總人數 8%	74,158 佔總人數 13%

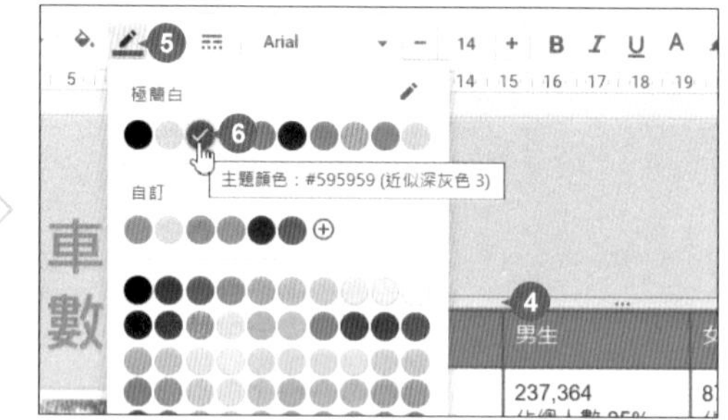

加入項目符號

選取表格內 "男生" 與 "女生" 下方四種車型內容，於功能區選按 **項目符號** 清單鈕，清單中套用合適項目 (若沒看到可選按 **更多**)。

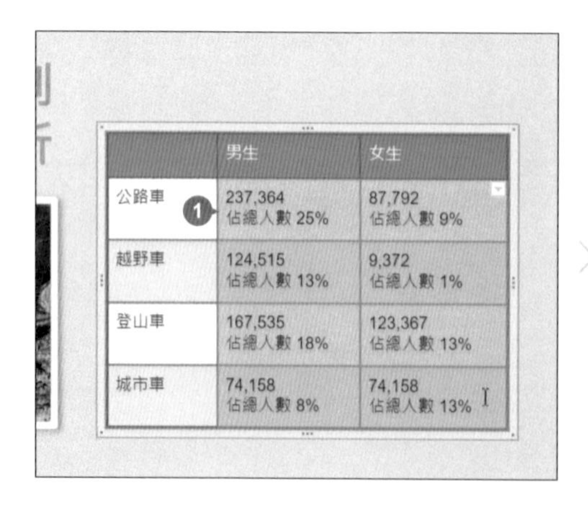

	男生	女生
公路車	237,364 佔總人數 25%	87,792 佔總人數 9%
越野車	124,515 佔總人數 13%	9,372 佔總人數 1%
登山車	167,535 佔總人數 18%	123,367 佔總人數 13%
城市車	74,158 佔總人數 8%	74,158 佔總人數 13%

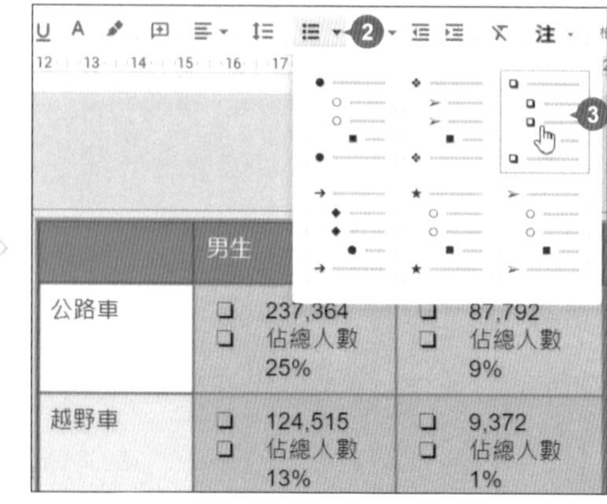

調整表格文字與位置

01 在表格選取狀態下，於功能區選按 **對齊** \ **中央**，設定表格文字上下居中。拖曳選取表頭文字，於功能區選按 **對齊** \ **置中對齊**，設定表頭文字左右居中。

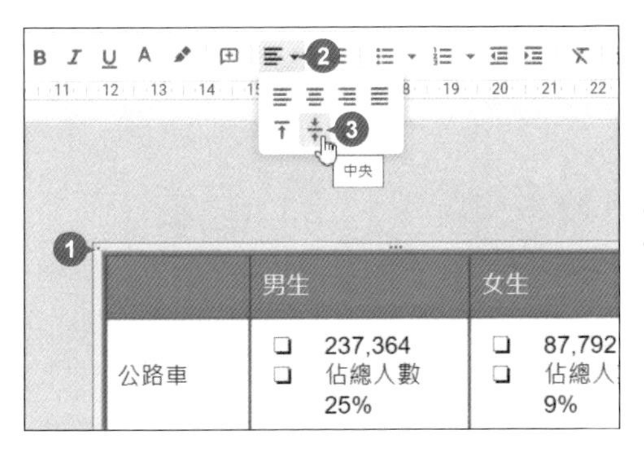

02 接著選取第一欄文字，於功能區選按 **對齊** \ **置中對齊**，設定第一欄的文字左右居中。

03 拖曳選取表格文字 (如下圖)，於功能區設定 **字型大小**：「12」，讓文字更符合表格的大小。

圖表製作與編修美化

Google 簡報可搭配 Google 試算表，繪製統計圖表解讀複雜的數據，提供決策者可直觀的說明。

插入圖表

STEP 01 切換至第五張投影片，於 **插入** 索引標籤選按 **圖表 \ 柱狀圖**。

STEP 02 將滑鼠指標移至圖表上，呈 ✥ 狀，按滑鼠左鍵不放拖曳至合適位置擺放，再將滑鼠指標移至右上角或左下角的控點上，呈 ⤡ 狀，按滑鼠左鍵不放拖曳圖表至合適大小。

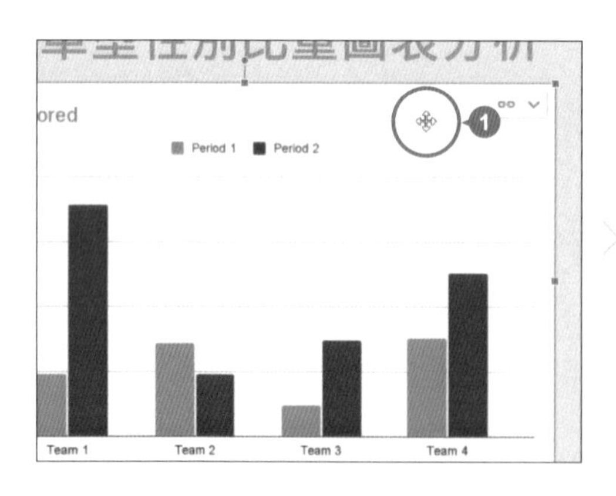

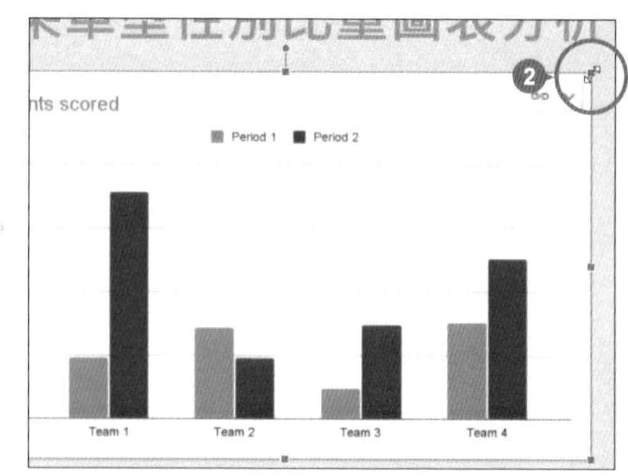

編修圖表資料

STEP 01 在圖表選取狀態下，於圖表右上角選按 ⊡ **已連結圖表選項 \ 開啟來源文件**。

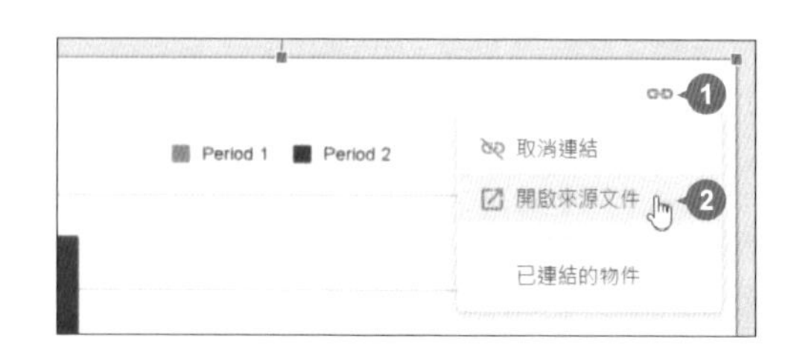

STEP **02** 開啟新分頁，切換至 Google 試算表的圖表來源檔案，於範例原始檔 <10運動推廣簡報相關文字.txt> 檔案，複製相關文字至工作表中如圖位置貼上，更改工作表中的資料。

男生 女生

公路車 237,364 佔總人數 25%　87,792 佔總人數 9%
越野車 124,515 佔總人數 13%　9,372 佔總人數 1%
登山車 167,535 佔總人數 18%　123,367 佔總人數 13%
城市車 74,158 佔總人數 8%　74,158 佔總人數 13%

第五張投影片

	男生	女生
公路車	237364	87792
越野車	124515	9372
登山車	167535	123367
城市車	74158	126237

	A	B	C	D
1		男生	女生	
2	公路車	237364	87792	
3	越野車	124515	9372	
4	登山車	167535	123367	
5	城市車	74158	126237	

Points scored
男生 女生
250000

新增座標軸標題

座標軸的文字標示可讓瀏覽者清楚了解各數字代表意義。

STEP **01** 在圖表選取狀態下，於圖表右上角選按 ⋮ \ **編輯圖表** 開啟側邊欄。

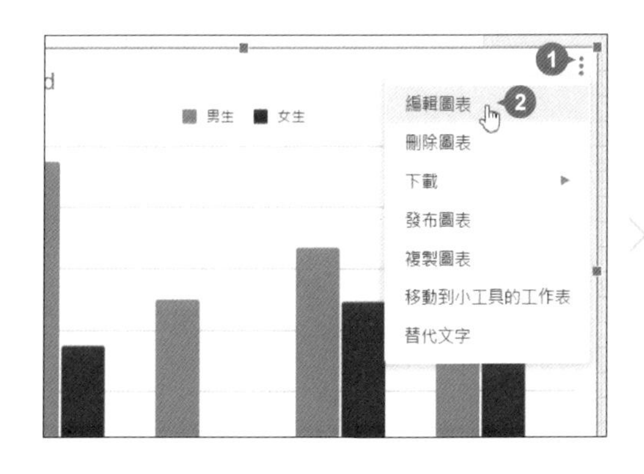

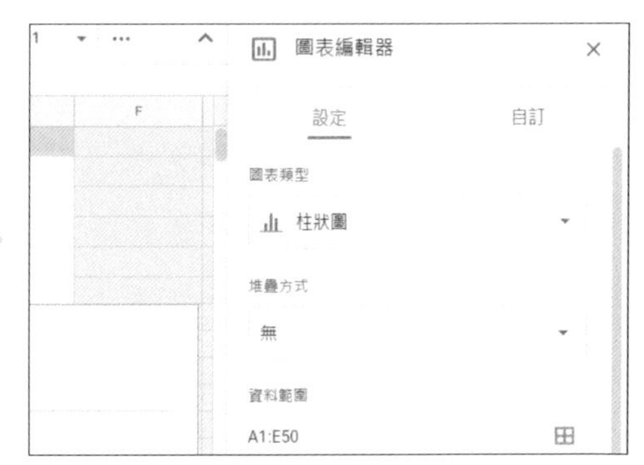

STEP **02** 於 **自訂** 標籤選按 **圖表標題和軸標題** 展開項目，於 **標題文字** 欄位中輸入圖表名稱。

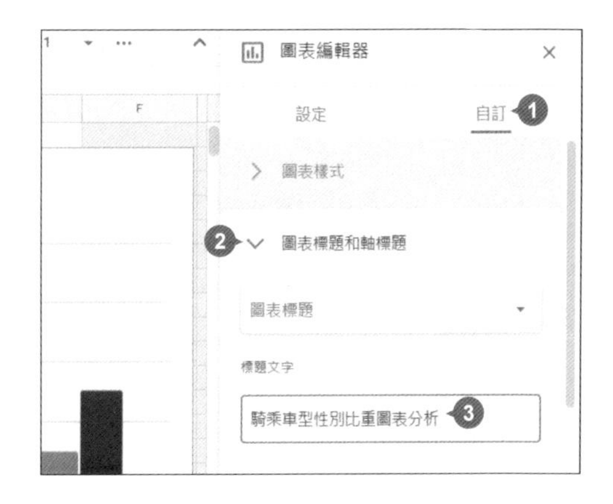

STEP 03 選按 **圖表標題和軸標題 \ 垂直軸標題**，於 **標題文字** 欄位中輸入「人口數」，新增垂直軸標題。

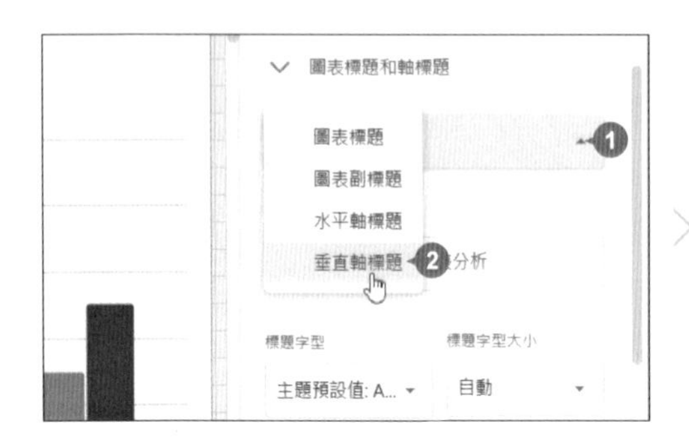

美化圖表

改變圖表的整體外觀，就能讓圖表變專業。

STEP 01 在圖表選取狀態下，於 **自訂** 標籤選按 **圖表樣式** 展開項目，核選 **3D**，將柱狀圖由平面變成立體樣式。

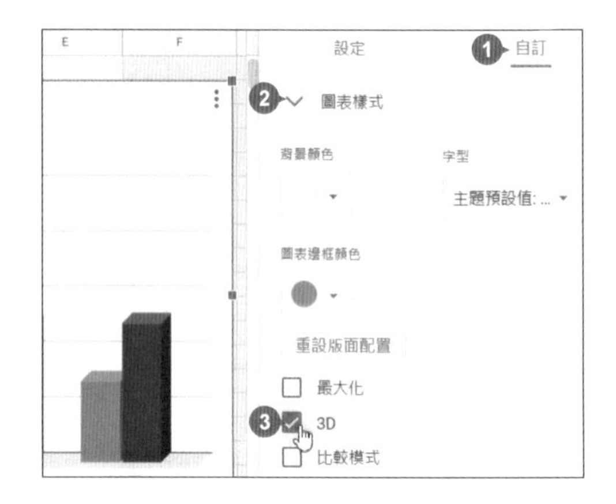

STEP 02 選按 **系列** 展開項目，先選按 **數列選取工具 \ 男生**，再選按 **填滿顏色**，清單中套用合適色彩。

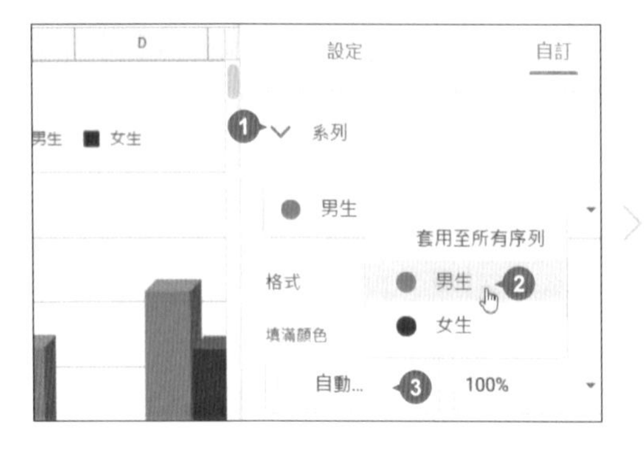

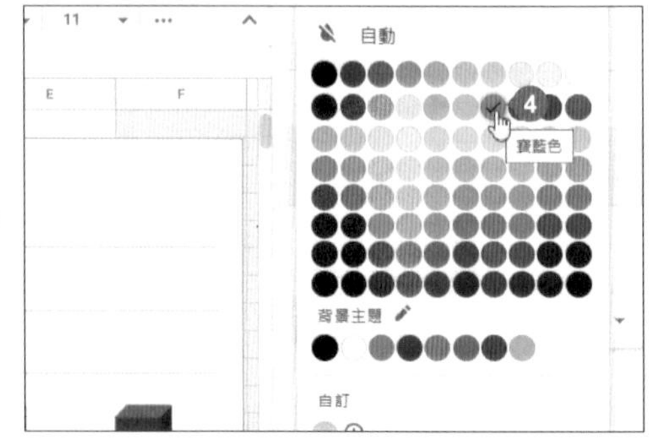

03 依相同方式，選按 **選取數列工具 \ 女生**，設定 **填滿顏色**。

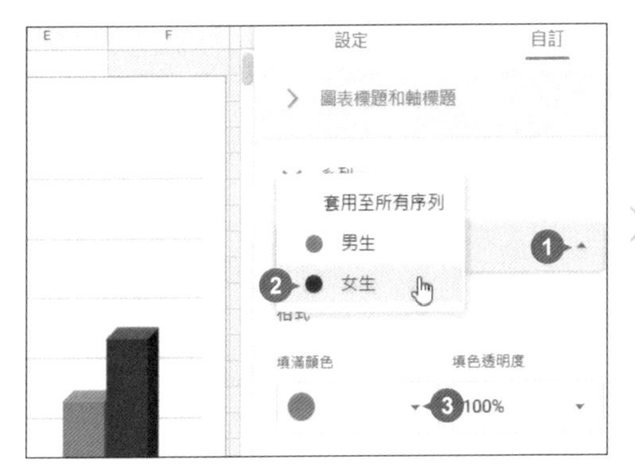

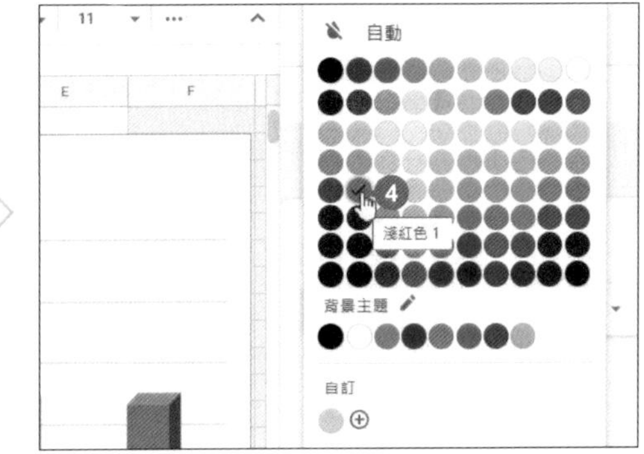

格式化圖例

圖例預設擺放在圖表上方，現在要調整至其他位置，讓圖表重心平均。在圖表選取狀態下，於 **自訂** 標籤選按 **圖例** 展開項目，選按 **位置 \ 底部**，將圖例擺放至圖表下方。

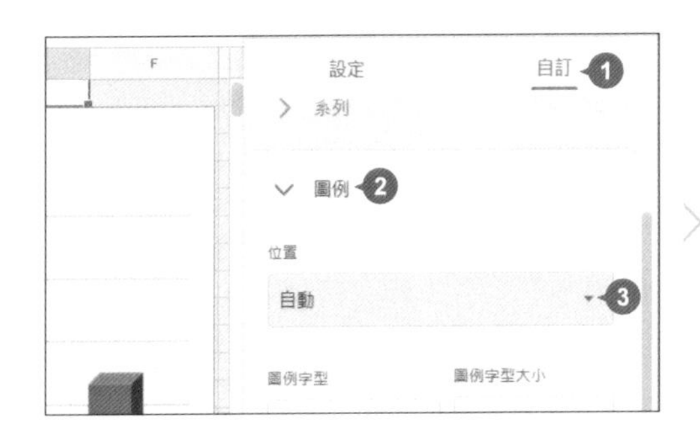

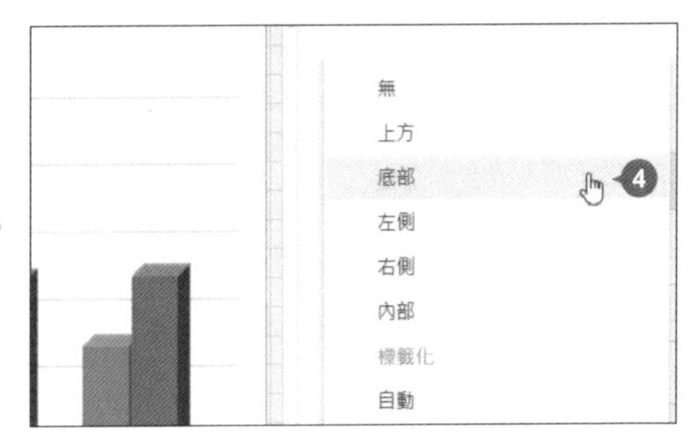

調整圖表文字格式

01 在圖表選取狀態下，於 **自訂** 標籤選按 **圖表樣式** 展開項目，選按 **字型**，清單中套用合適字型。

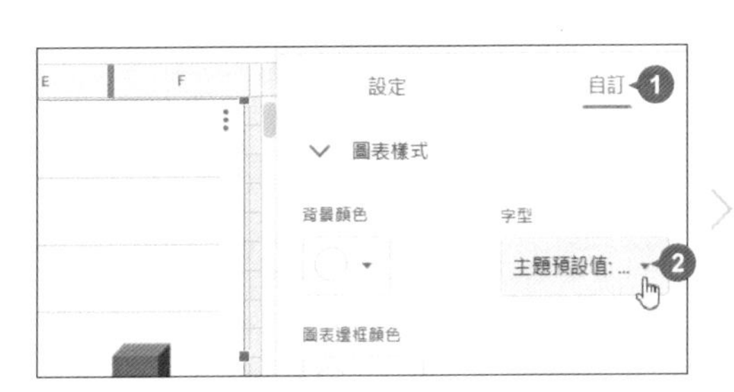

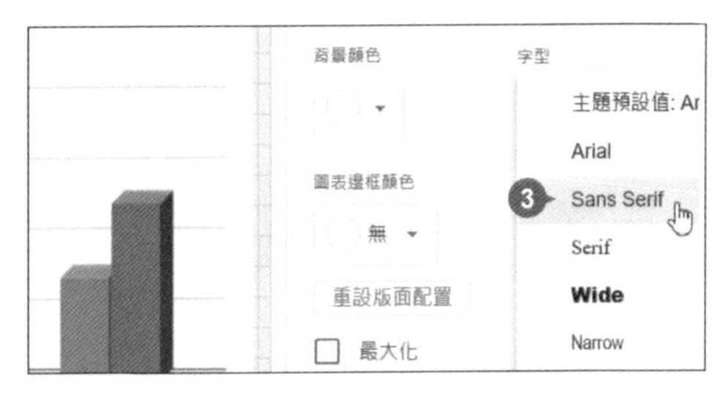

STEP 02 在圖表選取狀態下，按一下標題文字呈選取狀，側邊欄項目自動切換至 **圖表標題** 項目，接著設定 **標題字型大小**、**標題格式**：**粗體**、**置中對齊**、**標題文字顏色**。

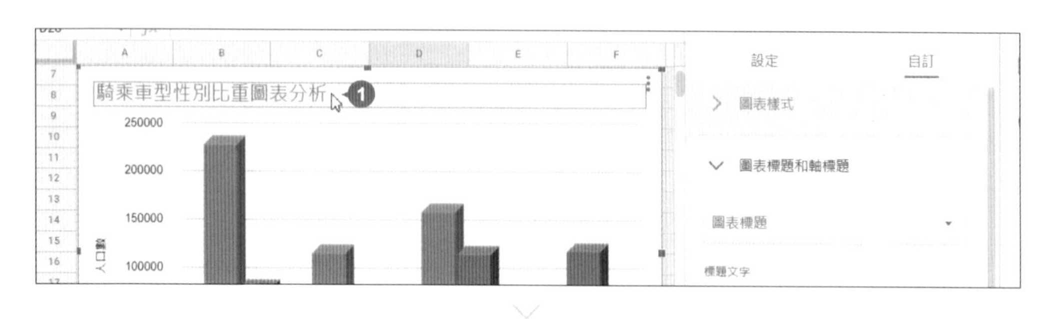

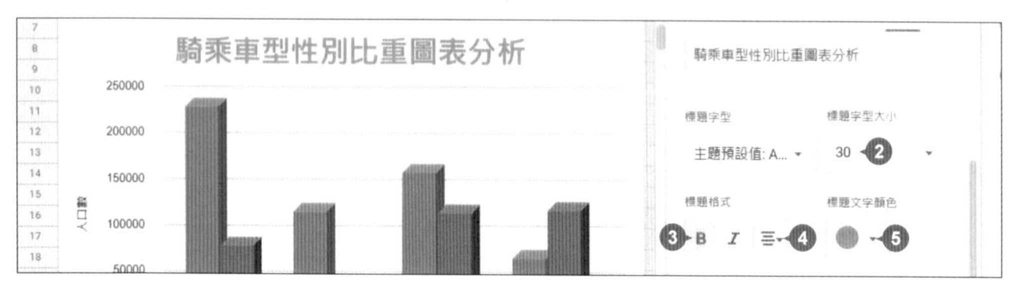

更新圖表設計

完成 Google 試算表的圖表編輯，切換回到 Google 簡報分頁，於圖表右上角選按 **更新** 鈕，完成圖表設計。

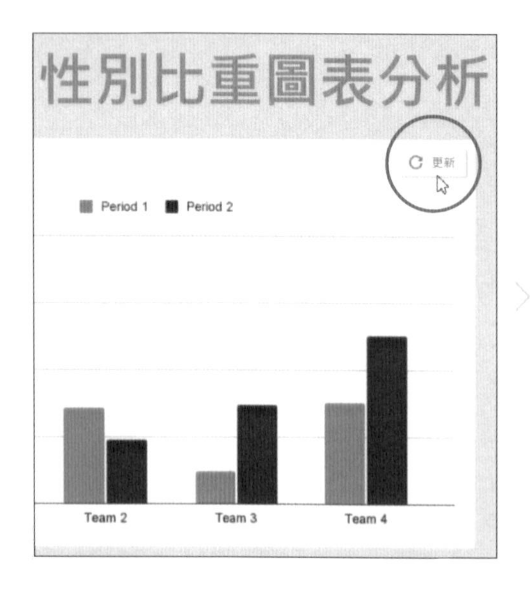

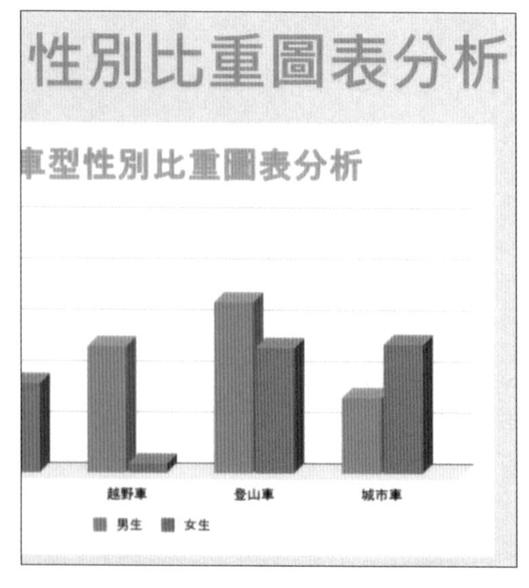

多媒體動畫

活動紀錄簡報

學 習 重 點

靜態的簡報敘述，較為平淡且無法吸引人，這時如果善用 Google 簡報的動畫特效，讓投影片上的文字、圖片和其他內容動起來，不但可以吸引眾人目光，還可強調投影片中的重點。

- 動態簡報的設計原則
- 新增動畫並預覽
- 逐一播放段落文字動畫
- 為圖片套用動畫
- 同一物件套用多種動畫
- 調整動畫的前、後順序
- 動畫的變更與刪除
- 投影片的切換特效
- 插入音訊
- 插入影片

原始檔：<本書範例 \ Part11 \ 原始檔 \ 11夏日祭典活動簡報>

完成檔：<本書範例 \ Part11 \ 完成檔 \ 11夏日祭典活動簡報ok>

動態簡報的設計原則

設計簡報的動畫效果時避免使用太過花俏的效果，才不會讓簡報呈現眼花撩亂的感覺，透過設計的原則說明，更了解如何製作一份動態簡報。

介紹類型的簡報，是各式簡報中最常見到的主題，相關內容不但可以包含該介紹文字，還可以搭配活動過程中拍攝的相片或影片，如果再以圖案點綴，整份簡報便具有一定的豐富度。然而再充實的簡報，如果單純以靜態方式呈現，對演講者及瀏覽者來說都稍嫌單調。

所以此章透過一份已建置完成的介紹類型靜態簡報，學習為投影片內容增添合適的動畫效果，以便賦予簡報生命力，以下有三個學習重點提供參考：

- 針對文字、圖片及物件套用動畫效果：透過文字、圖片及物件的使用，學習新增動畫效果，並透過播放時機、時間、順序...等項目的調整，讓動畫流暢呈現。
- 加上投影片的切換效果：投影片畫面可以透過動畫效果切換，只是要吸引瀏覽者的目光，一方面要避免太過複雜的切換效果；另一方面則建議一份簡報只套用一種動畫效果，才不致於喧賓奪主地搶走了簡報內容的風采。
- 在投影片當中插入如：音樂或影片...等多媒體項目，讓內容更豐富。

新增動畫並預覽

簡報內容，難道只能 "靜靜" 表現嗎？透過動畫的使用，讓文字以豐富的視覺效果呈現，提昇簡報的生動與活潑度。

01 開啟範例原始檔 <11夏日祭典簡報>，切換至第一張投影片，然後選取標題文字物件。

02 於 **查看** 索引標籤選按 **動態效果** 開啟側邊欄，接著選按 **新增動畫** 鈕。

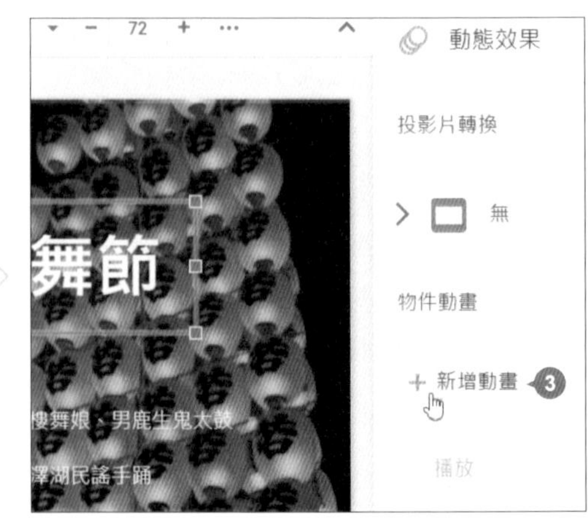

STEP 03 預設套用 **淡入** 動畫，此範例先維持原設定。動畫特效 **開始條件**，分別為 **點擊時**、**持續上一個動畫** 及 **與上一個動畫同時顯示** 三種，此範例設定 **接續上一個動畫**，之後透過拖曳 **持續時間** 滑桿調整動畫時間長度。

STEP 04 選取標題文字時，於側邊欄可看到已套用的動畫，並呈淡藍色，選按 **播放** 鈕，可以瀏覽該頁動畫套用後的效果，結束後選按 **停止** 鈕。

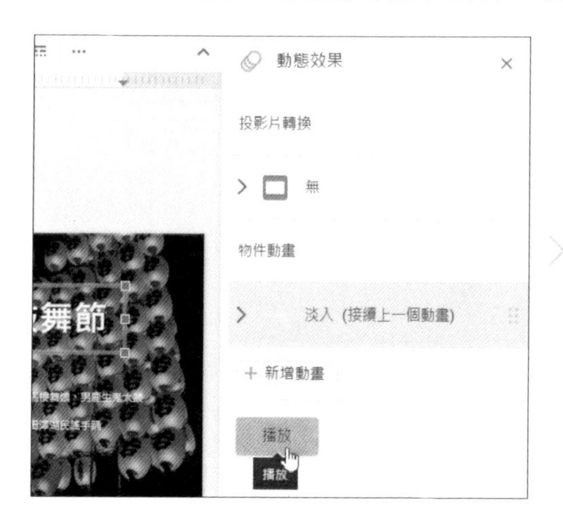

STEP 05 依相同方式，為第二張～第四張投影片的標題文字物件，一樣套用 **淡入** 動畫。

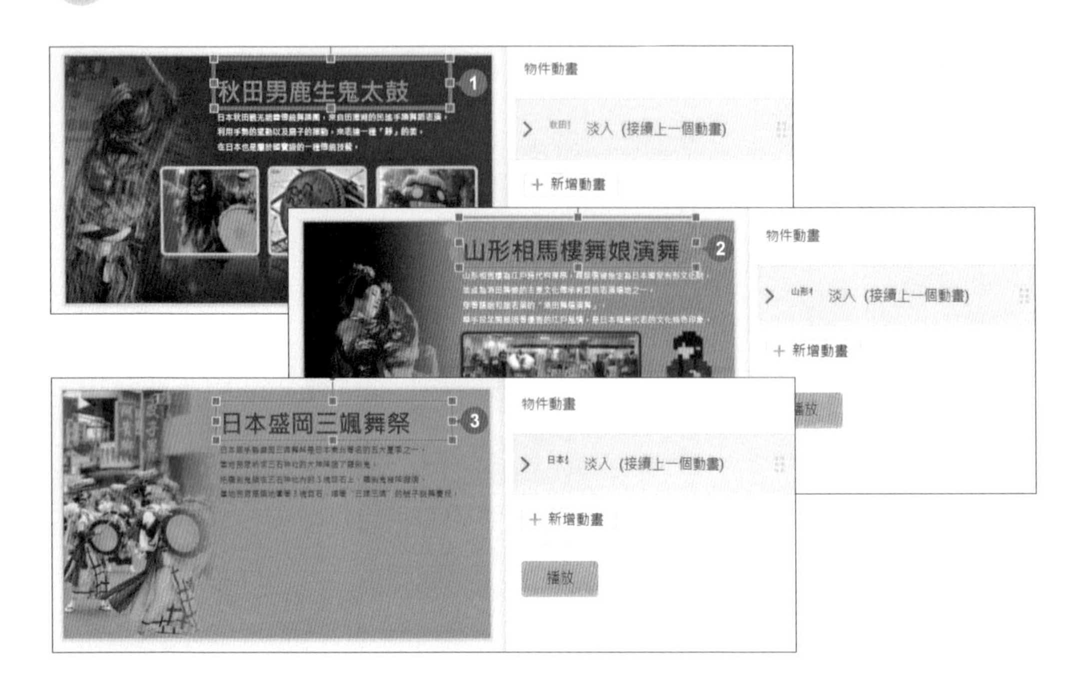

小提示 其他新增動畫方式

選取物件後若選按 **插入 \ 動畫**，一樣會開啟側邊欄，並預設自動新增一個 **淡入** 動畫，之後可以根據需求更換其他動畫類型

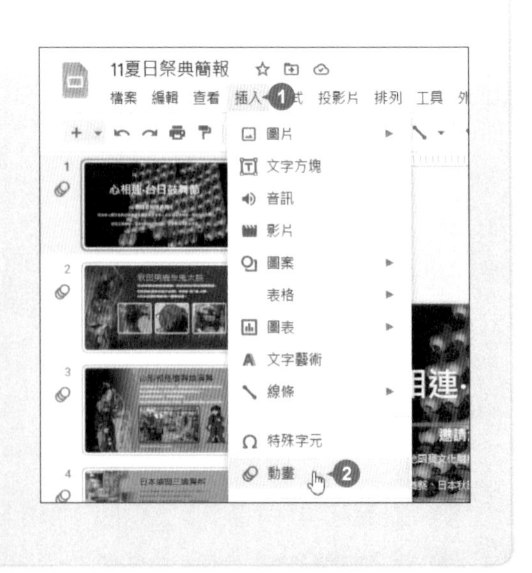

逐一播放段落文字動畫

投影片內文中常有多段文字或條列式的說明項目，這時套用在文字上的動畫可設定依段落逐一播放，讓內容文字的呈現更具變化。

STEP 01 切換至第一張投影片，選取段落文字物件 "邀請您熱情參與！"，於側邊欄選按 **新增動畫** 鈕，套用 **出現** 動畫效果，設定 **接續上一個動畫**、**持續時間**，核選 **逐段顯示**。

STEP 02 依相同方式，為第二張～第四張投影片的段落文字物件，一樣套用 **出現** 動畫。

為圖片套用動畫

動畫除了套用在文字物件，也可以使用在圖片，不管淡入、飛入...等動畫效果，都可以讓圖片 "活潑" 起來！

STEP 01 切換至第二張投影片，選取最左側的圖片，於側邊欄選按 **新增動畫** 鈕，套用 **從左側飛入** 動畫，設定 **接續上一個動畫**、**持續時間**。

STEP 02 依相同方式，依序替中間與最右側的圖片一樣套用 **從左側飛入** 動畫。

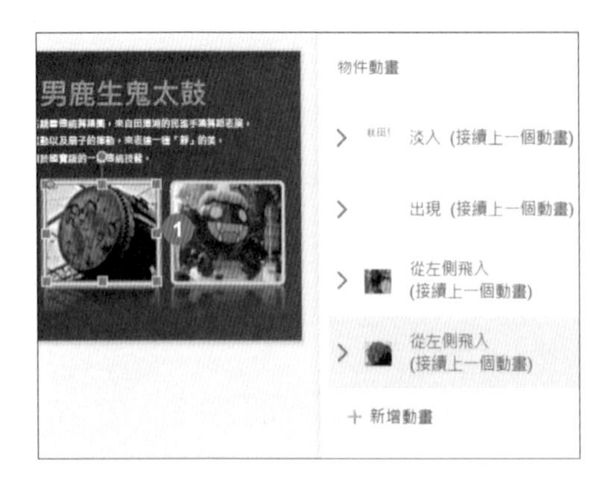

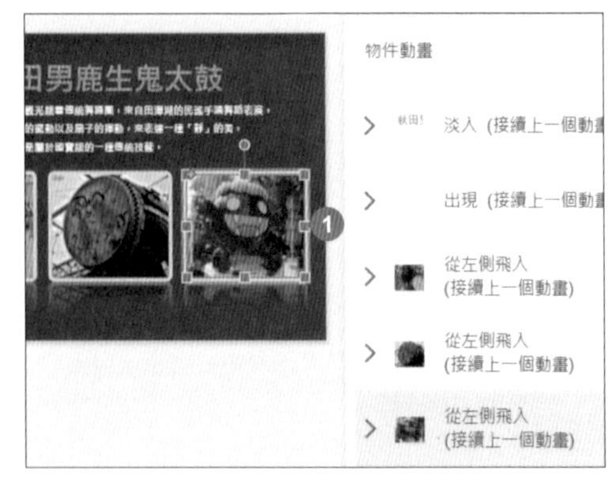

同一物件套用多種動畫

一個物件可以重疊套用多個動畫，以範例中第一張投影片標題文字為例，再加入 **旋轉** 與 **向右側飛出** 動畫。

STEP 01 切換至第一張投影片，先針對已套用動畫的標題文字加上第二個動畫。選取標題文字物件後，於側邊欄選按 **新增動畫**，設定 **動畫類型**：**旋轉**、**開始條件**：**接續上個動畫**，調整 **持續時間**。

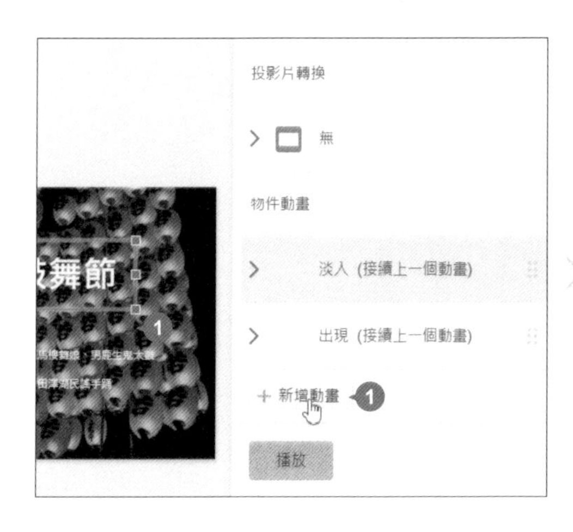

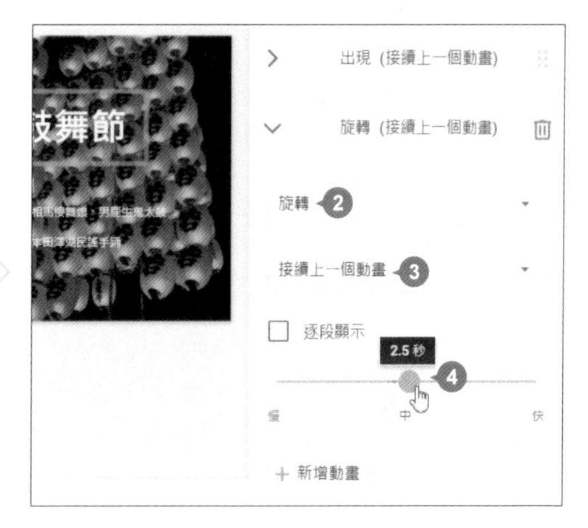

STEP 02 依相同方式，再為標題文字加上第三個動畫，設定 **動畫類型**：**向右側飛出**、**開始條件**：**接續上個動畫**，調整 **持續時間**。

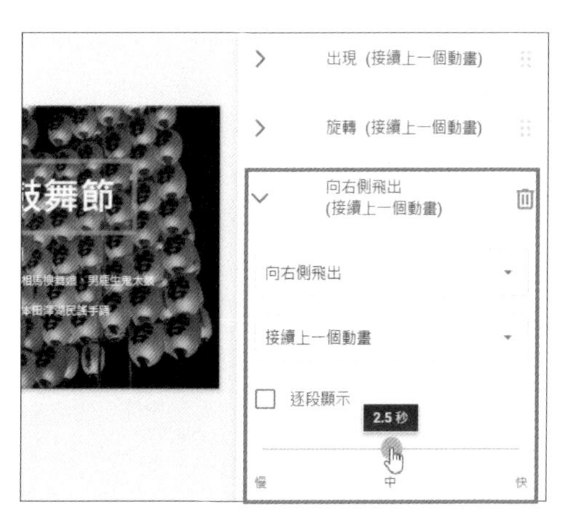

調整動畫的前、後順序

簡報作品中的動畫預設會依設定時的先後順序播放，你可以適當調整動畫播放順序，以達到最流暢的視覺呈現。

以下分別針對第一張投影片的標題文字和第二張投影片的圖片，調整動畫播放順序。

STEP 01 切換至第一張投影片，此處將標題文字的三個動畫連貫呈現。選取標題文字物件後，於側邊欄會看到目前套用的三個動畫 (呈淡藍色)，將滑鼠指標移至 **旋轉** 動畫右側 ，呈 狀，按滑鼠左鍵不放往上拖曳至 **淡入** 動畫下方再放開。

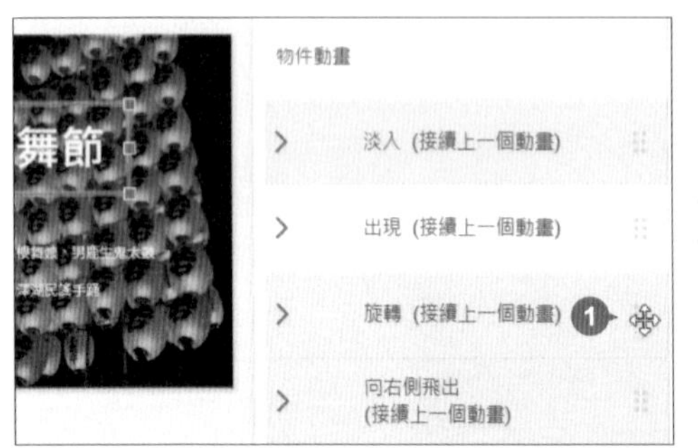

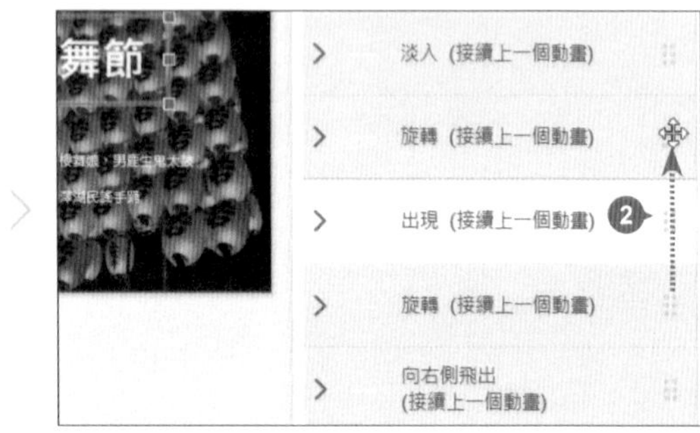

STEP 02 依相同方式，將 **向右側飛出** 動畫拖曳至 **旋轉** 動畫下方。

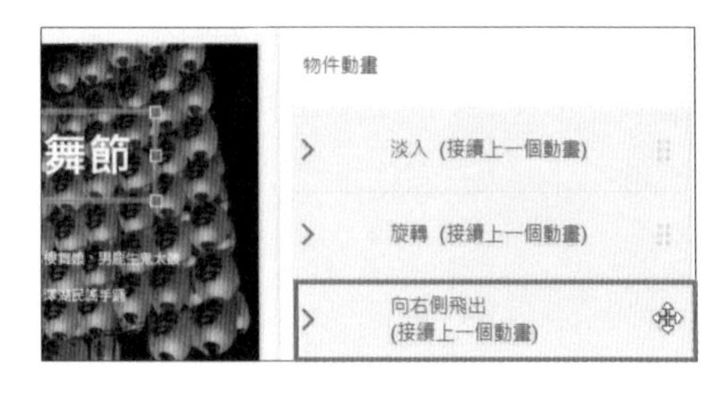

STEP 03 切換至第二張投影片，此處將圖片飛入的起始順序，從最左側改為最右側。選取最左側圖片後，於側邊欄將第一個 **從左側飛入** 動畫，拖曳至最下方；接著選取中間圖片，於側邊欄將第一個 **從左側飛入** 動畫，往下拖曳至倒數第二個。

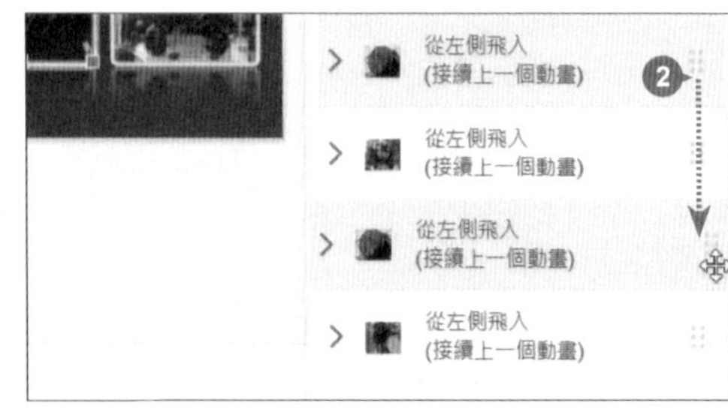

動畫的變更與刪除

已套用在物件上的動畫，經過播放預覽後，可能發現該效果與其他元素搭配呈現時並不合適，這時可變更成其他動畫或直接刪除。

STEP 01 變更動畫：切換至第一張投影片，選取標題文字後，於側邊欄選按 **淡入** 動畫展開項目，選按 **動畫類型**，清單中即可選取欲更換的動畫，之後再調整 **開始條件** 與 **持續時間**。

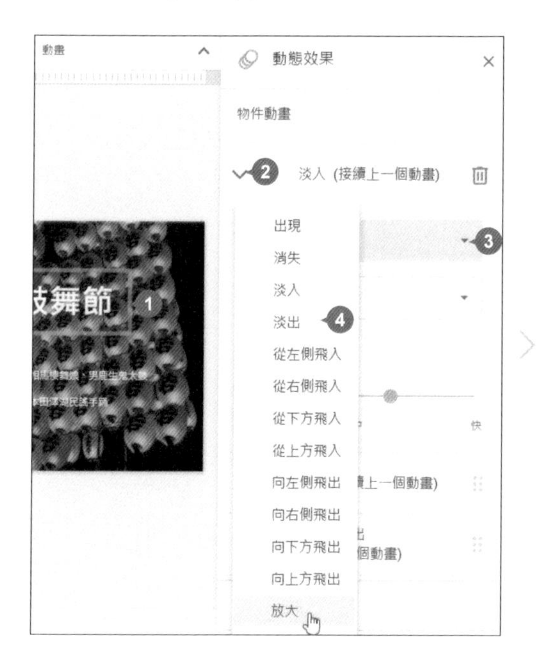

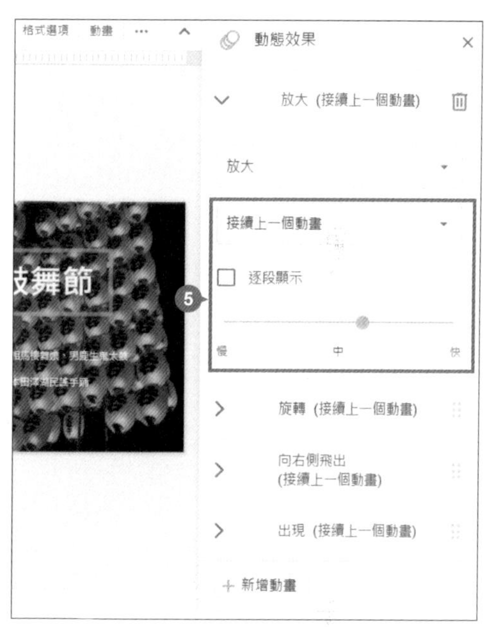

STEP 02 刪除動畫：選取標題文字狀態下，於側邊欄選按 **向右側飛出** 動畫展開項目，選按 🗑 **刪除**，即可立即移除該動畫。

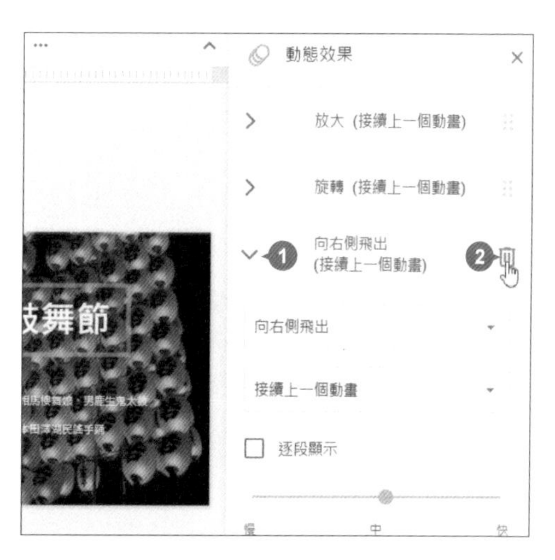

投影片的切換特效

除了針對投影片的文字、圖片...等套用動畫外，想不想在切換投影片時來點不一樣的變化？現在就利用 **投影片轉換** 為此份簡報完成投影片切換特效！

STEP 01 切換至任一張投影片，於側邊欄選按 **投影片轉換 \ 無** 展開項目，選按 **轉場效果類型**，清單中選按欲套用的效果。

STEP 02 調整轉場效果的 **持續時間** 後，再選按 **套用到所有投影片** 鈕，將轉場效果套用至所有投影片。

插入音訊

簡報製作，動畫、音樂、影片...等特效最能吸引瀏覽者的注意力，這裡將學習如何將存放在雲端硬碟中的 .mp3 或 .wav 檔案新增到 Google 簡報中。

STEP 01 切換至第三張投影片，要在這張投影片內容加入一小段音效做為陪襯。於 **插入** 索引標籤選按 **音訊** 開啟對話方塊，於 **我的雲端硬碟** 標籤選取範例原始檔 <music.mp3>，選按 **選取** 鈕。

STEP 02 回到投影片中，會出現一個音訊圖示，將滑鼠指標移至圖示上或選取時，下方就會顯示播放控制列。

STEP 03 將滑鼠指標移至音訊圖示上，呈 ✥ 狀，按滑鼠左鍵不放可拖曳至任意位置擺放。

STEP 04 在選取音訊圖示狀態下，於功能區選按 **格式選項** 開啟側邊欄，核選音訊 **開始播放** 的時機，或調整 **簡報音量** 大小、**進行簡報時隱藏圖示**、**循環播放音訊**、**投影片變更時停止** ...等相關設定。

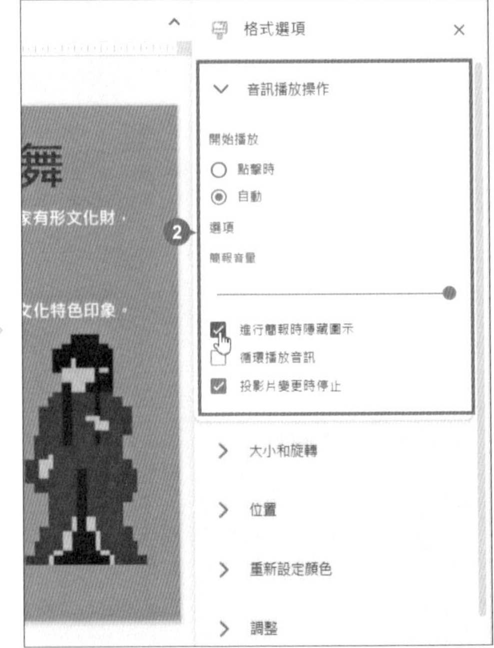

插入影片

透過隨身的手機、相機...等 3C 產品，讓影片的取得愈來愈方便。在製作 Google 簡報時，如果搭配上相關影片不但能讓簡報呈現更生動，也更能吸引瀏覽者目光。

STEP 01 切換至第四張投影片，於 **插入** 索引標籤選按 **影片** 開啟對話方塊，於 **Google 雲端硬碟** 標籤選取範例原始檔 <三颯舞.mp4>，選按 **選取** 鈕。

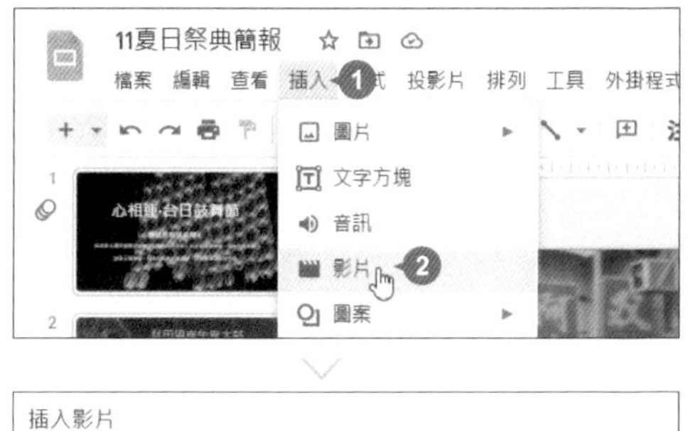

STEP 02 回到投影片中，將影片拖曳至合適位置擺放，並利用四周控點調整影片大小，之後在影片縮圖上按一下，即可播放或暫停影片。

STEP 03 在選取影片狀態下，於功能區選按 **格式選項** 開啟側邊欄。

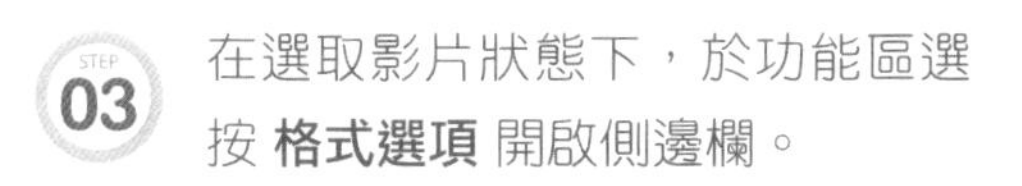

STEP **04** 針對影片，提供 **影片播放**、**大小和旋轉**、**位置**、**投射陰影** 設定項目，其中選按 **影片播放** 展開項目，可以設定 **播放(點擊時)**、**播放(自動)**、**播放(手動)** 三種播放方式，影片 **開始時間** 或 **結束時間** 則是可以透過拖曳時間軸或輸入調整。

STEP **05** 最後為影片套用陰影與邊框。先於側邊欄選按 **投射陰影** 展開項目 (呈核選狀)，設定陰影 **顏色**，於 **透明度**、**角度**、**距離** 及 **模糊半徑** 分別拖曳滑桿調整程度，接著於功能區分別選按 **虛線**、**框線粗細** 和 **線條顏色** 設定邊框樣式。

放映技巧與列印

地方文化特色簡報

學 習 重 

簡報作品在經過版面、動畫...等效果的設計後，最重要的一關就是簡報的呈現。"好漾微旅行簡報" 主要是學習播放時需要的各項技巧，例如：換頁方法、使用雷射筆、快速鍵、列印...等，都會在此章中詳細說明。

- 放映簡報表達方式
- 放映時換頁的方法
- 放映時使用雷射筆
- 自動播放投影片
- 放映時常用快速鍵
- 開始與停止播放
- 跳頁功能
- 畫面變黑、變白
- 切換至其他視窗
- 變更投影片的前後順序
- 設計頁首、頁尾與投影片編號
- 預覽配置與列印作品

原始檔：<本書範例 \ Part12 \ 原始檔 \ 12好漾微旅行簡報>

完成檔：<本書範例 \ Part12 \ 完成檔 \ 12好漾微旅行簡報ok>

關於放映簡報的表達方式

無論是產品簡報、業務會議，都少不了簡報。如何讓其他人對你印象深刻，除了簡報內容，臨場表現更為重要。

表達方式大致分為：形象、態度和聲音

西方學者雅伯特.馬伯藍比 (Albert Mebrabian) 教授的 "7/38/55" 定律，說明旁人對我們的觀感：在整體表現上，只有 7% 取決於談話的內容；38% 在於談話內容的表達方式，也就是口氣、手勢...等；而有高達 55% 的比重決定於你的態度是否誠懇，語氣是否堅定且有說服力，簡單來說也就是 "外表"。可見在專業形象上，外表占了很重的份量，然而所謂的外表不單是指帥哥或美女，當你站在群眾面前，雖已排練了千次萬次，但只要一沒自信，心中有所恐懼時，坐在下面的人是可以感覺到的，如：吃螺絲、轉筆、咬嘴唇、摸頭髮...等肢體動作，都會令聽簡報的人對你失去信任感，也會表現出你不專業的一面。

掌握觀眾需求

配合觀眾的期望來準備簡報內容，是相當重要的前提！確定簡報主題後，如果能夠了解觀眾的基本背景，在設計簡報內容與排練演說方式時融入觀眾特性將更有共鳴。

與觀眾的互動

一般觀眾的專注力只有開講後的十分鐘，之後就要由主講者展現個人魅力與觀眾互動或穿插能吸引人的故事，才能拉回觀眾的注意力。在簡報過程中提出一些有獎問題、腦筋急轉彎或用一些小教材做比喻與實驗，不但可炒熱現場氣氛，也能讓觀眾由被動的傾聽變成主動參與。

現在就一起進入本章範例著手練習，了解簡報放映與列印的應用。

放映時換頁的方法

製作好的 Google 簡報後最重要就是播放，熟悉內容與多加練習口條皆是成功的不二法門，現在就一起著手練習。

01 開啟範例原始檔 <12好漾微旅行簡報>，選按 **查看簡報** 清單鈕 \ **從頭開始簡報** 播放簡報作品。

02 若要讓投影片按順序播放，當第一張投影片講解完畢後，按一下滑鼠左鍵，可跳至下一張投影片，或者按 ← 、 → 鍵可往前翻頁與往後翻頁，按 Esc 鍵可結束播放。

03 將滑鼠指標移動到螢幕左下角，選按 < 、 > 可往前翻頁與往後翻頁，選按數字可於投影片清單中選按要前往的投影片，選按 ⋮ 有更多播放選項。

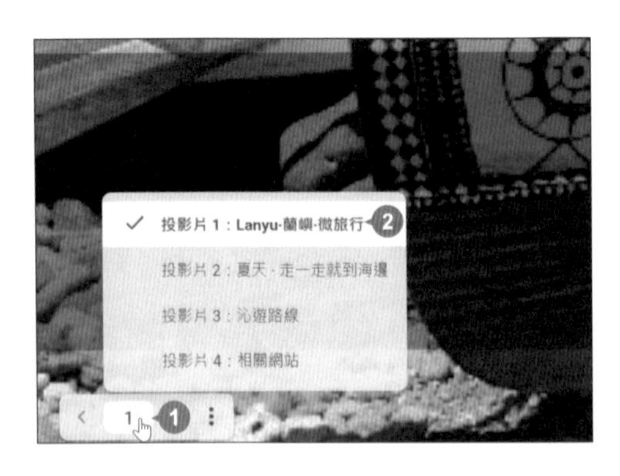

放映時使用雷射筆

播放 Google 簡報時，可利用雷射筆功能直接在螢幕上指出簡報重點，讓觀眾更了解目前主講者的演講重點。

在 Google 簡報放映的狀態下，將滑鼠指標移到螢幕左下角，選按 ⋮ \ **開啟雷射筆**，滑鼠指標會呈現紅點。不需要使用時，選按 ⋮ \ **關閉雷射筆**，可以恢復為滑鼠指標。

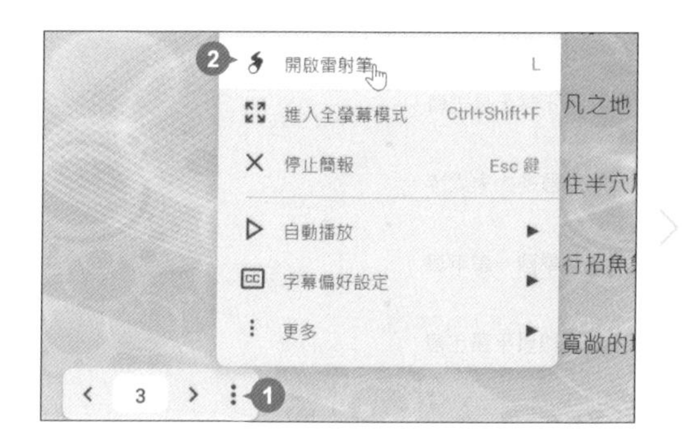

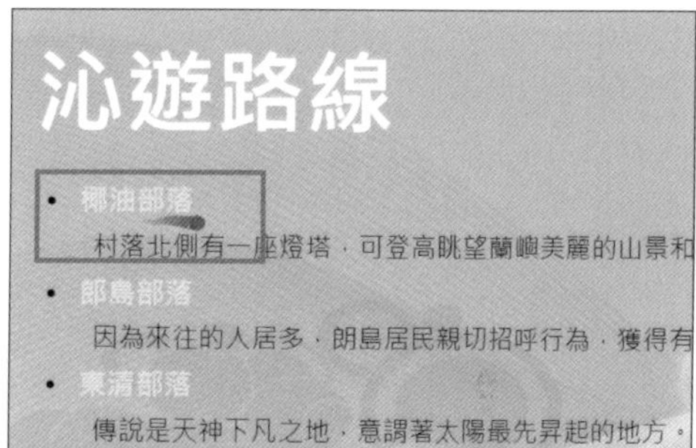

自動循環播放投影片

除了可以手動依照解說一張張的播放，也可以設定為自動播放，自行設定播放速度與循環播放。

在 Google 簡報放映的狀態下，將滑鼠指標移到螢幕左下角，選按 ⋮ \ **自動播放**，清單中可以設定自動播放的速度，選按 **循環播放** 則會不停播放，之後選按 **播放** 瀏覽投影片自動及循播放效果，滑鼠於投影片任意一處選按就會停止播放。

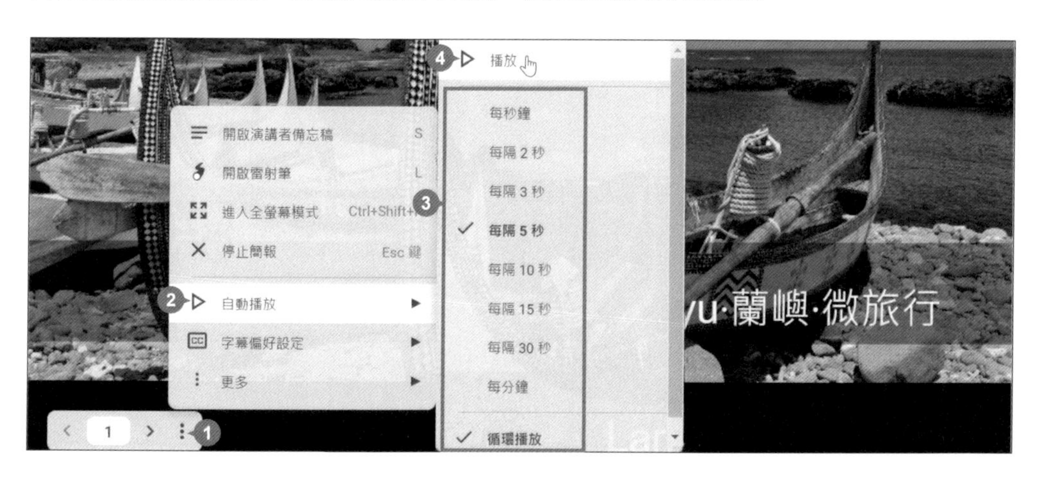

放映時常用快速鍵

播放 Google 簡報的同時，利用快速鍵執行回到上一頁、首頁、跳到指定頁數、開始與停止播放...等常用功能，能讓簡報流程更為順暢，播放效果更加分。

開始與停止播放

功能	快速鍵
從首張投影片播放	Ctrl + Shift + F5 鍵
停止播放	Esc 鍵
從目前投影片播放	Ctrl + F5 鍵
隱藏/顯示選單 (精簡模式)	Ctrl + Shift + F 鍵

跳頁功能

播放 Google 簡報的過程中，運用以下這些快速鍵可快速進入需要的頁面。

功能	快速鍵
跳至上一頁	PageUp 鍵、↑ 鍵、← 鍵、P 鍵、Backspace 鍵
跳至下一頁	PageDown 鍵、↓ 鍵、→ 鍵、N 鍵、Enter 鍵
跳至指定頁面	先按該頁投影片代表的數字鍵，再按 Enter 鍵。
回到第一張投影片	Home 鍵
回到最後一張投影片	End 鍵

滑鼠狀態設定

播放 Google 簡報的過程中，可以將滑鼠指標轉成雷射筆，搭配說明指出重點。

功能	快速鍵
切換為雷射筆	L 鍵

畫面變黑、變白

播放 Google 簡報的過程中，如果需要暫時休息一下，希望畫面暫停且呈現黑或白的螢幕待機效果時，可運用以下這二個快速鍵。(畫面呈現變黑或變白的情況下，再按一下鍵盤上任何一鍵即可回復原來畫面。)

功能	快速鍵
畫面變黑	B 鍵
畫面變白	W 鍵

切換至其他視窗

播放 Google 簡報的過程中，如果需要切換至其他視窗時可運用以下快速鍵而不需中斷播放流程。

功能	快速鍵
開啟演講者備忘稿	S 鍵
開啟觀眾問答工具	A 鍵
顯示清單	Alt + Tab 鍵

小提示 **顯示播放快速鍵列表**

在播放 Google 簡報的狀態下，按 Ctrl + / 鍵會顯示 **播放簡報** 與 **影片播放器** 的快速鍵列表畫面，如果一時不記得，可以叫出來參考使用。

變更投影片的前後順序

Google 簡報在編輯過程中，不但可以手動拖曳投影片的前後順序，還可以快速指定為開始或結束位置，輕鬆排定播放順序。

手動拖曳調整

於左側窗格，要移動的投影片縮圖上方，按滑鼠左鍵不放，拖曳到要插入的位置再放開滑鼠左鍵完成順序調整。

移動到最前或最後位置

於左側窗格，要移動的投影片縮圖上方按滑鼠右鍵，選按 **將投影片移到簡報開始位置** 或 **將投影片移到簡報結束位置**，即可移動投影片到第一張或最後一張。

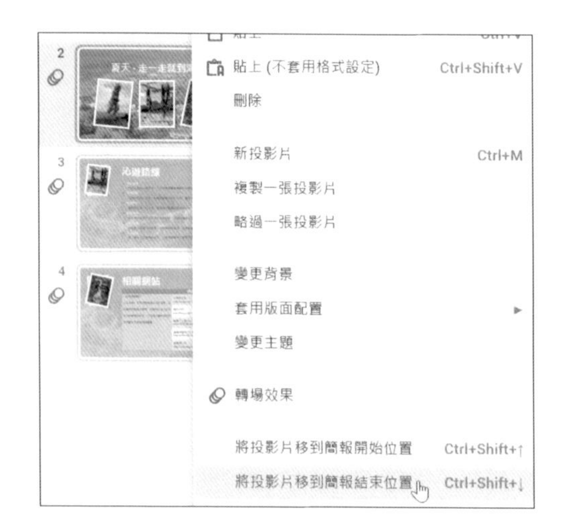

小提示　移動與複製投影片

於左側窗格拖曳投影片縮圖時，如果同時按 Ctrl 不放，可以複製此張投影片到指定的位置。

設計頁首、頁尾與投影片編號

簡報作品常需要加上公司名或主題名稱，如果每張都要標示會花很多時間，直接在主題投影片中加入就可一次套用。

建立頁首與頁尾

STEP 01 於 **投影片** 索引標籤選按 **編輯主題**，開啟編輯畫面。

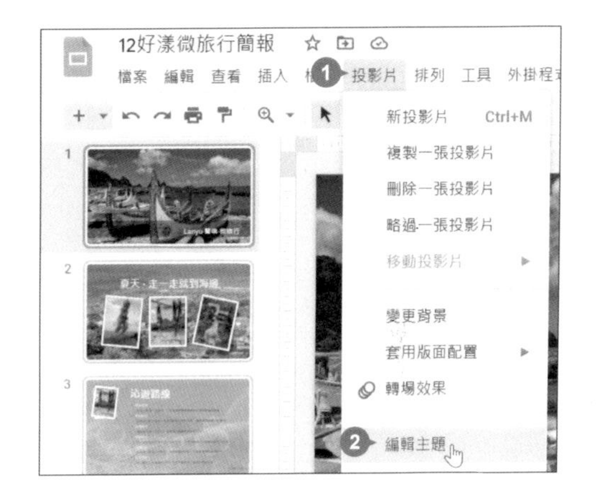

STEP 02 於 **插入** 索引標籤選按 **文字方塊**，於第二張版面配置的投影片右下角，拖曳出一個文字方塊，再輸入公司名稱。

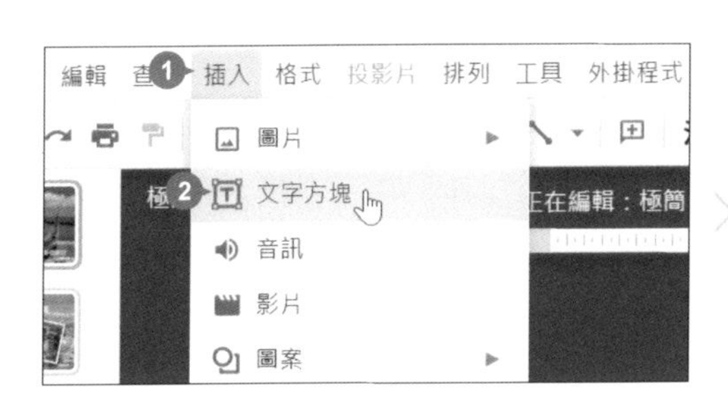

STEP 03 依相同方式，於投影片左上角建立 Google 簡報名稱。

STEP 04 按 Shift 鍵不放選取二個文字方塊，按 Ctrl + C 鍵複製，再選按第三張版面配置，按 Ctrl + V 鍵貼上。

STEP 05 接著依據投影片背景，選按 A **文字顏色 \ 主題顏色：黑色** 調整文字顏色。

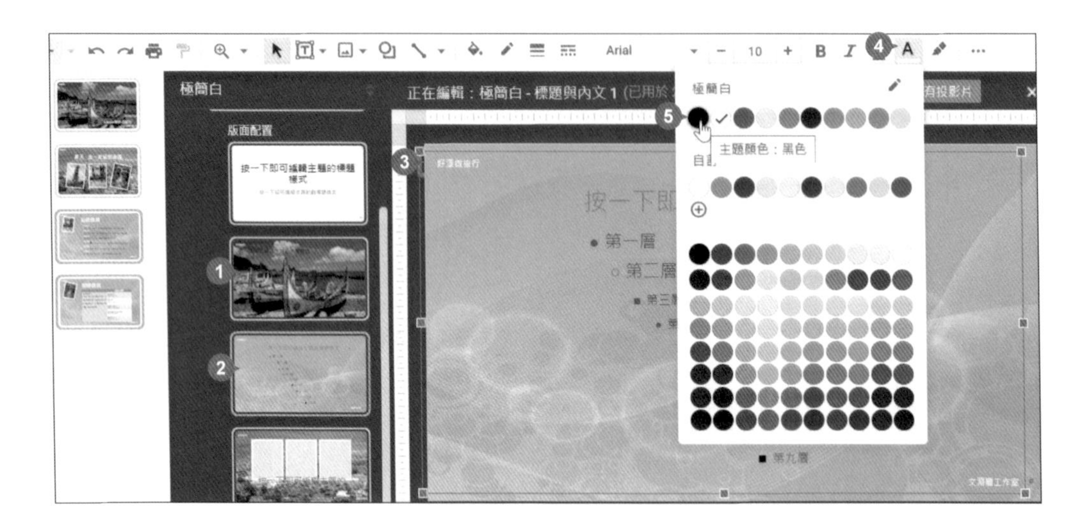

STEP 06 依相同方式，建立第四張版面配置的頁首與頁尾，編輯完成後可選按右上角的 ✕ 關閉。

STEP 07 設計完成的版面配置可套用在投影片，選按要套用的投影片，於 **投影片** 索引標籤選按 **套用版面配置**，清單中再選按要套用的版面配置。

建立投影片編號

STEP 01 於 **投影片** 索引標籤選按 **編輯主題** 開啟編輯畫面，版面配置中頁碼的預設位置，一般在右下角呈 # 圖示，可以移動至合適位置，也可以變更 **字型大小**、A **文字顏色**...等樣式 (如果需統一編號樣式可透過複製貼上調整)，編輯完成後可選按右上角的 ✕ 關閉。

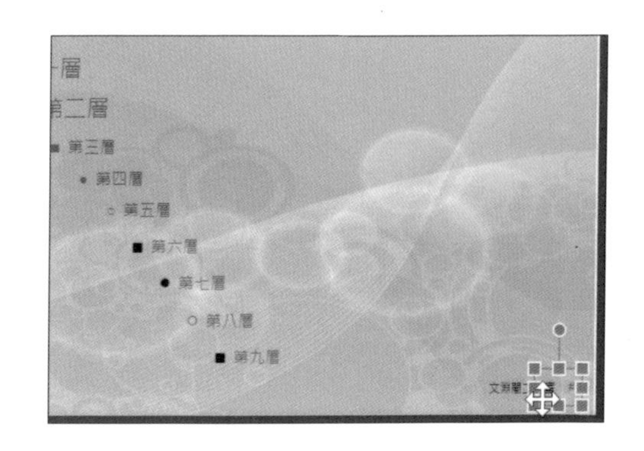

STEP 02 一次套用整份簡報：於 **插入** 索引標籤選按 **投影片編號**，核選 **開啟**，再選按 **套用** 鈕，會發現所有投影片右下角均加上編號 (若核選略過標題投影片，代表僅 **標題投影片** 版面配置不套用編號)。

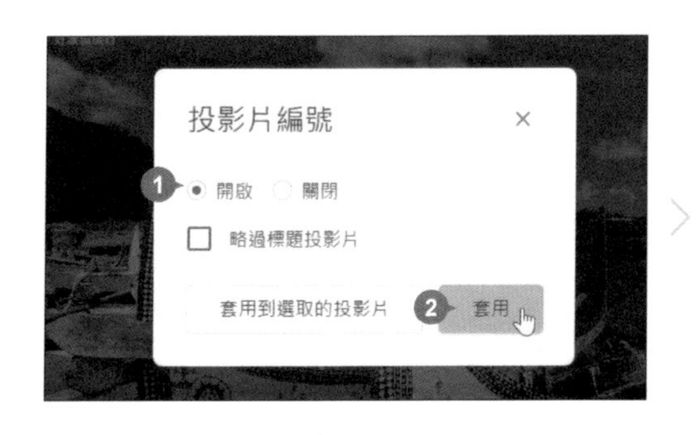

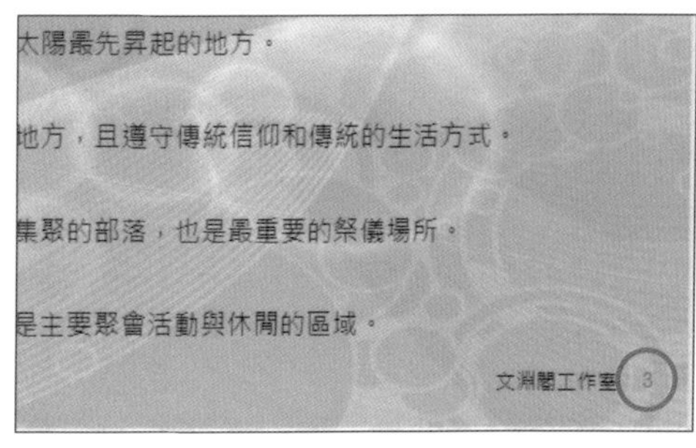

指定投影片套用編號：選按要加入編號的投影片 (可按 Shift 鍵不放連續選取)，於 **插入** 索引標籤選按 **投影片編號**，核選 **開啟**，再選按 **套用到選取的投影片** 會在指定投影片加上投影片標號。

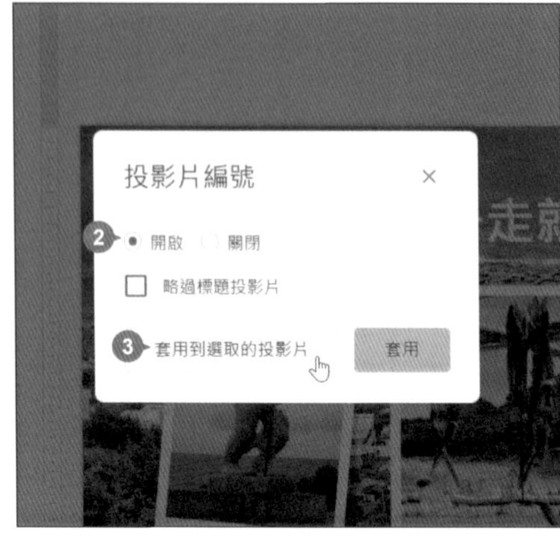

刪除或關閉投影片編號

如果想刪除某一個版面配置中的投影片編號，可以於 **投影片** 索引標籤選按 **編輯主題** 開啟編輯畫面後，於該版型選取 #，再按 Del 鍵。

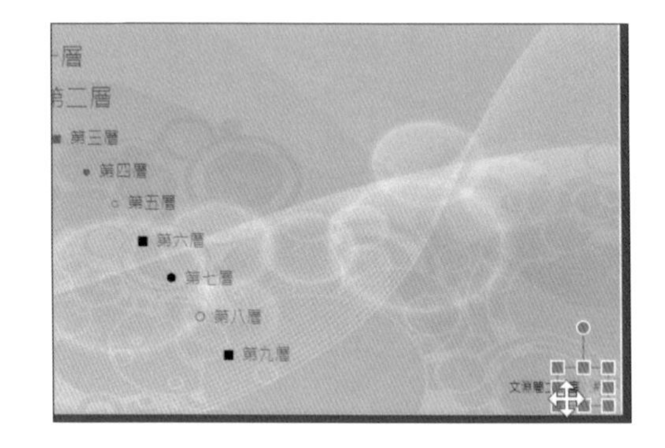

如果想關閉整份簡報的投影片編號不顯示，可以於 **插入** 索引標籤選按 **投影片編號**，核選 **關閉**，再選按 **套用** 鈕。

TIPS 8

預覽配置與列印作品

除了播放投影片外，也可以將作品列印出來檢視，但列印前可以先預覽，不但可檢查內容是否有誤，也可避免不必要的紙張浪費。

STEP 01 於功能區選按 **列印**，在此先設定 **目的地** (印表機型號)、**網頁** (列印範圍)、**份數**、**彩色**，右上角會顯示此次列印張數。

網頁 (列印範圍)	說明
全部	列印所有投影片
僅限奇數頁	只列印 1、3、5、7... 頁數的投影片
僅限偶數頁	只列印 2、4、6、8... 頁數的投影片
自訂	只列印指定的頁數，輸入頁數以 "," 分隔或以 "-" 表示連續頁面，例如：1-5,6,10-12。

STEP 02 選按 **顯示更多設定**，展開更多列印項目，**縮放比例** 除了有 **預設** 項目，還可以選擇 **依可列印範圍自動調整**、**依紙張大小自動調整** 調整簡報列印的縮放比例，或選擇 **自訂** 於下方輸入合適比例。

STEP 03 全部設定完成後選按 **列印** 鈕。

建立及開始收集資料

市場意調問卷

學習重點

利用 "市場意調問卷"，可收集目標客群的意見反應，協助你掌握顧客消費習慣、優化品牌行銷及服務決策。

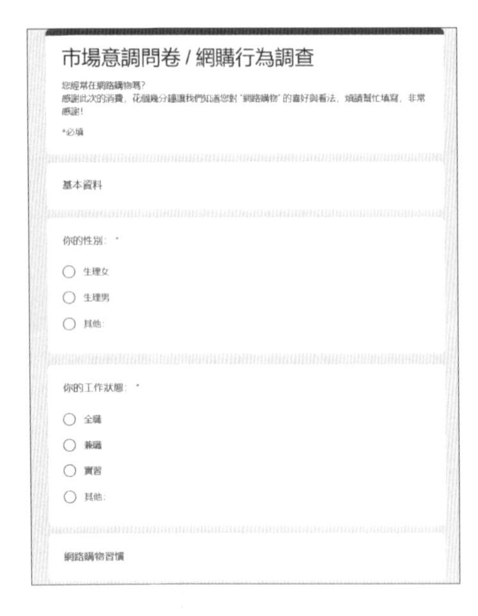

市場意調問卷 / 網購行為調查

您經常在網路購物嗎?
感謝此次的消費，花個幾分鐘讓我們知道您對 "網路購物" 的喜好與看法，煩請幫忙填寫，非常感謝!

*必填

基本資料

你的性別: *

- 生理女
- 生理男
- 其他:

你的工作狀態: *

- 全職
- 兼職
- 實習
- 其他:

網路購物習慣

是否有網路購物的經驗? *

選擇

網路購物多久一次? *

選擇

網路購物時你最重視? (可多選) *

- 品牌
- 便宜
- 簡單好用
- 免運費
- 體積大小
- 其他

其他想法、問題或給予我們更多建議:

您的回答

提交

請勿利用 Google 表單送出密碼。

- 建立 Google 表單
- 自動儲存
- 為表單新增問題
- 新增標題與說明
- 編修表單問題
- 傳送前檢查表單設定
- 預覽表單問卷
- 將表單傳送給填答者
- 列印 "紙本問卷"
- 停止表單資料收集
- 查看表單回覆數據

完成檔：<本書範例 \ Part13 \ 完成檔 \ 13市場意調問卷ok>

建立 Google 表單

傳統紙本問卷，既不環保回收率又低，後續統計整理也相當耗時。Google 表單能輕鬆設計線上問卷，再透過 E-mail 或於社群平台、通訊軟體貼上線上問卷網址，收集資料更快更有效率。

開啟空白表單

01 開啟 Chrome 瀏覽器，連結至 Google 首頁 (http://www.google.com.tw)，確認登入 Google 帳號後，選按 Google 應用程式 \ **表單**。

02 於 **表單** 首頁選按右下角 **建立新表單**，可產生一份空白表單，預設命名為 "未命名表單"。

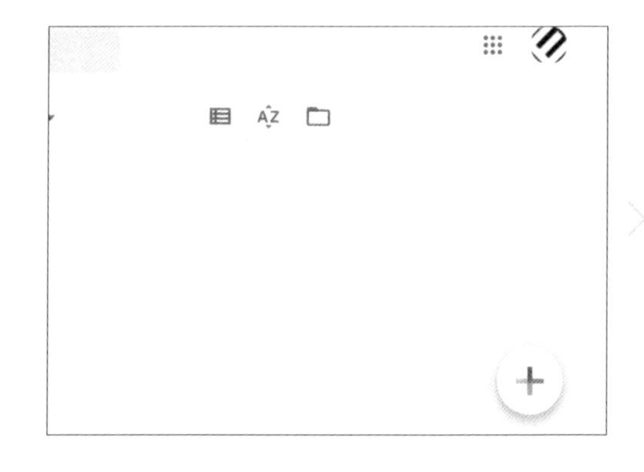

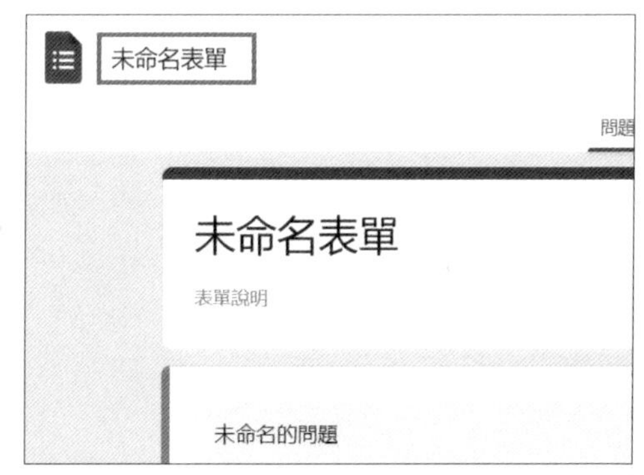

小提示 返回 Google 表單首頁與關閉

於 Google 表單編輯畫面選按左上角，可返回 **表單** 首頁，檢視最近建立的表單清單；若是選按分頁視窗右側 ×，則是關閉 Google 表單。

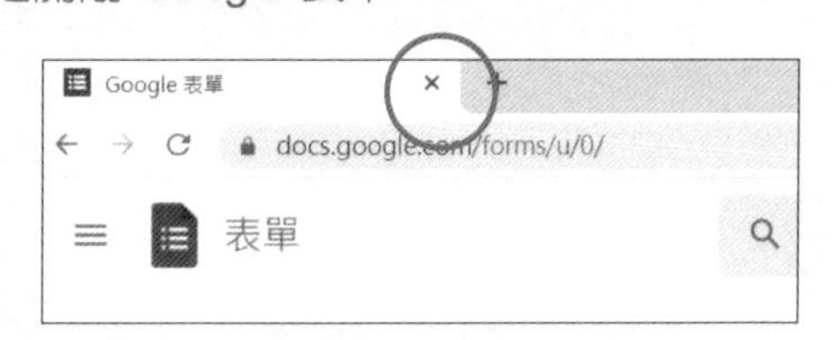

表單標題名稱與說明

於表單畫面上方選按 **未命名表單**，輸入表單的標題名稱，接著選按下方 **表單說明** 欄位輸入此份表單資料收集目的、單位名稱...等說明。

檔案命名與自動儲存

連線狀態下，Google 表單在編輯過程會自動儲存於 Google 雲端硬碟，並自動為新建立的表單命名為 "未命名表單"，也可為表單指定合適檔名儲存。

STEP 01 檔案命名：於畫面左上角檔名區塊中輸入檔案名稱，可為此表單檔命名。輸入完成後，右側會顯示 **儲存中...**。

STEP 02 儲存完成，會顯示 **所有變更都已儲存到雲端硬碟**。如果想要確認表單是否已經完成儲存，可將滑鼠指標移至 **所有變更都已儲存到雲端硬碟** 文字上方，會出現上次編輯的時間。

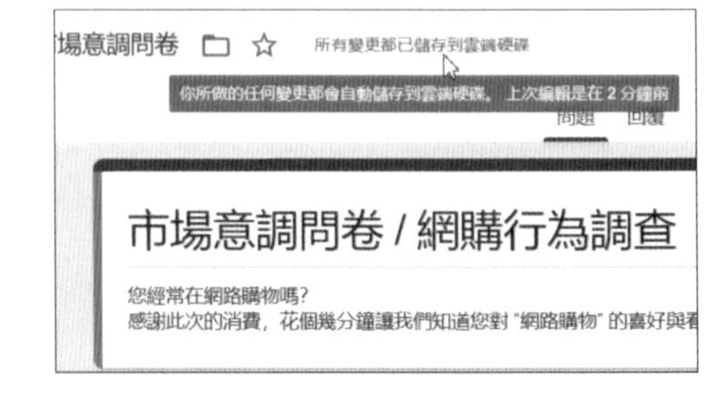

為表單新增問題

建立 Goolge 表單後，可以新增及編輯最多 300 個內容片段，例如問題、說明、圖片和影片...等，在此先示範新增各式問題題型的方法。

單選題

選擇題 題型，填答者可從一組選項中選擇，但只能選擇一個選項，另外可加入 **其他** 選項供填答者輸入簡短回答，是出題時常見的單選題題型。

STEP 01 空白表單預設會有一題問題，直接選按 **未命名的問題** 輸入第一個問題：「你的性別：」，表單會依據問題內容於右側套用合適問題題型，若自動偵測結果不合適，也可選按清單鈕選擇，在此選擇 **選擇題** 題型。

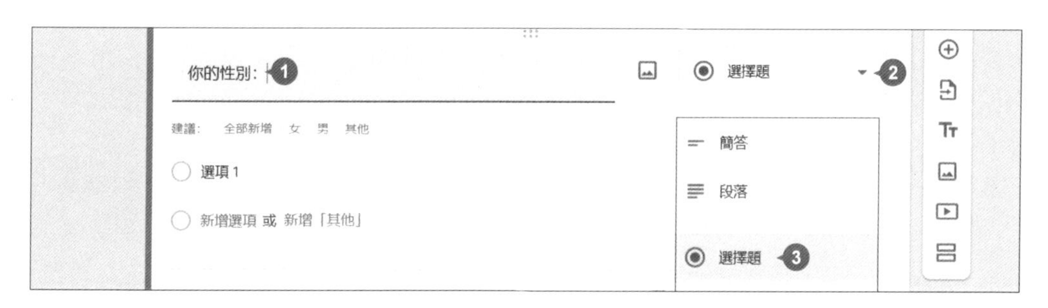

STEP 02 根據問題內容「你的性別：」，會出現 **建議** 選項：**全部新增**、**女**、**男**，可一一選按新增，或選按 **選項1** 自行輸入後按 Enter 鍵，接著輸入第二個選項，以此類推。若選按 **新增「其他」**，會產生 **其他** 選項並可由填答者輸入簡短回答。

多選題

核取方塊 題型，填答者可從一組選項中選擇，可以選擇多個選項，另外可加入 **其他** 選項供填答者輸入簡短回答，是出題時常見的多選題題型。

STEP 01 選按表單最後一題 (會作用在此問題，問題項目左側呈現藍色線段)，右側工具列選按 ⊕ **新增問題**，再於新的問題選按 ▾ 題型清單鈕 \ **核取方塊** 題型。

STEP 02 輸入問題，選按 **選項1** 輸入項目後按 Enter 鍵，接著輸入第二個選項，以此類推完成其他選項項目。若選按 **新增「其他」**，會產生 **其他** 選項並可由填答者輸入簡短回答。

單選下拉式選單

下拉式選單 題型，以選單方式呈現答案選項，填答者可從一組選項中選擇，只能選擇一個選項，另外可加入 **其他** 選項，供填答者輸入簡短回答。

STEP 01 選按表單最後一題，右側工具列選按 ⊕ **新增問題**，再於新的問題選按 ▾ 題型清單鈕 \ **下拉式選單** 題型。

STEP 02 輸入問題，選按 **選項1** 輸入項目後按 Enter 鍵，接著輸入第二個選項，以此類推完成其他選項項目。

STEP 03 再新增一題 **下拉式選單** 題型，如下圖輸入問題並建立 5 個選項。

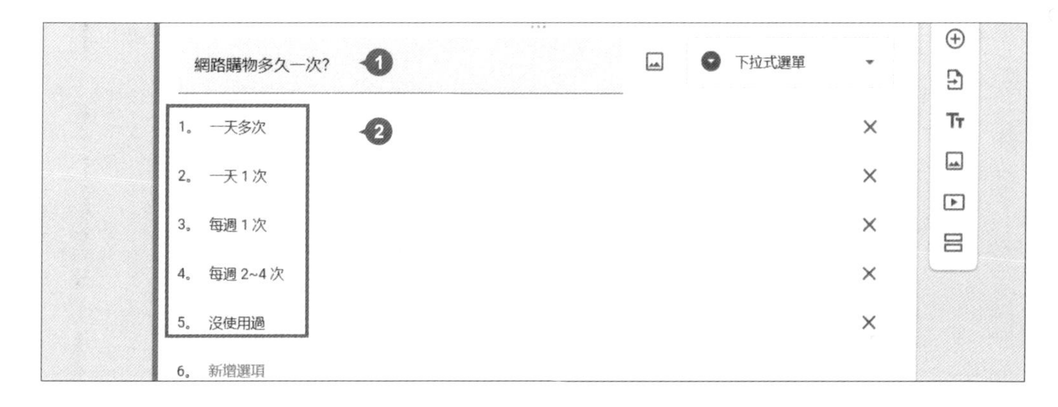

簡答與詳答題

簡答與詳答題製作方法相同，分別應用 **簡答** 與 **段落** 題型；**簡答** 題型，填答者可用一行文字回答問題；**段落** 題型，填答者可用一或多個段落輸入較長的回答。以下以簡答題示範：

STEP 01 選按表單最後一題，右側工具列選按 ⊕ **新增問題**，再於新的問題選按 ▾ 題型清單鈕 \ **簡答** 題型。

STEP 02 輸入問題即完成，下方 **簡答文字** 欄位為填答者回覆內容的位置。

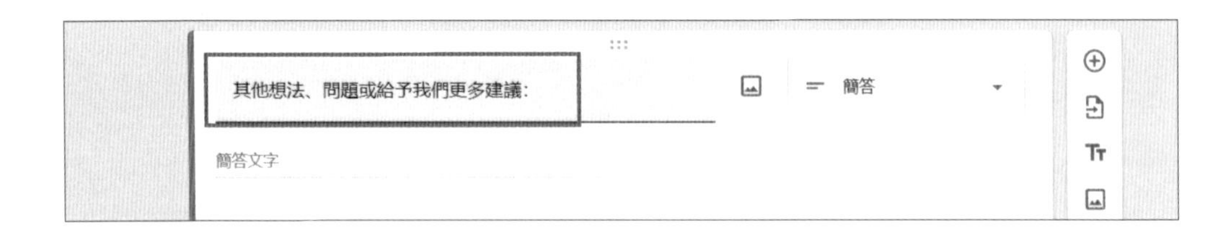

標題與說明

當表單有很多不同段的內容，每一段需要以文字跟填答者說明或區隔時，可以加入 **標題與說明** 項目。

標題與說明 項目，只能顯示標題與說明文字，不能設定問題。此範例表單，要以 "基本資料" 與 "網路購物習慣" 二個文字小標題區隔問卷問題，依下說明於合適的位置新增。

STEP 01 建立第一個小標題：於表單最上方，選按表單標題名稱與說明項目，右側工具列選按 Tт **新增標題與說明**，下方會新增一 **標題與說明** 項目。

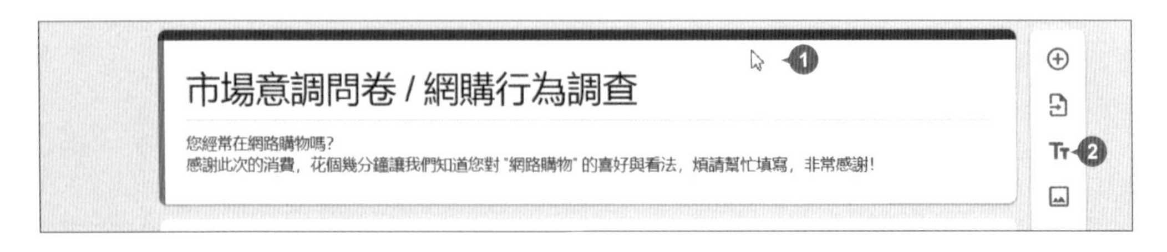

STEP 02 於 **標題與說明** 項目，輸入小標題名稱：「基本資料」。

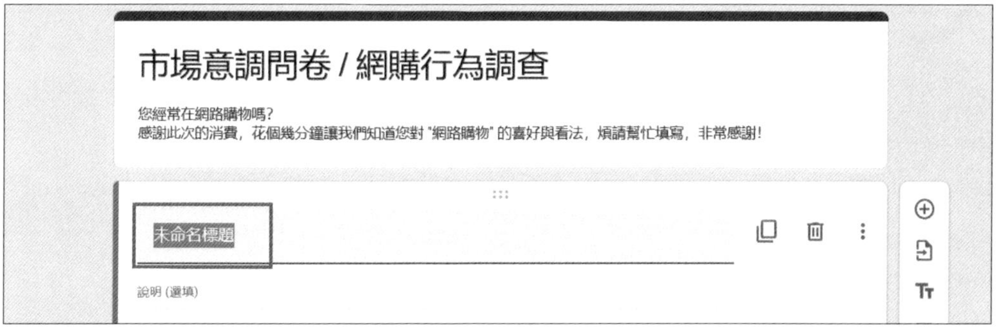

市場意調問卷 / 網購行為調查
您經常在網路購物嗎?
感謝此次的消費，花個幾分鐘讓我們知道您對 "網路購物" 的喜好與看法，煩請幫忙填寫，非常感謝!
未命名標題
說明 (選填)

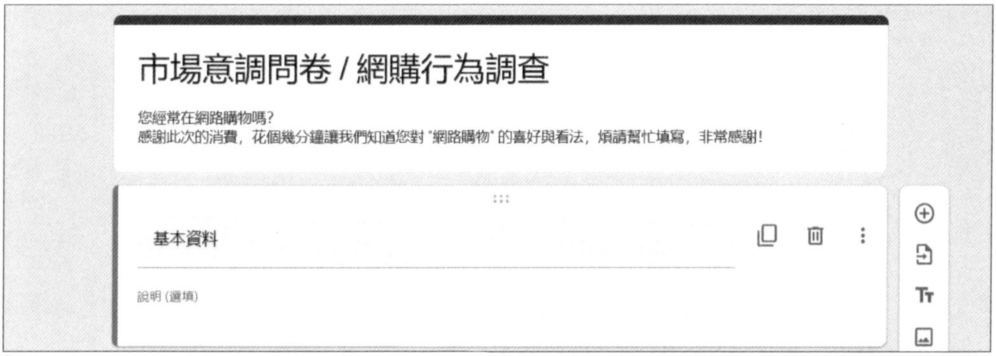

市場意調問卷 / 網購行為調查
您經常在網路購物嗎?
感謝此次的消費，花個幾分鐘讓我們知道您對 "網路購物" 的喜好與看法，煩請幫忙填寫，非常感謝!
基本資料
說明 (選填)

STEP 03 建立第二個小標題：選按 **你的性別** 問題，右側工具列選按 Tт **新增標題與說明**，下方會新增一 **標題與說明** 項目，輸入小標題名稱：「網路購物習慣」。

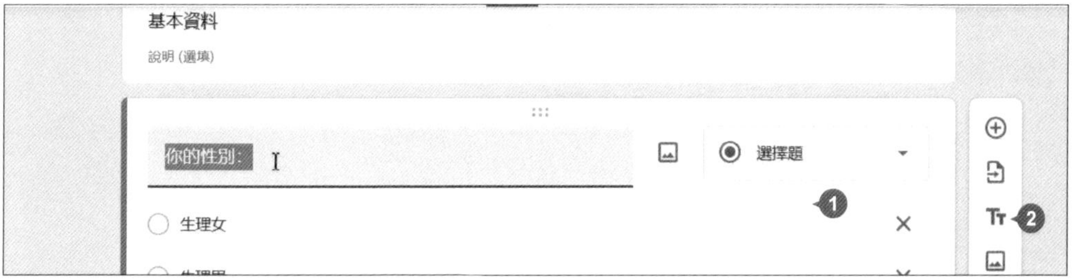

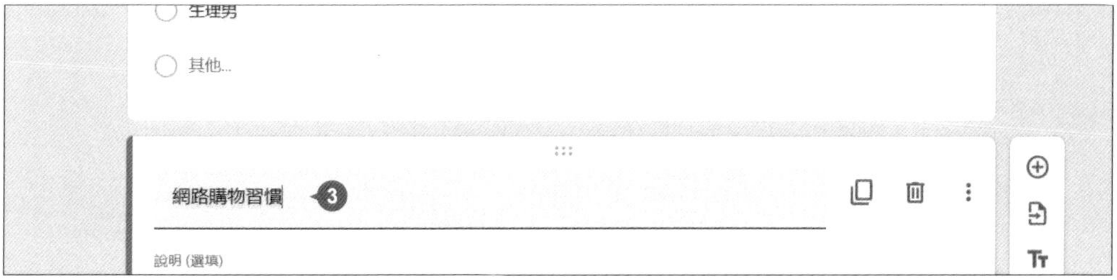

基本資料
說明 (選填)
你的性別：
選擇題
生理女
生理男
其他...
網路購物習慣
說明 (選填)

編修表單問題

建置好的表單，在傳送給填答者填答前都可再次編輯、調整與刪除問卷問題。

快速複製及變更問題、選項

表單問卷中若有多個問題的設計或題型類似，可利用複製方式加快問題建置時間。此範例表單，要複製 "你的性別" 問題，快速新增 "你的工作狀態"、"你的年齡"、"工作年資" 三個問題，再加以編修。

STEP 01 選按 "你的性別" 問題 (會作用在此問題，問題項目左側呈現藍色線段)，再選按其下方 ⧉ **複製**，會複製出一模一樣的問題。

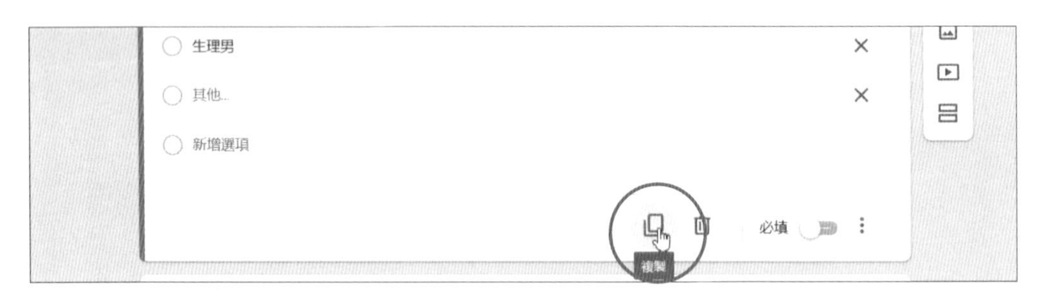

STEP 02 變更複製產生的問題：依下圖示，變更問題題目為：「你的工作狀態」，變更選項為：「全職」、「兼職」，接著按 Enter 鍵新增 **選項3**，輸入第三個選項「實習」，完成 **你的工作狀態** 問題建立。

STEP 03 選按 **你的工作狀態** 問題，再選按其下方 ⧉ **複製**，會複製出一模一樣的問題。

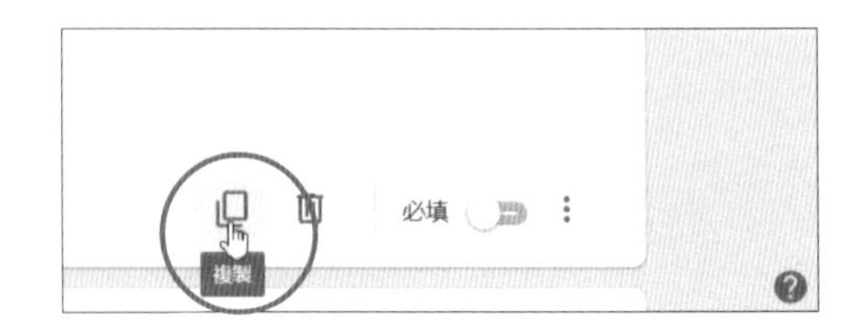

STEP 04 變更複製產生的問題：依下圖示，變更問題題目與選項，接著選按 **其他** 選項右側的 ☒，刪除此選項，完成 **你的年齡** 問題建立。

STEP 05 依相同方式，選按 **你的年齡** 問題，再選按其下方 ⧉ **複製**，依右圖示，變更問題題目與選項，完成 **工作年資** 問題建立。

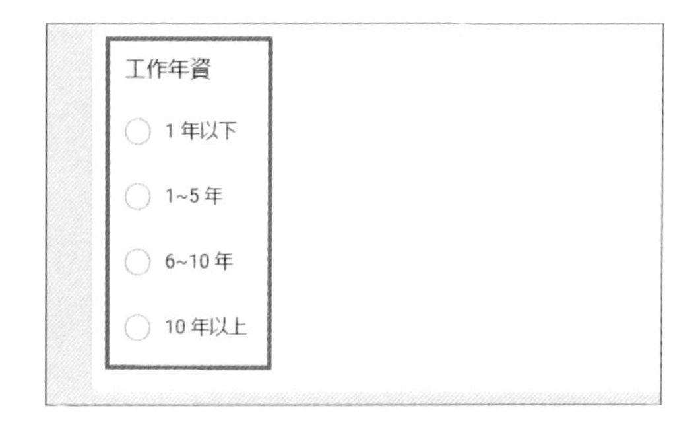

設定為必填的問題

選按該問題，選按 **必填** 項目右側 ⊂⊃ 呈 ⊂● 狀，這樣填答者一定要填答此題的答案才能提交問卷。(此份問卷除了簡答題，其他問題均設定為 **必填**。)

小提示 復原動作

製作 Google 表單的過程中，想要復原最近所做的變更，可選按表單畫面右上角 ⋮ **更多選項 \ 復原**。

刪除問題

表單問卷中不需要的問題項目可直接刪除：選按要刪除的問題，再選按其下方 🗑 **刪除**。

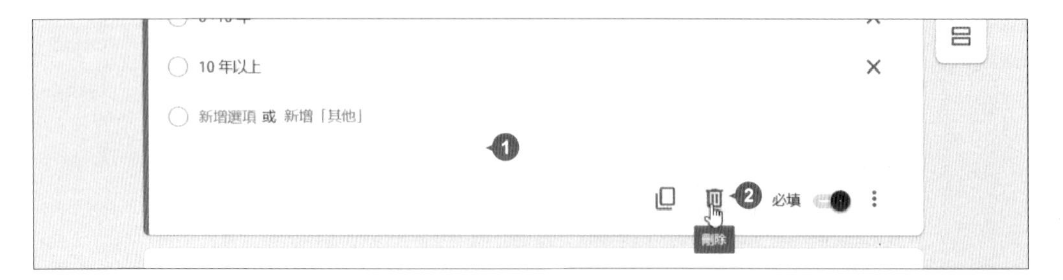

調整問題及選項前後順序

表單中可調整每個問題的前、後順序，也可調整問題中各個選項的前、後順序。

STEP 01 在需要調整前、後順序的問題上方，按 ⠿ 不放，拖曳至表單問卷中合適的位置再放開，可移動問題的順序。

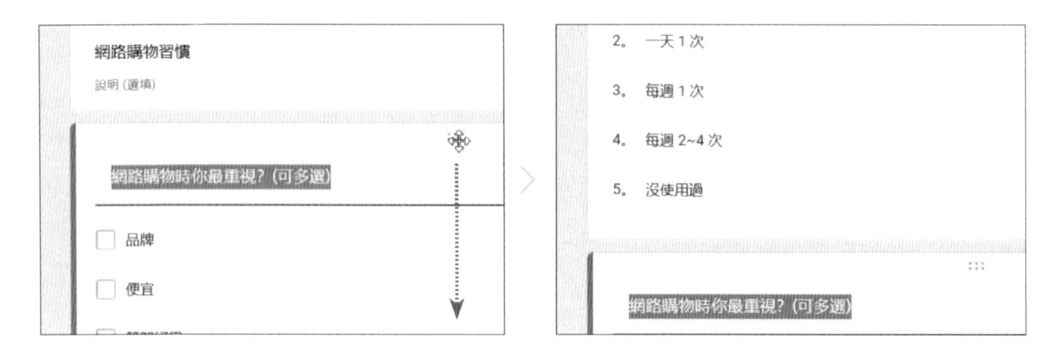

STEP 02 在需要調整順序的選項左側，按 ⠿ 不放，拖曳至問題中合適的位置再放開，會移動選項的順序。

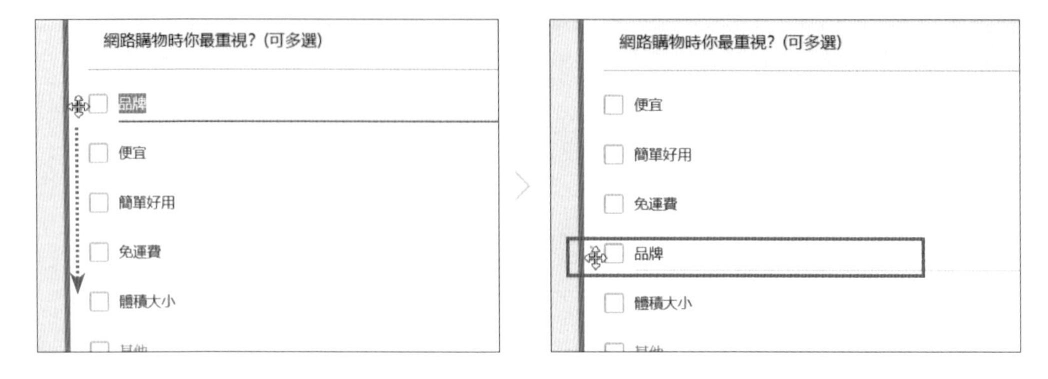

傳送前檢查表單設定

表單傳送給填答者填答前，需確認已套用合適的設定與權限，以及指定填答者提交表單後所看到的訊息。

是否允許填答者編修回覆內容 / 查看目前回覆結果

填答者提交表單後，預設不允許填答者編修已提交的回應內容以及查看目前回覆結果，在此要確認表單中這二個項目的設定。若為允許狀況下，填答者提交表單後會看到 **修改回覆內容** 連結文字，選按進入已提交的表單內容編修；**查看先前的回應** 連結文字，選按進入可瀏覽目前問卷統計結果。

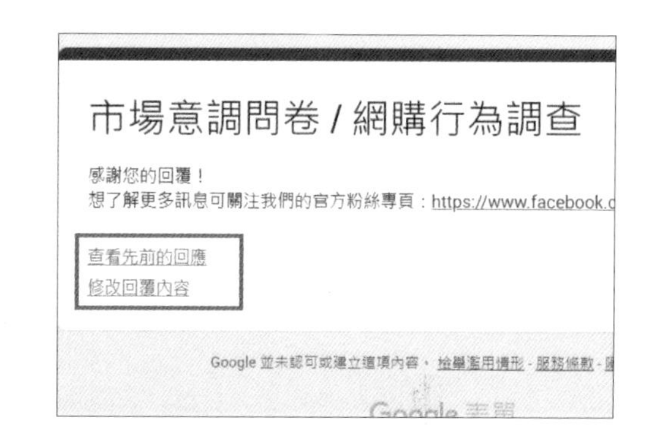

01 於表單畫面上方選按 **設定** 標籤。

02 於 **設定** 選按 **回覆** 右側 鈕展開，再選按 **允許編輯回覆** 項目右側 呈 狀。(若不欲允許填答者擁有這個權限，可改為 狀。)

03 於 **設定** 選按 **簡報** 右側 鈕展開，再選按 **查看結果摘要** 項目右側 呈 狀。(若不欲允許填答者擁有這個權限，可改為 狀。)

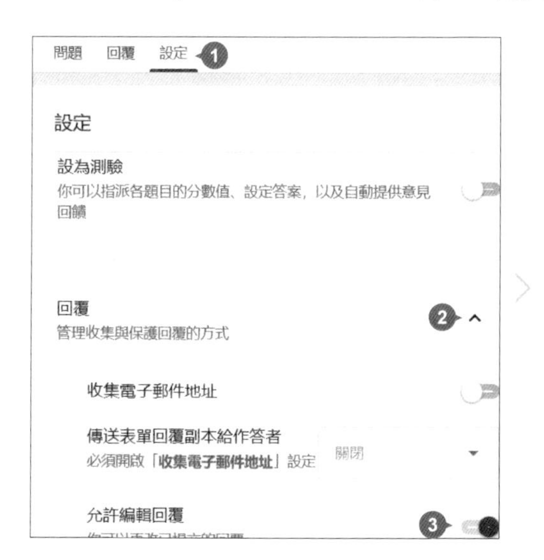

是否允許填答者提交其他回應

填答者提交表單後，預設會出現 **提交其他回應** 連結文字，若同一位填答者選按該連結文字可重覆多次填表。若不允許填答者擁有這個權限，可選按 **設定** 標籤，於 **設定** 選按 **簡報** 右側 ⌵ 鈕展開，選按 **顯示連結以傳送更多回覆** 項目右側 ● 呈 ○ 狀。

編輯確認提交訊息

填答者提交表單後，會出現確認訊息："我們已收到你回覆的表單"，可編輯此訊息提供更多資訊或下次的活動預告。選按 **設定** 標籤，於 **設定** 選按 **簡報** 右側 ⌵ 鈕展開，選按 **確認訊息** 項目右側 **編輯**，輸入回應訊息文字再選按 **儲存**。

允許知道連結的填答者填答問卷

如果使用公司或學校提供的 Google 帳號登入、建立表單，預設僅限同一公司或學校的填答者可以填答問卷。想讓所有知道連結的人都可以填答，選按 **設定** 標籤，於 **設定** 選按 **回覆** 右側 ⌄ 鈕展開，選按 **僅限 *** 的使用者** 項目右側 ● 呈 ○ 狀。

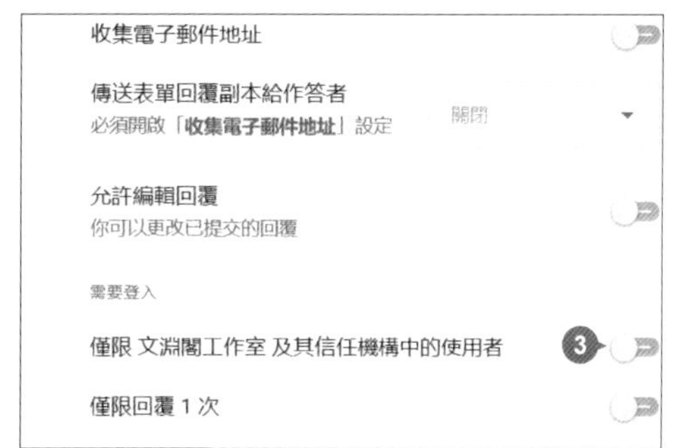

預覽表單問卷

將表單傳送給填答者填答前，建議以預覽方式測試看看，模擬問題選填狀況，提交表單後的呈現方式也需要檢查。

於表單畫面上方選按 ◎ **預覽**，會開啟新頁面預覽表單內容與設計。(若模擬填答者完成表單中的問題並於最後選按 **提交** 鈕，會產生該表單的第一筆回應數據。)

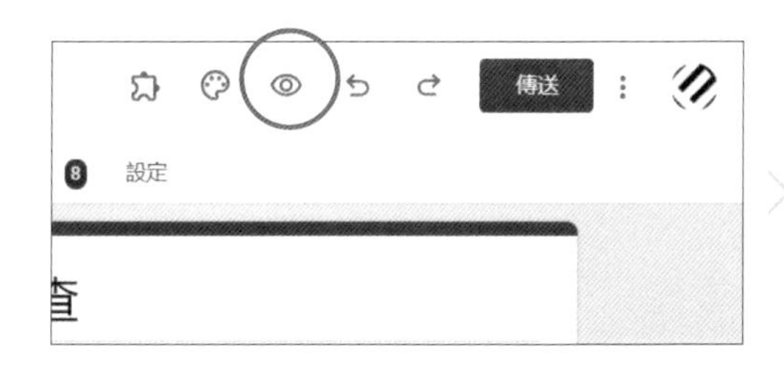

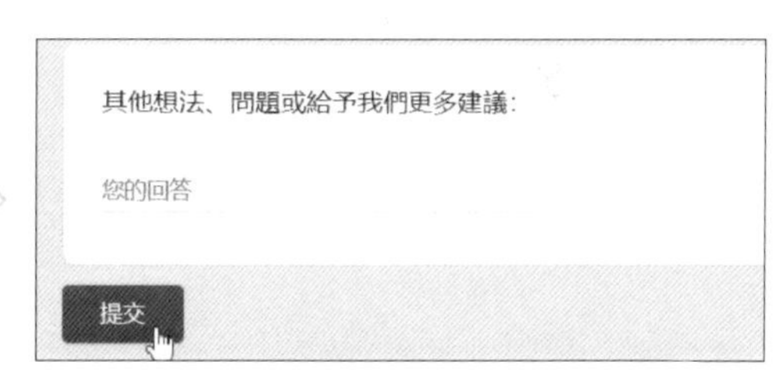

小提示 如何刪除預覽時模擬填答者提交表單所產生的回應？

正式進行問卷前，建議先刪除預覽時模擬填答者提交表單所產生的回應，這樣正式進行問卷取得的回應數據準確度較高。可以選按 **回覆** 標籤 \ ⋮ \ **刪除所有回應**。

傳送表單

完成問卷內容後，可以利用社群平台或電子郵件，將建立好的表單傳送給填答者，也可以將表單嵌入到網頁內。

以 Facebook \ Twitter 傳送

STEP 01 於表單畫面上方選按 **傳送** 鈕開啟對話方塊，可以選擇以 Facebook 或 Twitter 分享，在此選按 f 透過 Facebook 共用表單。

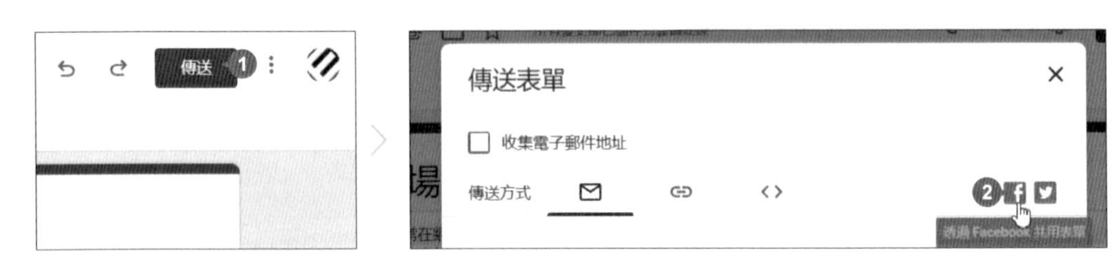

STEP 02 於開啟的 Facebook 畫面，輸入貼文文字及指定分享範圍，最後選按 **發佈到 Facebook** 鈕，這則包含問卷連結的貼文就透過 Facebook 分享了。

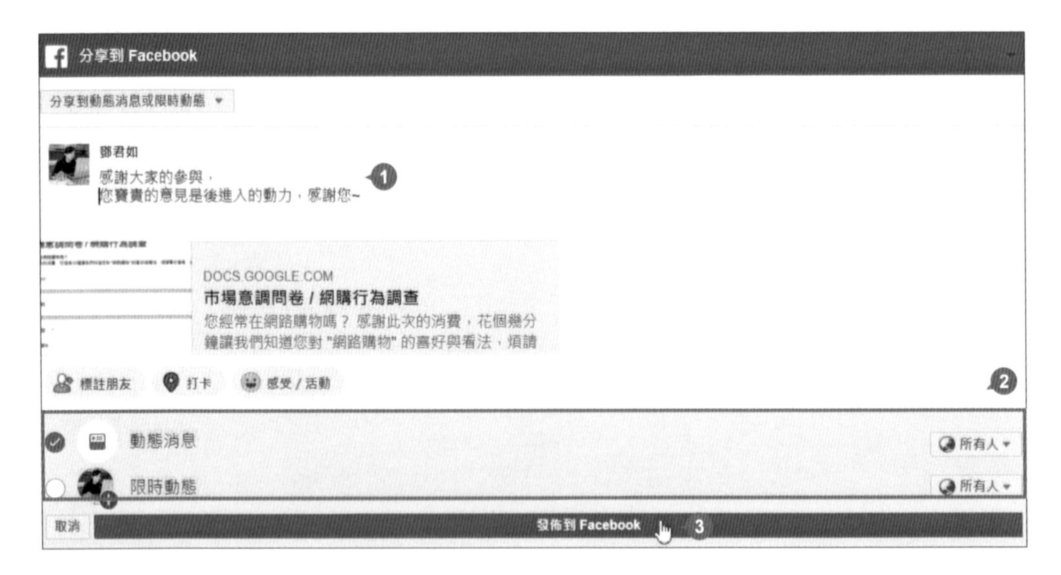

STEP 03 待朋友看到你 Facebook 的動態貼文，只要選按訊息中的表單連結，即可開啟表單頁面線上填答，完成填答後選按 **提交** 鈕。

以電子郵件傳送

STEP 01 於表單畫面上方選按 **傳送** 鈕，**傳送表單** 對話方塊 ✉ 標籤輸入收件者的電子郵件、主旨與信件訊息，最後選按 **傳送** 鈕。

STEP 02 待朋友收到你寄的電子郵件後，選按 **填寫表單** 鈕，就能進行線上填答，最後選按 **提交** 鈕。

以連結或 QR-Code 條碼傳送

於表單畫面上方選按 **傳送** 鈕，**傳送表單** 對話方塊 🔗 標籤中，表單 **連結** 預設是一長串網址，核選 **縮短網址** 可以轉換為短網址，如果覺得網址還是太長時，可選按 **複製** 複製表單的連結網址，於瀏覽器開啟 yamShare「https://s.yam.com/」貼上連結網址，會自動產生短網址與方便行動裝置掃描的 QR-Code 條碼。

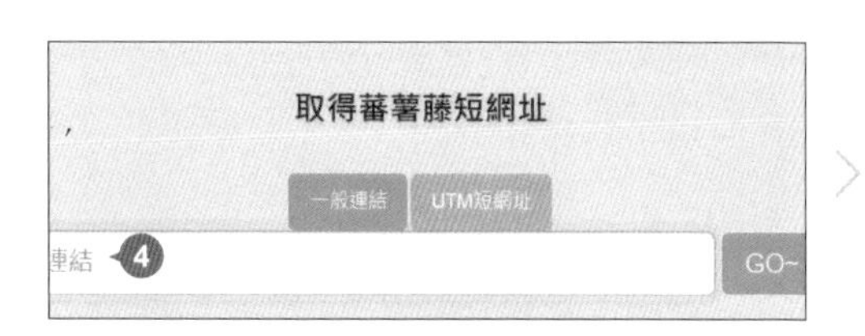

截止、關閉表單

如果調查時間截止，想要關閉表單，不讓人填答。可以於表單畫面選按 **回覆** 標籤，**接受回應** 右側選按 ⬤ 呈 ⊃ 狀，為 **不接受回應**，再於 **給作答者的訊息** 欄位中輸入相關訊息，告知已停止表單資料收集。

列印 "紙本問卷"

Google 表單設計好的問卷，除了線上填答，也可直接列印，讓你以紙本問卷的方式進行市調。

於表單畫面右上角選按 ⋮ **更多選項 \ 列印**，開啟預覽畫面與連線印表機相關設定，預覽畫面可以看到自動將表單內容轉換成紙本排版，確認相關設定後選按 **列印**。

查看表單回覆數據

當填答者完成線上表單的填答與提交，Google 表單會將回覆自動整併與視覺圖表化，方便查看回應內容及分析結果。

於 **回覆** 標籤右側會看到回應數字，代表目前已填答提交的問卷數，選按後可以看到 Google 表單提供了三種查看回應的方式：**摘要**、**問題**、**個別**。

依圖表式摘要查看回應

回覆 標籤 **摘要** 類別，是依問題項目整理並以圖表呈現目前數據的答案數與佔比。

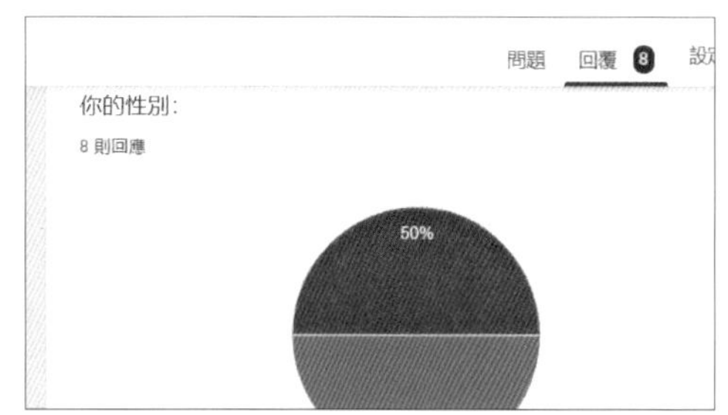

依題目查看回應

回覆 標籤 **問題** 類別，是依問題項目整理；選按 < **上一個問題** 或 > **下一則問題**，可切換不同問題項目，查看每一題的填答內容與數據統計。

依填答者查看回應

回覆 標籤 **個別** 類別，是以填答者為主；選按 < **上一則回應** 或 > **下一則回應**，可逐一查看每位填答者的完整填答內容。

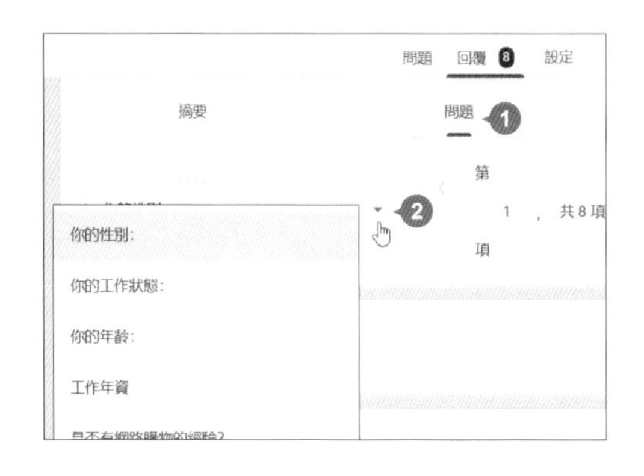

將問卷結果轉為 Google 試算表

於 **回覆** 標籤選按 ，核選 **建立新試算表**，再選按 **建立**。會開啟 Google 試算表編輯畫面，可以看到目前已回收問卷的回應數據。

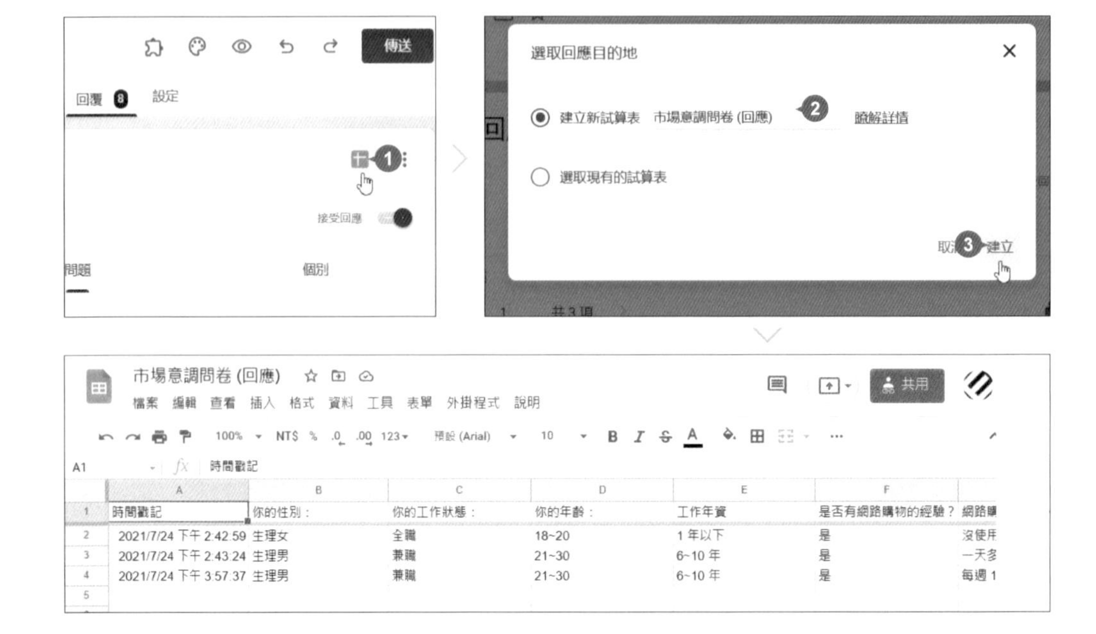

將問卷結果以 .xlsx 或 .cvs 格式檔案下載

如果想將問卷的回應數據下載至本機，以方便後續搭配其他統計軟體進一步分析，可於上方轉出的 Google 試算表 *** (回應) 檔案中選按 **檔案 \ 下載 \ Microsoft Excel (.xlsx)**，或其他合適的格式選項下載；也可以於表單 **回覆** 標籤選按 ⋮ \ **下載回應 (.csv)**，將目前回應數據整理成 csv 檔案格式並壓縮成 zip 資料夾下載至本機。

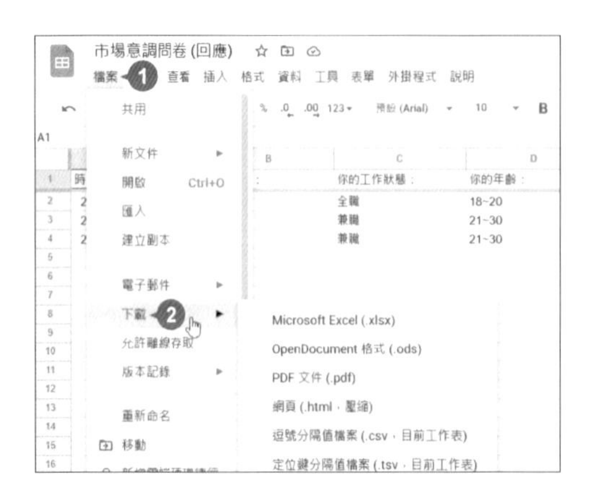

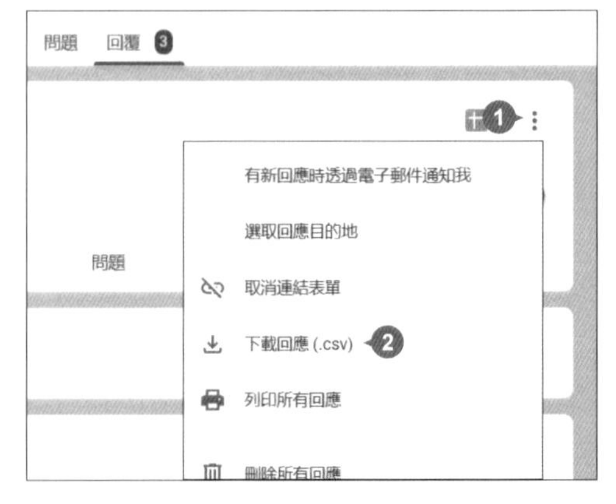

套用主題與取得外部素材

活動報名表

學 習 重 點

舉辦活動常用到的 "活動報名表"，會以 "活動說明" 和 "資料填寫" 為主要目的，讓主辦單位即時掌握報名狀況，同時蒐集報名者完整資料。

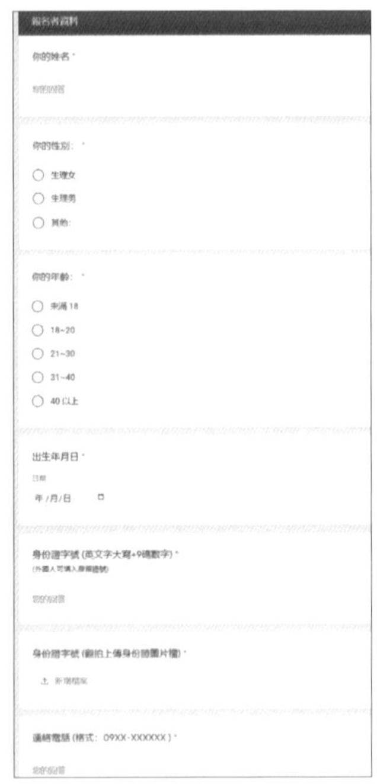

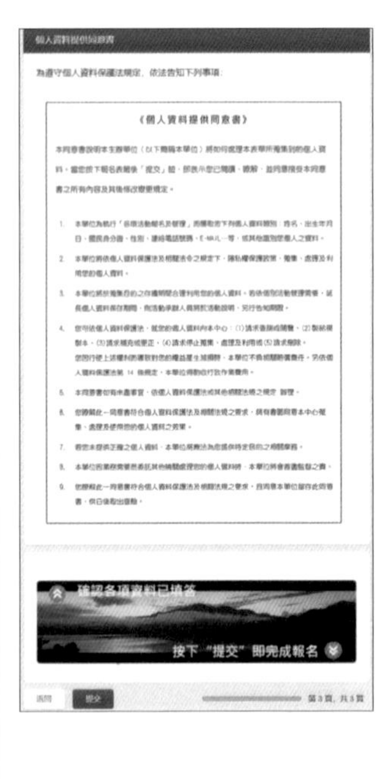

- 設計分頁式表單
- 插入圖片與影片
- 變更表單主題與字型
- 活動說明與收集填答者電子郵件
- 用規則驗證資料正確性
- 快速匯入之前表單的問題
- 自動寄送客製化確認電子郵件
- 為表單問題加入更多素材
- 自動截止、關閉表單(依日期或人數)

原始檔：<本書範例 \ Part14 \ 原始檔 \ 14個人資料表>
原始檔：<本書範例 \ Part14 \ 原始檔 \ 14活動報名表>
完成檔：<本書範例 \ Part14 \ 完成檔 \ 14活動報名表ok>

活動說明與收集填答者電子郵件

從表頭開始設計活動報名表，一般會於表頭列項相關細則，另外，此份報名表欲設計提交後回傳確認信件給填答者，因此需要求填答者輸入電子郵件資料。

開啟範例原始檔 <14活動報名表>，活動報名表建議如下圖建置相關資訊，除了表單名稱，在開頭就說明活動主題、活動特色、主辦單位、活動截止日期...等，可以讓填答者更放心參加活動以及填答報名表內的問題。

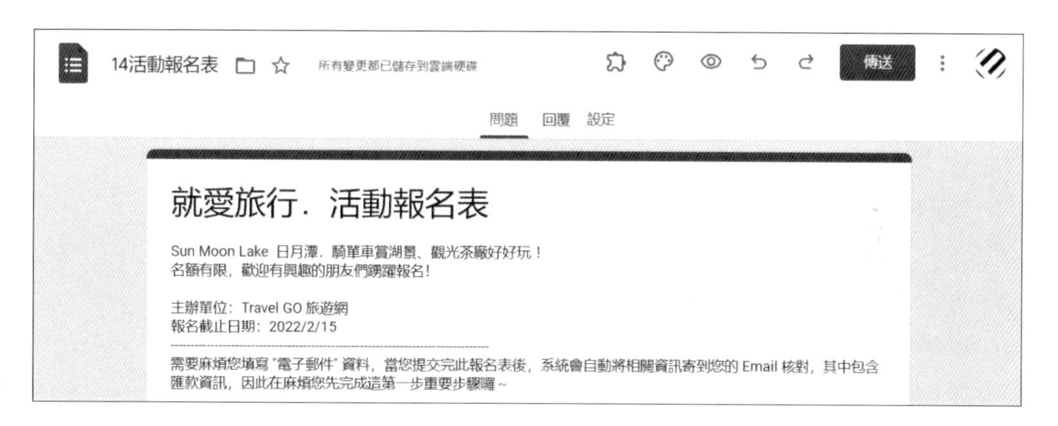

接著要收集填答者的電子郵件資料，一旦開啟 **收集電子郵件地址** 這項功能，填答者必須輸入有效的電子郵件地址才能提交表單。

STEP 01 選按 **設定** 標籤，於 **設定** 選按 **回覆** 右側 ⌄ 鈕展開，選按 **收集電子郵件地址** 項目右側 ⊃ 呈 ● 狀。

STEP 02 回到表單編輯畫面，會出現 **電子郵件** 欄位。

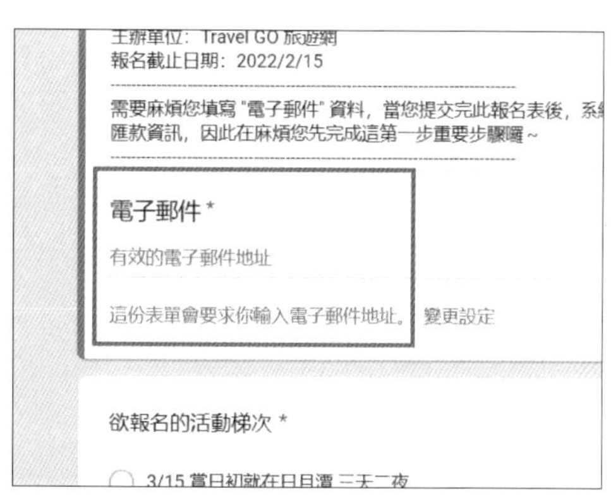

快速匯入之前表單的問題

每份表單可能會有許多之前設計過的重複問題，例如：個人基本資料，為加快製作的時間，可匯入之前某份表單中的某一個問題或指定的多個問題。

STEP 01 選按表單最後一題，再選按其右側工具列 匯入問題 開啟對話方塊，選按範例原始檔 <14個人資料表>，再選按 **選取** 鈕。

STEP 02 側邊欄可以看到 <14個人資料表> 表單的問題項目，可一一核選需要匯入的問題，或如此範例核選 **全選**，再選按 **匯入問題** 鈕。(匯入的不只是問題內容，也包含問題題型與相關設定。)

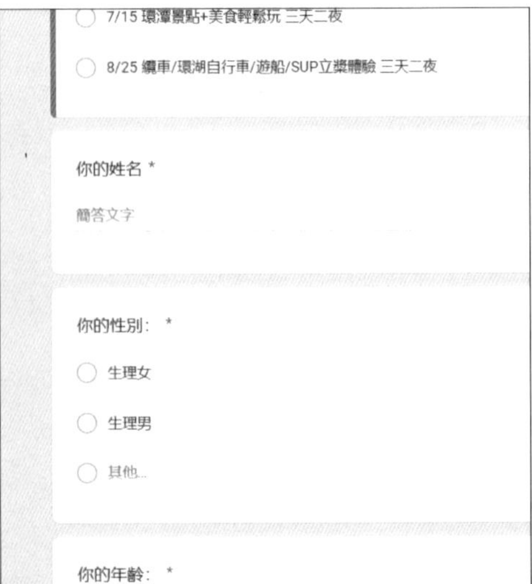

為表單問題加入更多素材

以活動報名表來說，介面好看且容易填寫是最大訴求，整體除了以文字選單呈現，還可以加入活動圖片。另外也需要出生年月日、身分證檔案...等資料安排活動保險單，接著示範更多提升填答便利性的功能。

圖片式答案選項

為了讓填答者對活動產生興趣，可為各個活動選項加入活動相片，方便填答者了解每個活動的內容。

STEP 01 選按表單 "欲報名的活動梯次" 問題，在此要為每個活動選項加入一張圖片。選按第一個選項，選按其右側 **新增圖片** 開啟對話方塊，可使用 **上傳**、**Google 雲端硬碟**...等方式新增圖片，在此新增範例原始資料夾中 <14-001.png>。

STEP 02 完成新增圖片的動作後，會看到圖片已呈現在文字選項下方。依相同方式，為其他三個選項一一新增圖片：<14-002.png>、<14-003.png>、<14-004.png>。

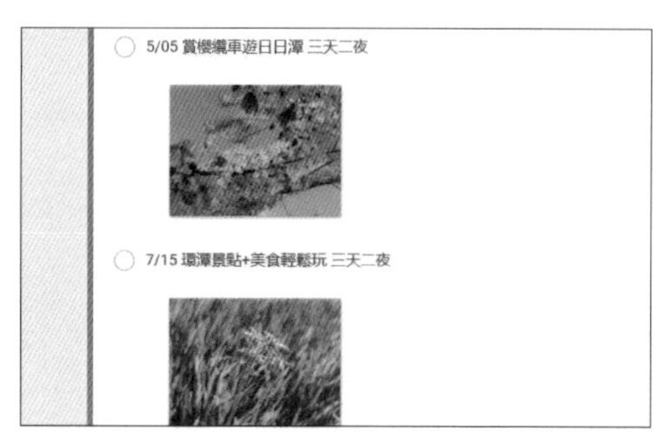

STEP 03 若圖片上傳錯了，可以選取該圖片，再選按右上角的 ☒，可刪除該圖片，依相同方式重新上傳其他圖片。

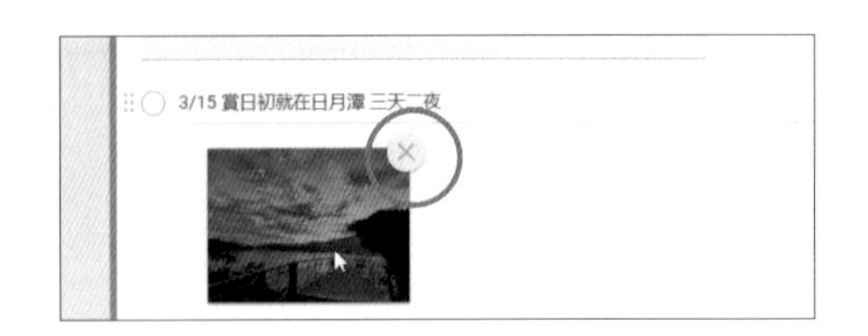

STEP 04 完成圖片式選項設計，於表單畫面上方選按 ◎ **預覽**，開啟新頁面預覽表單內容與設計。

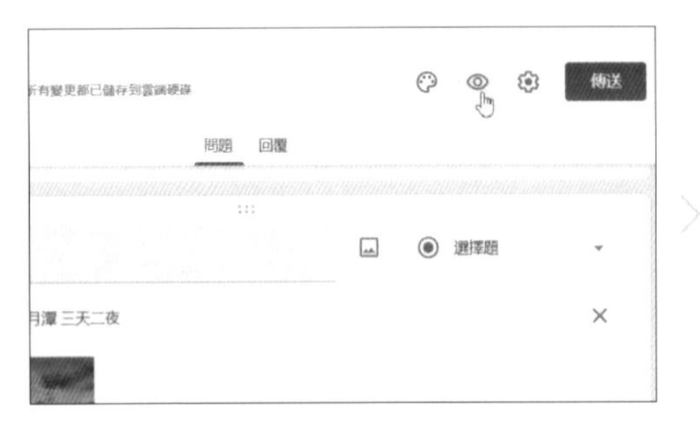

"日期"、"時間" 選擇器

Google 表單提供了 **日期**、**時間** 二種問題題型，日期資料是報名表中活動梯次、出生日期...等問題需要輸入的內容；而時間資料則是餐廳訂位表單會用到，然而手動輸入難免出錯，直接套用 **日期**、**時間** 問題題型可提升填答資料正確性。

STEP 01 選按此份報名表 "你的年齡" 問題，右側工具列選按 ⊕ **新增問題**，於下方新增的問題項目輸入問題：「出生年月日」，會發現右側自動變更為 **日期** 題型 (若無自動變更請選按 ▾ 題型清單鈕設定)，最後請將此問題設定為 **必填**。

02 完成 **日期** 題型，於表單畫面上方選按 ◎ **預覽**，開啟新頁面預覽表單內容，直接選按填答欄位中的 "年" 可依序進行資料填答。

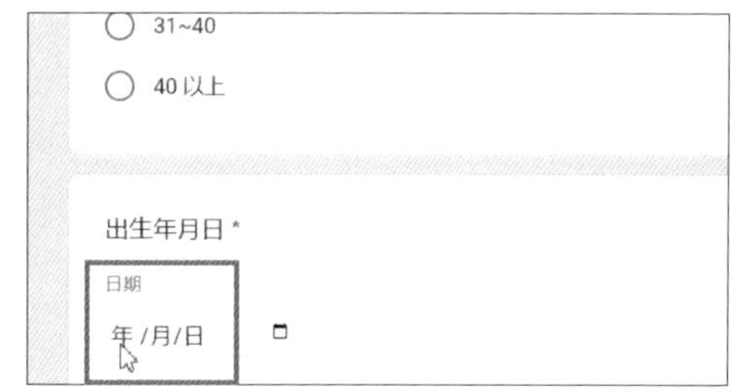

日期 題型的填答欄位，可選按 ▭ 開啟小日曆，直接選按日期或透過 ↑、↓ 切換至合適月份再選按日期，或選按 ▾ 開啟清單快速指定年份與月份。

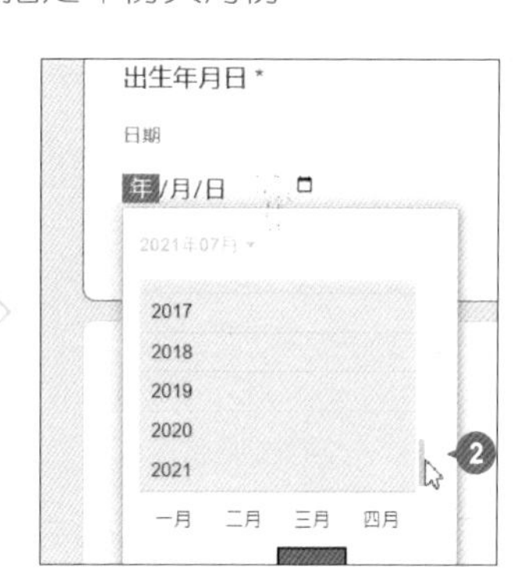

此表單以 **日期** 題型示範，**時間** 題型設定方式相似，只要選按 ▾ 題型清單鈕設定為 **時間** 即可。

小提示　一個問題同時擁有 " 日期 " 與 " 時間 " 填答欄位

選按 **日期** 題型問題項目右下角 ⋮，預設為 **加入年份**，如果希望問題中同時出現時間填答欄位，再加選 **加入時間**。(若選按 **時間** 題型問題項目右下角 ⋮，會有 **時間**、**持續時間** 二個選項。)

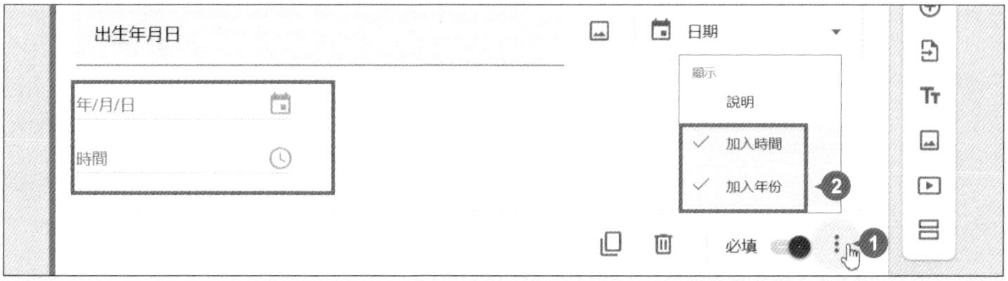

取得填答者的檔案附件

Goolge 表單可設計讓填答者上傳檔案做為問題的答案，然而表單中如果設計 **檔案上傳** 題型，填答者一開始必須登入 Google 帳號才能進入表單填答。

STEP **01** 選按此份報名表 "身分證字號" 問題，右側工具列選按 ⊕ **新增問題**，於下方新增的問題項目輸入問題：「身分證字號 (翻拍上傳身分證圖片檔)」，再選按 ▾ 題型清單鈕 \ **檔案上傳** 題型。

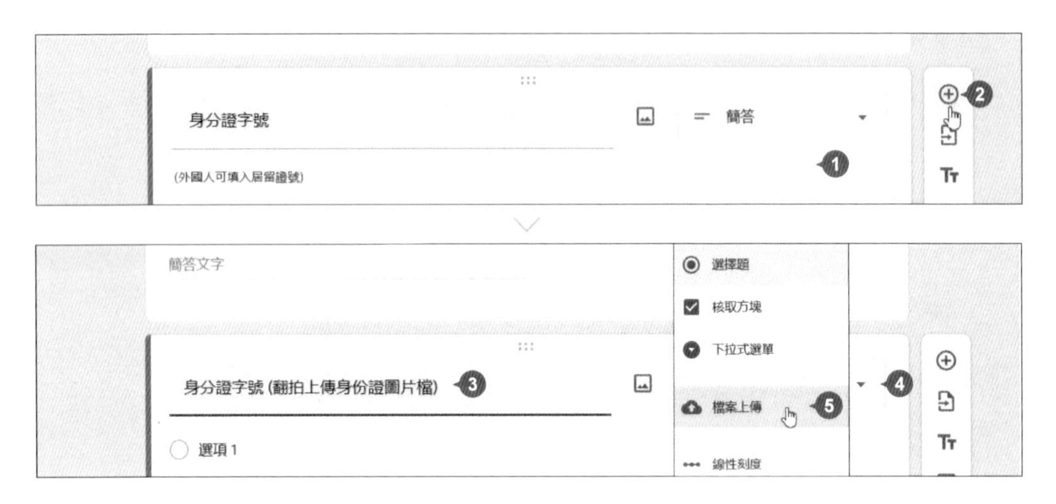

STEP **02** 出現確認訊息，告知 **檔案上傳** 題型會將填答者的檔案上傳至表單擁有者的 Google 雲端硬碟，因此填答者必須登入 Google 帳號才能進入表單填答，瀏覽相關說明後，選按 **繼續**。

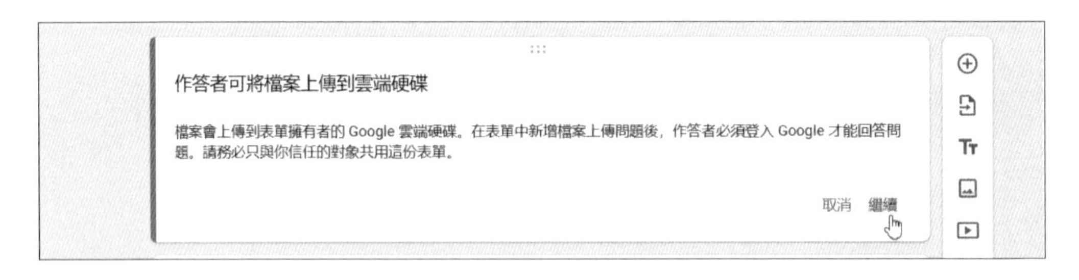

STEP **03** 設定可上傳的檔案類型與檔案數量 (根據需求可設定上傳 1、5 或 10 個檔案)、檔案大小上限，因為檔案會占用表單擁有者的 Google 雲端硬碟儲存空間所以要依自己的情況與問題要求，設定合適的項目，最後請將此問題設定為 **必填**。

身分證字號 (翻拍上傳身份證圖片檔)　檔案上傳

僅允許特定檔案類型 1

文件　簡報
試算表　繪圖
PDF　圖片 2
影片　音訊

檔案數量上限　1　3

檔案大小上限　10 MB　4

這份表單可接受的檔案大小上限總計為 1 GB。 變更　檢視資料夾

必填 5

STEP 04 完成 **檔案上傳** 題型，於表單畫面上方選按 ◎ **預覽**，開啟新頁面預覽表單內容，"身分證字號 (翻拍....)" 問題中會有一個 **新增檔案** 鈕，讓填答者上傳本機或雲端硬碟中的圖片檔案。

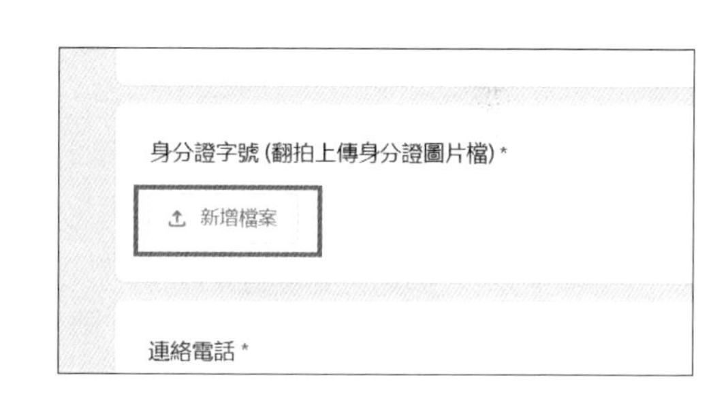

每份表單都會儲存在 Google 雲端硬碟，待後續開始表單填答，如要查看已接收的檔案，則是儲存在依表單名稱與問題名稱自動建立的資料夾中。

STEP 01 選按 **回覆** 標籤 \ **摘要**，於該問題項目中，選按 **檢視資料夾**。

STEP 02 進入由表單自動建立的表單名稱與問題名稱資料夾中，如此例：<14活動報名表.. \ 身分證字號 (翻拍.. >，會可看到填答者上傳的檔案項目。

我的雲端硬碟 › ··· › 就愛旅行．活動報... › 身分證字號 (翻拍
名稱 ↑　擁有者
吳曉聿身分證 - 吳曉聿.png　我

設計分頁式表單

如果問題很多會讓填答者望之卻步，建議為表單設計分頁。第 1 頁填答後選按 **繼續** 進入下一頁，方便填答者閱讀及確認表單填答進度。

新增區段

表單中的 **區段** 就類似文件分頁符號，於表單合適的位置新增區段，填答者開啟表單時會依區段分頁顯示。

STEP 01 選按此份報名表 "欲報名的活動梯次" 問題，右側工具列選按 **新增區段**，於下方新增一個區段。

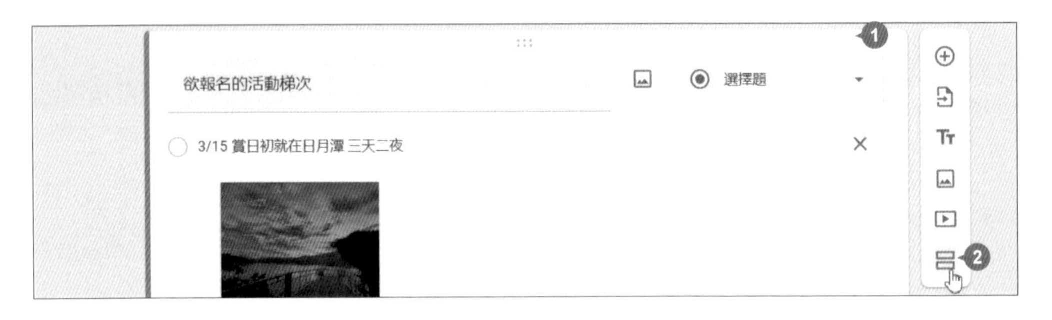

STEP 02 表單表頭本身預設為 **第 1 個區段**，剛剛新增的為 **第 2 個區段**，區段用法有很多種，在此使用 **新增區段** 方式為表單分頁。首先為新增的 **第 2 個區段** 命名為：「報名者資料」。

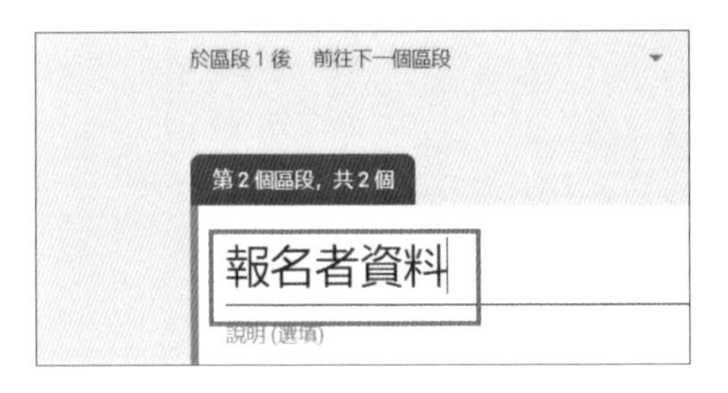

STEP 03 依相同方式，選按此份報名表 "飲食習慣" 問題，右側工具列選按 **新增區段**，於下方新增一個區段，並命名為：「個人資料提供同意書」。

顯示進度列

前面已使用 **新增區段** 功能建立 **第 2 個區段** 與 **第 3 個區段**，因此目前這份活動報名表已分成三頁，接著於表單下方顯示進度列，方便填答者瞭解目前作答進度。

STEP 01 選按 **設定** 標籤，於 **設定** 選按 **簡報** 右側 ⌄ 鈕展開，選按 **顯示進度列** 項目右側 ◯ 呈 ● 狀。

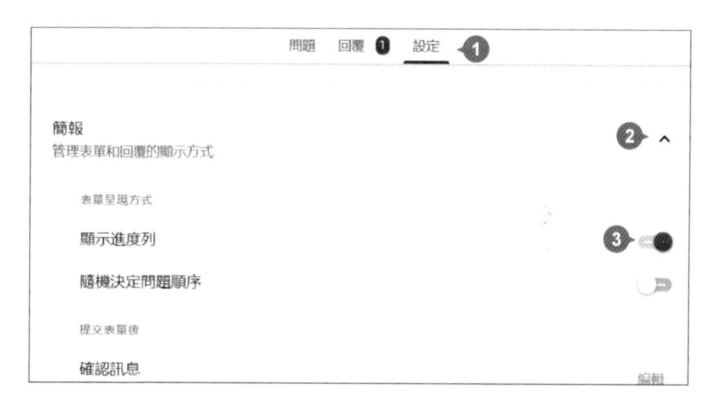

STEP 02 完成區段與進度列設定，於表單畫面上方選按 ◉ **預覽**，開啟新頁面預覽表單內容，可於表單最下方看到目前為 **第 1 頁,共 3 頁**，待第 1 頁作答好選按 **繼續** 鈕才可以進入第 2 頁。

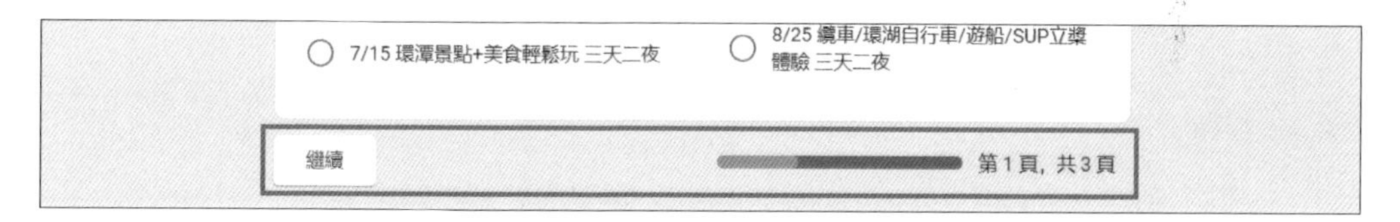

小提示　複製、移動、刪除區段

選按表單 **區段** 項目右側 ⋮，選單包含 **複製區段**、**移動區段**、**刪除區段**、**與上一個區段合併** 四個功能，可以調整此 **區段** 項目。其中要注意！如果要刪除此 **區段** 設定但保留該區段中的內容時，要選擇 **與上一個區段合併** 功能，而不是 **刪除區段**。

插入圖片與影片

說明活動安排或其他事項時，可以插入具特色的景點照、活動影片、過程花絮...等，提高報名表吸睛度。

插入本機圖片

報名表資訊通常涉及個人隱私，為了讓填答者能夠放心填寫，表單常會放上"個人資料提供同意書"，說明資料使用目的及保密義務，此範例在這份報名表最後要插入一張事先擬定好的同意書圖片。

STEP 01 選按表單 **第 3 區段** "個人資料提供同意書"，右側工具列選按 **新增圖片** 開啟對話方塊，**上傳** 標籤選按 **瀏覽**，在此新增範例原始資料夾中 <個人資料提供同意書.png>。

STEP 02 為圖片輸入標題，再選按圖片區域右上角 \ **游標懸停文字**，可於圖片標題下方加入一行說明小字，填表人若將滑鼠指標移至圖片上方會出現這行小字。

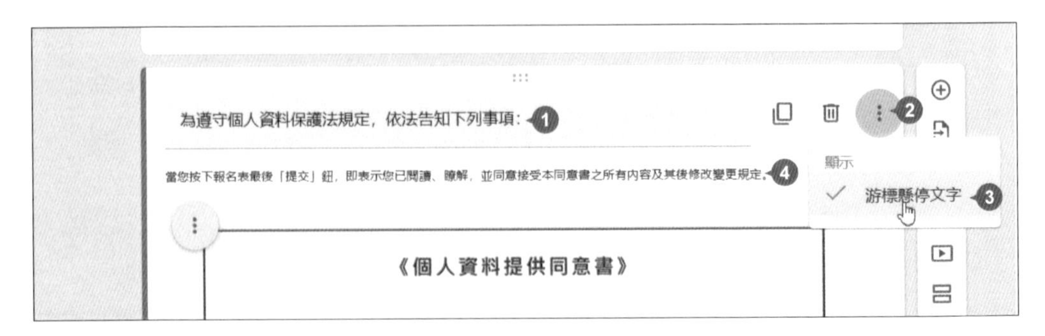

STEP 03 選按圖片左上角 ⋮ 開啟編輯清單，除了設定圖片物件對齊方式，選按 **變更** 可置換圖片，選按 **移除** 可刪除整個圖片區域。

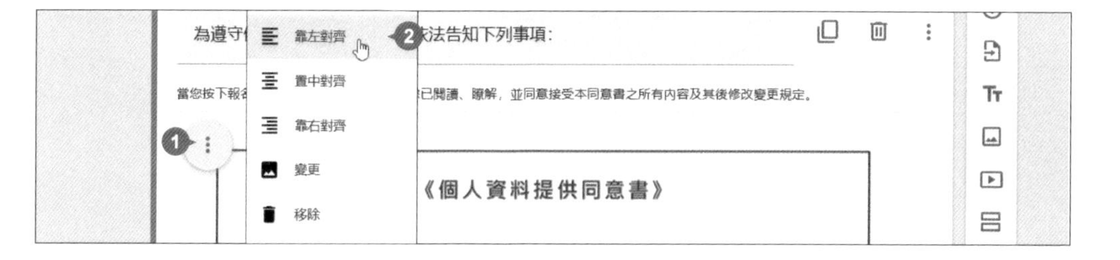

STEP 04 選按圖片任一處，會呈現藍色邊框線選取狀態，拖曳邊框角落四個控點，可縮放圖片大小。

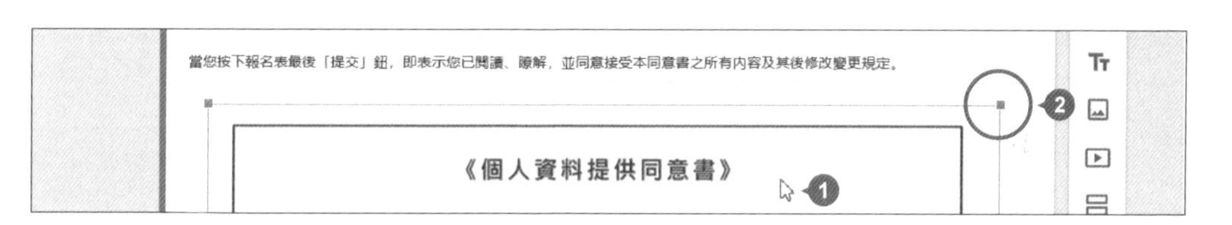

插入線上圖片

除了插入本機圖片，也可以於 **插入圖片** 對話方塊選擇 **相片** (Google 相簿)、**Goole 雲端硬碟**、**Google 圖片搜尋** 三種插入線上圖片的方式，找到合適的圖片並插入表單。

小提示 關於線上圖片的商業版權說明

於 **Google 圖片搜尋** 標籤搜尋圖片，使用時得遵照 **合理使用** 範圍、不得對外銷售，亦不可提供給第三方的範本中使用...等規定。詳細的說明可參考 Google 官方相關說明：https://support.google.com/drive/answer/179622。

插入 YouTube 平台影片

目前 Google 表單僅支援已上傳 YouTube 平台的影片，使用關鍵字或貼上網址將影片呈現在表單中。

STEP 01 選按 "欲報名的活動梯次" 問題，右側工具列選按 ▣ **新增影片** 開啟對話方塊。

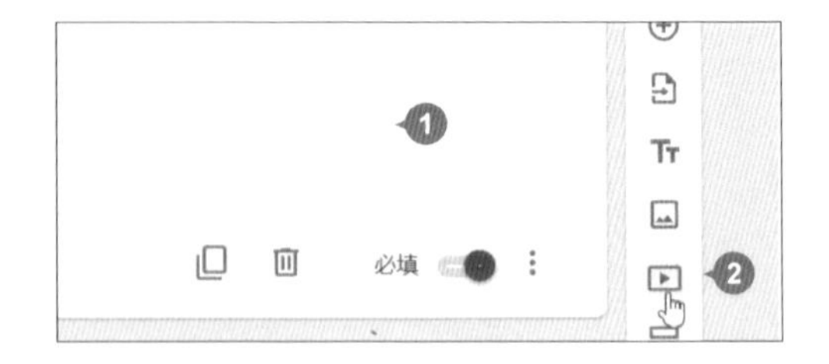

STEP 02 於 **搜尋影片** 標籤可使用關鍵字尋找 YouTube 平台上的影片，或於 **網址** 標籤貼上網址，在此輸入關鍵字：「日月潭國家風景區管理處20周年宣傳影片」，選取影片後選按 **選取** 鈕。

STEP 03 為影片命名，再選按影片區域右上角 ⋮ \ **說明文字**，可為影片加上小字說明。

STEP 04 最後選按影片左上角 ⋮ 可設定影片物件對齊方式，選按 **變更** 可置換影片，選按 **移除** 可刪除整個影片區域。選按影片任一處，會呈現藍色邊框線選取狀態，拖曳邊框角落四個控點，可縮放影片大小。

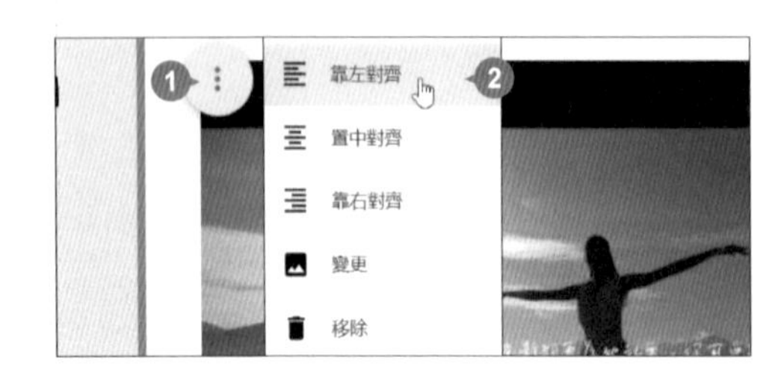

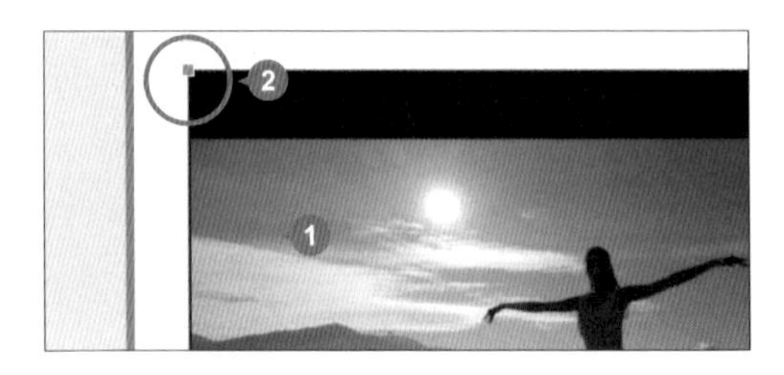

TIPS 6 變更表單主題與字型

依問卷主題或目標對象打造專屬表單配色、頁首圖片、背景顏色或字型，量身設計表單視覺外觀。

設計主題色彩

Google 表單預設以一個主題顏色套用整份問卷，可以直接調整主題顏色改變設計。選按表單上方 自訂主題，於 **主題選項** 側邊欄 **主題顏色** 套用合適顏色，或選按 ＋ 自訂其他顏色。

設計頁首圖片

除了套用顏色，還可以在表單頁首新增預設主題圖庫素材或自己的相片、圖片。

STEP 01 插入主題圖庫素材：選按表單上方 自訂主題，於 **主題選項** 側邊欄 **頁首** 選按 **選擇圖片** 鈕。**主題** 標籤提供多種主題式圖片及插圖，先於左側選按合適主題，再選按圖片和 **插入**。

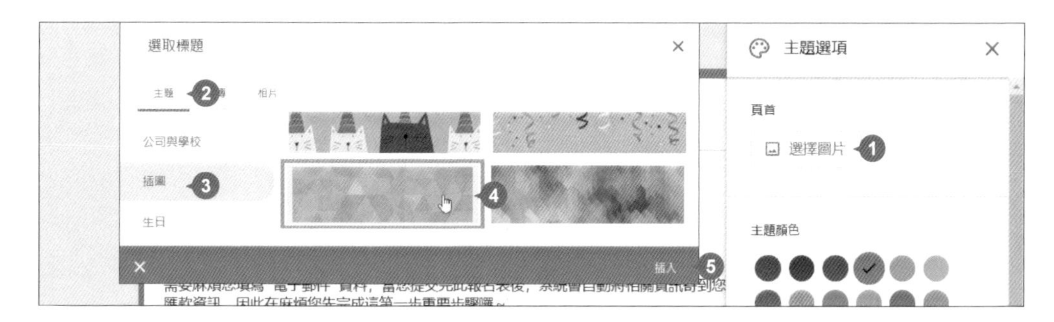

STEP 02

除了主題圖庫素材，選按 **選擇圖片**，**上傳** 標籤可上傳本機相片、圖片，**相片** 標籤可指定目前帳號 Google 相簿中的相片為頁首圖，在此於 **上傳** 標籤新增範例原始資料夾中 <14-000.jpg> 相片為頁首 (顯示範圍需透過四周控點調整)。

STEP 03

加入頁首圖片後，發現表單會依目前頁首圖片重新更換與套用主題與背景顏色。依相同方式，可再於 **主題顏色** 套用合適顏色，或選按 + 自訂其他顏色。

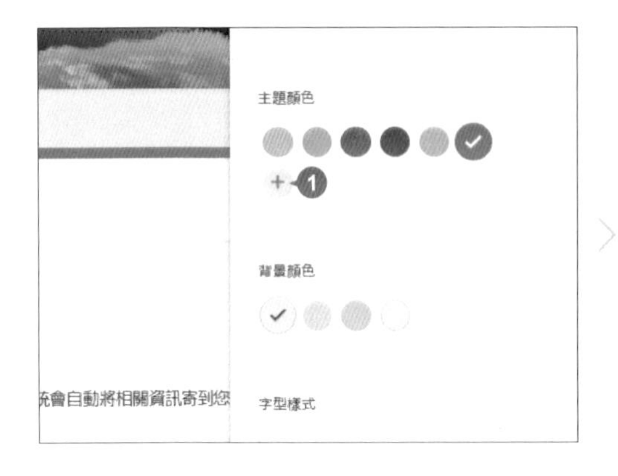

依相同方式，於 **背景顏色** 套用合適顏色，或選按 + 自訂其他顏色。

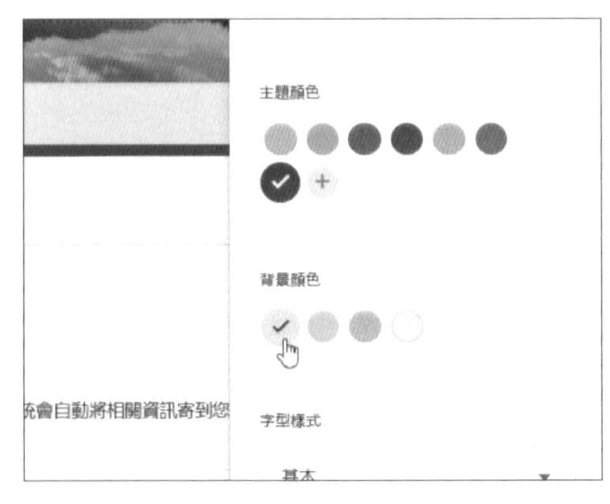

設計文字字型

變更表單文字字型：選按表單上方 自訂主題，於 **主題選項** 側邊欄 **字型樣式** 選按清單鈕，套用合適樣式。

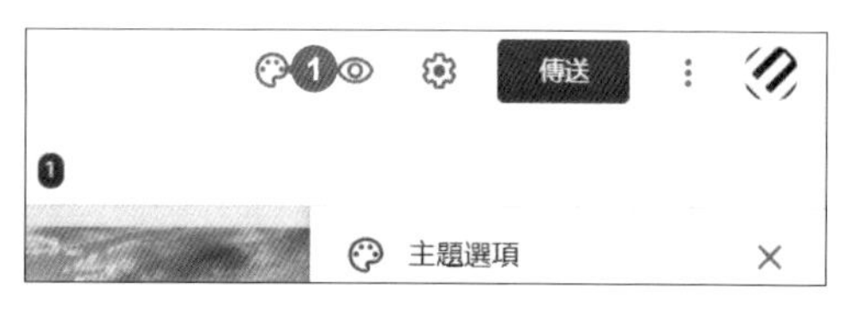

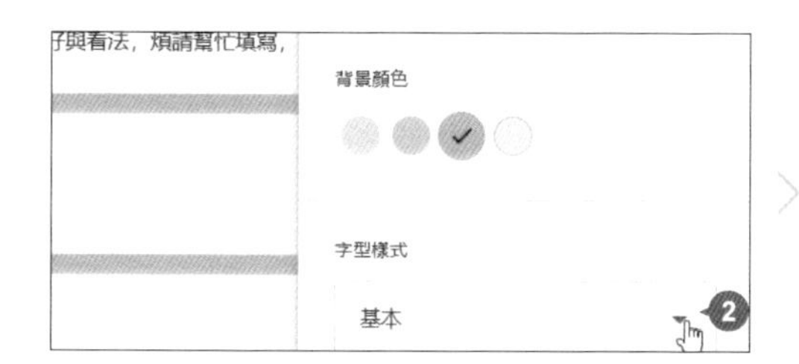

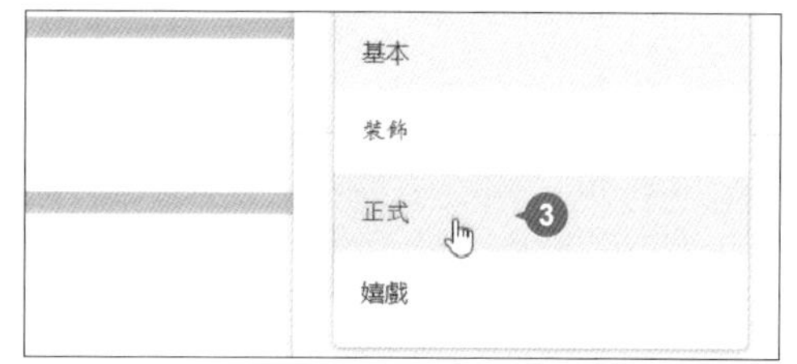

用規則驗證資料正確性

表單可要求填答者填寫符合規則的正確資料，例如電子郵件、身分證、電話號碼...等，一旦格式錯誤會要求重新填寫。

此範例一開始即開啟 **收集電子郵件地址** 功能 (P14-3)，填答者必須輸入有效的電子郵件地址才能提交表單，因此不需再為電子郵件設定規則。此處要針對 "身分證字號" 與 "電話號碼" 二個問題設定規則驗證資料。

驗證身分證字號

每種問題題型有不同的回應驗證設定方式，"身分證字號" 為 **簡答** 題型，可依數字、文字、長度與規則運算式驗證。 在此要求身分證字號格式為：英文字大寫 + 9 碼數字 (比照國民身分證字號編碼原則，新式外國人居留證號也改版為 1 碼英文字 + 9 碼數字)。

STEP 01 選按 "身分證字號" 問題，於題目加入規則說明：「(英文字大寫+9碼數字)」，再選按 ⋮ \ **回應驗證**。

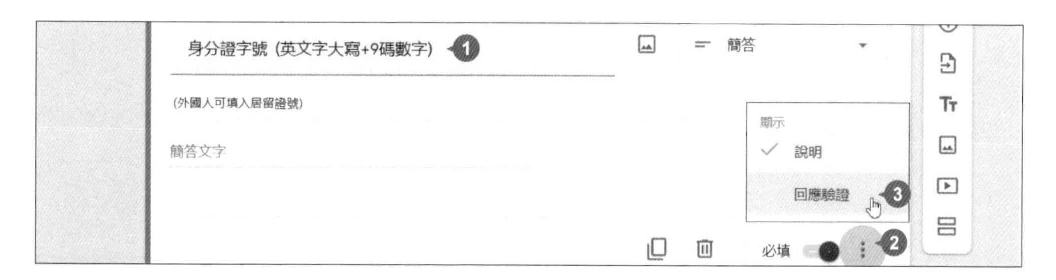

STEP 02 設定依 **規則運算式** 驗證，內容為 **包含**：「^[A-Z][0-9]{9}$」，若為不正確的資料則出現提示訊息：「請輸入有效身分證字號，首字英文大寫+9碼數字」。

驗證電話號碼

"電話號碼" 也為 **簡答** 題型，可依數字、文字、長度與規則運算式驗證，在此要求電話號碼格式為：09XX-XXXXXX。

STEP 01 選按 "連絡電話" 問題，於題目加入規則說明：「(格式：09XX-XXXXXX)」，再選按 ⋮ \ **回應驗證**。

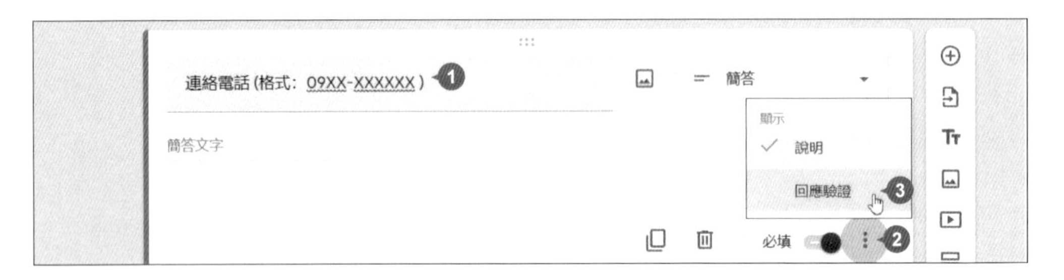

STEP 02 設定依 **規則運算式** 驗證，內容為 **包含**：「^09\d{2}-\d{6}$」，若為不正確的資料則出現提示訊息：「請輸入有效電話號碼，09XX-XXXXXX」。

STEP 03 完成資料驗證設定，可於表單畫面上方選按 **預覽**，開啟新頁面預覽表單內容並測試資料驗證。

連絡電話 (格式: 09XX-XXXXXX) *
0911-1111
請輸入有效電話號碼，09XX-XXXXXX
飲食習慣 (可多選) *

常用規則運算式

運算式	說明	範例	符合	不符合
^	放在規則運算式的最前面。	^[dh]og	dog，hog	A dog
$	放在規則運算式的最後面。	[dh]og$	dog，hog，hot dog	dogs,doggy
*	字元後面加上 * 號時，代表顯示該字元 0 次以上。	do*g	dg，dog，dooog	dog，doug
?	字元後面加上 ? 號時，代表顯示該字元 0 或 1 次。	do?g	dg，dog	
+	字元後面有 + 時，代表顯示該字元 1 次以上。	do+g	dog，dooog	dg，doug
[ ]	群集符號，指定顯示範圍內的字元，例如： [a-z]、[A-Z] 和 [0-9]。	d[a-d]g	dag，dbg，dcg，ddg	dg，dog
[^a-z]	以「^」開始，代表要顯示不在指定集合內的字元。	d[^abc]g	dog	dag，dbg，dcg
{數字}	指定字元出現次數。	[0-9]{2}	12,34	123
{A,B}	前一個字元重複 A 至 B 次，A 和 B 都是數字。	d(o{1,2})	dog，doog	dg，dooog
\d	所有數字字元，同 [0-9]。	\d{2}	12,34	123
\D	所有非數字字元，同 [^0-9]。	\D{2}	dog,hog	12,34

詳細內容可參閱官方說明：https://support.google.com/docs/answer/3378864

自動寄送客製化確認電子郵件

當填答者提交報名表表單後，往往是由小編一一回覆報名成功或匯款資訊，這樣繁複的工作十分耗時，現在只要透過表單外掛程式可讓填表者自動收到確認信；包括填表作答內容。

Email Notifications for Forms 外掛程式分為免費版和付費版，免費版有以下幾點限制：

· 每天只能寄送 20 封（付費版可寄送 400 封）。

· 郵件裡會有外掛的廣告標示（Sent via Google Form Notifications）。

· 部分功能只有付費版能使用。

安裝 Email Notifications for Forms 外掛程式

STEP 01 選按表單右上角 ⋮ \ **外掛程式**，首先搜尋 "Email Notifications"，再依步驟確認帳號與權限設定，進行安裝。

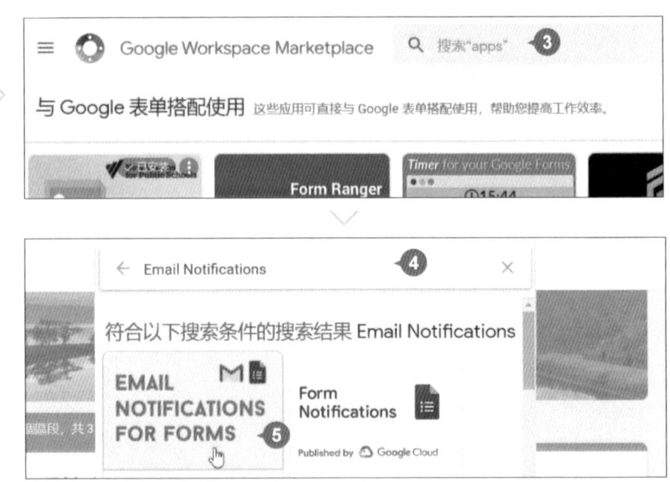

STEP 02 完成外掛程式安裝，選按 **完成**，再選按說明對話方塊右上角 ☒ **關閉**，回到表單。

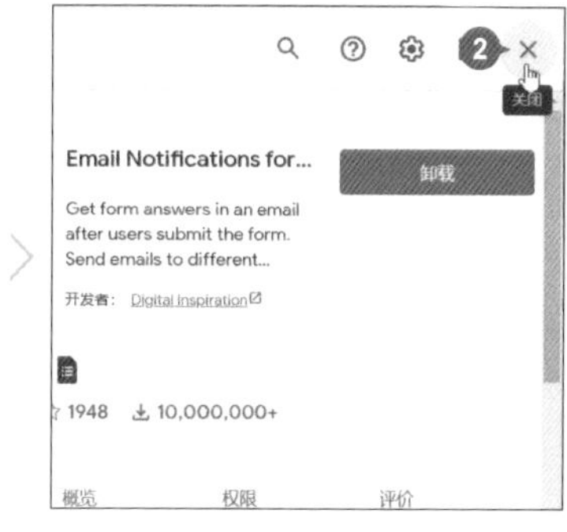

建立郵件規則

Email Notifications for Forms 外掛程式除了能自動寄出通知郵件，還能自訂信件內容模板，將表單資訊帶入郵件。

STEP 01 選按表單上方 **外掛程式 \ Email Notifications for Forms \ Creat Email Notification**，接著設定以下項目：

- **Rule Name** 為此份郵件規則命名。
- **Email to Notify** 與 **Sender's Email** 填寫對方可以回信的電子郵件。
- **Sender's Name** 填寫寄件者名稱。
- **Reply-to Address** 填寫對方可以回信的電子郵件。

STEP 02 於 **How would you like to create the email tmplate for notifications?**，可選擇使用視覺化編輯器或採用 HTML 語法自訂信件內容，在此核選 **Use a visual editor** (視覺化編輯器) 再選按 **EDIT**。

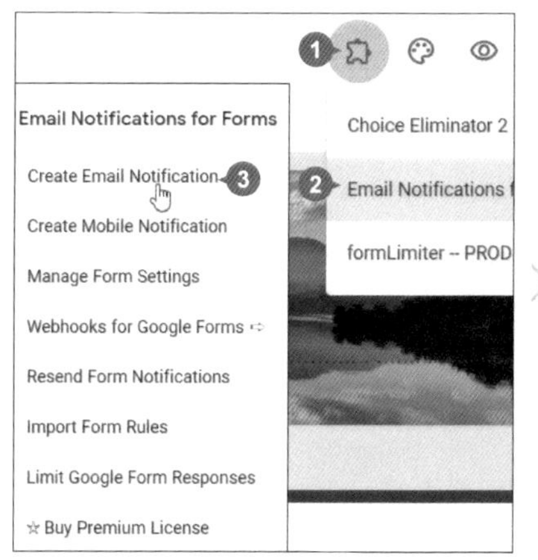

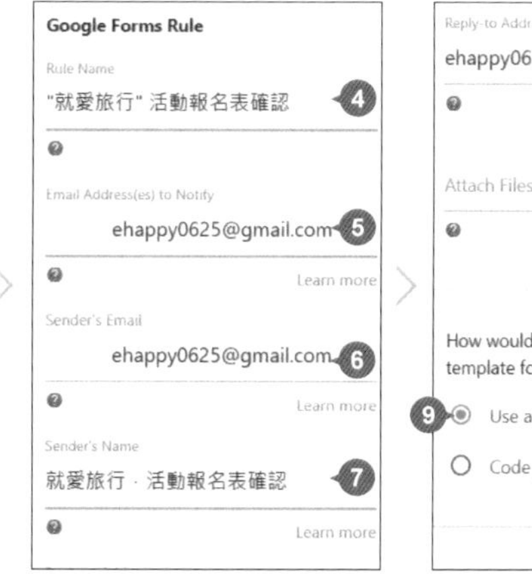

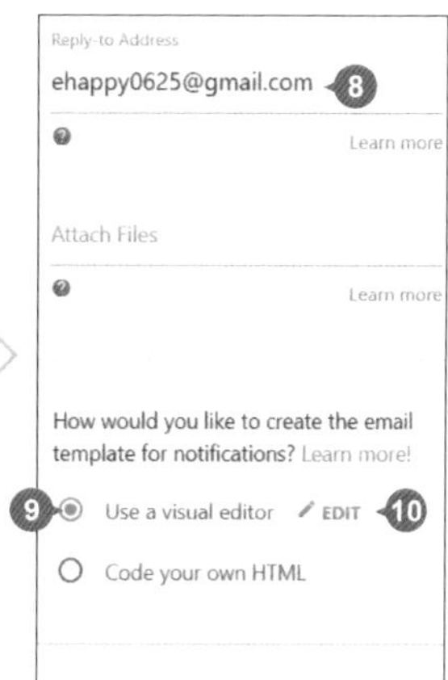

STEP 03

於 **電子郵件模板設計器**，**Email Subject** 填寫郵件主旨，**Email Message Body** 區塊輸入郵件內容，也可選按右下角 **Add Form Field**，清單選按想要加入郵件內容的表單項目，完成電子郵件通知模板設計後選按 **Save**。

(**Email Subject** 中若想要顯示填答者姓名，可選按 **Add Form Field \ 你的姓名**，會於 **Email Message Body** 區塊產生：{{你的姓名}}，再複製至 **Email Subject** 中。)

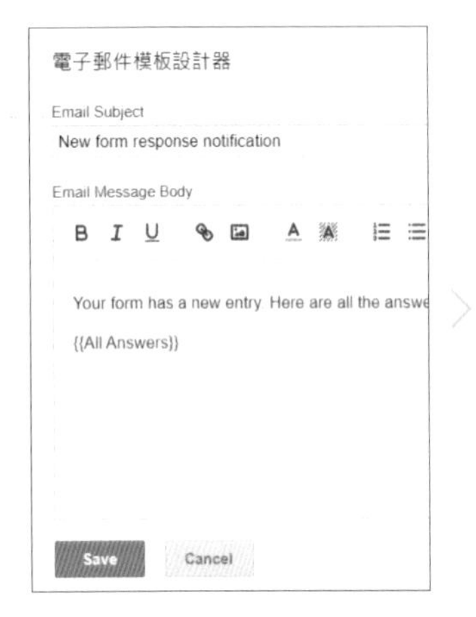

STEP 04

於 **Would you like to send email notification to the respondent who submitted the form?** 核選 **Notify Form Submitter?** 並在 **Submitter Email Field** 選按 **Submitter Email Address**，最後選按 **SAVE RULE** 鈕儲存這份規則所有設定。

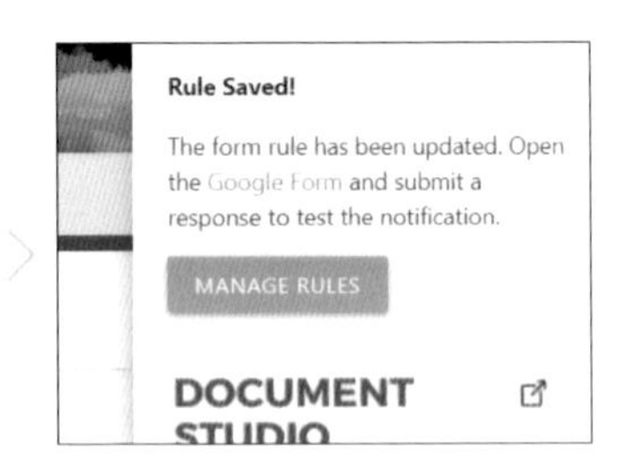

後續若要再編輯該規則設定，可選按 **MANAGE RULES** 鈕，再於該規則選按 **EDIT**。

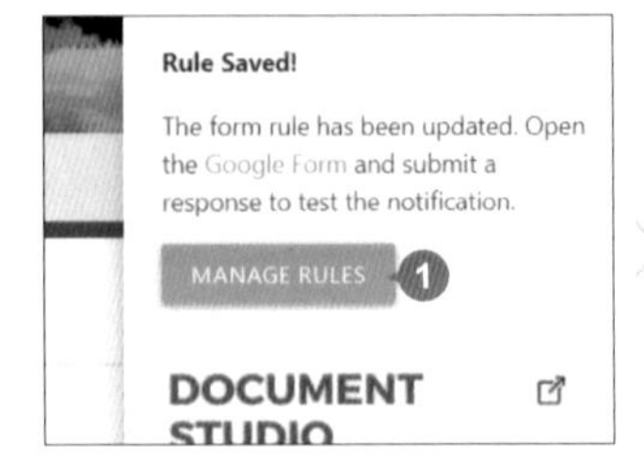

實測自動寄送郵件

以上操作，完成自動寄送客製化報名確認電子郵件設定，待這份 Google 表單報名表開始分享並填答提交，填答者就會收到如右客製化確認郵件。

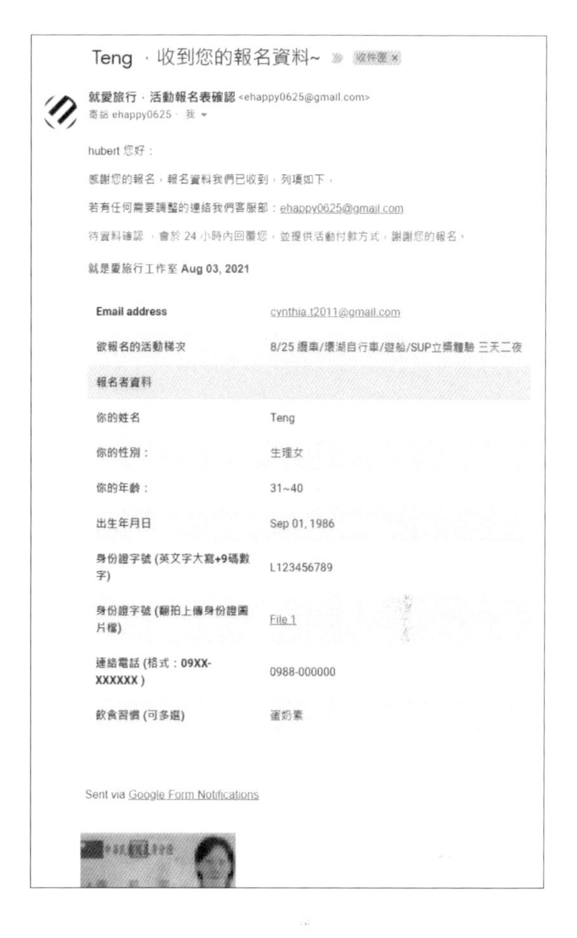

自動截止、關閉表單(依日期或人數)

表單預設沒有辦法控制填寫人數或是填寫時間，只能手動關閉。透過表單外掛程式 formLimiter 可設定依 "時間截止"、"填寫人數截止"...等方式協助你自動關閉表單。

安裝 formLimiter 外掛程式

STEP 01 選按表單右上角 ⋮ \ **外掛程式**，首先搜尋 "formLimiter"，再依如下步驟確認帳號與權限設定，進行安裝。

建立截止限制

選按表單上方 外掛程式 \ **formLimiter-PROD \ Set limit**，接著設定以下項目：

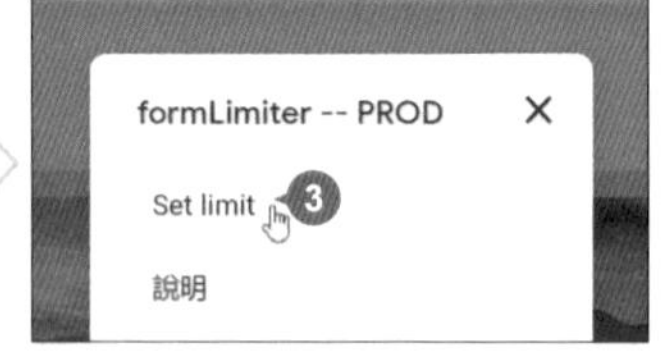

- 依日期設定：選擇 **data and time** 項目，指定日期、時間，再填寫截止頁面的訊息，最後選按 **Save and enable** 鈕完成設定。(核選 **Email form owner when submissions are closed** 項目可於關閉表單時寄郵件通知表單擁有人)
- 依人數設定：選擇 **number of form responses** 項目，設定人數上限，最後選按 **Save and enable** 鈕完成設定。

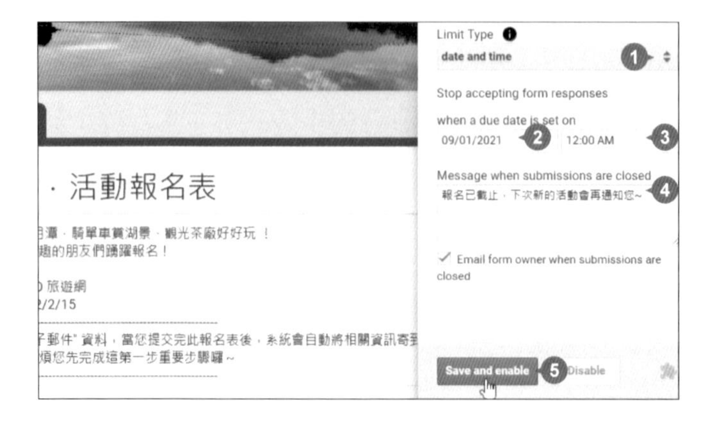

限定規則、自動批改與計分

考核評量單

學習重點

績效考核或評量，常會用 Google 表單製作測驗卷，不但可以快速建立單選、複選、填充、簡答...等問題項目，還能自動批改與即時計分。

食品健康考核-A 班

考核名稱：食品與健康通識
講　師：張宜芳
考試日期：2022/05/08
考試時間：30分鐘

請選擇單位：

選擇

請輸入員工代號

您的回答

請輸入姓名 (請寫下全名，如：林慧婷)

您的回答

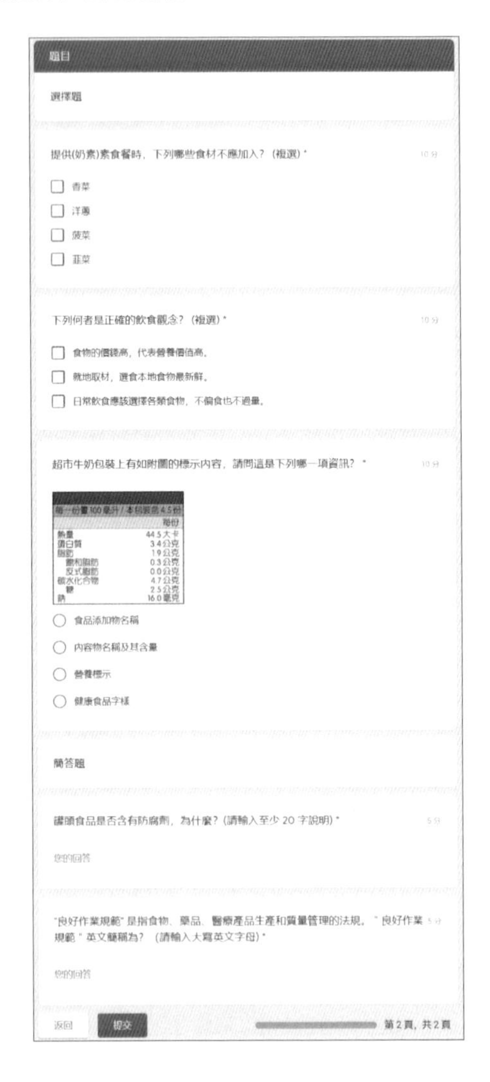

- 建立測驗表單
- 設定測驗表單各項驗證與限制
- 設定答案、指派配分與說明
- 分享與開始 / 停止測驗
- 批改測驗
- 查看與傳送測驗結果
- 列印分析圖與填答測驗卷
- 取得測驗成績明細試算表
- Excel、Google 試算表轉測驗表單
- Word、Google 文件轉測驗表單

原始檔：<本書範例 \ Part15 \ 原始檔 \ 15食品健康考核-A 班>

完成檔：<本書範例 \ Part15 \ 完成檔 \ 115食品健康考核-A 班ok>

建立測驗表單

表單預設沒辦法執行自動批改與計分，因此建立測驗表單的第一個動作是開啟表單中的 **測驗** 功能， 再一一建立問題項目與規則。

設為測驗

01 開啟新表單依以下方式設定為測驗表單，或如此處開啟範例原始檔 <15食品健康考核-A 班> 操作。

02 選按 **設定** 標籤，於 **設定** 選按 **設為測驗** 項目右側 呈 狀。

編排測驗表單

測驗卷的內容常見包含："表頭"、"基本資料"、"題目" 三個主題組合。"表頭" 建議如下圖建置相關資訊，除了名稱，也會標註：性質、講師、日期、時間...等，可以讓填答者確認並開始填答。

若此份測驗卷內容需適用在多個單位或班級，不論是否為同時間考試，建議依單位別、班別或時段別標註在表單檔名與表頭名稱，待後續產生回覆試算表時，可以依名稱整理，而不是混在同一份檔案中。(待後續完成第一份測驗表單，可以透過複本或匯入的方式快速產生其他測驗表單。)

"基本資料" 與 "測驗卷題目" 這二個部分，範例表單 <15食品健康考核-A 班> 中已預先建立這份測驗卷需要的問題項目，若開啟新表單設計可參考以下結構：

- 三題 "基本資料" 問題："請選擇單位"、"請輸入員工代號"、"請輸入姓名"，問題為 **下拉式選單** 與 **簡答** 題型，後續會再針對員工代號限定需輸入的資料格式。
- 十一題 "測驗卷題目" 問題： 七題單選題套用 **選擇題** 題型、二題複選題套用 **核取方塊** 題型，一題 **簡答** 題型可回答一個段落的句子、一題 **段落** 題型可回答多個段落的句子。 (建立問題的方式可參考 13 章詳細說明)

食品健康考核-A 班

考核名稱：食品與健康通識
講　師：張宜芳
考試日期：2022/05/08
考試時間：30分鐘

表頭

請選擇單位:

選擇

"基本資料" **下拉式選單** 題型

請輸入員工代號

您的回答

請輸入姓名 (請寫下全名，如：林慧婷)

您的回答

"基本資料" **簡答** 題型

隨著年齡的增加，人體的基礎代謝率也會增加。

○ 對
○ 錯

以同類的工作或活動而言，速度較快的，消耗的熱量較多。

○ 對
○ 錯

人體要減掉一公斤的脂肪，約需消耗多少熱量?

○ 7700 卡
○ 770 卡
○ 77 大卡
○ 7700 大卡

哪一個時期的人，每天所需要的熱量較低?

○ 兒童期
○ 青春期

"題目" **選擇題** 題型

內容物名稱及其含量
營養標示
健康食品字樣

想要消耗體內的脂肪，下列哪個方法最有效?
每天跑步 10 分鐘
塗瘦身霜在脂肪多的地方
每餐控制飲食熱量攝取
每天游泳一個小時

下列哪個不是專責保障消費者權利的機構?
消費者保護委員會
公平交易委員會
食品安全評鑑委員會
消費者文教基金會

"題目" **選擇題** 題型

下列何者是正確的飲食觀念?（複選）
食物的價錢高，代表營養價值高。
就地取材，選食本地食物最新鮮。
日常飲食應該選擇各類食物，不偏食也不過量。

提供(奶素)素食餐時，下列哪些食材不應加入?（複選）
香菜
洋蔥
菠菜
韭菜

"題目" **核取方塊** 題型 (建議此題型題目後方加註 "複選" 提醒填答者)

"良好作業規範" 是指食物、藥品、醫療產品生產和質量管理的法規。 " 良好作業規範 " 英文簡稱為?
您的回答

"題目" **簡答** 題型

罐頭食品是否含有防腐劑，為什麼?
您的回答

"題目" **問答** 題型

小提示 簡答、問答題需手動批改

測驗卷題目中若有安排簡答、問答題，待考試結束後這二種題型需由老師手動批改給分 (後續會說明自動、手動批改給分的方式)，因為是由填答者輸入資料的填答方式，只能以字數、是否包含特定數字或文字...等規則驗證，一旦多了空白、符號或英文字母大小寫差異...等，即無法給分，如果希望測驗卷能 "完全" 自動批改給分，則需注意這個部分。

區隔考題題型

此份測驗表單題目共十一題，接著要加入 **標題與說明** 項目，標註 "選擇題" 與 "簡答題" 二個文字小標題區隔不同屬性的測驗卷問題，依下說明於合適的位置新增。

STEP 01 建立第一個小標題：選按 "請輸入姓名" 問題，右側工具列選按 Tт **新增標題與說明**，下方會新增一 **標題與說明** 項目。

請輸入姓名 (請寫下全名，如：林慧婷)　簡答

簡答文字

STEP 02 於 **標題與說明** 項目，輸入小標題名稱：「選擇題」。

選擇題

說明 (選填)

隨著年齡的增加，人體的基礎代謝率也會增加。 *

對

STEP 03 建立第二個小標題：選按 "提供(奶素)素食餐時，下列哪些食材不應加入？ (複選)" 問題，右側工具列選按 Tт **新增標題與說明**，下方會新增一 **標題與說明** 項目，輸入小標題名稱：「簡答題」。

區隔基本資料與考題

建置一個區段，可以讓測驗表單分頁分別呈現 "基本資料" 與 "題目" 二個頁面；此份測驗卷中於 "請輸入姓名" 項目後新增一個區段，並命名為：「題目」。

STEP 01 選按此份測驗卷 "請輸入姓名" 問題，右側工具列選按 **新增區段**，於下方新增 一個區段。

STEP 02 表單表頭本身預設為 **第 1 個區段**，剛剛新增的為 **第 2 個區段**，為新增的 **第 2 個區段** 命名為：「題目」。

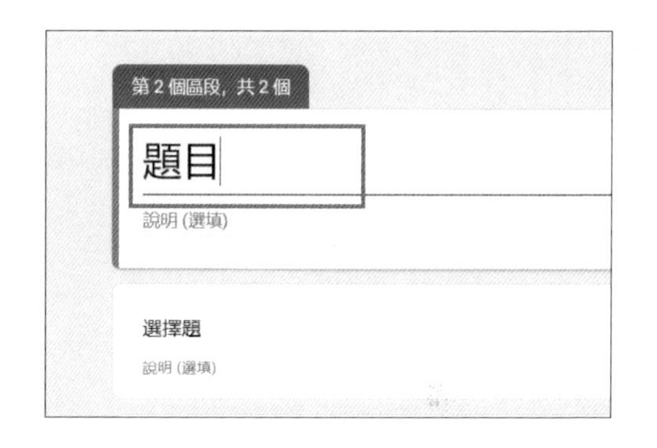

正式填寫時，這份測驗卷有二個頁面，設定表單下方顯示進度列，方便填答者瞭解目前作答進度。選按 **設定** 標籤，於 **設定** 選按 **簡報** 右側 鈕展開，選按 **顯示進度列** 項目右側 呈 狀。

設定測驗表單各項驗證與限制

開啟表單 **測驗** 功能的同時也多了許多專屬設定，建議參考以下項目，先想想測驗卷需要制定的規則，再依後續說明一一設定。

- ☐ 題目是否為必答？
- ☐ 題目是否需依特定規則回答 (中、英字數、英文字母大小寫...等)？
- ☐ 題目或選項是否需要隨機排序出題？
- ☐ 測驗卷是否要收集填答者的電子郵件，以方便後續公佈成績？
- ☐ 測驗卷是否限定一個人只能填答一次，且提交後不能再編輯？
- ☐ 測驗卷是否限定機關中的使用者才能填答？
- ☐ 填答者交卷後，是否可立即看到成績或之後再公佈？
- ☐ 公佈成績時，答錯的問題是否提供正確答案與說明 (建議自學時使用)？

指定為必答的題目

測驗卷中不僅姓名、編號...等基本資料欄位一定要填寫，試題題目除非有特別設計，一般來說都要填答，擔心填答者沒有完整填答就提交，可以設定問題項目為 **必填**。

STEP 01 選按任一問題，選按 **必填** 項目右側 ⊂ 呈 ● 狀，這樣填答者一定要填寫此題的答案才能提交問卷。

STEP 02 依相同方式，為此份測驗卷的問題項目一一開啟 **必填** 功能。

用規則限定答案字數與字母大小寫

測驗卷中難免有一些問題需由填答者自行輸入答案，內容往往五花八門，很難給分，這時可以針對這類題型限定答案格式，提升資料正確性。

此份測驗表單要針對 "請輸入員工代號" 與二題簡答題，依數字字數、英文字母大小寫、文字字數...等規則驗證答案。

STEP 01 選按 "請輸入員工代號" 問題，為題目加入規則說明：「 (請輸入數字 6 碼)」，再選按 ⋮ \ **回應驗證**。

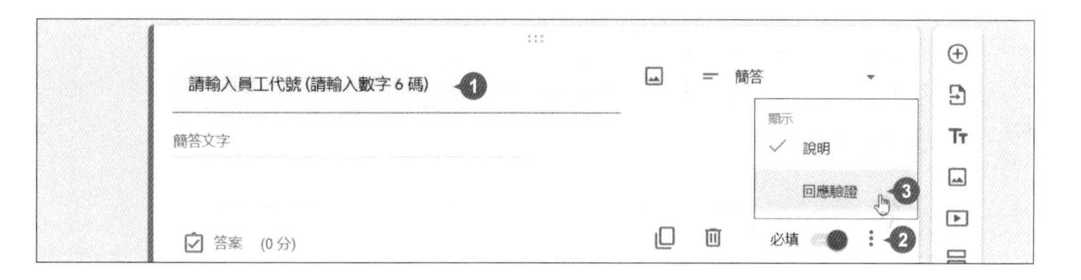

設定依 **規則運算式** 驗證，內容為 **包含**：「^\d{6}$」，若為不正確的資料則出現提示訊息：「請輸入數字 6 碼」。(**規則運算式** 詳細說明請參考 P4-19)

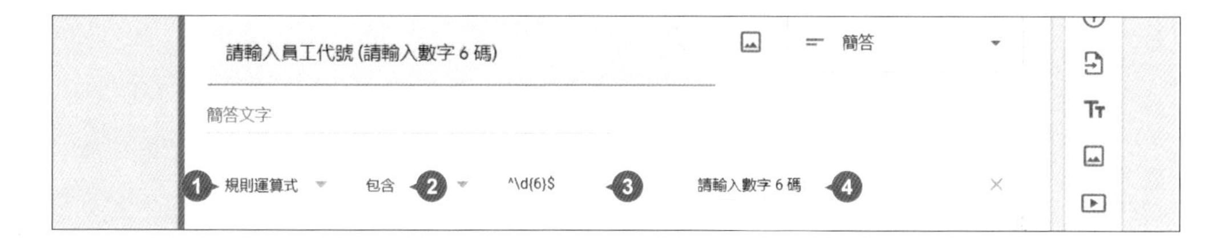

STEP 02 選按 "良好作業規範 是指食物...." 簡答題問題，為題目加入規則說明：「 (提示：三個字母) (請輸入大寫英文字母)」，再選按 ⋮ \ **回應驗證**。

設定依 **規則運算式** 驗證，內容為 **包含**：「^[A-Z]{3}$」，若為不正確的資料則出現提示訊息：「提示：三個字母 (請輸入大寫英文字母)」。

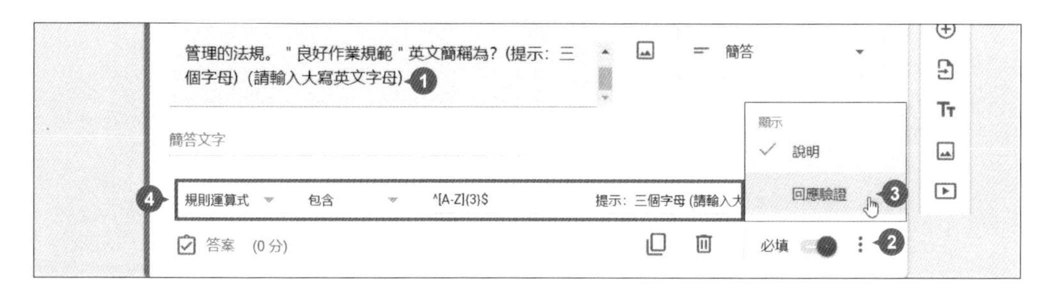

03 選按 "罐頭食品...." 簡答題問題，為題目加入規則說明：「(請輸入至少 20 字說明)」，再選按 ⋮ \ **回應驗證**。

設定依 **長度** 驗證，內容為 **最小字元數**：20，若為不正確的資料則出現提示訊息：「請輸入至少 20 字說明」。

隨機排序答案順序

如果希望測驗卷問題選項隨機排列，可以針對 **選擇題**、**核取方塊** 或 **下拉式選單** 題型，設定讓每位填答者看到不同順序的答案選項。

01 選按任一 **選擇題**、**核取方塊** 或 **下拉式選單** 題型，在此選按 "下列哪個不是專責保障...." 選擇題。

02 選按問題項目右下角 ⋮ \ **隨機決定選項順序**，待正式開始填答，每位填答者即可看到不同順序的答案選項。(依相同方式為此份測驗卷 **選擇題** 區段中每份問題設定為 **隨機決定選項順序**)

隨機排列問題順序

測驗卷中的問題項目若設定為隨機排列，每位填答者開啟測驗卷時，問題項目均以不同排列順序呈現，可以確保不會發生答案抄襲的狀況。

選按 **設定** 標籤，於 **設定** 選按 **簡報** 右側 ⌄ 鈕展開，選按 **隨機決定問題順序** 項目右側 ○ 呈 ● 狀。

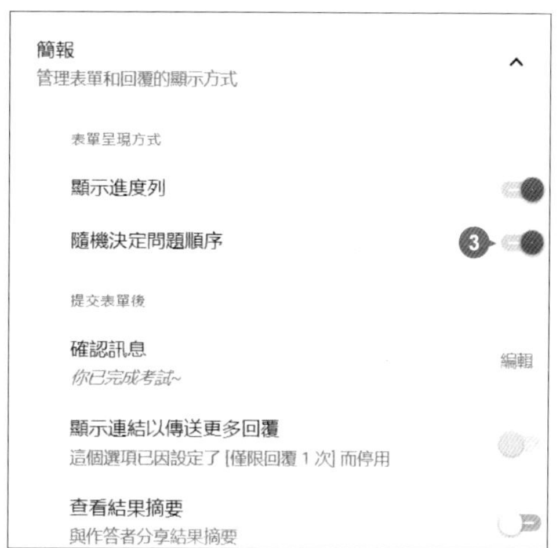

測驗卷問題項目隨機排列，除了開啟 **隨機決定問題順序** 設定，還要注意以下二個重點：

- 問題項目不能有題號，因為題號不會依隨機出現的順序自動調整，這樣整份測驗卷會顯得有些亂。
- 如果表單中只設置了問題項目，套用 **隨機決定問題順序** 設定後，"請選擇單位"、"請輸入姓名"、"請輸入員工代號" 這三個基本問題項目也會跟著隨機排序，可能發生在填答了幾題才看到要輸入姓名，這樣會顯得有些不合適。目前表單中可以使用 **區段** 或 **標題與說明** 項目為問題項目分組，分組後只會將同組的問題項目隨機排序，不會跨組隨機排序。

  例如此測驗卷於 P15-6 已加入 **標題與說明** 項目，標註 "選擇題" 與 "簡答題" 二個文字小標題區隔不同屬性的測驗卷問題，因此這份測驗卷為："請選擇單位"、"請輸入姓名"、"請輸入員工代號" 一組，選擇題一組、簡答題一組，當填答者開啟測驗卷時，即會依這三組內容各自隨機排序問題項目。(也可以使用 **區段** 分組，差別在於每個區段會各自成一頁，填答時會發現第 1 頁填答後需選按 **繼續** 進入下一頁，才能看到第 2 區段的內容。)

收集電子郵件

測驗表單記得要收集填答者的電子郵件資料，批改後才能以電子郵件公佈成績。

STEP 01 選按 **設定** 標籤，於 **設定** 選按 **回覆** 右側 ⌄ 鈕展開，選按 **收集電子郵件地址** 項目右側 ⊃ 呈 ● 狀。(建議 **傳送表單回覆副本給作答者** 不要傳送，以免試題答案外流。)

STEP 02 回到表單編輯畫面，會出現 **電子郵件** 欄位。

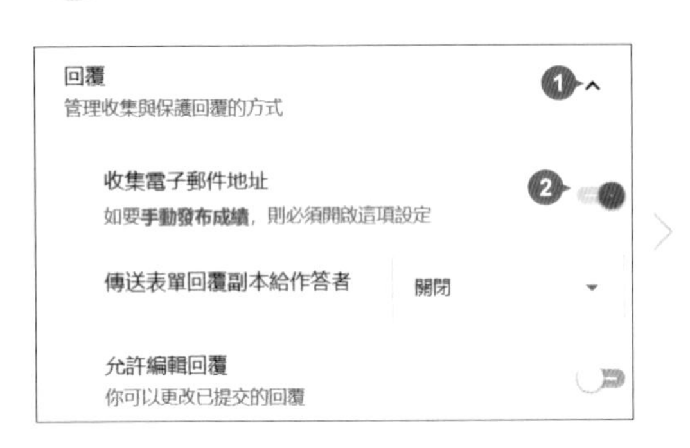

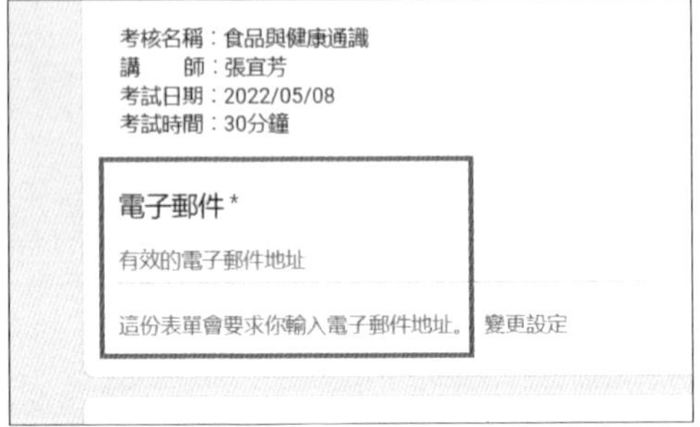

限定每人只能填答一次、提交後不能編輯

測驗表單可以限定每人只能填答一次，不能重複提交，且提交後不能再編輯答案。這樣的限定會要求填答者必須先登入自己的 Google 帳號才能回到這份測驗卷填答。

選按 **設定** 標籤，於 **設定** 選按 **回覆** 右側 ⌄ 鈕展開，確認 **允許編輯回覆** 呈 ⊃ 狀，再選按 **僅限回覆 1 次** 項目右側 ⊃ 呈 ● 狀。

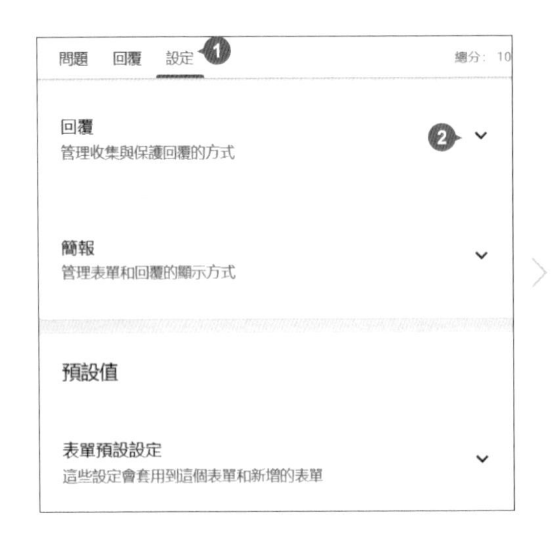

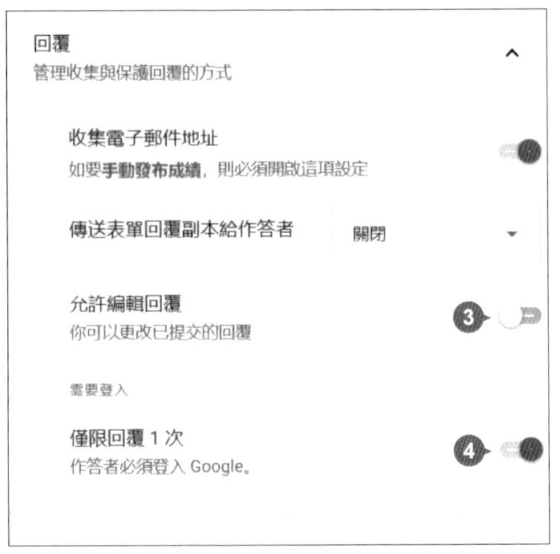

限定機構中的使用者才能填答

如果使用公司或學校提供的 Google 帳號登入、製作表單，可控管測驗表單填答者必須為機構中的使用者。(若有此限定，填答者需以機構 Google 帳號登入才能開啟測驗卷。)

選按 **設定** 標籤，於 **設定** 選按 **回覆** 右側 ⌄ 鈕展開，選按 **僅限 ***及其信任機構中的使用者** 項目右側 呈 狀。

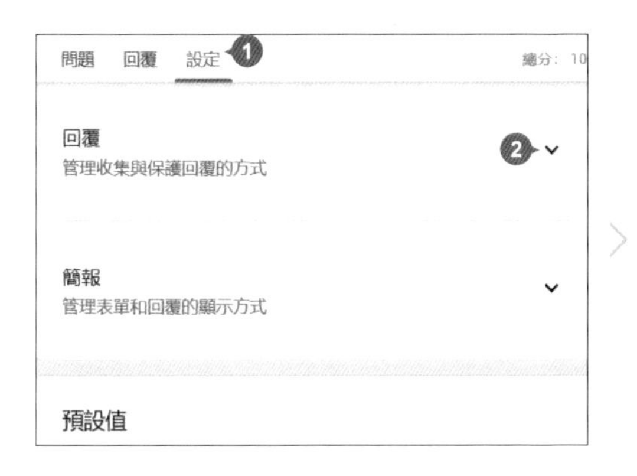

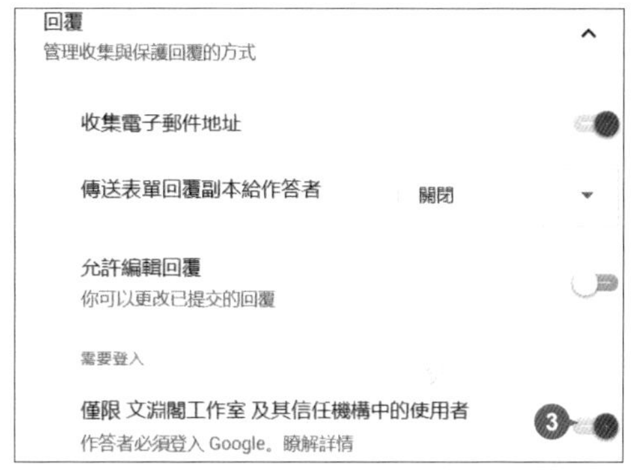

設定是否自動公佈成績

測驗表單，預設在提交後選按 **查看分數** 鈕，會自動公佈成績、答題對錯與正確答案 (此範例有設定 **區段**，因此有二次評分小計)：

若希望提交測驗表單後自動公佈成績、答題對錯與正確答案，此方式適用於自學測驗、單班測驗及測驗卷中只有單選與多選題時。可以如下設定：

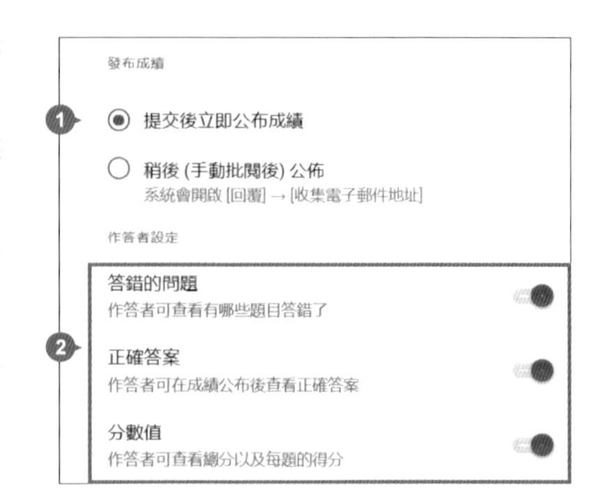

STEP 01 選按 **設定** 標籤，於 **設定** 的 **發布成績** 核選 **提交後立即公佈成績**。

STEP 02 **作答者設定** 項目一一 選按 **答錯的問題**、**正確答案**、**分數值** 項目右側 (關) 呈 (開) 狀。

若不想提交測驗表單後自動公佈成績、答題對錯與正確答案，可以如下設定：

STEP 01 選按 **設定** 標籤，於 **設定** 的 **發布成績** 核選 **稍後 (手動批閱後) 公佈**。(若測驗卷中有簡答、問答題型，建議核選 **稍後 (手動批閱後) 公佈**，因為這二個題型需手動批閱評分)

STEP 02 **作答者設定** 項目一一 選按 **答錯的問題**、**正確答案**、**分數值** 項目右側 (開) 呈 (關) 狀。(若為自學測驗可斟酌是否核選，若為正式測驗則建議不核選這三個項目，以免發生答案提早公告的狀況。)

設定交卷確認訊息

填答者提交表單後，會出現確認訊息："我們已收到你回覆的表單"，可編輯此訊息方便填答者確認測驗表單已正確送出。選按 **設定** 標籤，於 **設定** 選按 **簡報** 右側 (⌄) 鈕展開，選按 **確認訊息** 項目右側 **編輯**，輸入回應訊息文字再選按 **儲存**。

設定答案、指派配分與說明

測驗表單可以為所有問題指定正確回答可得到的分數，但只能為 **選擇題**、**核取方塊**、**下拉式選單**、**簡答題** 題型指定答案與針對個別問題的正確和錯誤答案提供相關說明。

單選題

選擇題 與 **下拉式選單** 題型均為單選題，填答者只能選擇一個答案，但在建立答案時，目前測試發現答案數量並沒有限定，因此要特別注意這個部分。此份測驗卷以 "隨著年齡的增加..." 這個問題，示範單選題建立答案、指派配分與說明的方式：

STEP 01 選按任一 **選擇題** 題型問題項目，選按 **答案**。於答案選項核選正確答案，輸入能夠獲得的分數，再選按 **新增作答意見回饋**。

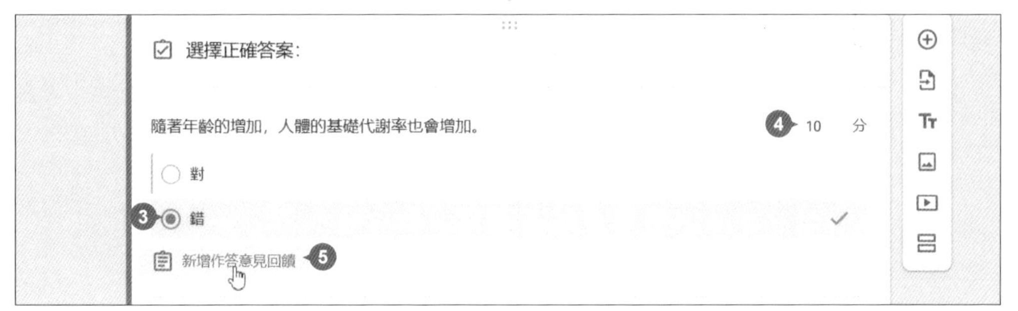

STEP 02 針對 **答錯** 或 **正確答案** 提供意見，其中可以包含文字、超連結與 YouTube 影片，建立好意見說明選按 **儲存**。

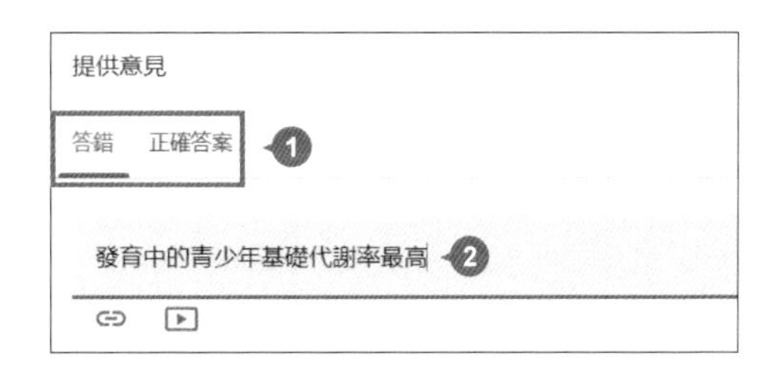

STEP 03 再次檢查答案、配分與說明的設定，確定沒問題可選按 **完成** 鈕。

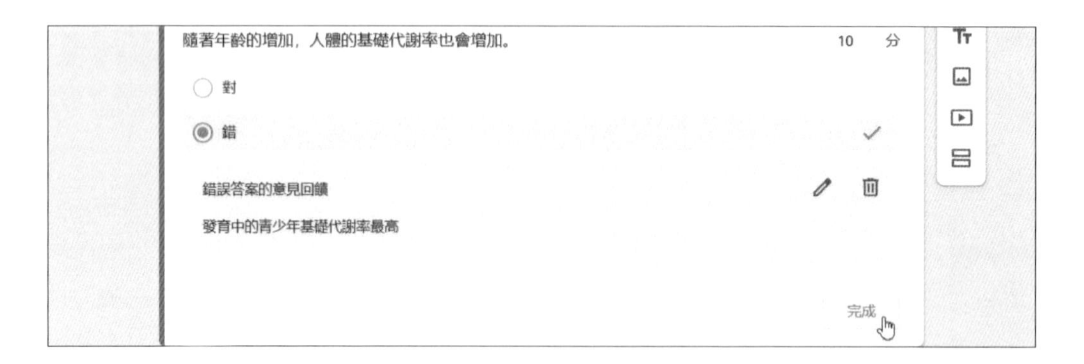

多選題

核取方塊 題型為多選題，填答者能選擇多個答案，但在建立答案時，目前測試發現即使只輸入一個答案也可以，因此要特別注意這個部分。此份測驗表單以 "下列何者是正確的飲食觀念？(複選)" 這個問題，示範多選題建立答案、指派配分與說明的方式：

選按任一 **核取方塊** 題型問題項目，選按 **答案**。於答案選項核選正確答案，輸入能夠獲得的分數 (如果需要說明可選按 **新增作答意見回饋** 設定)，最後選按 **完成** 鈕。

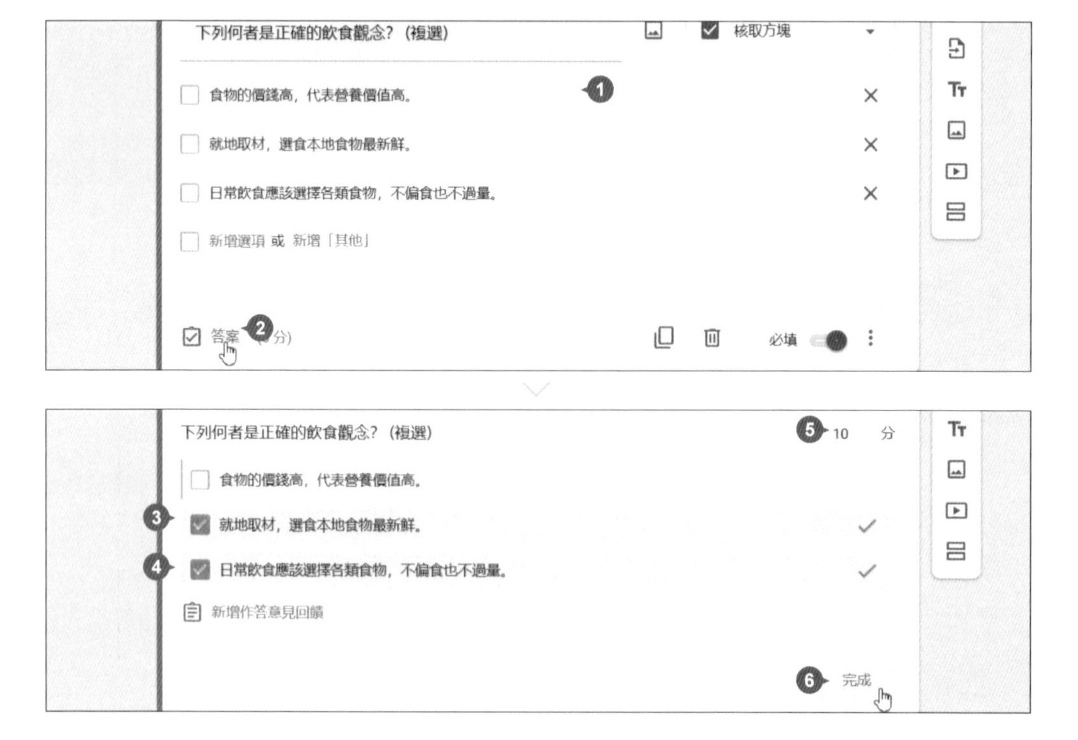

填充與簡答題

簡答 題型，填答者能輸入一行文字答題，常用於填充與簡答題。Google 測驗表單的批改標準為 "完全相符" 才是答對，一旦字母大小寫不同、多了一個空白鍵或符號...等狀況，就無法得分。因此建議以規則驗證提高簡答答案正確性 (參考 P15-9)，提交後再手動審閱及評分。此份測驗表單以 "良好作業規範..." 這個問題，示範簡答題建立答案、指派配分與說明的方式：

選按任一 **簡答** 題型問題項目，選按 **答案**。輸入正確答案與能夠獲得的分數 (如果需要說明可選按 **新增作答意見回饋** 設定)，最後選按 **完成** 鈕。

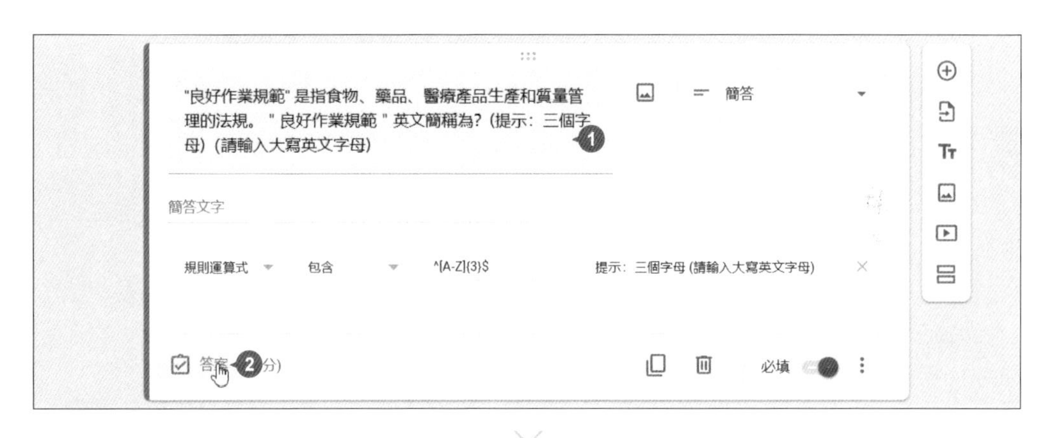

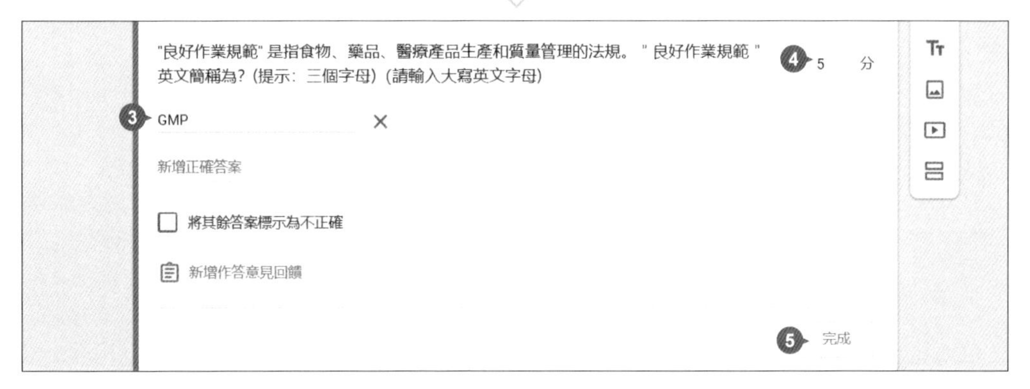

小提示 將其餘答案標示為不正確

簡答題若預計手動審閱後評分，建議不要核選 **將其餘答案標示為不正確**，系統會將不相符的回應保持在未評分狀態；如果核選 **將其餘答案標示為不正確**，不相符的回應會標示為不正確並評分為：「0」。

問答題

段落 題型，填答者能輸入多段文字答題，常用於問答題。Google 測驗表單無法批改此題型，因此建議以規則驗證提高問答答案正確性 (參考 P15-10)，提交後再手動審閱及評分。此份測驗表單以 "罐頭食品..." 這個問題，示範問答題指派配分與說明的方式：

選按任一 **段落** 題型問題項目，選按 **答案**。輸入能夠獲得的分數，選按 **新增作答意見回饋**，輸入正確答案與相關說明，最後選按 **儲存** 鈕與 **完成** 鈕。

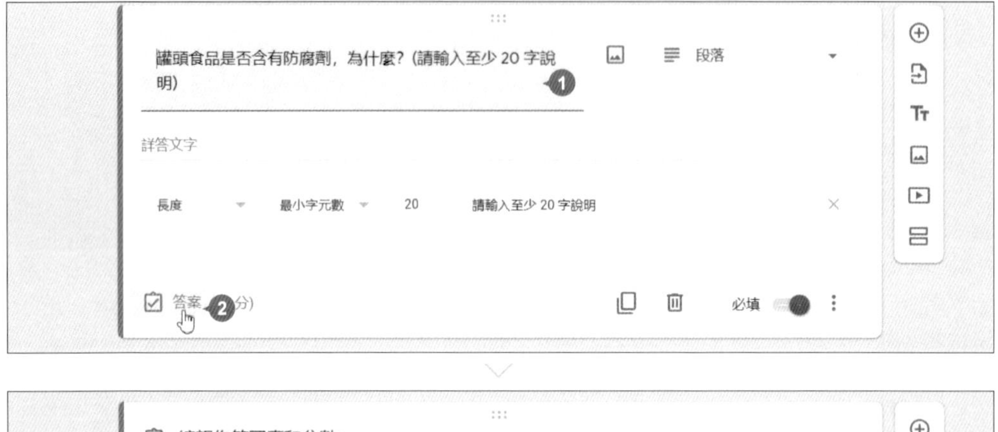

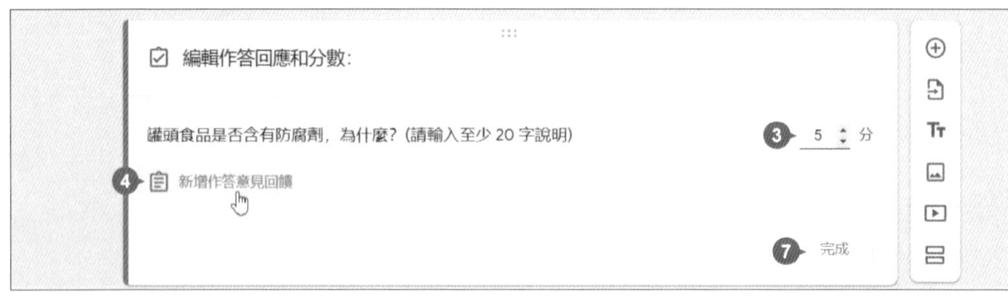

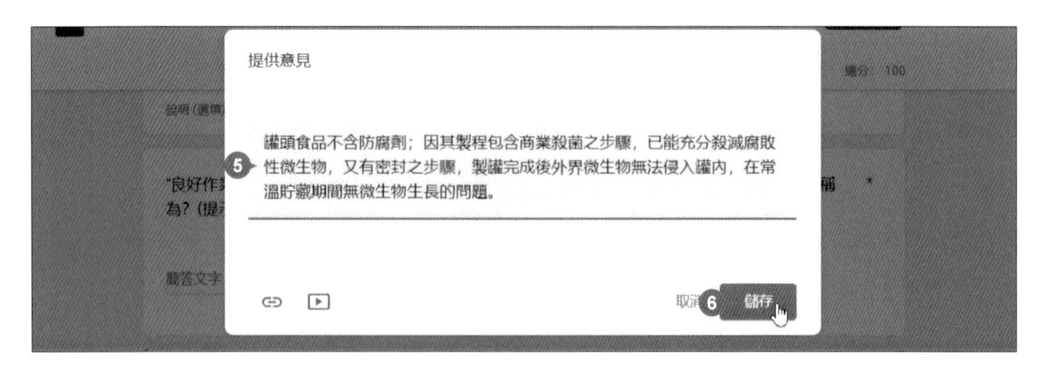

以上說明了四類題型，請依相同方式，為此份測驗表單一一建立答案、指派配分 (單選、多選題一題 10 分；簡答與問答一題 5 分) 與說明設定。

分享與開始 / 停止測驗

完成測驗表單與相關設定後，可以利用電子郵件傳送連結給填答者或於平台上公告測驗連結。然而要特別注意！測驗表單與一般表單用途不同，往往會要求在指定時間開始填答，時間到立即關閉填答。

分享測驗表單連結

表單畫面上方選按 **傳送** 鈕開啟對話方塊，可選擇你與填答者之間最合適的連繫方式。若以電子郵件傳送，可於 ✉ 標籤輸入收件者的電子郵件、主旨與信件訊息，最後選按 **傳送** 鈕。

若只需取得連結分享，於 🔗 標籤，會看到一長串網址，核選 **縮短網址** 可以轉換為短網址，再選按 **複製** 鈕取得表單連結網址。(可參考 P13-16 詳細說明)

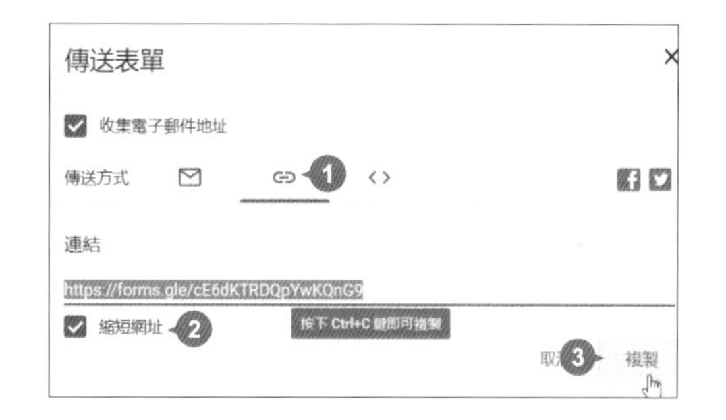

開始 / 停止測驗表單填寫

測驗填答時間還沒到，可先關閉表單回應，以防填答者提早作答。於表單畫面選按 **回覆** 標籤，**接受回應** 右側選按 ● 呈 ○ 狀，為 **不接受回應**，再於 **給作答者的訊息** 欄位中輸入相關訊息。

待測驗填答時間快到再設定為 ● **接受回應** (若已設定為 **接受回應**，填答者仍無法開始作答，請重新載入目前的網頁)。同樣的，考試結束後也要記得設定為 **不接受回應**，如此一來這份測驗表單僅會於接受回應期間開放填答。

批改測驗

完成測驗後，測驗表單預設會自動批改，但有部分題型可以依問題或作答者分別手動批改，例如：同時批改特定問題的所有答案，或批改個別填答者的整份測驗。

批改同一問題的所有答案

有些問題必須手動批改，例如簡答題或問答題。如要同時查看特定問題加快批改速度並減少可能針對個別學生出現偏見的狀況，可以選擇同時批改同一問題，預設不會顯示填答者的身分資訊。

STEP 01 於 **回覆** 標籤 \ **問題** 項目，選按問題項目再選擇想要查看或批改的，如果是 **選擇題**、**核取方塊**、**下拉式選單** 題型的問題，會看到已自動批改、給分。

每則答案標示了 ☑ **正確**、☒ **不正確**，以及有幾位填答者回應，最右側標註可獲得的分數。

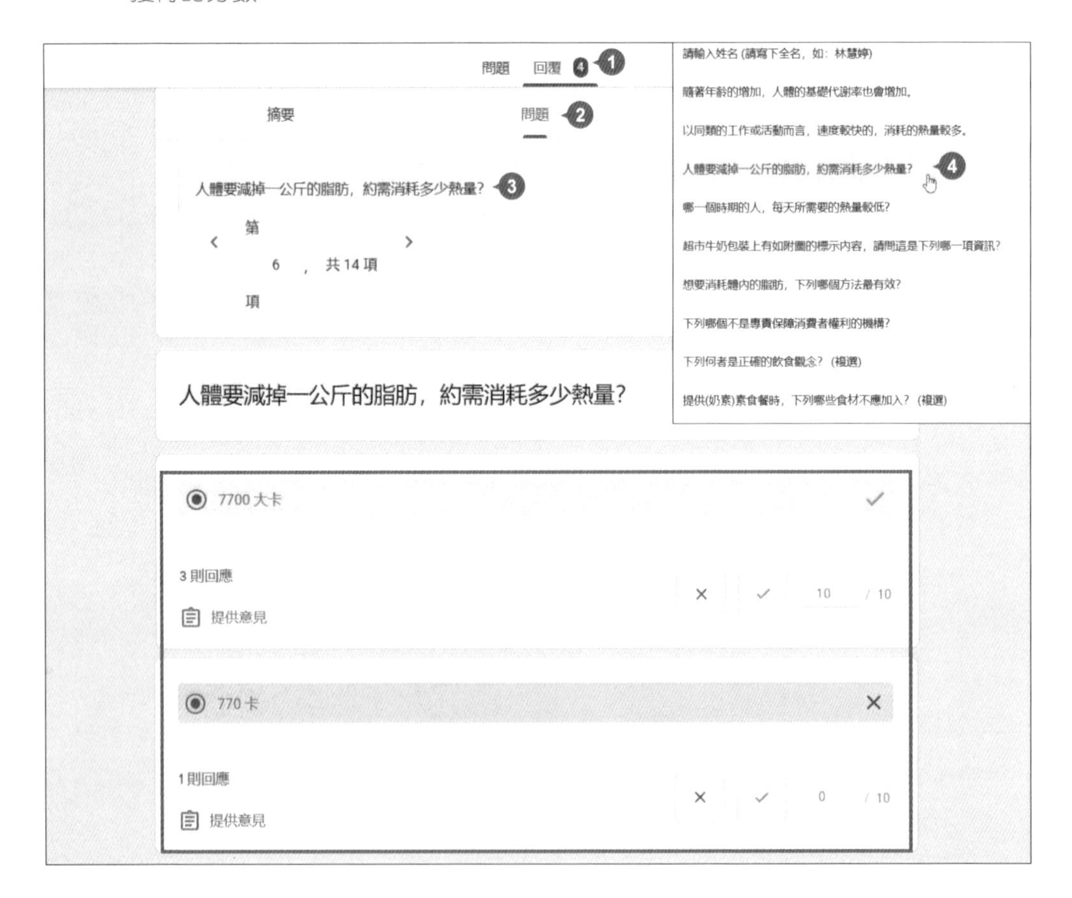

STEP 02 選按問題項目再選擇想要查看的簡答題：表單於 P15-17 設定 **簡答** 題型答案時，沒有核選 **將其餘答案標示為不正確**，因此發現不論答案填寫什麼內容，都呈現不給分狀態，而不是批改為不正確的 0 分。

手動批改給分前，可以選按 **顯示答案鍵** 查看預先輸入的答案，再進行批改：

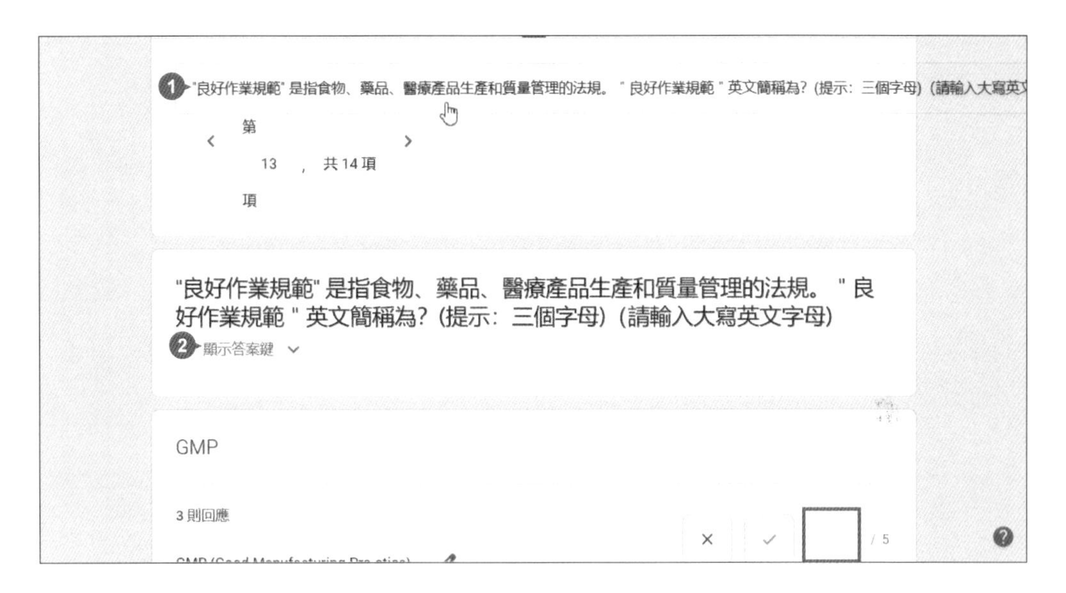

答案項目右側標註每則回應可獲得的分數，確認填答者回應的內容後直接選按 ☒ **不正確** 或 ☑ **正確** 標示該題狀況，若選按 ☒ 自動給「0」分，若選按 ☑ 自動給「5」分，也可再手動調整給分。此題評分完畢後，選按 **儲存** 鈕。

STEP 03 選按問題項目再選擇想要查看的簡答題：Google 測驗表單無法批改此題型，表單於 P15-18 設定 **段落** 題型答案時，沒有辦法輸入答案只能輸入作答意見回饋說明，因此發現不論答案填寫什麼內容，都呈現不給分狀態。

手動批改給分前，可以看一下問題下方作答意見回饋說明，再進行批改：

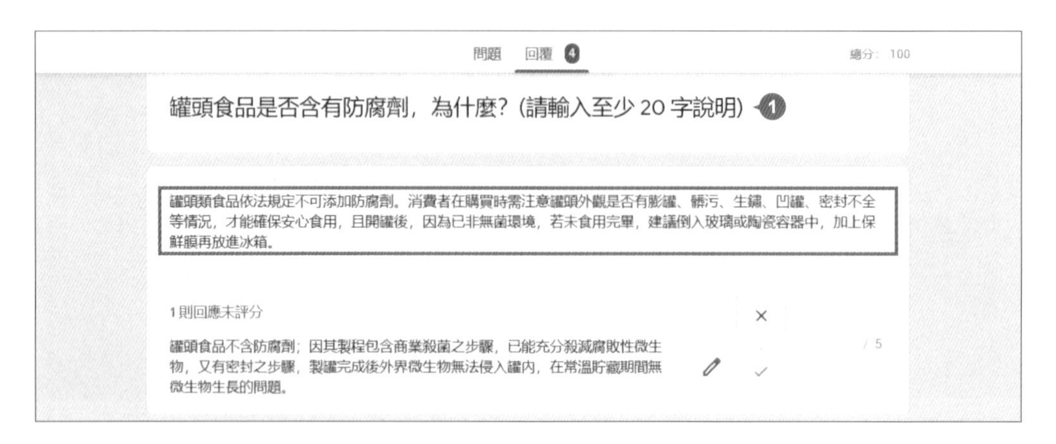

答案項目右側標註每則回應可獲得的分數，確認填答者回應的內容後直接選按 ☒ **不正確** 或 ☑ **正確** 標示該題狀況，若選按 ☒ 自動給「0」分，若選按 ☑ 自動給「5」分，也可再手動調整給分。此題評分完畢後，選按 **儲存** 鈕。

等情況，才能確保安心食用，且開罐後，因為已非無菌環境，若未食用完畢，建議倒入玻璃或陶瓷容器中，加上保鮮膜再放進冰箱。

1 則回應未評分

罐頭食品不含防腐劑；因其製程包含商業殺菌之步驟，已能充分殺滅腐敗性微生物，又有密封之步驟，製罐完成後外界微生物無法侵入罐內，在常溫貯藏期間無微生物生長的問題。

2 5 / 5 3

罐頭食品不含防腐劑，因其製程包含商業殺菌之步驟。

1 則回應未評分

罐頭食品不含防腐劑；因其製程包含商業殺菌之步驟，已能充分殺滅腐敗性微生物，又有密封之步驟，製罐完成後外界微生物無法侵入罐內，在常溫貯藏期間無微生物生長的問題。

4 5 / 5 5

無，因為真空密封，所以不會產生細菌而導致腐壞。

編輯內容尚未儲存 捨棄 儲存 6

批改個別填答者的所有答案

可以一次批改個別填答者在整份測驗表單中的所有答案，主要依填答者電子郵件帳號切換批改對象。

STEP 01 於 **回覆** 標籤 \ **個別** 項目，選按電子郵件帳號選擇想要查看或批改的對象，或選按 **第 * 項** 切換對象。

同樣的，如果是 **選擇題**、**核取方塊**、**下拉式選單** 題型的問題，會看到已自動批改、給分。

STEP 02 **簡答**、**段落** 題型手動批改前，可參考之前設定的答案或作答意見回饋說明再開始批改。一旦批改的給分不是該題定義的滿分，標示為 ☒ **不正確**，該題滿分時標示為 ☑ **正確**。此填答者測驗卷評分完畢後，選按 **儲存** 鈕。

"良好作業規範" 是指食物、藥品、醫療產品生產和質量管理的法規。"良好作業規範" 英文簡稱為？(提示：三個字母) (請輸入大寫英文字母) * 0 / 5
CAS
正確答案
GMP
建議
GMP (Good Manufacturing Pra ctice)
新增個別作答回饋
罐頭食品是否含有防腐劑，為什麼？(請輸入至少 20 字說明) * 5 / 5
無，因為真空密封，所以不會產生細菌而導致腐壞。
編輯內容尚未儲存 捨棄 儲存

TIPS 6 查看與傳送測驗結果

待每份測驗表單都完成批改，可以查看根據測驗的所有回覆結果自動產生的摘要資訊，包括：平均分數、中位數、分數範圍、經常答錯的問題、標示正確答案的圖表...等。

查看測驗結果

於 **回覆** 標籤 \ **摘要** 項目，可以看到：平均分數、中位數、分數範圍、經常答錯的問題、標示正確答案的圖表...等，目前回應取得的摘要資訊。可參考這些數據了解考卷分數分佈以及總體學習狀況，也可評估填答者對課程內容的理解程度。

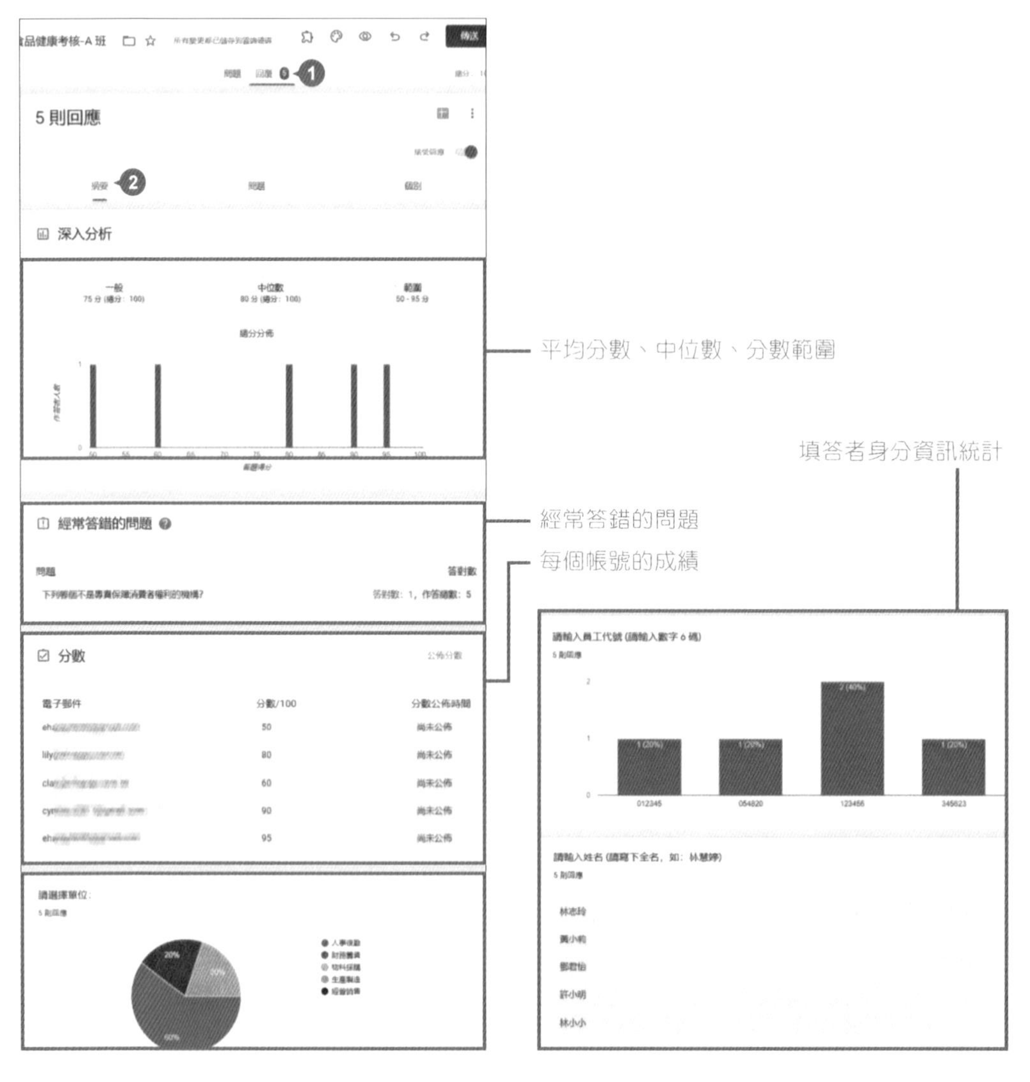

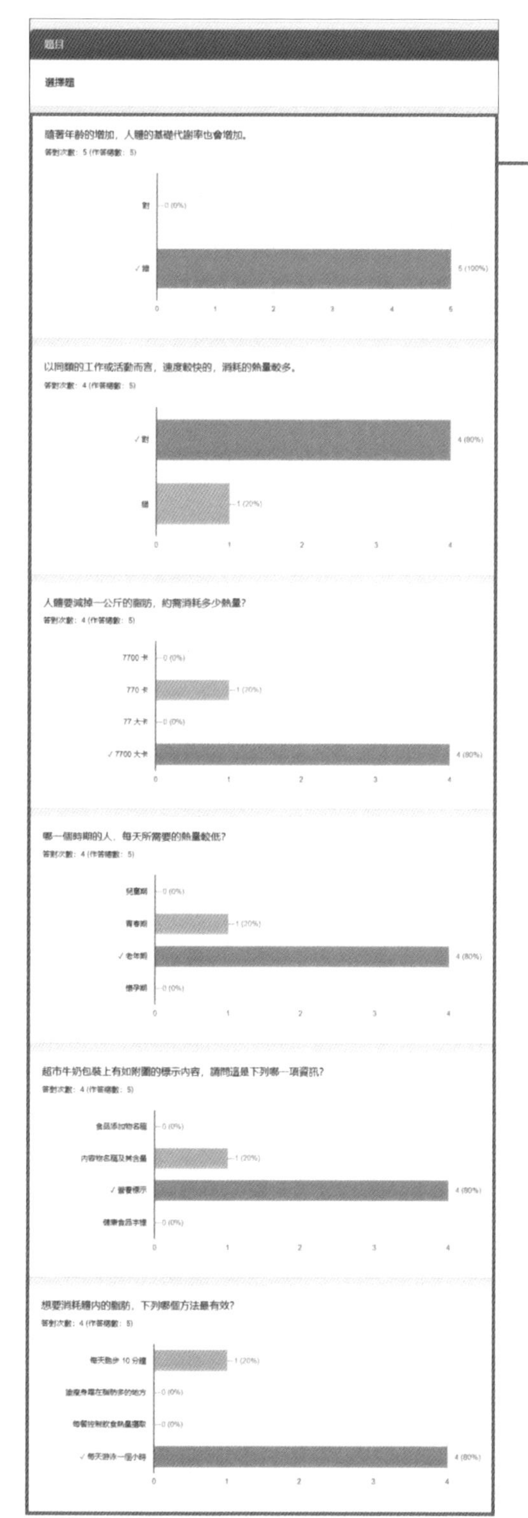

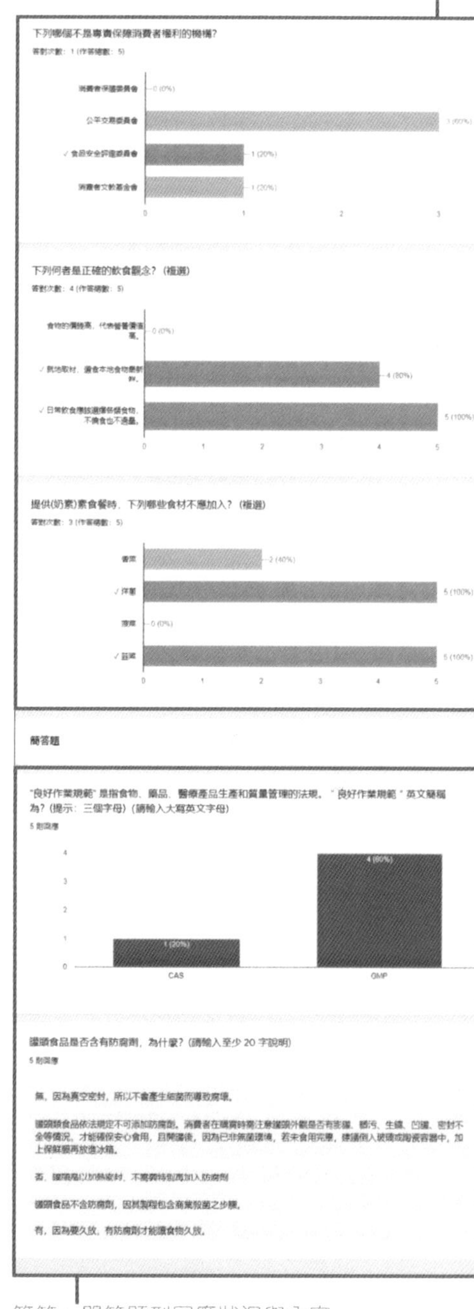

簡答、問答題型回應狀況與內容

用電子郵件傳送個別成績

一開始即在表單中要求填答者填寫電子郵件，在測驗卷完成批改後可以立即傳送成績通知每位填答者。

01 於 **回覆** 標籤 \ **個別** 項目，選按 **公佈分數** 鈕。

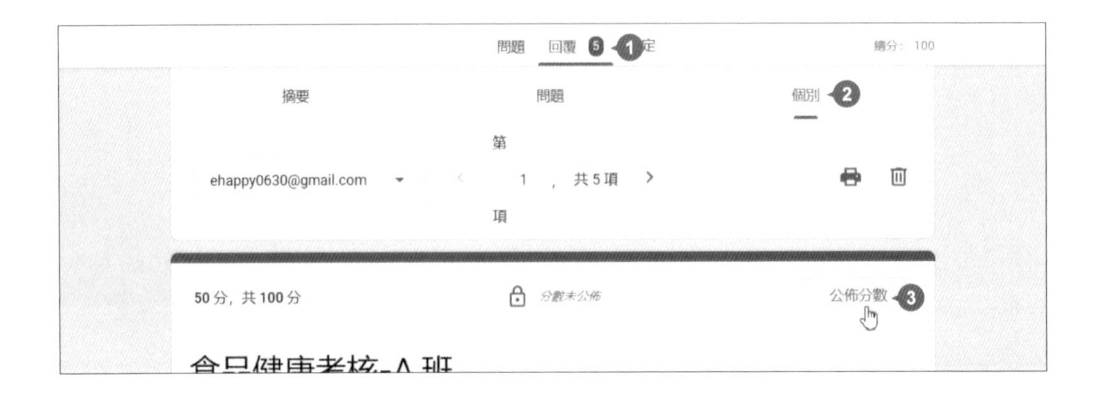

02 核選要傳送電子郵件的對象，再選按 **傳送電子郵件並公佈分數**。如此一來指定的填答者會在該電子郵件信箱中收到自己的分數通知。

填答者收到的分數通知電子郵件，會標列測驗卷名稱與得分，選按 **檢視** 鈕可以看到自己的測驗卷填答內容，但因為此份測驗卷於 P15-14 設定 **作答者可以查看** 項目時，沒有核選 **答錯的問題**、**正確答案**，因此只能看到自己的填答內容並不會標註正確答案。

列印分析圖與填答測驗卷

線上測驗表單若需要列印成紙本備存，可選擇列印：測驗卷問題、成績分析圖表或個別填答者填答測驗卷。

列印問題和摘要分析圖表

列印測驗問題，可於 **問題** 標籤畫面右上角選按 ⋮ **更多選項 \ 列印**，出現預覽畫面與連線印表機相關設定，預覽畫面可以看到已將表單內容轉換成紙本排版，確認設定後選按 **列印** 鈕。

列印分析圖表，可於 **回覆** 標籤 \ **摘要** 項目，畫面右上角選按 ⋮ **更多選項 \ 列印**，回應分析圖表會以新的網頁頁面開啟，在該頁面選按滑鼠右鍵 \ **列印**，可列印摘要分析圖資料頁。

列印所有 / 個別填答者填答測驗卷

測驗表單可列印所有或個別填答者的填答測驗卷，依電子郵件帳號整理，包含測驗卷表頭、所有問題項目與填答者回覆內容，列印成紙本可方便出題者將資料備存。

列印所有填答者測驗卷，可於 **回覆** 標籤 \ **個別** 項目，回應區塊右上角選按 ⋮ **更多選項 \ 列印所有回應**，出現預覽畫面與連線印表機相關設定，預覽畫面可以看到已依電子郵帳號將所有填答測驗卷內容轉換成紙本排版，確認設定後選按 **列印** 鈕。

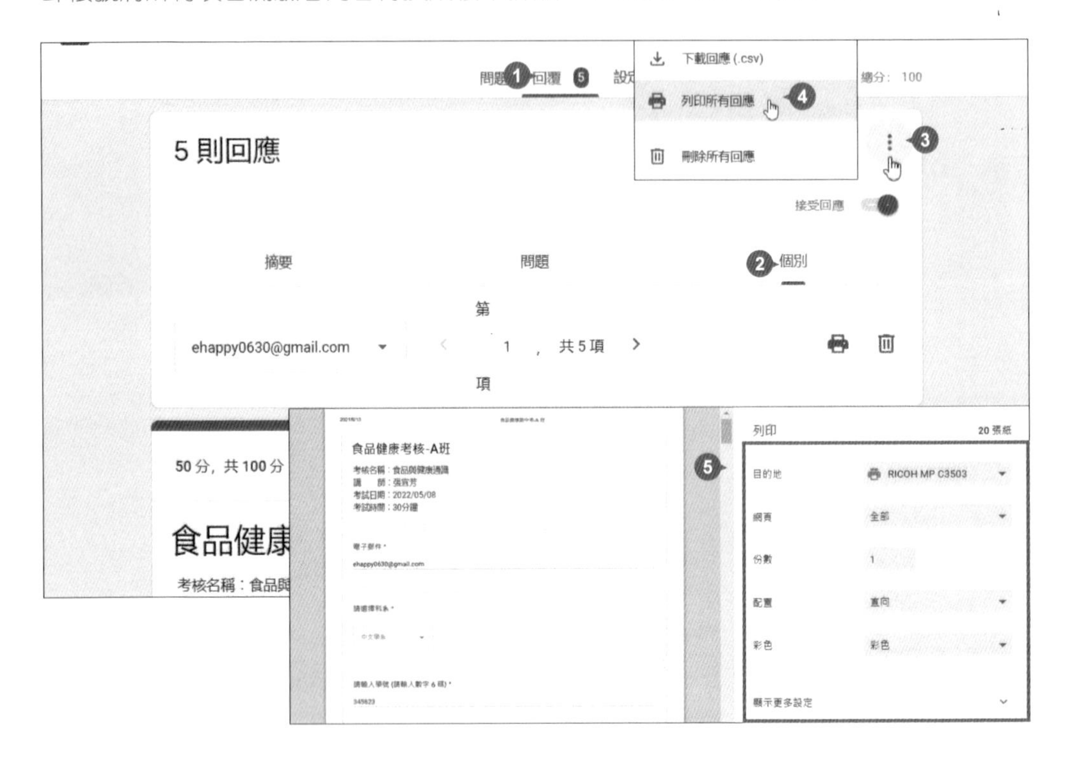

列印特定填答者的測驗卷，可於 **回覆** 標籤 \ **個別** 項目，先切換至該名填答者的電子郵件，再選按 🖶 **列印回應**。出現預覽畫面與連線印表機相關設定，預覽畫面可以看到已依電子郵帳號將該名填答者的測驗卷內容轉換成紙本排版，確認設定後選按 **列印** 鈕。

取得測驗成績明細試算表

線上測驗表單最後一個重點，是將此份測驗所有明細資料包括個別成績數據與答案整理於試算表中。

STEP 01 於 **回覆** 標籤選按 ➕ 開啟對話方塊，核選 **建立新試算表**，預設以目前的表單名稱命名，再選按 **建立**。

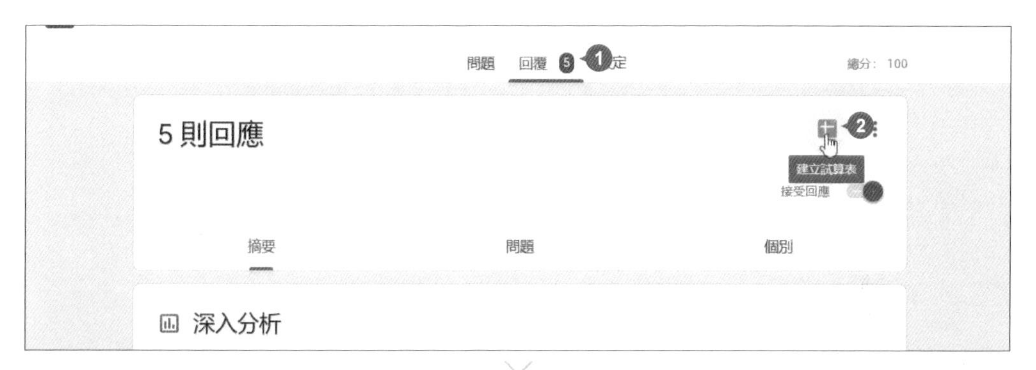

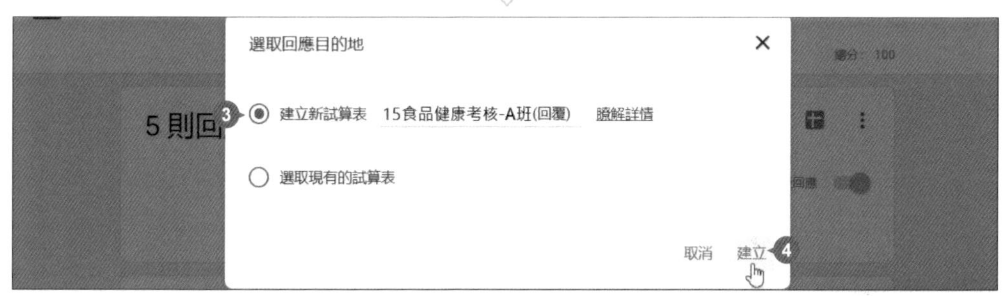

STEP 02 開啟 Google 試算表編輯畫面，可以看到目前已提交的測驗卷統計結果，包含：日期時間、電子郵件、分數，以及各個問題的題目與回應答案。

15食品健康考核-A 班ok (回覆)

檔案 編輯 查看 插入 格式 資料 工具 表單 外掛程式 說明

共用

A1 時間戳記

	A	B	C	D	E	F	
1	時間戳記	電子郵件地址	分數	請選擇單位：	請輸入員工代號 (請輸入	請輸入姓名 (請寫下全名	隨著
2	2021/10/5 下午 8:30:26	ehappy0630@gmail.com	45 / 100	人事後勤	345623	林志玲	錯
3	2021/10/6 上午 11:32:08	clair@e-happy.com.tw	55 / 100	物料採購	054820	鄧君怡	錯
4	2021/10/6 上午 11:33:55	lily@e-happy.com.tw	85 / 100	人事後勤	123456	黃莉莉	錯
5	2021/10/6 上午 11:35:04	hsunghsin@gmail.com	50 / 100	人事後勤	012345	金城武	錯
6	2021/10/6 上午 11:59:58	123@e-happy.com.tw	65 / 100	生產製造	111333	許小明	錯

Excel、Google 試算表轉測驗表單

線上測驗表單除了使用表單的製作方式，若已於 Excel 或 Google 試算表出好題目，可以參考此技巧，透過外掛程式將試算表資料轉換成測驗表單。

可以開啟 Google 試算表範例原始檔 <15測驗試卷001> 操作；如果試題整理於 Excle 試算表中，請先上傳 Google 雲端硬碟並轉換為 Goolgle 試算表。

Form Builder for Sheets 外掛程式分為免費版和付費版，免費版每個月只能轉換 50 個問題。

安裝 Form Builder for Sheets 外掛程式

STEP 01 選按 **外掛程式** 索引標籤 \ **取得外掛程式**，首先搜尋 "Form Builder for Sheets"，再依如下步驟確認帳號與權限允許，進行安裝。

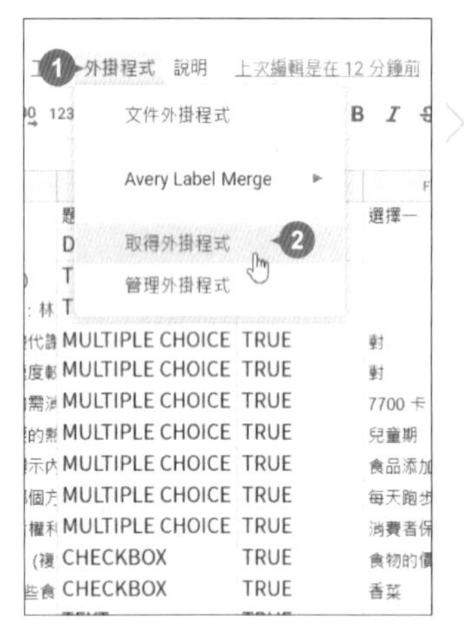

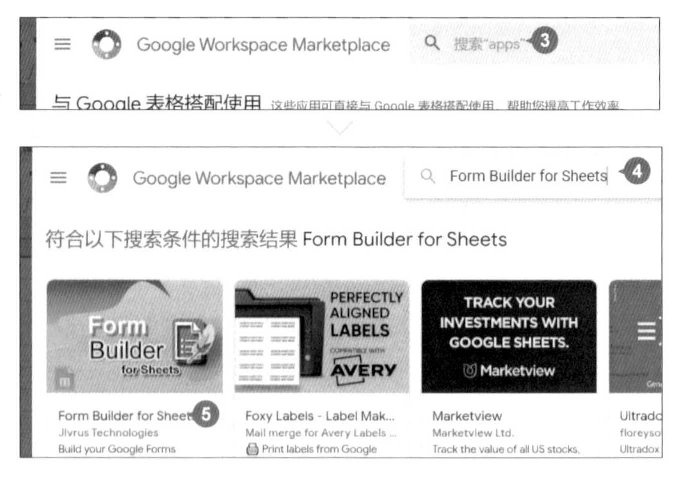

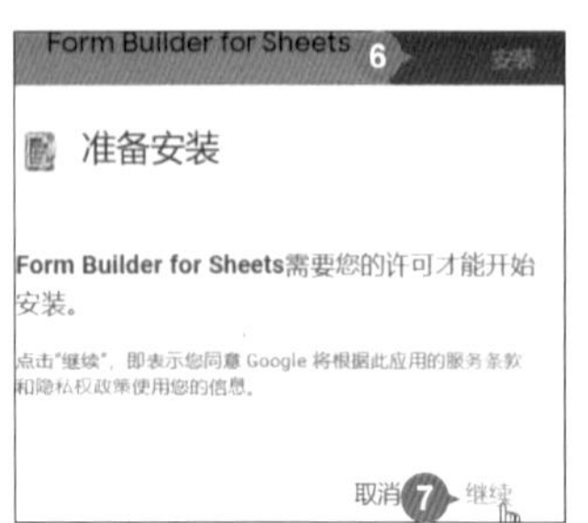

02 完成外掛程式安裝，選按 **完成**，再選按說明對話方塊右上角 ☒ **關閉**，回到 Google 試算表。

編排試算表資料

要轉換為測驗表單的 Google 試算表資料，需包含以下幾個欄位：問題、題型、選擇題選項、是否必答、正確答案、該題分數，整理後欄位資料內容可參考範例原始檔 <15 測驗試卷001> ：

- **問題**
- **選擇題選項**
- **是否必答**
  必答寫 TRUE，非必答寫 FALSE
- **正確答案**
  若為多選，以半型逗號「,」隔開
- **該題分數**
- **題型** (需要以英文標註)
  簡答 TEXT
  段落 PARAGRAPH
  選擇題 MULTIPLE CHOICE
  核取方塊 CHECKBOX
  下拉式選單 DROPDOWN
  線性刻度 SCALE
  單選方格 MULTIPLE CHOICE GRID
  核取方塊格 CHECKBOX GRID
  日期 DATE
  時間 TIME

A	B	C	D	E	F	G	H	I	J
題號	問題	題型	選擇一	選擇二	選擇三	選擇四	必答	正確答案	分數
1	請選擇科系	DROPDOWN					TRUE		0
2	請輸入學號 (請輸	TEXT					TRUE		0
3	請輸入姓名 (請寫	TEXT					TRUE		0
4	隨著年齡的增加	MULTIPLE CHOICE	對	錯			TRUE	錯	10
5	以同類的工作或	MULTIPLE CHOICE	對	錯			TRUE	對	10
6	人體要減掉一公	MULTIPLE CHOICE	7700 卡	770 卡	77 大卡	7700 大卡	TRUE	7700 大卡	10
7	哪一個時期的人	MULTIPLE CHOICE	兒童期	青春期	老年期	懷孕期	TRUE	老年期	10
8	超市牛奶包裝上	MULTIPLE CHOICE	食品添加物名稱	內容物名稱及其	營養標示	健康食品字樣	TRUE	營養標示	10
9	想要消耗體內的	MULTIPLE CHOICE	每天跑步 10 分鐘	塗瘦身霜在脂肪	每餐控制飲食熱	每天游泳一個小	TRUE	每天游泳一個小	10
10	下列哪個不是專	MULTIPLE CHOICE	消費者保護委員	公平交易委員會	食品安全評鑑委	消費者文教基金	TRUE	食品安全評鑑委	10
11	下列何者是正確	CHECKBOX	食物的價錢高，1	就地取材，選食	日常飲食應該選擇各類食物，不偏		TRUE	就地取材，選食	10
12	提供(奶素)素食	CHECKBOX	香菜	洋蔥	菠菜	韮菜	TRUE	洋蔥,韮菜	10
13	"良好作業規範"	TEXT					TRUE		5
14	罐頭食品是否含	PARAGRAPH					TRUE		5

套用轉換規則

開啟 Form Builder for Sheets 外掛程式，指定轉換為測驗表單的相對欄位。

01 選按 **外掛程式** 索引標籤 \ **Form Builder for Sheets \ Start**。

02 如下說明，指定 <15測驗試卷001> **工作表1** 為表單資料來源，表單屬性為 **測驗**，並依試算表資料內容一一填入相對應的欄位，最後選按 **GET** 鈕：

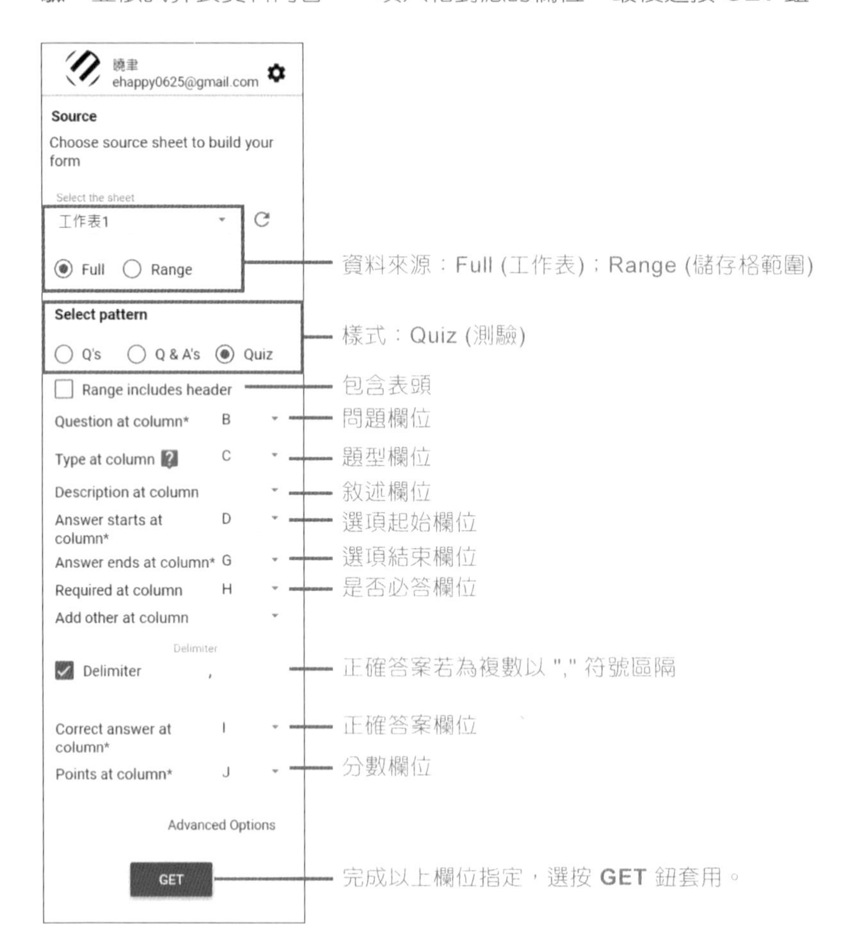

STEP 03 捲軸往下拖曳，會看到所有的題目已整理列項，可在此區塊調整題型與設定，也可匯出成表單後再調整。接著選按 **Create**，以建立新表單的方式匯出，命名新表單名稱，最後選按 **Import Selected** 鈕，待完成匯出即可看到該表單！

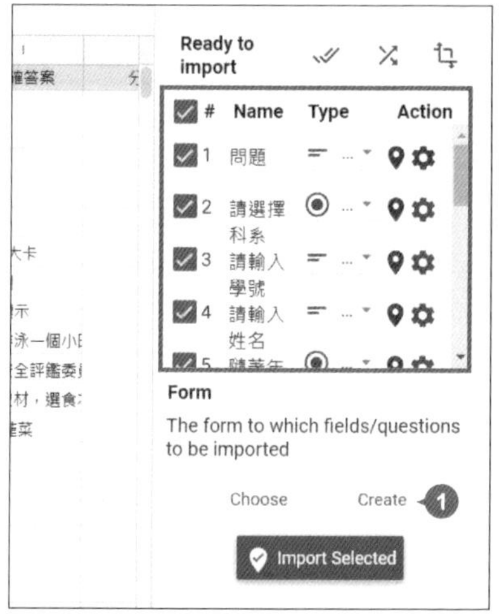

Word、Google 文件轉測驗表單

若已於 Word 或 Google 文件出好題目，有二種方式可轉成表單，一是透過外掛程式將文件轉換成表單；另一方式可以先轉換成 Google 試算表，再依上個技巧說明轉換為表單，在此說明前者。

開啟 Google 文件範例原始檔 <15測驗試卷002> 操作；如果試題是整理於 Word 文件中，請先上傳 Google 雲端硬碟並轉換為 Goolgle 文件。

Form Builder for Sheets 外掛程式分為免費版和付費版，免費版每個月只能轉換 50 個問題。

安裝 Doc To Form 外掛程式

STEP 01 選按 **外掛程式** 索引標籤 \ **取得外掛程式**，首先搜尋 "Doc To Form"，再依如下步驟確認帳號與權限允許，進行安裝。

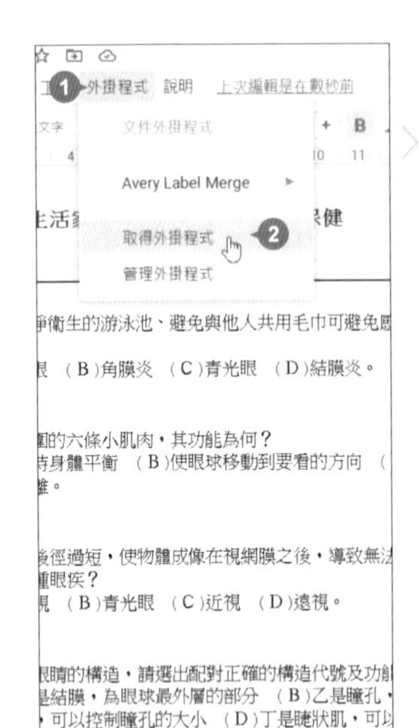

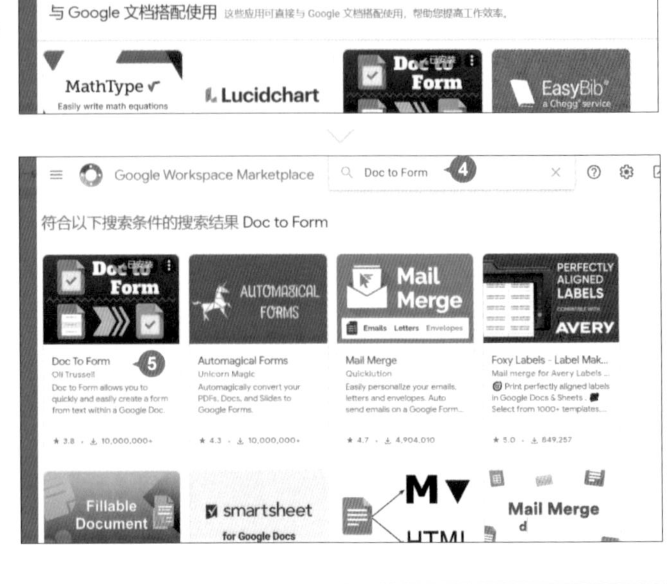

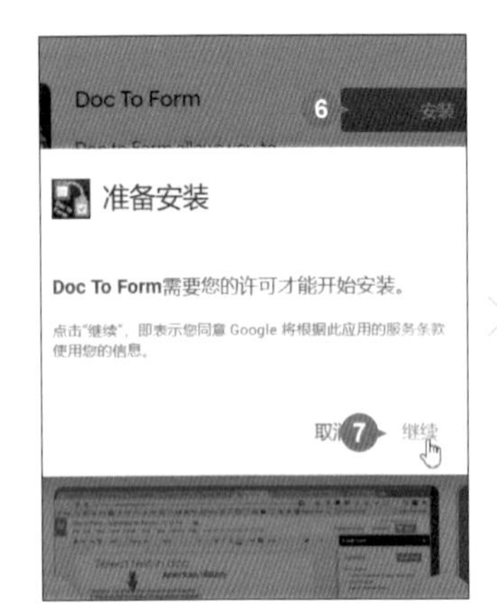

STEP 02 完成外掛程式安裝，選按 **完成**，再選按說明對話方塊右上角 ☒ **關閉**，回到 Goolgle 文件。

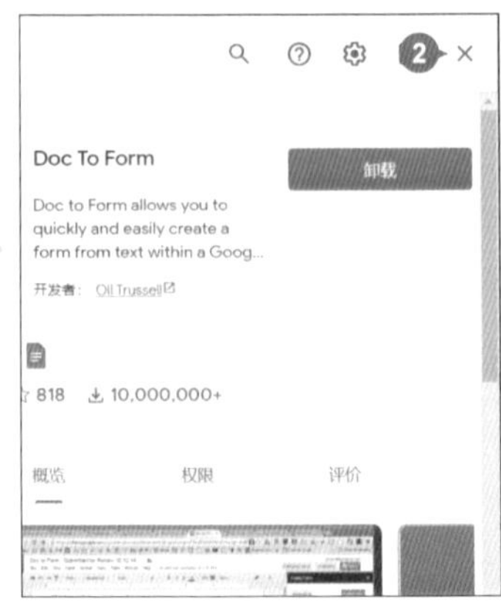

套用轉換規則

開啟 Doc To Form 外掛程式，指定轉換為表單的相對資料。

STEP 01

選按 **外掛程式** 索引標籤 \ **Doc To Form** \ **Create Form from Doc**。

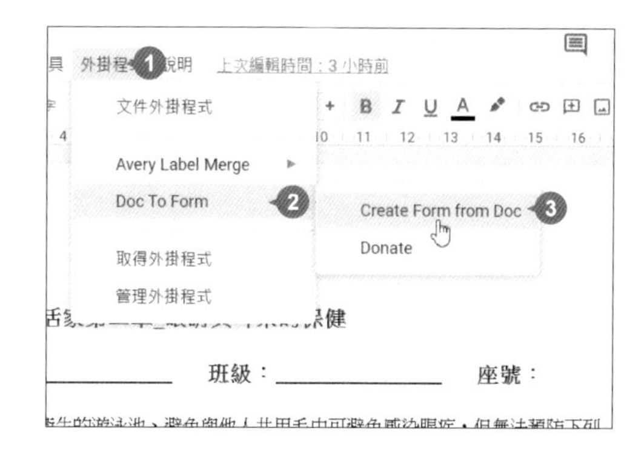

STEP 02

於 <15測驗試卷002> Goolgle 文件，選取測驗卷第一題題目，再於 **Create Form** 側邊欄，**Question 1** 選按 **Use selected text**，題目文字會出現在下方空白欄位中。

第二冊一下
第一篇_健康生活家第二章_眼睛與耳朵的保健

姓名：＿＿＿＿＿＿ 班級：＿＿＿＿＿＿ 座號：

(　)選擇乾淨衛生的游泳池、避免與他人共用毛巾可避免感染眼疾，但無法預防下列何者？
(A)砂眼 (B)角膜炎 (C)青光眼 (D)結膜炎。
答案：(C)

(　)02.眼球周圍的六條小肌肉，其功能為何？
(A)保持身體平衡 (B)使眼球移動到要看的方向 (C)感應光線 (D)避免視網膜剝離。

Create Form
Instructions　Create Form
Form Options
Collect username (Google Apps only)
Ask for name
Ask for teacher name
Question 1
Use selected text
Type: Text　Delete Question

(　)01.選擇乾淨衛生的游泳池、避免與他人共用毛巾可避免感染眼疾，但無法預防下列何者？
(A)砂眼 (B)角膜炎 (C)青光眼 (D)結膜炎。
答案：(C)

(　)02.眼球周圍的六條小肌肉，其功能為何？
(A)保持身體平衡 (B)使眼球移動到要看的方向 (C)感應光線 (D)避免視網膜剝離。
答案：(B)

(　)03.眼球前後徑過短，使物體成像在視網膜之後，導致無法清楚辨認物體，此即所謂的哪一種眼疾？
(A)亂視 (B)青光眼 (C)近視 (D)遠視。
答案：(D)

(　)04.下圖是眼睛的構造，請選出配對正確的構造代號及功能？
(A)甲是結膜，為眼球最外層的部分 (B)乙是瞳孔，遇強光時會縮小 (C)丙是虹膜，可以控制瞳孔的大小 (D)丁是睫狀肌，可以控制眼球的轉動方向。

Question 1
Use selected text
選擇乾淨衛生的游泳池，避免與他人共用毛巾可避免感染眼疾，但無法預防下列何者？
Type: Text　Delete Question
Add options, separated with semicolons (;)
Add Question　Create Form

STEP **03** 設定第一題的題型，Doc To Form 外掛程式外支援五種題型：簡答 **Text**、段落 **Paragraph**、選擇題 **Multiple Choice**、核取方塊 **Chcekboxes**、下拉式選單 **Choose from a list**，範例均為選擇題，因此選擇 **Multiple Choice**。接著選取並複製測驗卷第一題答案選項，再於 **Create Form** 側邊欄，**Question 1** 下方 **Add options** 空白欄位貼上。

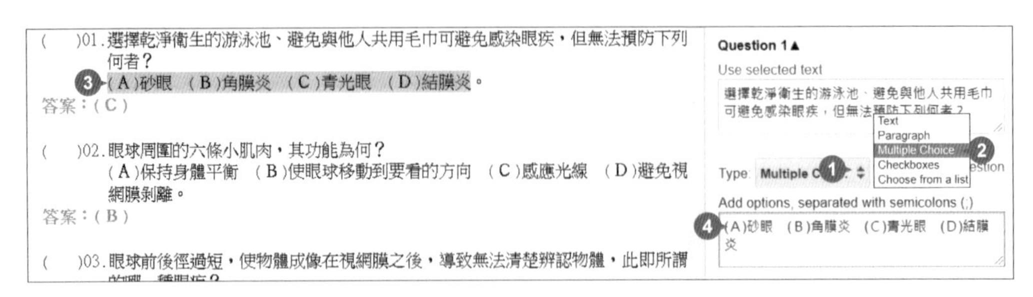

STEP **04** **Add options** 欄位中的答案可使用半型分號或按 Enter 鍵分段區隔選項，如此即完成第一題題目、題型與選項資料指定。

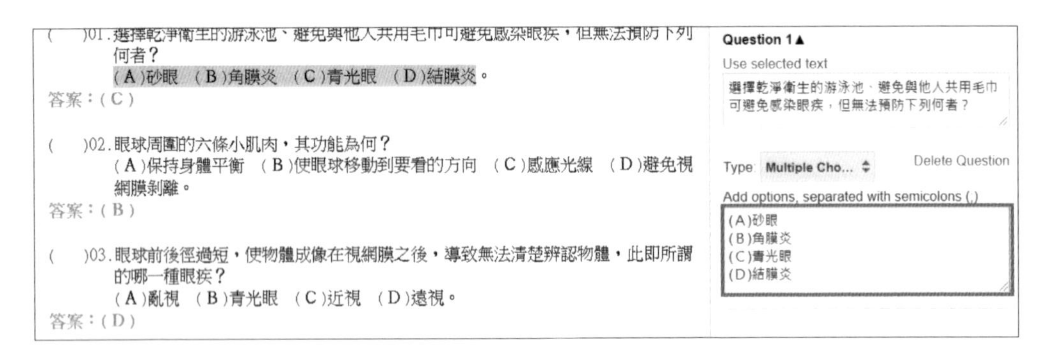

STEP **05** 再選按 **Add Question** 鈕，新增 **Question 2** 相關欄位，依相同方式完成 2 到最後一題測驗卷題目、題型與選項資料指定。

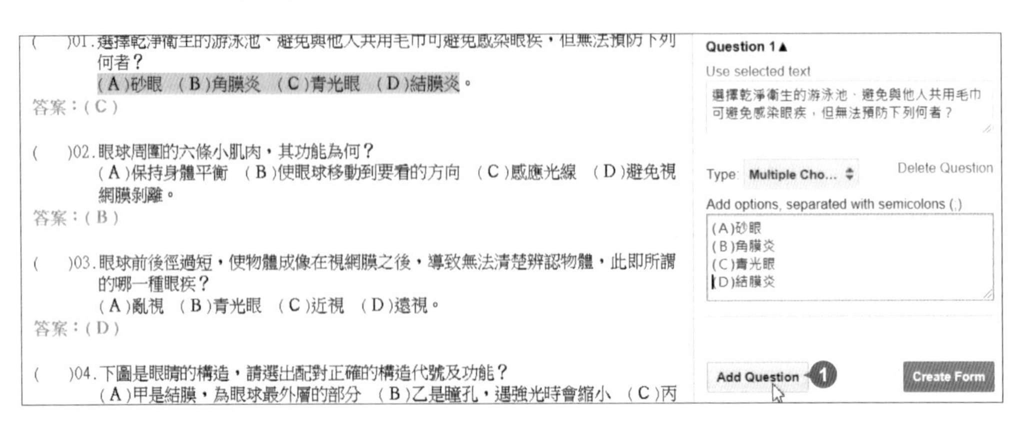

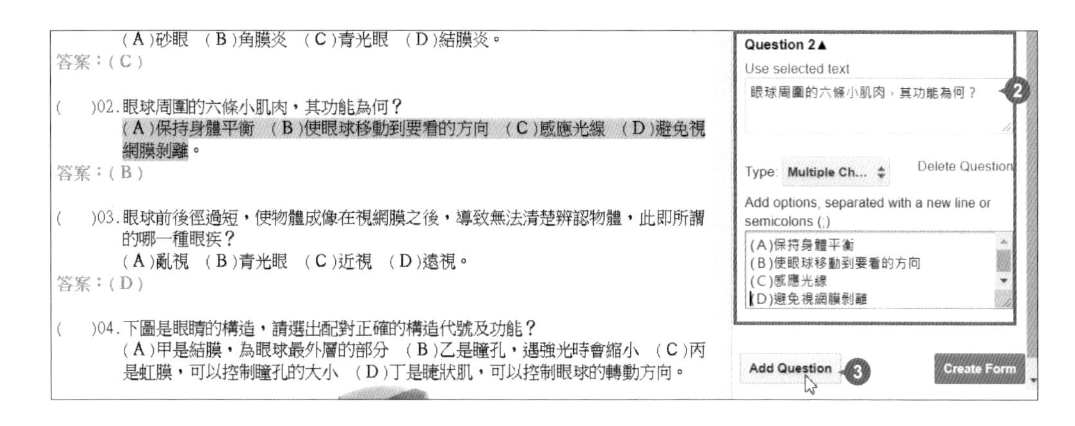

06 完成所有試題指定後，選按 **Create Form** 鈕，待完成表單轉換會出現 Success! 訊息，再選按 **View form** 鈕可開啟表單瀏覽。

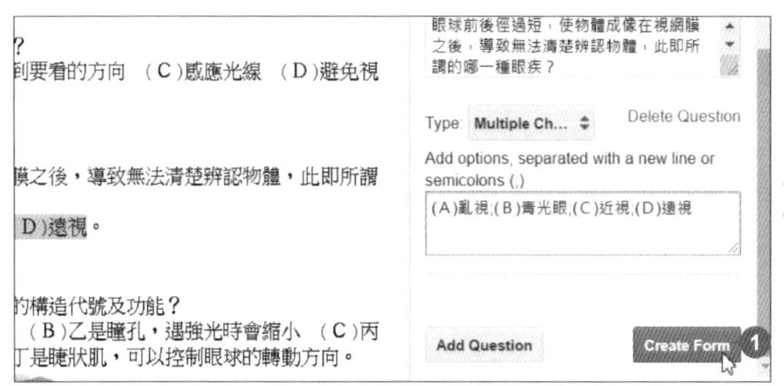

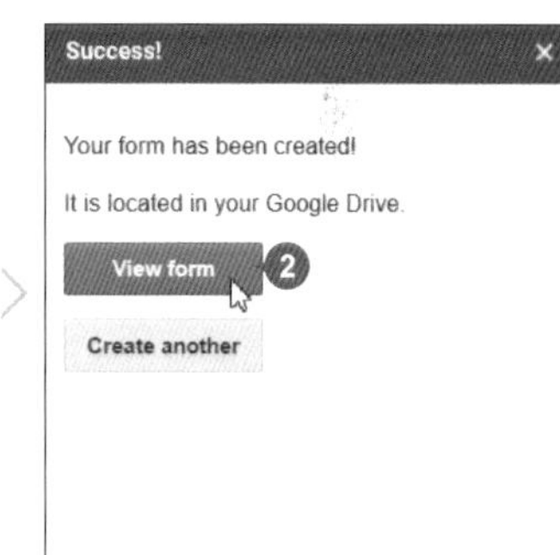

調整表單設定與插入圖片

開啟使用 Doc To Form 外掛程式轉換的表單，如果這是一份測驗卷，仍需手動開啟 **設為測驗** 設定，以及為這份測驗表單指定答案、配分及限定，相關設定動作請參此章各技巧的詳細說明。

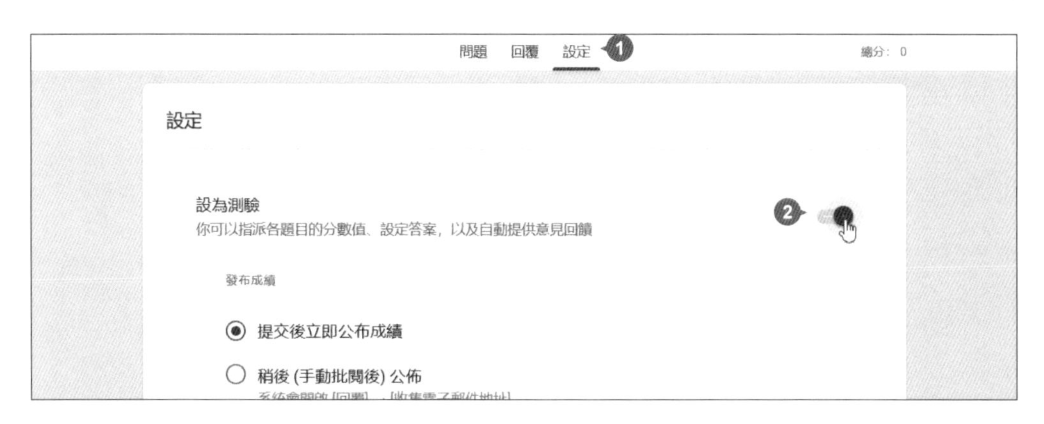

目前表單中只有測驗卷問題與選項文字，若需以圖片呈現需手動插入圖片，有二種操作方式，一種是本機已有該圖片檔案可直接指定插入；若沒有圖片檔，可以透過 Word 文件或 Google 文件檔取得圖片，在此說明後者。

STEP 01 利用 Google 文件開啟該測驗卷，選按 **檔案** 索引標籤 \ **下載** \ **網頁**，將該測驗卷檔案以 html 格式檔下載回本機，並與相關圖檔包裝成 zip 壓縮檔。

STEP 02 解壓縮該 zip 檔，進入其 <images> 資料夾，會看到測驗卷中所有圖片已自動轉成 *.png 圖片檔存放在此資料夾。

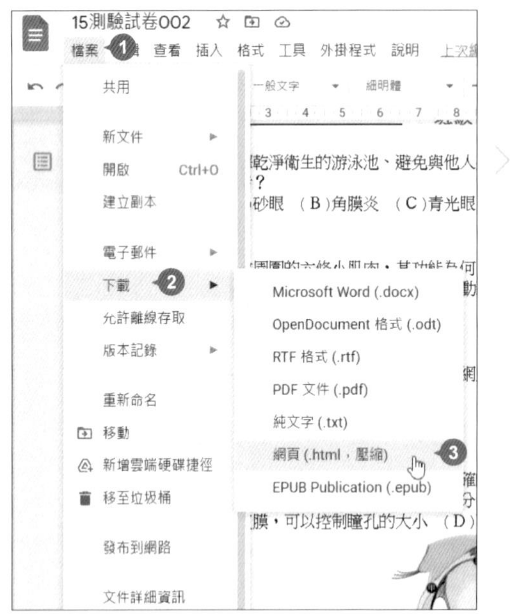

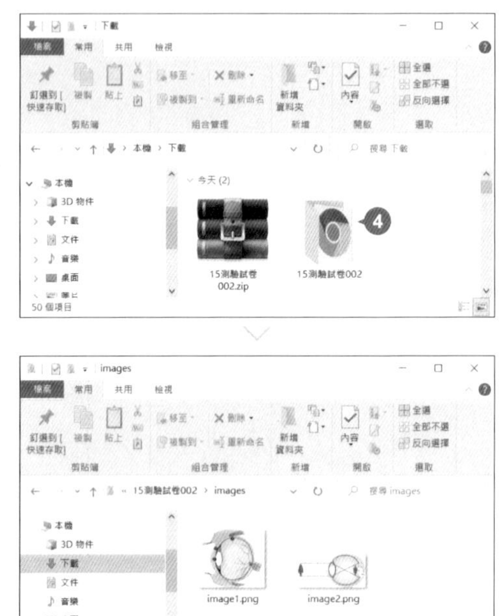

STEP 03 選按表單需要插入圖片的問題項目，選按問題右側 **新增圖片**，**插入圖片** 對話方塊可使用 **上傳**、**Google 雲端硬碟**...等方式新增圖片。

多層次問題結合數據試算表

團購訂購單

學習重點

線上購物需求大幅增加，線上訂購單成為掌握商機的關鍵。此份訂購表單範例整合多層次題型與限定規則，最後再搭配 Google 試算表呈現數據統計。

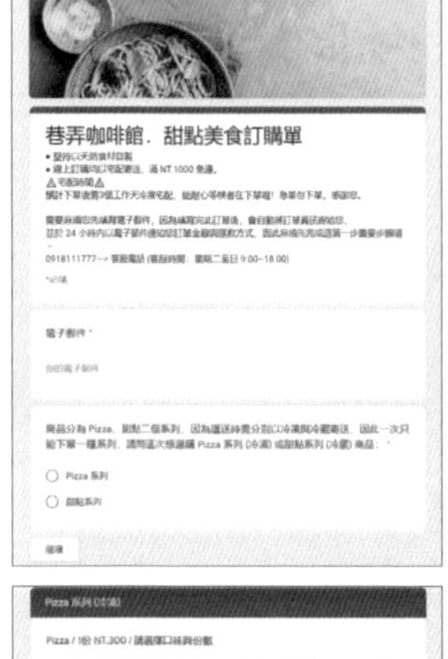

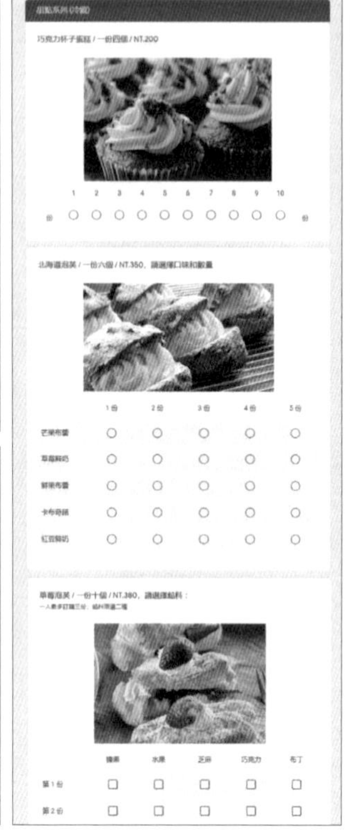

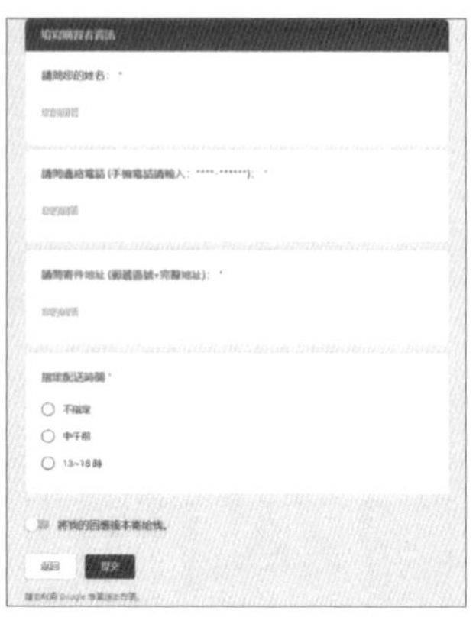

- 設計多層次題型
- 限定訂購數量
- 根據答案自動跳到相關問題
- 為表單預填示範答案
- 寄予填答者回應複本，確認訂單內容
- 透過電子郵件通知店家有新訂單
- 多人共同編輯與收到新訂單通知
- 限量訂購、報名，不超額！
- 網站中嵌入訂購表單或問卷
- 整合 Google 試算表統計數據

原始檔：<本書範例 \ Part16 \ 原始檔 \ 16團購訂單>

完成檔：<本書範例 \ Part16 \ 完成檔 \ 16團購訂單ok>

設計多層次題型

訂購單範例中會使用到 **線性刻度**、**單選方格**、**核取方塊格** 題型，以多層次方式呈現產品訂購數量、口味與尺寸...等選項。

線性刻度題

線性刻度 題型，填答者藉由選擇 0 ~ 10 刻度的方式作答，可以在刻度二端設定標籤，以方便填答者了解刻度數值所代表的內容。

STEP 01 選按表單中 "巧克力杯子蛋糕" 一題 (會作用在此問題，問題項目左側呈現藍色線段)，範例中已設計問題內容與價格 (選按問題右側 新增圖片 可加入產品圖)，接著選按 題型清單鈕 \ **線性刻度** 題型。

STEP 02 設定刻度起始值與結束值並輸入刻度標籤，另外確認 **必填** 呈 狀 (不要開啟)，因為訂購單屬性與測驗試卷、活動報名表不同，除了購買者資訊需為必填，其他產品選項均不設定必填。

於表單畫面上方選按 ◎ **預覽**，開啟新分頁預覽表單內容與設計，剛剛完成的 **線性刻度** 題型如右圖呈現，填答者可以由左而右選擇要訂購的數量 1 ~ 10 份 (單選)。

單選方格題

單選方格 題型，填答者於每種口味選擇要訂購的份數 (單選)，可同時訂購所有口味或只訂購其中一種口味，一次確認所有口味訂購需求。

01 選按表單中 "Pizza" 一題，範例中已設計問題內容與價格 (選按問題右側 🖼 **新增圖片** 可加入產品圖 <16-001.png>)，接著選按 ▾ 題型清單鈕 \ **單選方格** 題型。

02 於 **列** 輸入口味項目，**欄** 輸入數量與單位；另外確認 **每列須有一則回應** 呈 ⊃ 狀 (不要開啟)。

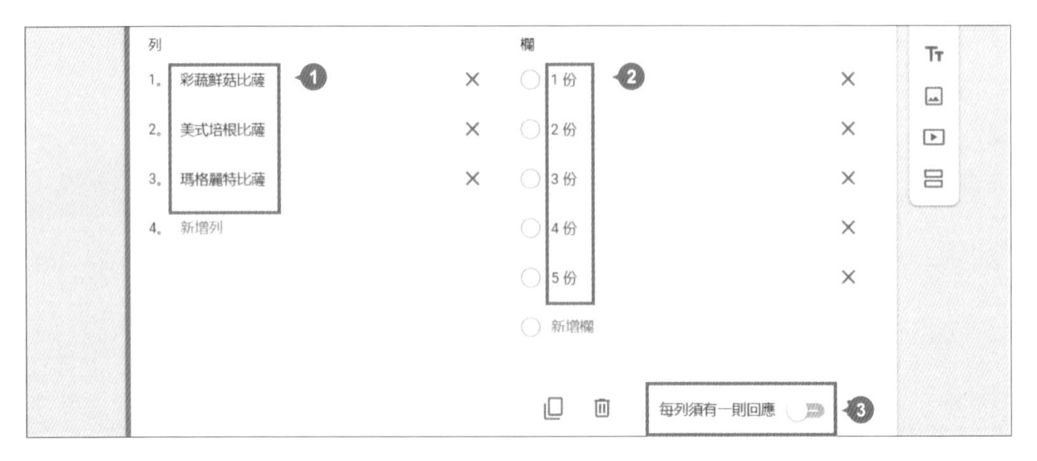

STEP 03 依相同方式，選按表單中 "北海道泡芙" 一題，範例中已設計問題內容與價格 (選按 新增圖片 可加入產品圖)，選按 題型清單鈕 \ **單選方格** 題型。接著於 **列** 輸入口味項目，**欄** 輸入數量與單位；另外確認 "不要開啟" **每列須有一則回應** 呈 。

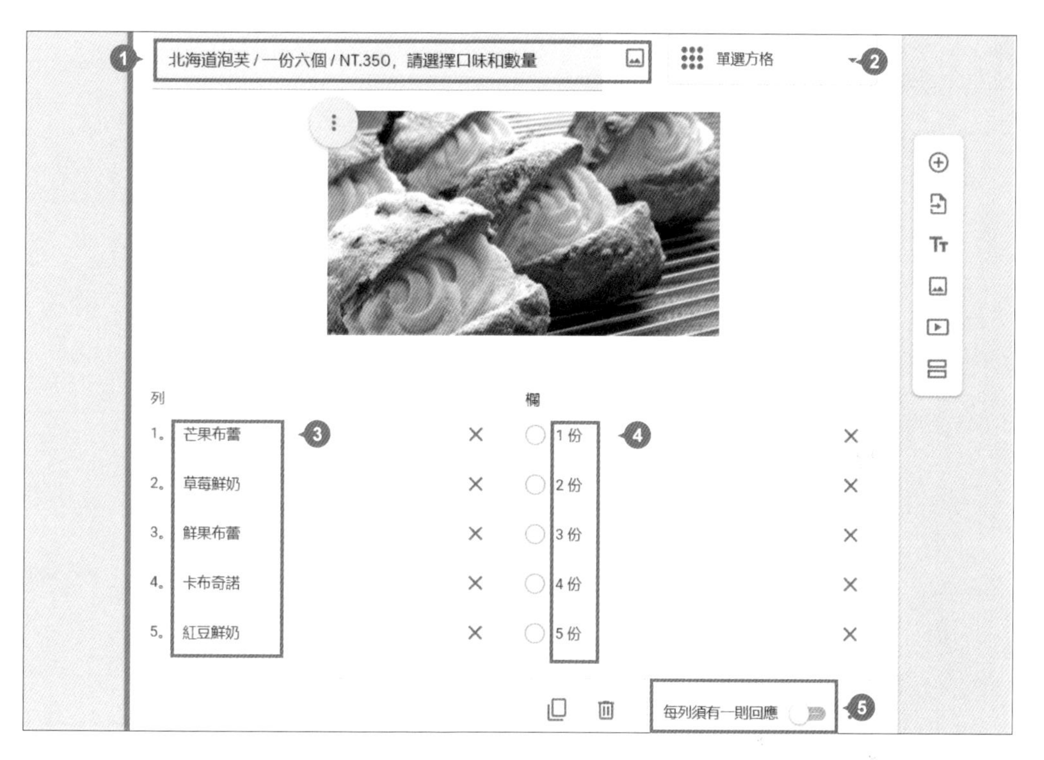

於表單畫面上方選按 **預覽**，開啟新分頁預覽表單內容與設計，剛剛完成的 **單選方格** 題型如右圖呈現，填答者於每個口味選擇要訂購的份數 (單選)。

核取方塊格題

核取方塊格 題型，填答者於欲訂購的數量右側選擇餡料 (餡料可一種或二種；多選)，適用於允許同時訂購多種組合餡料搭配的產品。

STEP 01 選按表單中 "草莓泡芙" 一題，範例中已設計問題內容與價格 (選按問題右側 新增圖片 可加入產品圖)，接著選按 題型清單鈕 \ **核取方塊格** 題型。

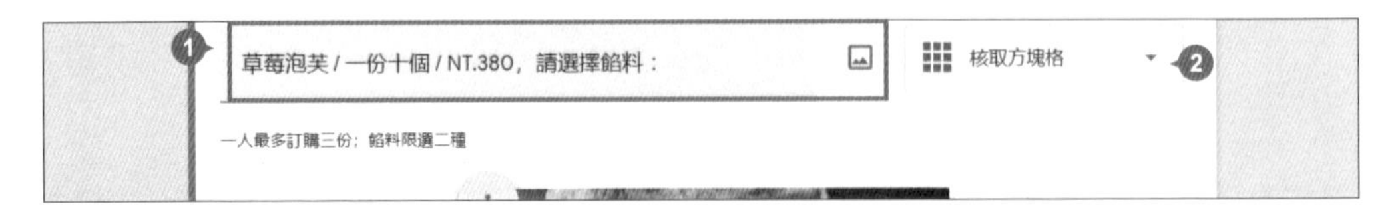

STEP 02 於 **列** 輸入數量項目，**欄** 輸入餡料口味；另外確認 **每列須有一則回應** 呈 狀 (不要開啟)。

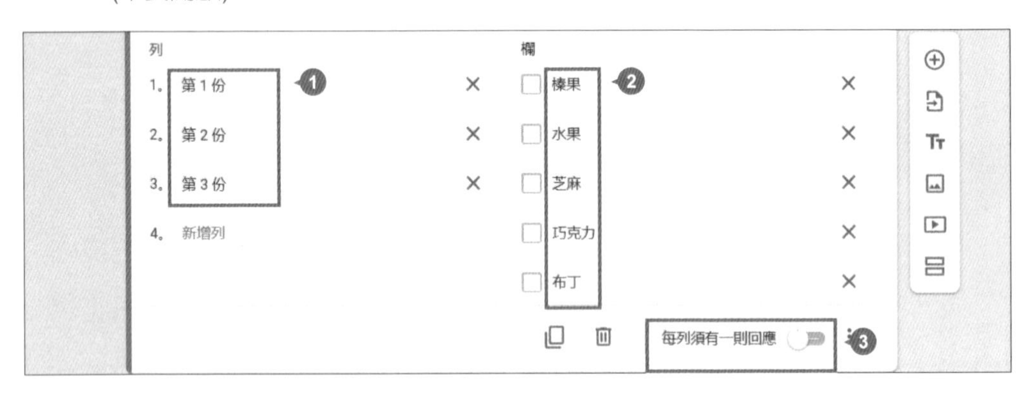

於表單畫面上方選按 **預覽**，開啟新分頁預覽表單內容與設計，剛剛完成的 **核取方塊格** 題型如右圖呈現，填答者於想要訂購的數量右側核選二種餡料 (此處多選無法限定只能選擇一或二個項目，目前只能於題目說明中提醒填答者)。

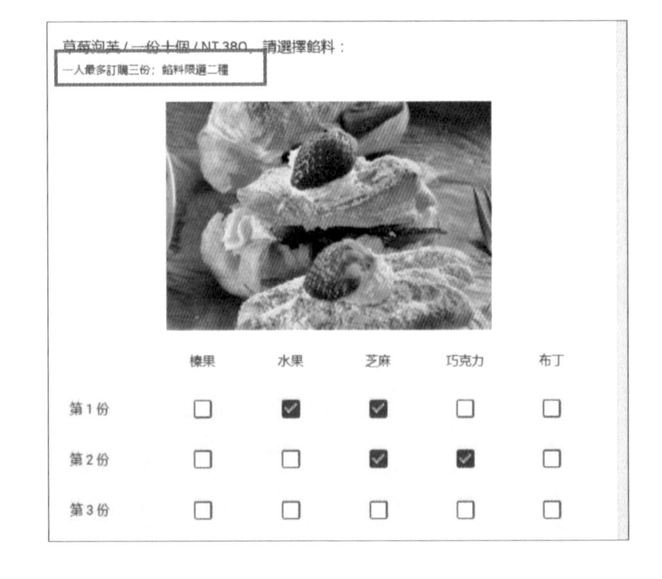

限定訂購數量

訂購單中若是設計由填答者自行輸入訂購數量，往往出現一些答非所問的回答，例如團購價說好數量必須 5 包起跳，還是會有人填 2 包，這時只要限定答案範圍，就不會出現奇怪的回覆。

STEP 01

選按表單中 "青醬雞肉" 一題，範例中已設計問題內容與價格 (選按問題右側 ▣ **新增圖片** 可加入產品圖 <16-001.png>)，接著選按 ▾ 題型清單鈕 \ **簡答** 題型。接著要為這個問題加上團購數量說明文字，選按該題 ⋮ \ **說明**，於問題下方可輸入說明小字。

STEP 02

此問題希望填答者輸入訂購數量的值，並限定一個人最少訂 5 包，最多 30 包。選按該題 ⋮ \ **回應驗證**，設定依 **數字**、**距離** 驗證，輸入「5」及「30」，若為不正確的資料則出現提示訊息：「請輸入數量 5 ~ 30」，最後另外確認 **必填** 呈 ⊂⊃ 狀 (不要開啟)。

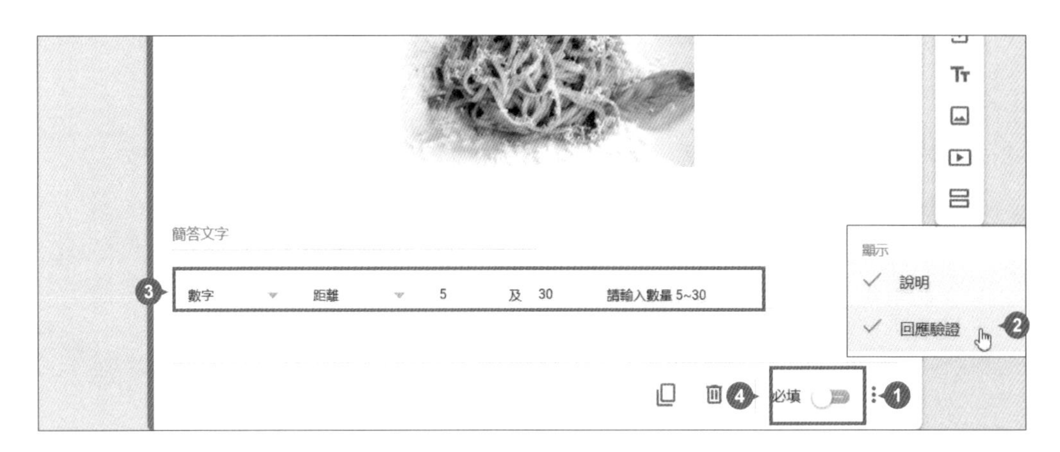

於表單畫面上方選按 ◎ **預覽**，開啟新分頁預覽表單內容與設計，剛剛完成的 **簡答** 題型如下圖呈現，若填答者輸入的數量不是介於 5 ~ 30 會出現提示訊息，輸入含有文字資料的回答也會出現提示訊息。

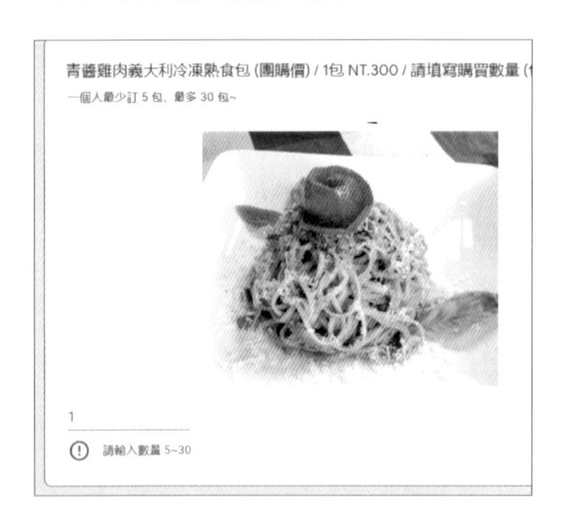

根據答案自動跳到相關問題

訂購單常需要依答案自動跳題，當選擇 A 答案，就自動跳至 A 的相關問題，可以針對客群或特殊品項區隔顯示專屬的問題。

設計自動跳題

此範例表單一開始詢問要訂購 Pizza 系列 (冷凍) 或甜點系列 (冷藏) 產品，再依選擇自動跳至該系列產品選購，方便店家宅配運送，以下為此範例欲設計的跳題：

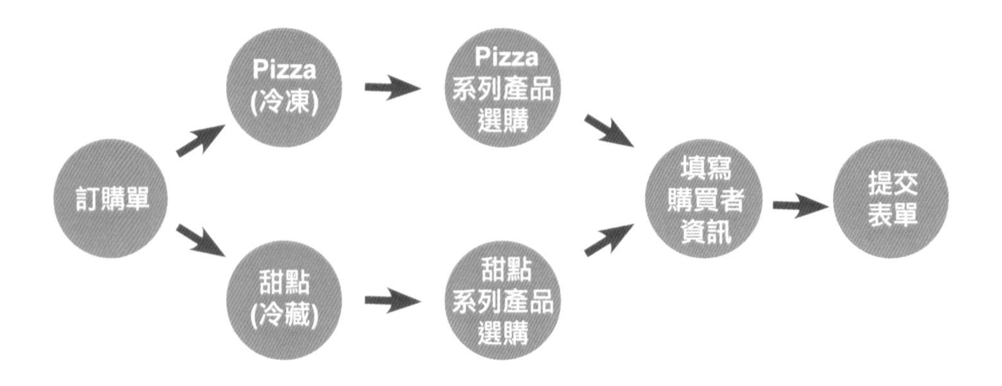

新增區段

新增區段 於 Part 14 有示範與說明，主要讓冗長的表單可以依主題分頁填答，而在此處要藉由區段呈現自動跳題的設計。

STEP 01 選按表單中第一題 "商品分為 Pizza、甜點二個系列..." 問題，右側工具列選按 **新增區段**，於下方新增一個區段。

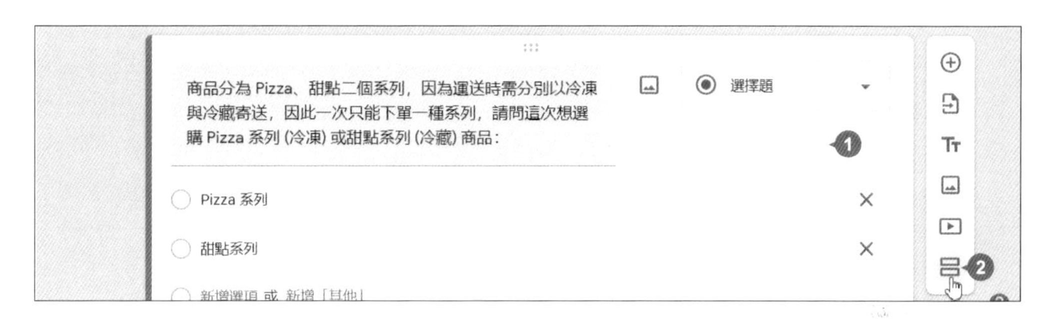

STEP 02 表單表頭本身預設為 **第 1 個區段**，剛剛新增的為 **第 2 個區段**，為新增的 **第 2 個區段** 命名為：「Pizza 系列 (冷凍)」。

STEP 03 依相同方式，選按 "青醬雞肉" 一題，右側工具列選按 **新增區段**，於下方新增一個區段，並命名為：「甜點系列 (冷藏)」。

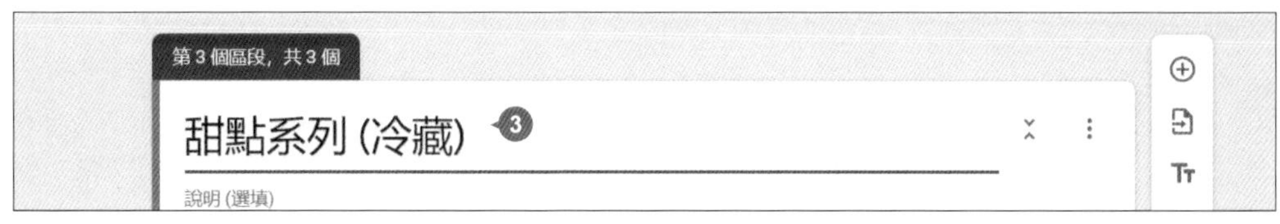

STEP 04 依相同方式，選按 "草莓泡芙" 一題，右側工具列選按 ⊟ **新增區段**，於下方新增一個區段，並命名為：「填寫購買者資訊」。

顯示進度列

前面已使用 **新增區段** 功能建立 **第 2 個區段**、**第 3 個區段**、**第 4 個區段**，接著要於表單下方顯示進度列，方便填答者瞭解目前作答進度。

選按 **設定** 標籤，於 **設定** 選按 **簡報** 右側 ⌄ 鈕展開，選按 **顯示進度列** 項目右側 ⊂⊃ 呈 ⊂● 狀。

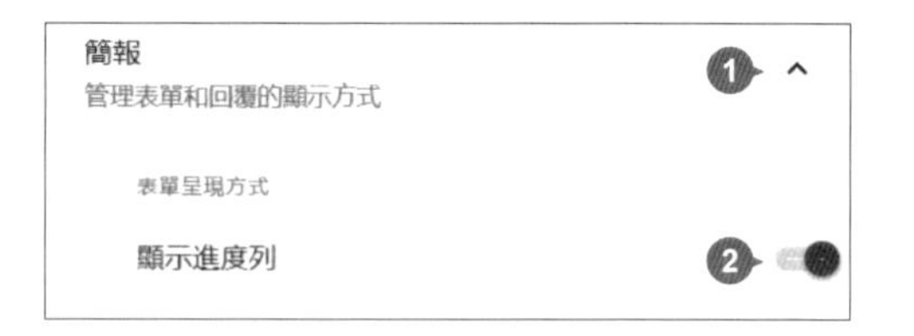

前往相關區段

選擇題 題型可依填答者選擇的答案，將其導向指定的區段。

STEP 01 選按表單中第一題 "商品分為 Pizza、甜點二個系列..."，範例中已設計問題內容，接著選按 ▾ 題型清單鈕 \ **選擇題** 題型並輸入選項。填答者必須選擇 "Pizza 系列" 或 "甜點系列" 其中一項，因此設定此問題為 **必填**。

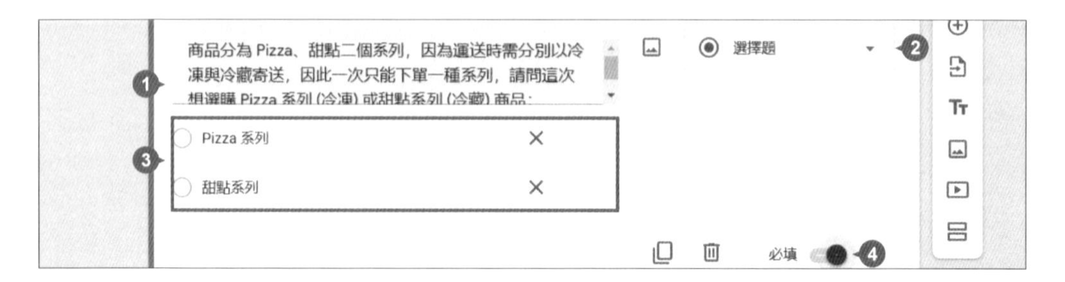

STEP 02

選按該題 ⋮ \ **根據答案前往相關區段**，"Pizza 系列" 選項指定為：**前往區段 2 (Pizza 系列 (冷凍))**，"甜點系列 " 選項指定為：**前往區段 3 (甜點系列 (冷藏)**，如此一來選擇 "Pizza 系列" 或 "甜點系列" 自動跳至指定的區段。

商品分為 Pizza、甜點二個系列，因為運送時需分別以冷凍與冷藏寄送，因此一次只能下單一種系列，請問這次想選購 Pizza 系列 (冷凍) 或甜點系列 (冷藏) 商品：

選擇題

Pizza 系列 ✕ 前往區段 2 (Pizza 系列 (冷凍)) 3

甜點系列 ✕ 前往區段 3 (甜點系列 (冷藏)) 4

新增選項 或 新增「其他」

必填 1

顯示

說明

2 根據答案前往相關區段

隨機決定選項順序

STEP 03

於 Pizza 系列最後一題 " 青醬雞肉" 下方，會看到該區段的 **前往** 設定， 選按清單鈕，選按 **前往區段 4 (填寫購買者資訊)**，如此一來 **區段 2** 填寫完後選按 **繼續** 鈕會開啟 **填寫購買者資訊** 區段。

簡答文字

於區段 2 後 前往區段 4 (填寫購買者資訊) 1

前往下一個區段

前往區段 1 (巷弄咖啡館．甜點美食訂購單)

前往區段 2 (Pizza 系列 (冷凍))

前往區段 3 (甜點系列 (冷藏))

前往區段 4 (填寫購買者資訊) 2

提交表單

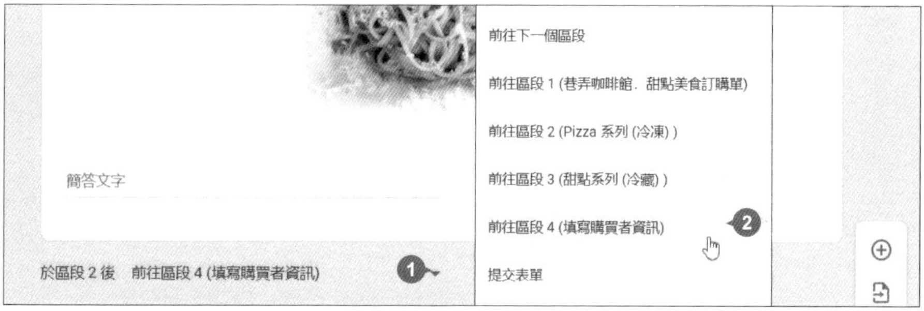

STEP 04

於甜點系列最後一題 " 草莓泡芙" 下方，會看到該區段的 **前往** 設定， 選按清單鈕，選按 **前往區段 4 (填寫購買者資訊)**，如果一來 **區段 3** 填寫完後選按 **繼續** 鈕會開啟 **填寫購買者資訊** 區段。

	榛果	水果
第 1 份	☐	☐
第 2 份	☐	☐
第 3 份	☐	☐

於區段 3 後 前往區段 4 (填寫購買者資訊) 1

前往下一個區段

前往區段 1 (巷弄咖啡館．甜點美食訂購單)

前往區段 2 (Pizza 系列 (冷凍))

前往區段 3 (甜點系列 (冷藏))

前往區段 4 (填寫購買者資訊) 2

提交表單

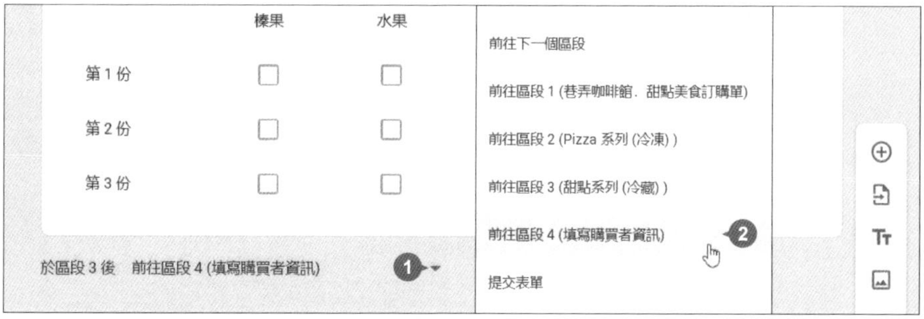

為表單預填示範答案

簡答 或 **段落** 題型，較容易出現填答者不了解句意而填寫了非題目要求的答案，這時可以傳送預先填好示範答案的表單，以提升回應正確性。

STEP 01 於表單畫面上方選按 ⋮ \ **取得預先填入的連結**，開啟可預先填寫資料內容的表單頁面。

STEP 02 於需要預先填寫示範答案的問題中輸入，於表單最下方選按 **取得連結** 鈕，再選按 **複製連結**。

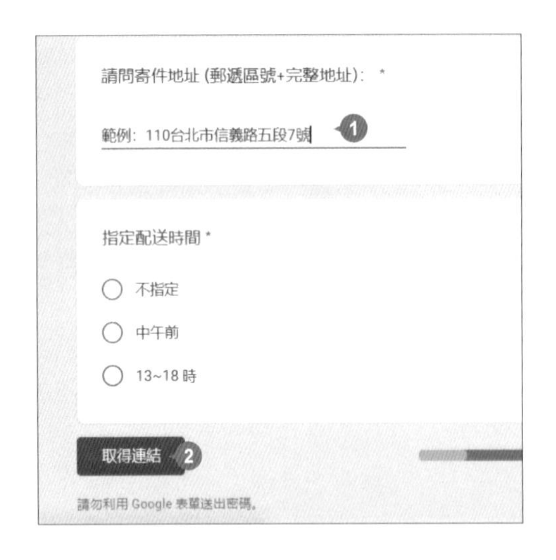

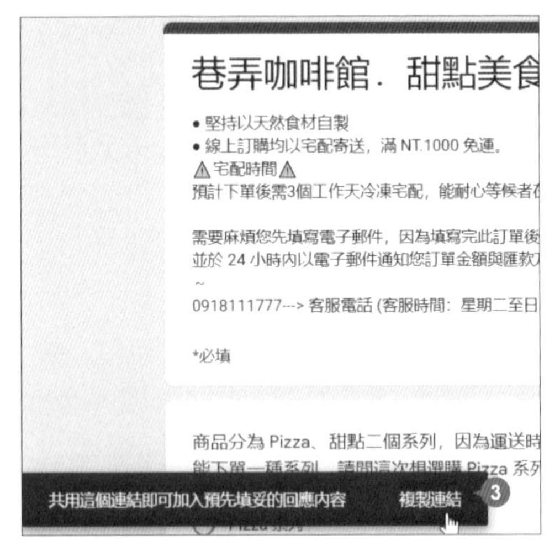

接著將複製的連結傳達給填答者，待其藉由連結開啟表單後，會發現部分問題含有預填答案。(複製的連結建議備存在手邊文件中，如果關閉網頁，待下次再使用此功能，預填內容需重新輸入。)

寄予填答者回應複本，確認訂單內容

填答者會藉由表單中填入的電子郵件資訊，收到所提交的答案複本。方便再次確認下單的內容，若需修改，一般可連絡店家客服調整。

STEP 01 選按 **設定** 標籤，於 **設定** 選按 **回覆** 右側 ⌄ 鈕展開，選按 **收集電子郵件地址** 項目右側 ⊂⊃ 呈 ●● 狀。

STEP 02 **傳送表單回覆副本給作簽者**，依狀況選擇回覆副本方式：**要求即傳送** 或 **一律** 。(建議不核選 **允許編輯回覆**，以免訂單更動時店家沒有留意。)

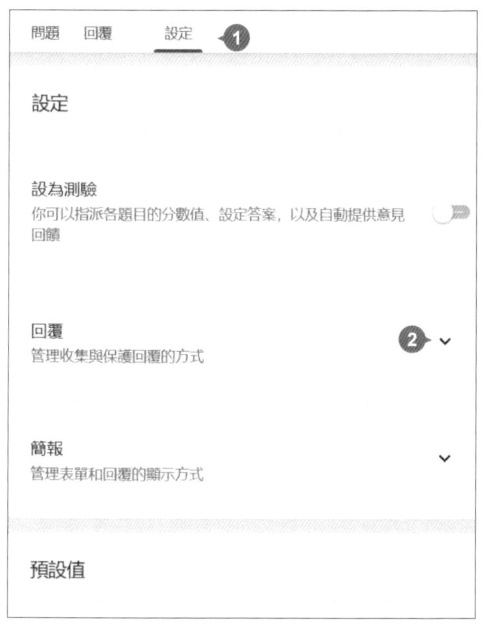

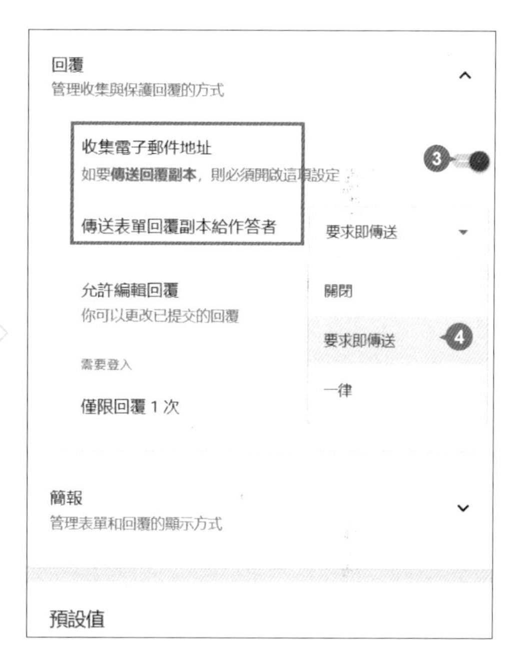

待填答者完成表單填寫，於表單最下方選按 **將我的回應複本寄給我** 項目左側選按 ⊂⊃ 呈 ●● 狀並提交後，系統會自動寄出店家收到的回覆內容複本到填答者電子郵件信箱，方便填答者再次確認下單明細，也能確定自己有成功送出訂單，雙方也比較不會有爭議。

透過電子郵件通知店家有新訂單

一旦有新的表單訂單，可設定立即以電子郵件通知店家，以方便店家即時確認訂單與連繫客戶。

STEP 01 於表單畫面上方選按 **回覆** 標籤，切換到回應明細畫面。

STEP 02 選按 ⋮ \ **有新回應時透過電子郵件通知我**，開啟設定，當客戶填表提交後即會以電子郵件通知店家。

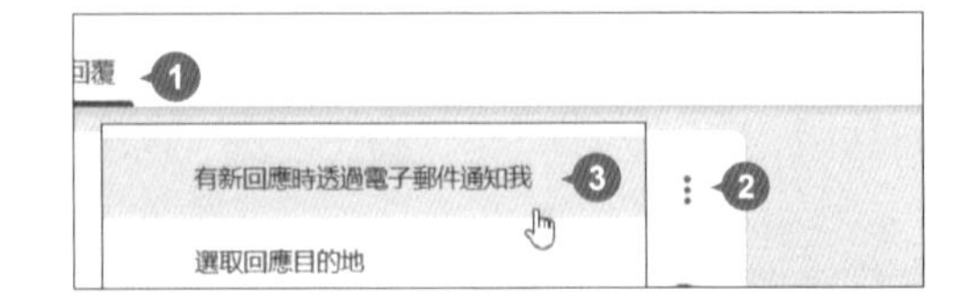

待填答者完成表單填寫並提交後，表單系統自動寄出電子郵件通知店家。電子郵件中會告知新回覆的電子郵件，選按 **查看摘要** 鈕，開啟表單 **回覆** 標籤 \ **摘要** 頁面，建議可切換至 **個別** 頁面瀏覽新訂單電子郵件的訂購明細。

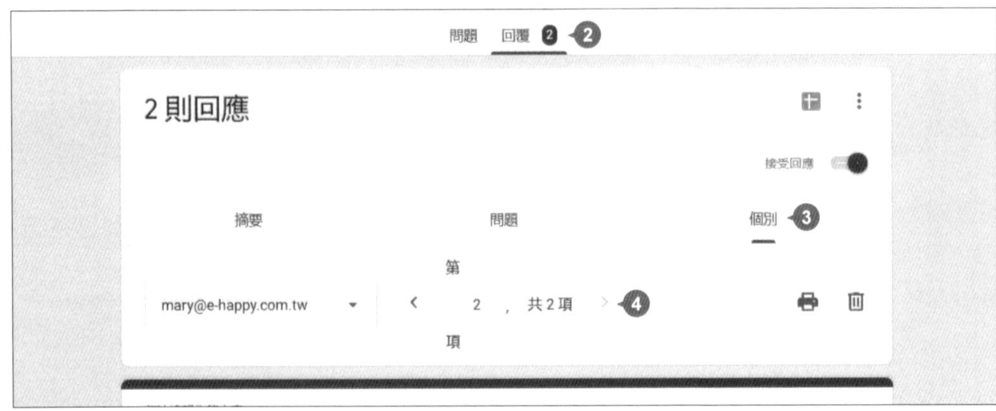

多人共同編輯與收到新訂單通知

共同編輯可以讓成員一同編輯同一份問卷，省下不少溝通、調整的時間，提升團隊合作效率。

新增共同編輯者

STEP 01 於表單畫面上方選按 ⋮ \ **新增協作者**。

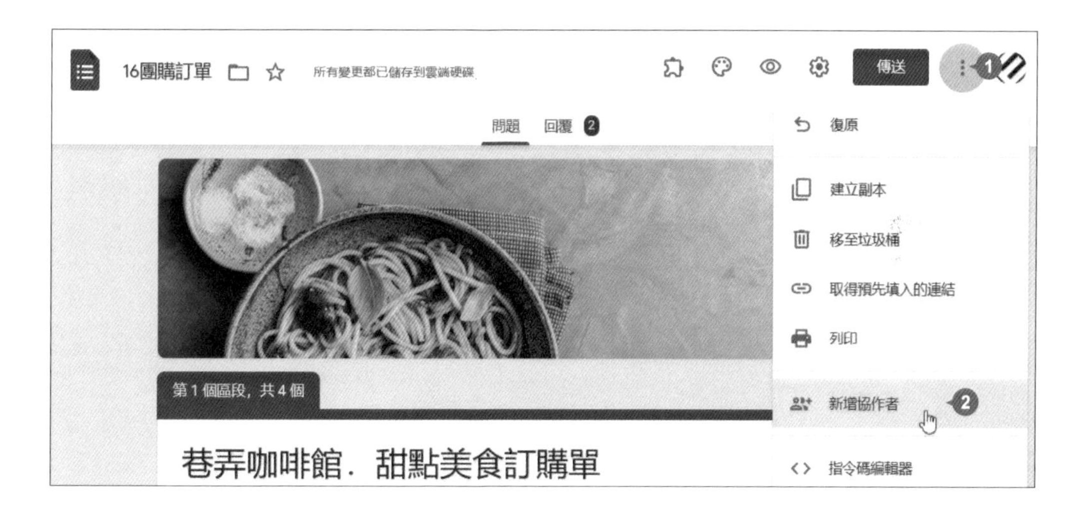

STEP 02 輸入欲共同編輯對象的電子郵件，確認核選 **通知邀請對象**，輸入訊息說明後選按 **傳送** 鈕。

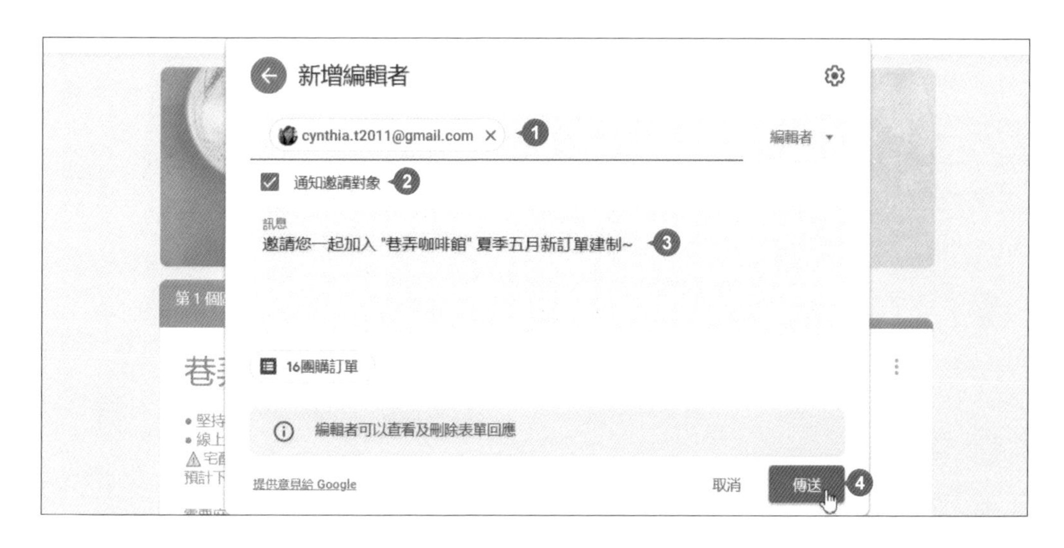

被邀請為共同編輯的使用者，會收到共用通知電子郵件，只要選按郵件中 **開啟** 鈕，即可開啟該表單，與你 (表單擁有者) 共同編輯。

移除共同編輯者

於表單畫面上方選按 ⋮ \ **新增協作者**，接著在想移除的共同編輯者右側選按清單鈕 \ **移除**，最後再選按 **儲存** 鈕，可移除該名共同編輯者。

調整共用權限

一開始建置表單的你擁有 **擁有者** 權限，後續加入共用的協作者只有 **編輯** 權限。然而預設的 **編輯** 權限，編輯者可共用編輯表單內容還可變更權限或新增、刪除其他協作者，若想調整共用權限，可如下設定。

STEP 01 於表單畫面上方選按 ⋮ \ **新增協作者**，再選按 **新增編輯者** 視窗中 ⚙。

STEP 02 建議取消核選 **編輯者可共用內容及變更權限** 項目，選按 ← **返回**，再選按 **完成** 鈕，完成編輯者的共用權限變更。

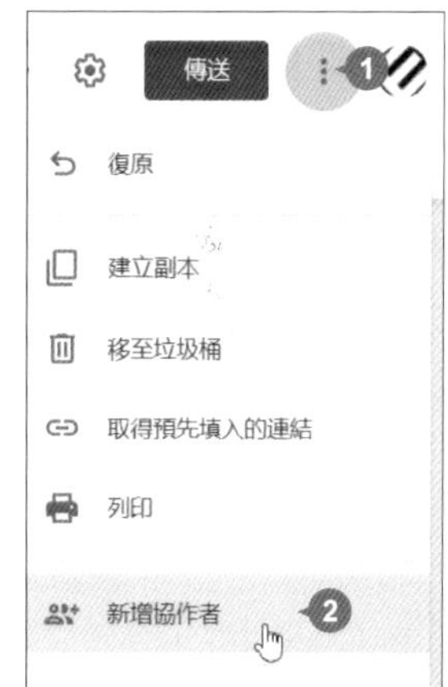

共用成員也能收到新訂單通知

店家指定共用的協同編輯者，如果也希望有新訂單提交時可以收到電子郵件通知，必須自行於 **回覆** 標籤選按 ⋮ \ **有新回應時透過電子郵件通知我**，開啟設定。

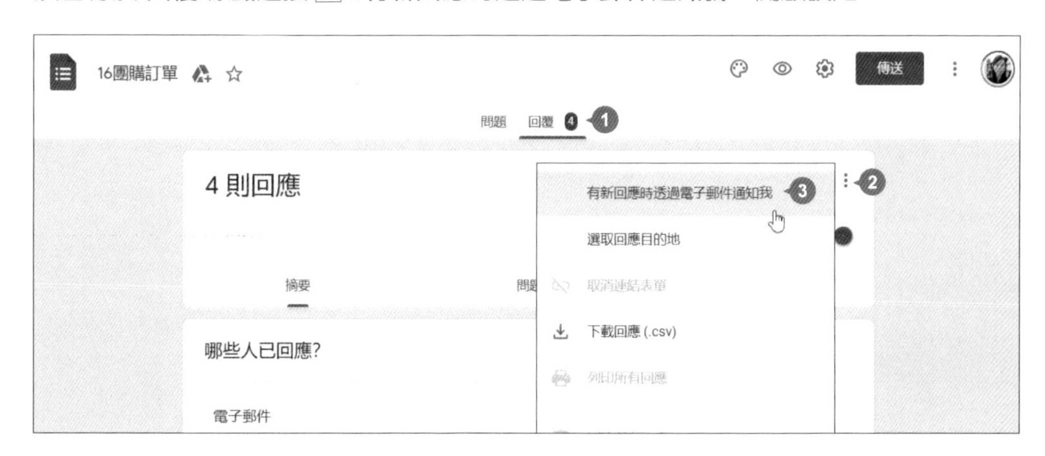

限量訂購、報名，不超額！

面對團購、活動報名、班表安排...等，有人數、數量限制時，可藉由回覆筆數統計數量，當問題中某一個選項被選擇總數達到上限時，會自動隱藏該選項。

Choice Eliminator 2 外掛程式，能限制表單中 **選擇題**、**核取方塊**、**下拉式選單** 這三類題型指定選項的回應筆數，以免超額預訂。

安裝 Choice Eliminator 2 外掛程式

STEP 01 選按表單右上角 ⋮ \ **外掛程式**，首先搜尋 "Choice Eliminator 2"，再依如下步驟確認帳號與權限允許，進行安裝。

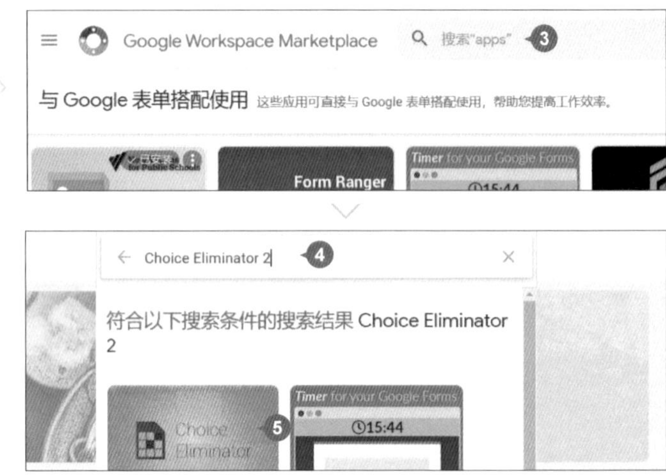

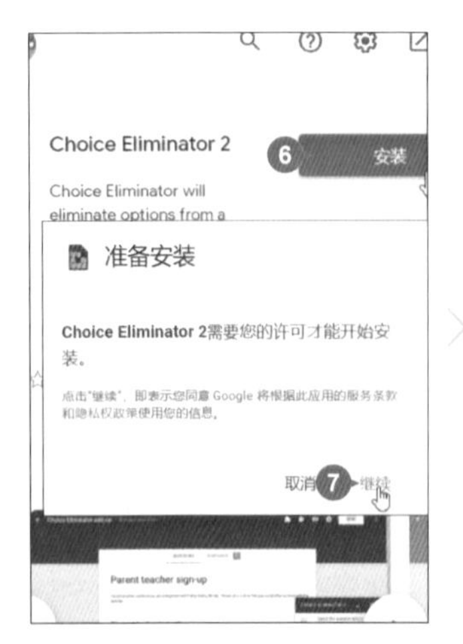

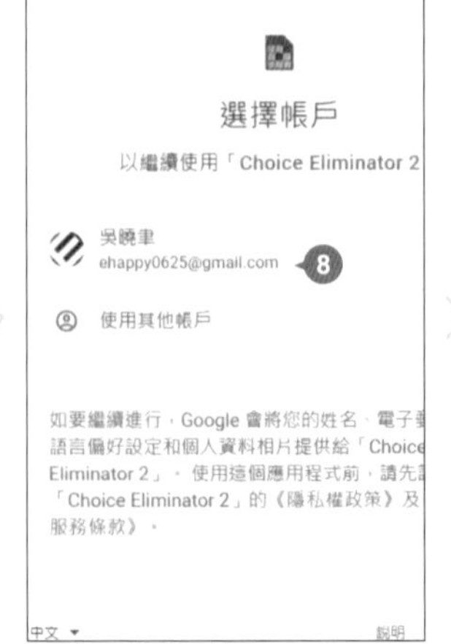

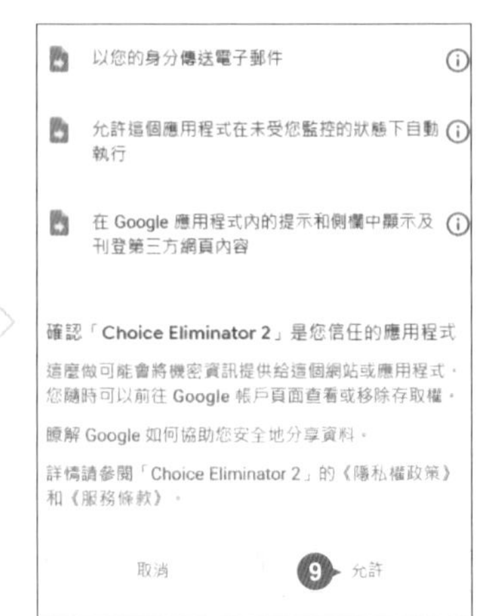

STEP 02 完成外掛程式安裝，選按 **完成**，再選按說明對話方塊右上角 ☒ **關閉**，回到表單。

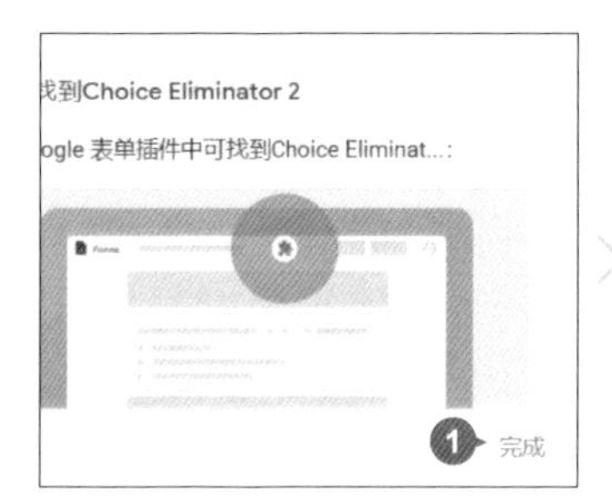

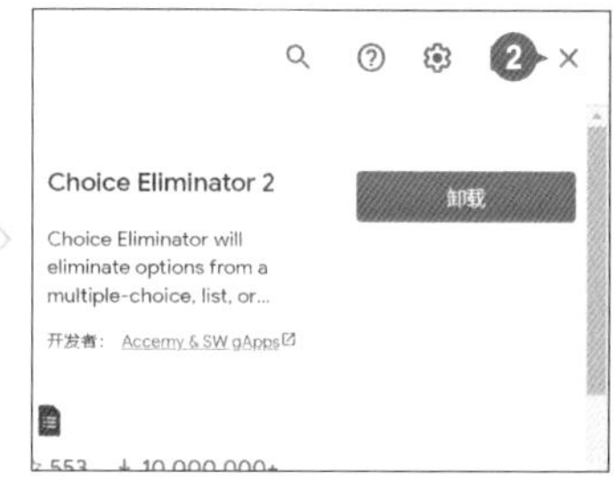

建立限量規則

訂單限量規則：目前九月份 "Pizza 系列" 與 "甜點系列" 可各接 30 筆訂單，若訂單數量額滿會隱藏該系列選項。

STEP 01 選按表單上方 ⚙ **外掛程式 \ Choice Eliminator 2**，接著選按 **Configure**。

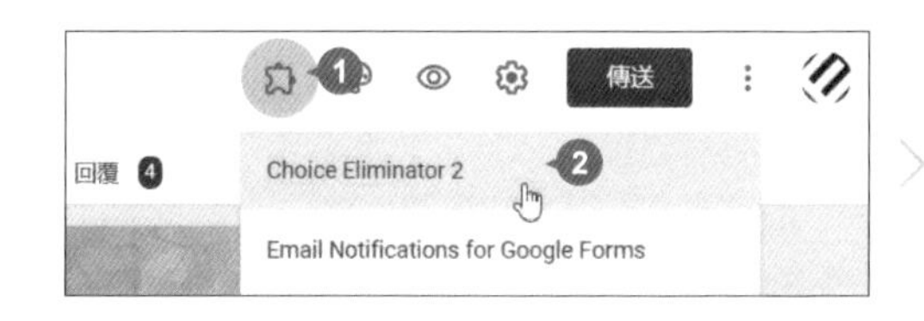

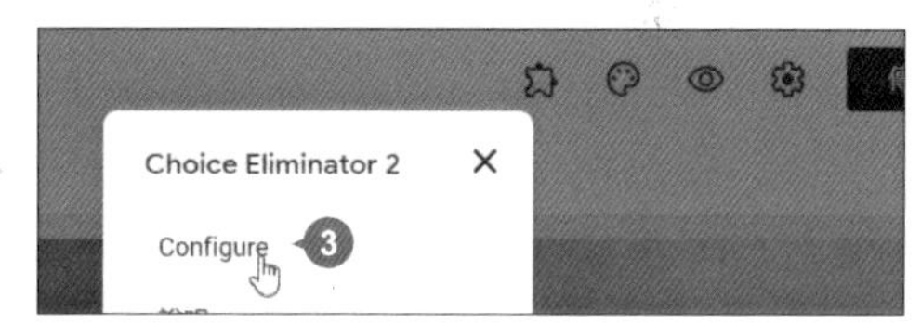

STEP 02 右下角彈出 **CHOICE ELIMINATOR 2** 功能表，並自動取得表單中可以設計限量的問題。(目前僅支援 **選擇題**、**核取方塊**、**下拉式選單** 這三類題型)

另外會跳出一說明視窗，提醒當多人同時填表時，自動統計數量無法即時更新，因此發生超過限定數量但選項沒有被隱藏的狀況。為了避免上述狀況，建議設計問題時選擇 **下拉式選單** 題型，可以多一些緩衝時間，以上說明了解後選按 **Close** 鈕。

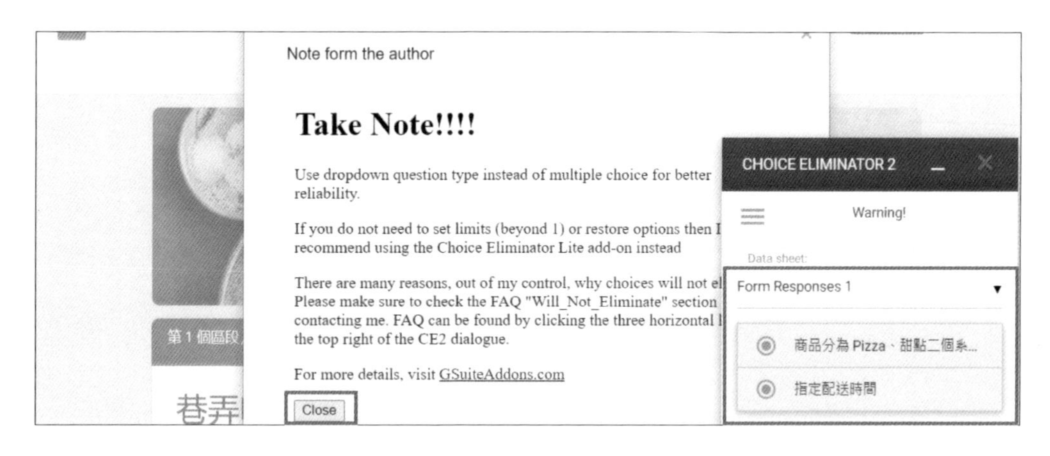

STEP 03 選擇要設定數量上限的問題，核選 **Eliminate Choices**，等待右側齒輪 ⚙ 變色後，代表程序完成可選按齒輪 ⚙ 開始設定。

STEP 04 於該問題下方可以輸入相關備註說明 (只有在此處看得到)，再於 **Limit** 下方各選項左側欄位，輸入這個選項的數量上限 (數量是從設定的當下開始計算，之前的訂單項目不累加)，最後選按 × 關閉設定視窗。

STEP 05 設定數量上限後，回到表單可將指定問題調整為 **下拉式選單** 題型，以解決 Choice Eliminator 2 外掛程式開啟時提醒的狀況，為該選項爭取多一些緩衝時間 (可適個人表單考量選擇是否調整題型)。也建議選按該題右下角 ⋮ \ **說明**，為問題加上說明小字，提醒填表人這題選項有限定數量。

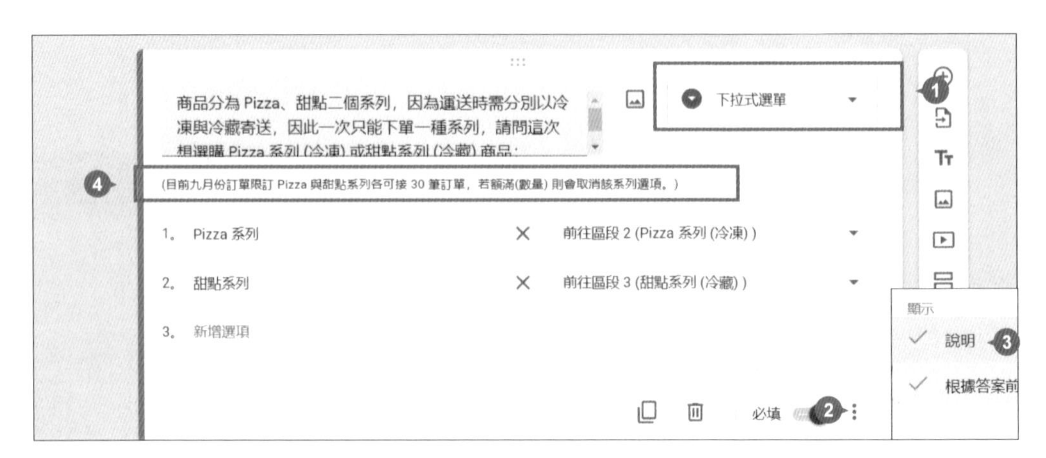

完成前面的數量限制後，填表者填表時如果該問題選項後端統計的數量還沒到達上限，可繼續選按該項。

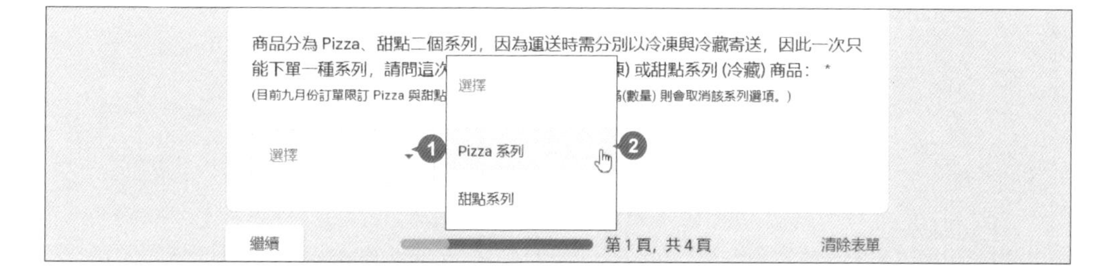

若該問題選項後端統計的數量已達上限，達上限的選項自動被隱藏，無法選用。

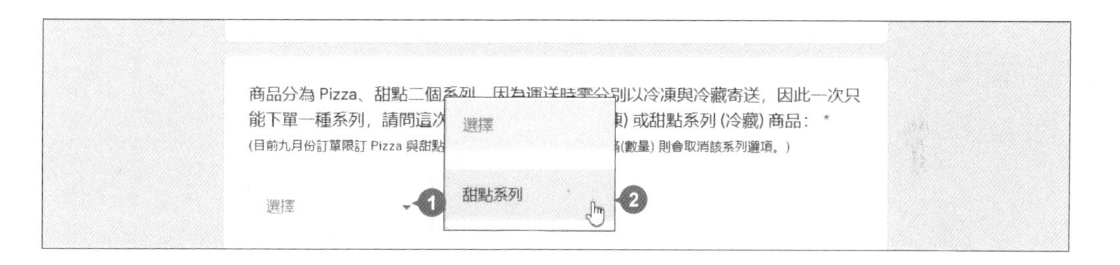

網站中嵌入訂購表單或問卷

想為手邊製作好的網站頁面嵌入 Google 表單，可以藉由 HTML 程式碼或直接插入 Google 表單物件二種方式。

以 HTML 程式碼嵌入

STEP 01 於表單畫面上方選按 **傳送** 鈕開啟對話方塊，<> 標籤輸入合適的寬度、高度數值，最後選按 **複製** 鈕。

STEP 02 開啟手邊製作的網站編輯器程式碼，可將前面複製的 HTML 程式碼貼入其中，或如下示範 **Google 協作平台** 的嵌入方式。首先開啟 **Google 協作平台**，將輸入線插入合適位置，再選按 **插入 \ 內嵌** 開啟對話方塊，可選擇以網址或程式碼上傳，在此選按 **嵌入程式碼** 標籤，按 Ctrl + V 鍵貼入剛剛複製的程式碼，再選按 **下一個** 鈕。

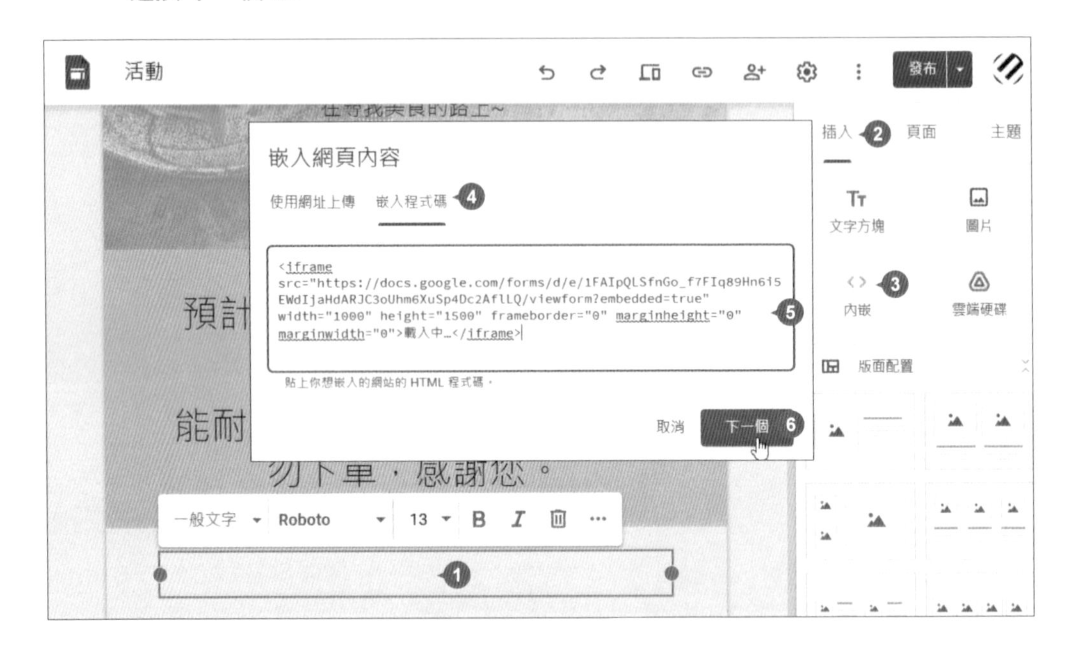

接著選按 **插入** 鈕，於 **Google 協作平台** 編輯區可看到插入的表單物件，再稍加調整表單物件寬度、高度即完成嵌入。

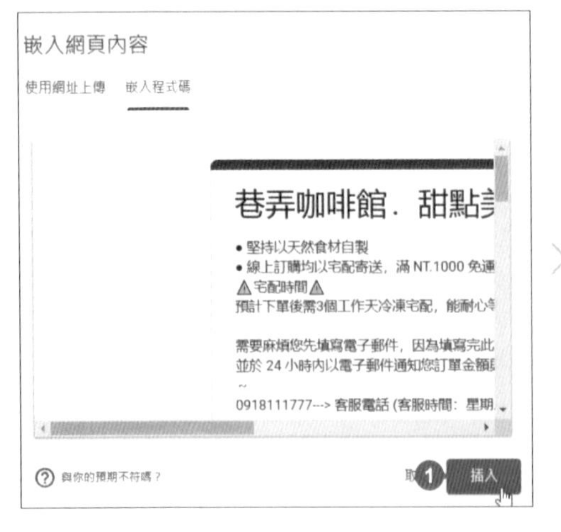

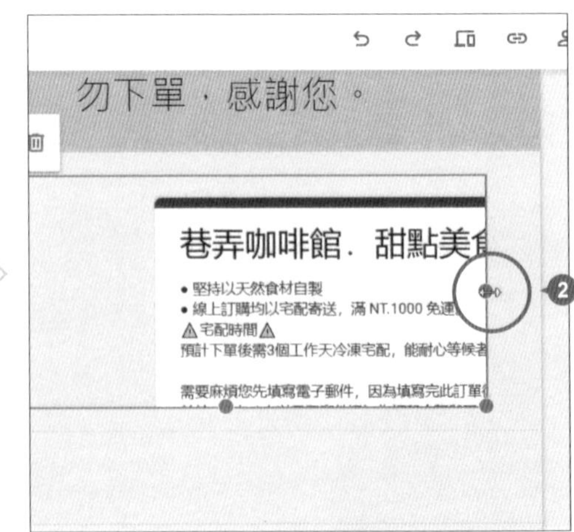

在 Google 協作平台直接插入表單

STEP 01

Google 協作平台 除了能以程式碼嵌入 Google 表單物件，還能直接插入目前已設計好的 Google 表單檔。首先開啟 **Google 協作平台**，將輸入線插入合適位置，再選按 **插入 \ 表單**。

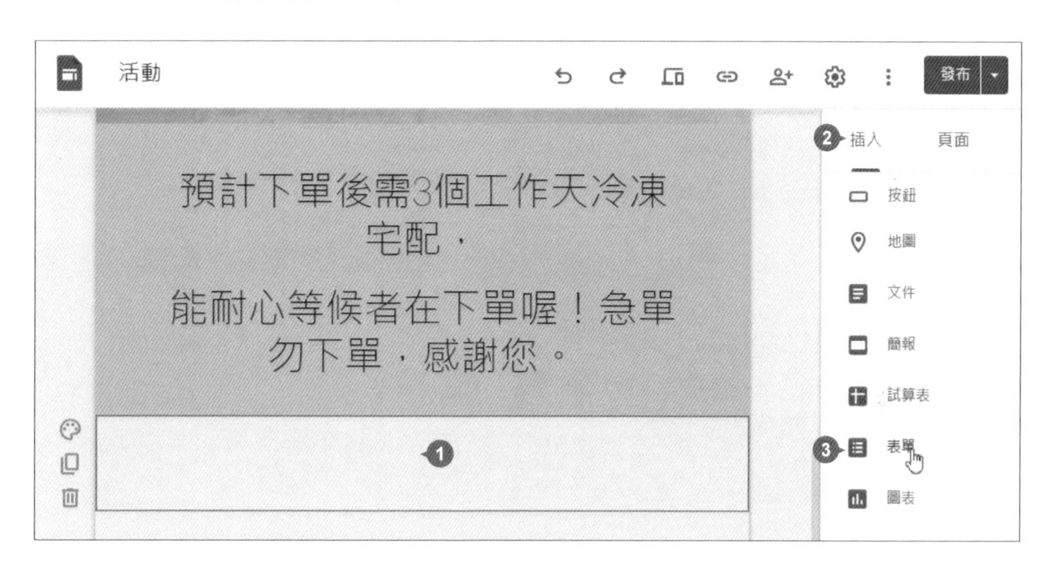

STEP 02

表單 清單中選按要插入的檔案，再選按 **插入**。**Google 協作平台** 編輯區可看到插入的表單物件，再稍加調整表單物件寬度、高度即完成嵌入。

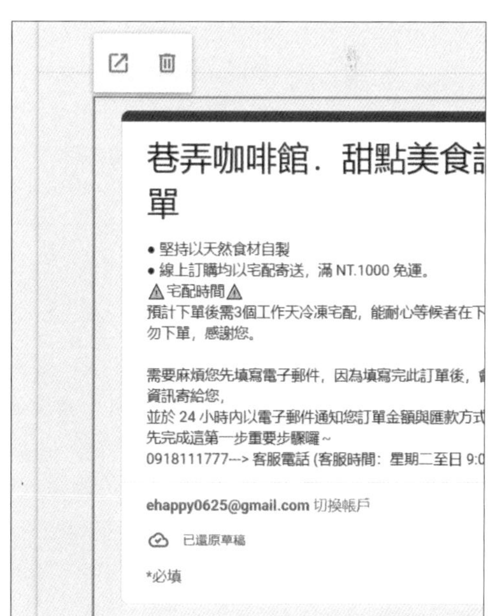

整合 Google 試算表統計數據

表單回應資料只能依取得的回應統計數量和佔比，但面對訂購單內容，無法幫忙計算每筆訂單的小計與含運費用，這時需要藉由 Google 試算表統計數據。

開啟 Google 試算表查看

01 開啟此章範例訂購表單，於 **回覆** 標籤選按 ⊞ 開啟對話方塊，核選 **建立新試算表**，再選按 **建立**。會開啟 Google 試算表，可以查看目前的回應數據。

02 存放此表單回應的 Goolge 試算表中，可以看到如下 A ~ U 欄位資料，分別為表單內每一個問題，以下藉由表格說明每筆訂單小計與總計金額相關欄位所代表的訂單項目。

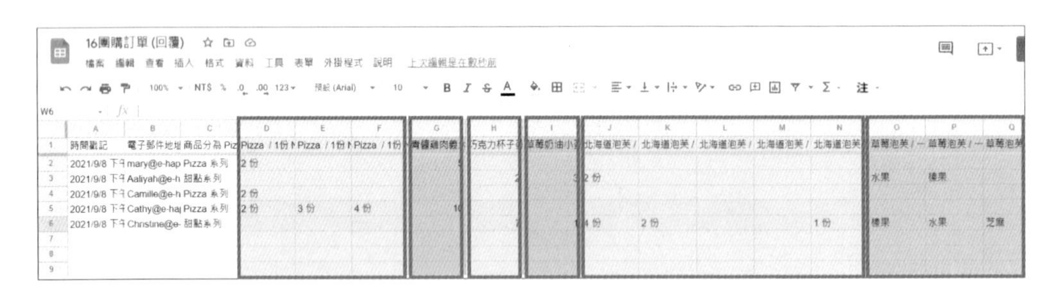

欄位	訂單相對項目、題型
D ~ F 欄	· 訂單項目：Pizza / 1份 NT.300 / 請選擇口味與份數 · 口味選項：彩蔬鮮菇比薩、美式培根比薩、瑪格麗特比薩 · 訂單數量：1 份、2 份、3份、4 份、5 份

欄位	訂單相對項目、題型
G 欄	· 訂單項目：青醬雞肉義大利冷凍熟食包 (團購價) / 1包 NT.300... · 訂單數量：5 ~ 30 的值 (包)
H 欄	· 訂單項目：巧克力杯子蛋糕 / 一份四個 / NT.200 · 訂單數量：1 ~ 10 的值 (份)
I 欄	· 訂單項目：草莓奶油小蛋糕 / 一份六個 / NT.300 · 訂單數量：1 ~ 10 的值 (份)
J ~ N 欄	· 訂單項目：北海道泡芙 / 一份六個 / NT.350，請選擇口味和數量 · 口味選項：芒果布蕾、草莓鮮奶、鮮果布蕾、卡布奇諾、紅豆鮮奶 · 訂單數量：1 份、2 份、3份、4 份、5 份
O ~ Q 欄	· 訂單項目：草莓泡芙 / 一份十個 / NT.380，請選擇餡料 · 份數選項：第 1 份、第 2 份、第 3 份 · 餡料選擇：榛果、水果、芝麻、巧克力、布丁

計算每筆訂單的小計

此範例運用以下 Google 試算表函式計算訂單小計：

· 訂單中 D ~ N 欄傳回的資料有文字也有數值，各產品訂價也不相同，這個部分會藉由 SUMPRODUCT、LEFT、MID、FIN 函式分別取得 D ~ N 欄內的訂購數量再乘以各別產品訂價，小計值會整理於 V 欄 **小計 1** 項目。

STEP 01 選取 V1 儲存格，輸入欄標題文字："小計 1"，再選取 V2 儲存格，輸入公式：「=SUMPRODUCT(LEFT(D2:N2,2),MID($D$1:$N$1,FIND("NT.",$D$1:$N$1)+3,3))」，按 Enter 鍵會顯示 **自動填入** 訊息，選按 ☑ 向下自動為相鄰資料筆數填滿相同公式，並調整相對儲存格。

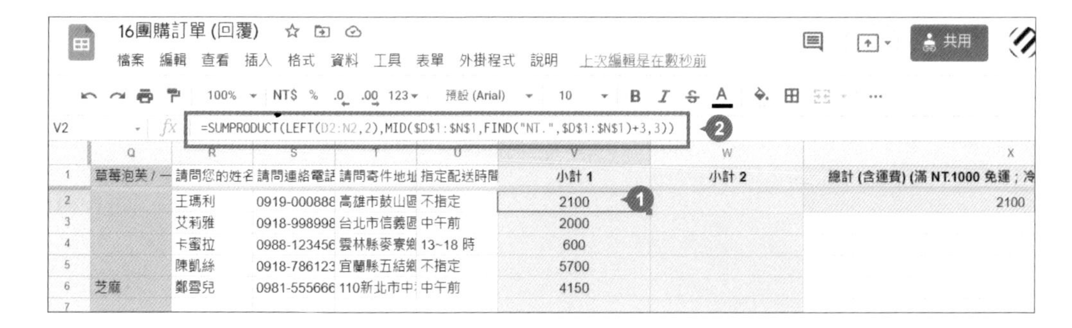

· 訂單中 O ~ Q 欄是同一樣產品傳回的是餡料口味，因此藉由 COUNTA 函式先取得這三欄的訂購數量再乘以產品訂價，小計值會整理於 W 欄 **小計 2** 項目。

STEP 02 選取 W1 儲存格，輸入欄標題文字："小計 2"，選取 W2 儲存格，輸入公式：「=COUNTA(O2:Q2)*380」，按 Enter 鍵會顯示 **自動填入** 訊息，選按 ☑ 向下自動為相鄰資料筆數填滿相同公式，並調整相對儲存格。

16團購訂單 (回覆)

檔案 編輯 查看 插入 格式 資料 工具 表單 外掛程式 說明 上次編輯是在數秒前

W2 fx =COUNTA(O2:Q2)*380 ❷

	P	Q	R	S	T	U	V	W	
1	草莓泡芙 / 一	草莓泡芙 / 一	請問您的姓名	請問連絡電話	請問寄件地址	指定配送時間	小計 1	小計 2	總計 (含運費) (滿 NT.1
2			王瑪利	0919-000888	高雄市鼓山區	不指定	2100	0 ❶	
3	榛果		艾莉雅	0918-998998	台北市信義區	中午前	2000	760	
4			卡蜜拉	0988-123456	雲林縣麥寮鄉	13~18 時	600	0	
5			陳凱絲	0918-786123	宜蘭縣五結鄉	不指定	5700	0	
6	水果	芝麻	鄭雪兒	0981-555666	110新北市中	中午前	4150	1140	

計算每筆訂單的含運費用

STEP 01 選取 W1 儲存格，輸入欄標題文字："總計 (含運費) (滿 NT.1000 免運；冷凍運費200；冷藏運費 150)"，清楚說明此總計含運的標準。

STEP 02 選取 X2 儲存格，輸入公式：「=if(V2+W2<1000,IF(C2="Pizza 系列",V2+W2+200,V2+W2+150),V2+W2)」，按 Enter 鍵會顯示 **自動填入** 訊息，選按 ☑ 向下自動為相鄰資料筆數填滿相同公式，並調整相對儲存格。

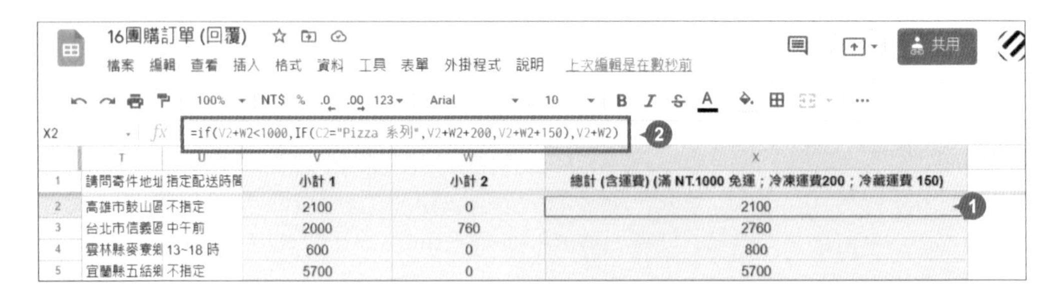

16團購訂單 (回覆)

檔案 編輯 查看 插入 格式 資料 工具 表單 外掛程式 說明 上次編輯是在數秒前

X2 fx =if(V2+W2<1000,IF(C2="Pizza 系列",V2+W2+200,V2+W2+150),V2+W2) ❷

	T	U	V	W	X
1	請問寄件地址	指定配送時間	小計 1	小計 2	總計 (含運費) (滿 NT.1000 免運；冷凍運費200；冷藏運費 150)
2	高雄市鼓山區	不指定	2100	0	2100 ❶
3	台北市信義區	中午前	2000	760	2760
4	雲林縣麥寮鄉	13~18 時	600	0	800
5	宜蘭縣五結鄉	不指定	5700	0	5700

小提示 更多的 Google 試算表函式說明

本書 Part 5、6 均有 Google 試算表公式與函式用法的詳細說明，Google 試算表支援大部分 Excel 函數用法，但也有些語法不是完全相同，可參考 Google 官方函式清單整理的資料：https://support.google.com/docs/table/25273。

Google 檔案轉換

下載 PDF、Microsoft Office 檔案

學 習 重 點

完成製作的 Google 文件、試算表或簡報，均可以下載相關格式檔案副本，包含：Microsoft Office、OpenDocument、PDF 文件、網頁、純文字、PNG 圖片...等，以方便後續各種應用。其操作方式相似，在此示範將 Google 文件下載並轉存為 PDF 檔案，以及 Google 試算表下載並轉存為 Excel 檔案。

原始檔：<本書範例 \ Part17 \ 原始檔 \ 17景點印象海報>、<17產品出貨年度報表>

完成檔：<本書範例 \ Part17 \ 完成檔 \ 17景點印象海報.pdf>、<17產品出貨年度報表.xlsx>

將檔案下載為 PDF

將檔案傳送給客戶，PDF 是一個可以保留樣式又不會輕易被修改的檔案格式，在此以 Google 文件為例將 Google 檔案轉出為 PDF 格式。

01 開啟要下載並轉存的檔案，於 **檔案** 索引標籤選按 **下載 \ PDF 文件(.pdf)**。

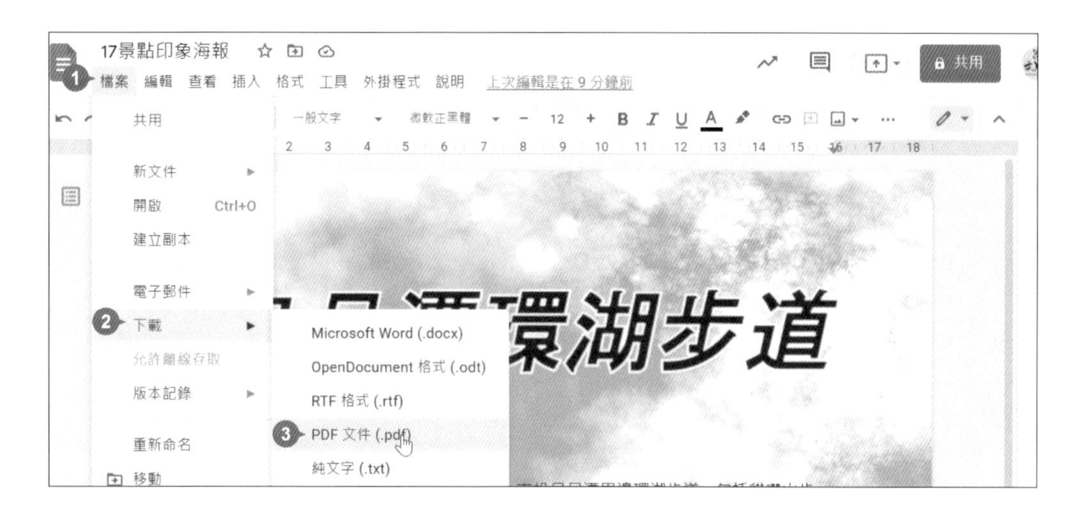

02 待下載完成會於畫面左下角出現 *.pdf 檔案項目，選按右側 ⌃ \ **開啟** 即可查看下載的檔案。

將檔案下載為 Office 檔案格式

許多公司行號以 Microsoft Office 軟體編輯為主，將 Google 檔案轉換為 Microsoft Office 格式可以方便其他使用者的編輯，在此以 Google 試算表為例下載並轉換為 Excel 格式檔案。

STEP 01 開啟要下載的檔案，於 **檔案** 索引標籤選按 **下載 \ Microsoft Excel(.xlsx)**，待下載完成會於畫面左下角出現 *.xlsx 檔案，選按右側 ⌃ \ **開啟** 即可查看下載的檔案。

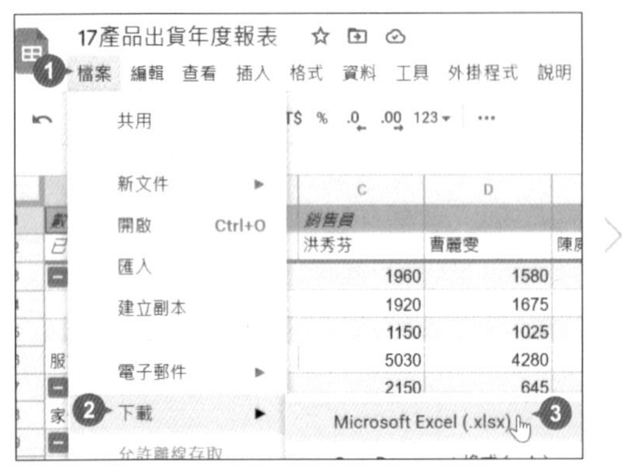

STEP 02 在 Microsoft Excel 開啟檔案時，可能會出現需復原或錯誤訊息，只要依提供的資訊選按，可快速完成檔案轉換，再另存新檔。

Google Meet 視訊會議與教學

遠距線上互動

學習重點

利用 Google Meet，發起或加入視訊會議，隨時隨地都能與他人聯繫、公司開會或進行學校課程、單位研習，藉由問與答、螢幕分享、舉手、文字訊息、白板...等功能，達到線上互動交流。

- 關於 Google Meet
- Google Meet 發起會議
- 複製與分享會議連結或代碼
- 事前準備
- 要求與允許加入
- 認識 Google Meet 會議環境
- 變更圖塊配置
- 變更會議的版面配置
- 視訊背景模糊或自訂虛擬背景
- 分享螢幕畫面
- 分享 Google 文件、試算表或簡報畫面
- 善用文字傳遞即時訊息
- 參與者不能發言、固定主畫面或移除
- 多人協同合作 Jamboard 虛擬白板
- 有問題，舉手發言！
- 視訊會議用錄影保存或重播
- 善用擴充功能強化 Google Meet

關於 Google Meet

Google Meet 是 Google 視訊會議軟體服務，功能簡易、使用門檻低，只要擁有 Google 帳戶，無需下載任何軟體 (行動裝置需下載 App)，就可以藉由 Googe Meet 進行視訊會議。

遠距開會、上課、討論與分享，是企業與學校因應現況實施的新模式，透過攝影機與麥克風設備，會議發起者在主播室授課，參與者則可在遠端聆聽或問答互動。

2020 年 3 月，Google 宣布免費開放 Google Meet，還兩度延長免費的使用期限，不過這項優惠只維持到 2021 年 6 月 29 日，之後免費版依然可以使用，但群組會議時間、會議參與者人數...等權限已開始恢復限制。

免費版與付費版差異

Google Meet 分為付費版與免費版，兩者差異在於視訊參與人數的限制、每次視訊使用時間上限、是否能錄影、舉手...等功能，以下透過表格，重點整理其差異性：

	免費版	付費版- Workspace Essentials	付費版- Workspace Enterprise
1 對 1 會議時間上限	24 小時	24 小時	24 小時
3 人以上 會議時間上限	1 小時	24 小時	24 小時
會議參與人數 上限	100	150	250
會議次數	無限制	無限制	無限制
分享螢幕畫面	有	有	有
會議錄製	無	有	有
舉手	無	有	有

付費版費用計算方式

以付費版 Google Workspace Essentials 來說，網域管理員可建立多個帳戶，Google 系統會在每個月初依據上個月有效使用者進行收費，每位有效使用者為一個月 8 美元，也就是說上個月有 3 位使用該服務，費用計算就是 3 × 8 美元。這項付費方案，不單僅針對 Google Meet 服務收費，另外還包含了 Google 其他功能的使用。

此外 Google 也推出 Google Workspace Enterprise 企業版及 Google Workspace for Education 教育版付費方案，企業版須由公司向銷售人員洽詢購買，教育版則須由校方統一提出申請。

目前 Google Meet 教育版 2021 年 7 月後並不會受到任何影響與限制，老師們使用的如果是 Google 教育帳號，目前會議時間不受限，其他權限則以官方公告為準。

詳細的方案與價格資訊，可以參考官方網頁 「https://apps.google.com/intl/zh-TW/meet/pricing/」

使用條件

Google Meet 會議發起或參與者的使用條件：(詳細內容可以參考官方網頁 「https://support.google.com/meet/answer/7317473?hl=zh-Hant」)

- 必須擁有 Google 帳戶 (付費版 Google Meet 的參與者可以不用)。
- 符合最低系統需求的相容裝置及作業系統。
- 要視訊通話時，需有網路攝影機及麥克風，並授權這些設備的存取權。
- 確認網際網路為連線狀態。
- 使用支援的網路瀏覽器。

Google Meet 發起會議

本章將以免費版方案的角度，直接透過瀏覽器開啟網頁版 Google Meet，從發起會議開始操作。

01 開啟 Chrome 瀏覽器，連結至 Google 首頁 (http://www.google.com.tw)，確認登入 Google 帳號後，選按 Google 應用程式 \ **Meet**。

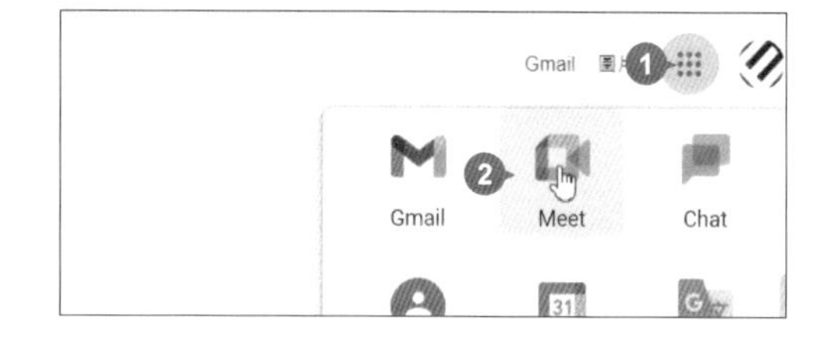

02 於 **Google Meet** 首頁選按 **發起會議** 鈕，清單中提供三種模式：

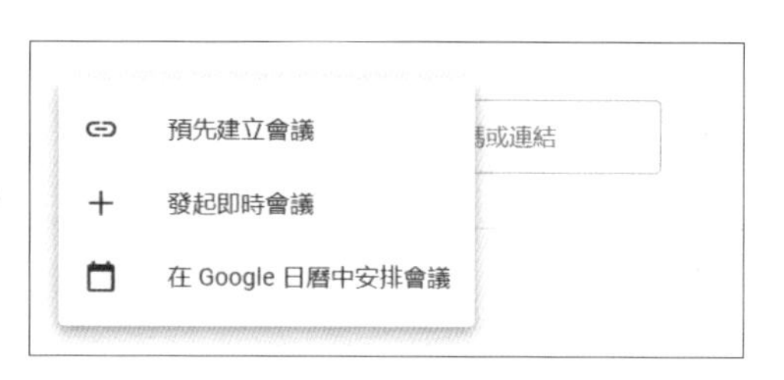

- **預先建立會議**：事先產生會議連結，透過分享會議連結 (或代碼) 的方式，邀請參與者。

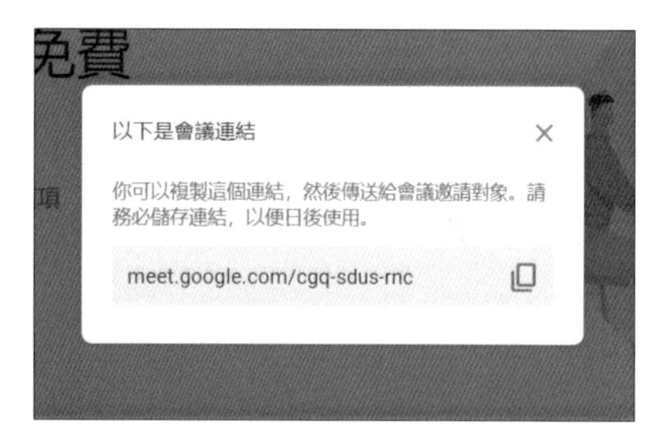

- **發起即時會議**：立即發起並進入會議，可以透過 **新增其他人** 鈕或分享會議連結 (或代碼) 的方式，邀請參與者。

- **在 Google 日曆中安排會議**：會直接開啟 Google 日曆，當建立會議主題、日期、通知 (或電子郵件) 與邀請對象並 **儲存** 後，邀請對象會收到電子郵件通知，而先前設定的通知 (或電子郵件)，也會於指定時間提醒會議發起者。當選按電子郵件中的會議連結，或於行事曆中開啟該會議項目選按 **使用 Google Meet 加入會議** 鈕，即可加入會議。

複製與分享會議連結或代碼

發起 Google Meet 會議後，必須複製並分享會議連結或代碼給參與者，讓大家可以順利進入會議。

發起會議會產生一組連結網址，可以選按 複製，再利用社群軟體分享並邀請其他人。

若想透過代碼分享，則複製連結網址 "/" 右側的英文代碼「***-****-***」(如圖片中代碼為：ngo-joct-szo)，再請對方開啟瀏覽器連結至 Google Meet 首頁，輸入會議代碼進入。

小提示　會議代碼使用期限

每場會議都會獲得一組專屬的會議代碼。會議代碼的到期時間會因建立的方式而異，透過 Google Meet 首頁發起的會議，會議代碼將在上次使用後 365 天到期。詳細說明請參考官方網頁「https://support.google.com/meet/answer/10710509?hl=zh-Hant#zippy= (或 https://s.yam.com/imrE2)」。

事前準備

進入 Google Meet 會議之前，除了檢查麥克風、攝影機及喇叭的硬體設備，以確保音訊及視訊品質；事先套用好背景，也不用擔心雜亂環境，影響觀感。

進入會議準備畫面 (藉由會議連結與代碼)

進入會議準備畫面的方式有二種：一種是直接開啟 Chrome 瀏覽器，於網址列貼上會議連結；另一種則是於 Google Meet 首頁 (https://meet.google.com) 輸入代碼，再選按 **加入**。(發起者若是 **發起即時會議**，則會直接進入會議中。)

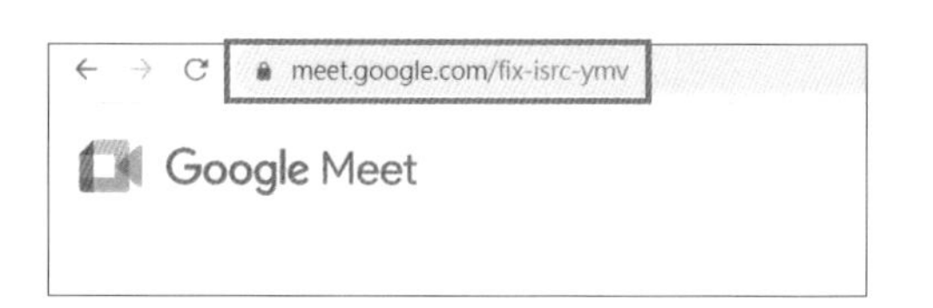

設定音訊和視訊

為了確保電腦的麥克風及攝影機在 Google Meet 正常運作，進入會議前，可以利用 **檢查音訊與視訊功能**，預覽畫面和檢查設備。

STEP 01 於準備加入畫面，Google Meet 會自動偵測目前電腦的麥克風與攝影機設備 (初次使用會出現允許權限對話方塊，請選按 **允許** 鈕)；也可以選按 **檢查音訊與視訊功能** 開啟 **事前準備** 視窗，手動確認音訊及視訊狀況。

STEP 02 選按 **音訊和視訊**，於視窗右側可確認 **攝影機**、**麥克風** 與 **喇叭** 設定項目；選按 **測試喇叭** 可預覽喇叭音效；於 **調整影片光源** 右側選按 ● 呈 ✔ 狀，則是在低光源狀態下自動調整，方便他人看清楚你的影像。

小提示 會議中變更視訊和音訊設定的方式

發起者若是 **發起即時會議**，會直接進入會議，在會議中可於視窗下方選按 ⋮ **更多選項 \ 設定**，透過 **音訊** 與 **視訊** 項目確認並測試設備是否正常運作。

套用背景模糊

居家辦公、遠距上課，常需要進行視訊會議，擔心房間亂七八糟？善用背景模糊或套用不同背景圖，藉此隱藏視訊所在地的背景狀況。

於 **事前準備** 視窗選按 **效果**，右側提供 **讓背景變得較為模糊** 與 **將背景模糊處理** 二個設定，透過選按，為背景套用模糊效果並呈現輕或重的程度差異。

套用內建背景

於 **效果** 右側，Google Meet 內建多款動態與靜態的背景圖，包含卡通、海灘、客廳、廚房...等，透過選按，可快速套用於背景。

套用自訂背景

如果電腦中有不錯的圖片，或是網路下載的背景圖，於 **效果** 右側選按 **上傳背景圖片** 開啟對話方塊，選擇本機圖片後，選按 **開啟** 鈕套用。

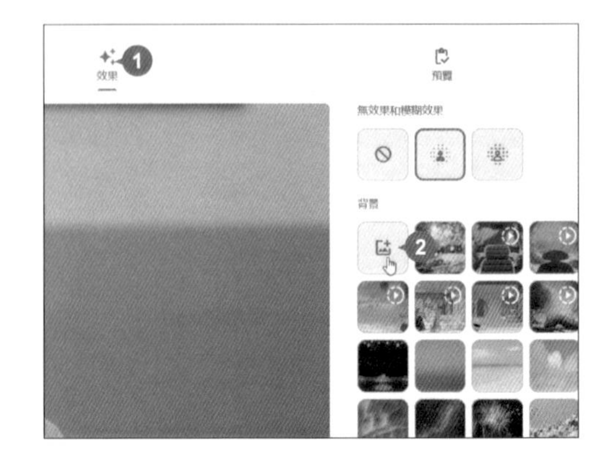

小提示 會議中變更視訊背景的方式

1. 發起者若是 **發起即時會議**，會直接進入會議，在會議中可於視窗下方選按 ⋮ **更多選項 \ 套用視覺效果** 設定視訊背景。

2. 以下為數個知名企業或機關所提供的免費視訊會議背景圖下載網址。只要選按想要的圖片，開啟視窗顯示大圖，再按滑鼠右鍵選按 **另存圖片** 下載高解析度圖片。

   MUJI 無印良品：https://www.muji.com/tw/muji_virtual_background/

   IKEA：https://www.ikea.com.tw/zh/ikea-virtual-background

   吉卜力工作室：https://www.ghibli.jp/info/013251/

   國家會議廳：https://npac-ntch.org/articles/1286

最後確認，預覽視訊及聲音

於 **事前準備** 視窗選按 **預覽**，再選按 **測試並診斷** 鈕錄製說話時的影像和聲音，當錄製結束後可選按 ▷ 預覽影片，當一切確認就緒，最後選按 ☒ 準備加入會議！

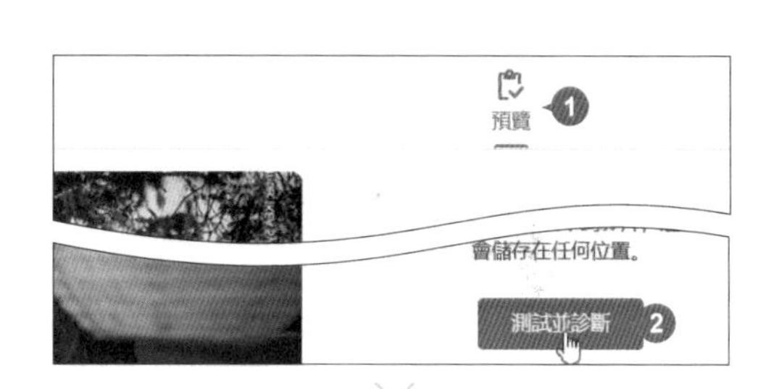

要求與允許加入

完成了 Google Meet 會議的建立與準備，就可以進入該會議了，以下示範發起者與參與者加入的方式。

01 於準備加入畫面 (參考 P18-7 進入方式並確認設備)，攝影機畫面下方圖示預設呈 、 開啟狀 (根據需求選按呈 、 關閉狀)，發起者需選按 **立即加入** 鈕先行進入。

參與者則可選按 **要求加入** 鈕。

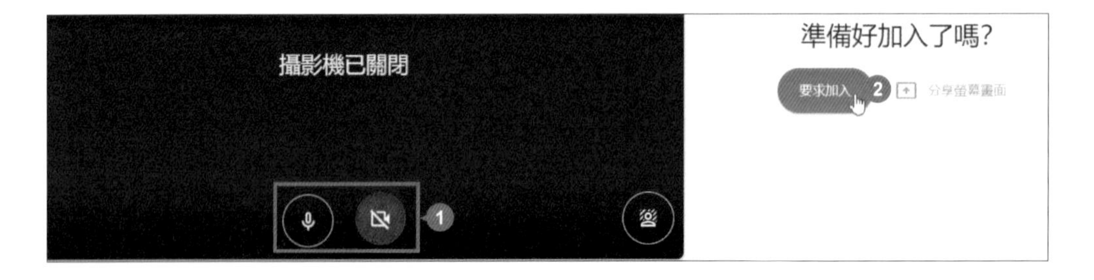

02 這時線上會議的發起者，會收到參與者要求加入的訊息，當發起者選按 **接受**，即可在線上進行會議或教學。

小提示 一定要有 Google 帳號才可以加入線上會議？

如果透過免費版 Google Meet 發起的會議，參與者必須先登入 Google 帳號，才可以加入線上會議；若是付費版 Google Meet 發起的會議，參與者即使沒有 Google 帳號，也可以簡單輸入名稱，直接加入。

認識 Google Meet 會議介面

Google Meet 介面簡單好操作，方便於電腦與行動裝置上使用，包含麥克風、攝影機、分享螢幕畫面、文字即時聊天室、電子白板...等工具。

Google Meet 視窗下方整合最常用的功能，並一直顯示在畫面上，使用者能快速且直觀地找到需要的設定。

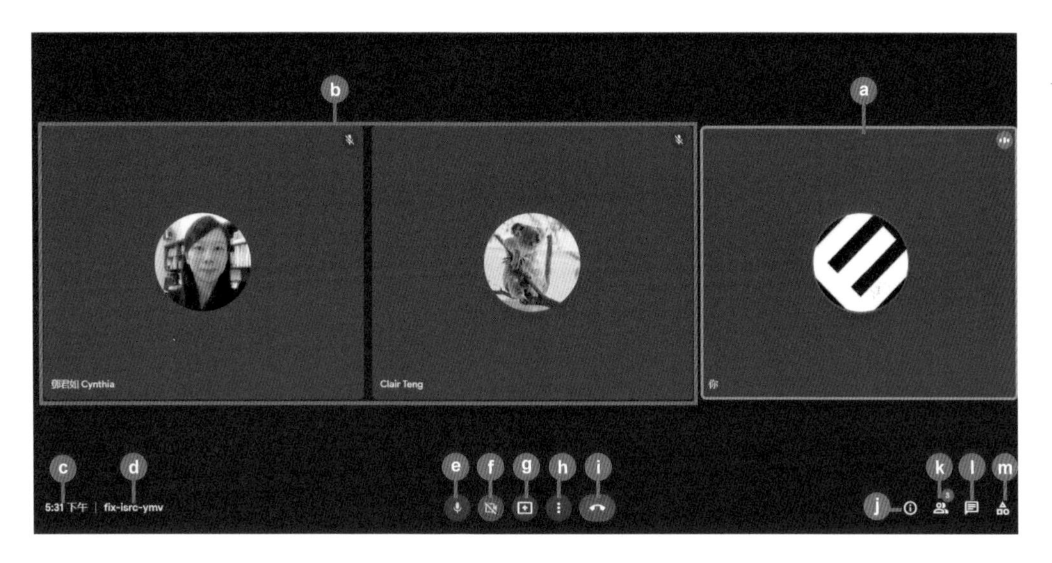

功能設定說明如下 (滑鼠指標移到按鈕上會顯示名稱)：

- **a** 發起者圖塊
- **b** 參與者圖塊
- **c** 時間：視窗放到最大時會出現在左下角。
- **d** 會議代碼
- **e** **麥克風**：可以藉由選按開啟或關閉。
- **f** **攝影機**：可以藉由選按開啟或關閉。
- **g** **立即分享螢幕畫面**
- **h** **更多選項**：包含進階功能，如 **白板**、**變更版面配置**、**全螢幕**、**變更背景**、**字幕**...等。
- **i** **退出通話**：參與者選按可離開會議；發起者選按則是直接關閉會議。
- **j** **會議詳細資料**：顯示加入會議的連結網址或代碼。
- **k** **顯示所有參與者**：瀏覽、搜尋、移除或置頂會議參與者。
- **l** **與所有參與者進行即時通訊**：透過文字傳送訊息，即時交流。
- **m** **活動**：運用白板 Jamboard 進行多人協同講解和討論。

變更圖塊顯示形式

Google Meet 會議進行過程可以藉由圖塊檢視每位參與者的代表圖像或視訊畫面 (對方有開啟攝影機時)。若想將特定人員或分享的畫面指定為主畫面，需要變更圖塊顯示形式。

二位或多位以上

如果線上會議只有一位參與者時 (包含發起者共二位)，自己的圖像預設會以浮動形式顯示在一旁。如果有二位以上的參與者時，自己的圖像預設會以圖塊形式自動排列。

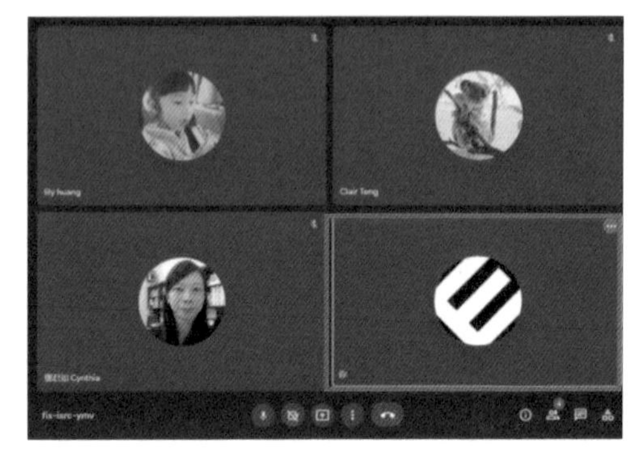

以圖塊或浮動形式顯示

將滑鼠指標移到自己的圖像上方，透過選按 **移除這個圖塊** 或 **以圖塊形式顯示**，可切換圖塊與浮動形式。

固定在主畫面

將滑鼠指標移到任一圖塊上，透過選按 將***固定在主畫面** 或 **在主畫面上取消固定***，可將該圖塊放大於主畫面中，聚焦指定的人員或畫面 (當有分享畫面時)。

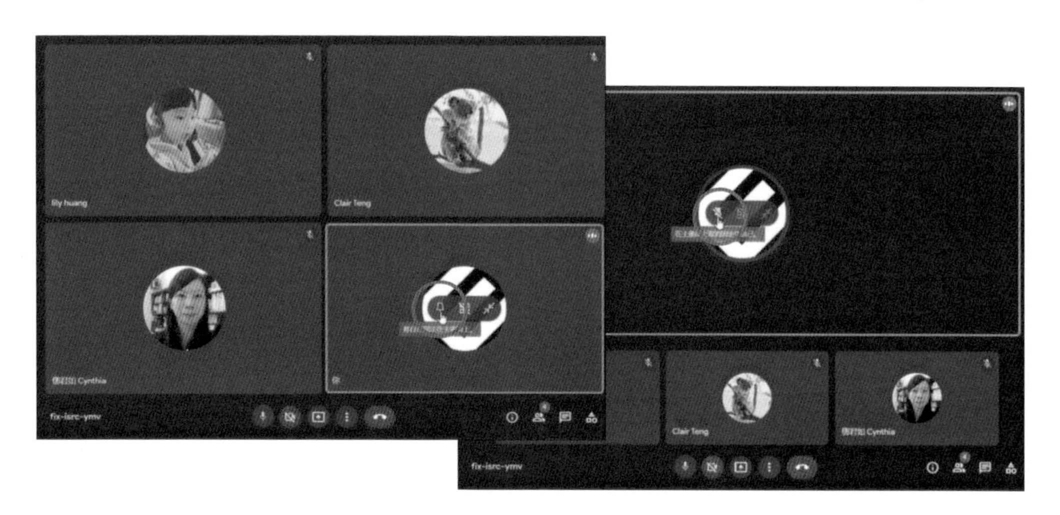

圖塊最小化

在圖塊或浮動形式下，將滑鼠指標移到自己的圖塊上，可選按 **最小化** 或 **展開**，彈性縮放圖塊。

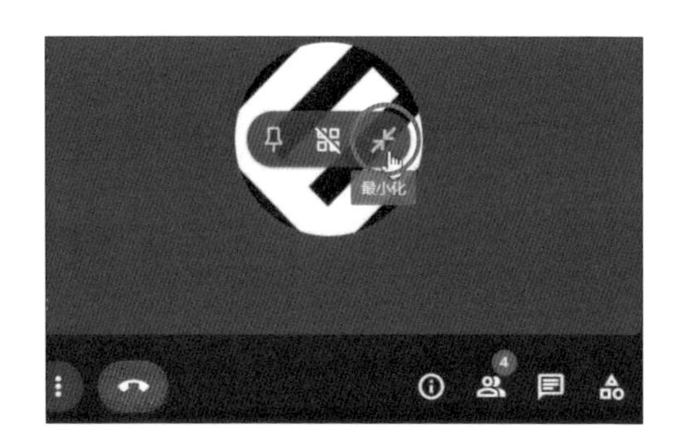

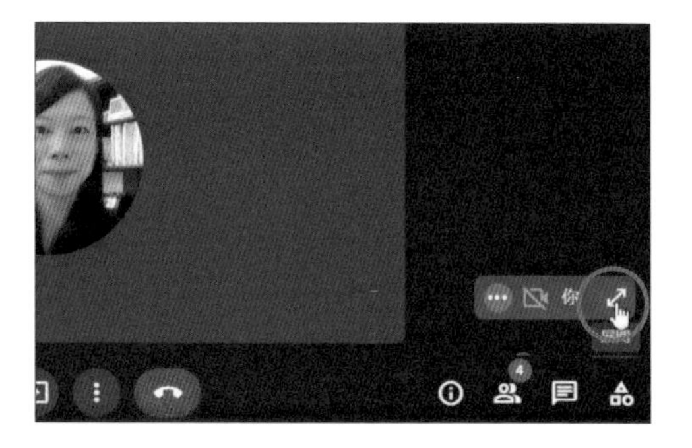

圖塊 **最小化** 狀態下，將滑鼠指標移至邊框上，呈✥狀，按滑鼠左鍵不放拖曳，可以移動擺放至視窗的四個角落。

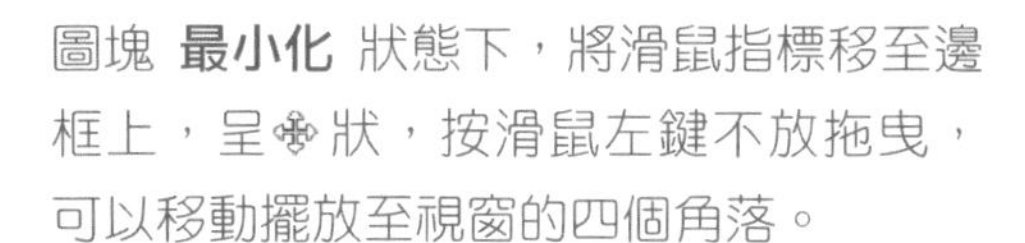

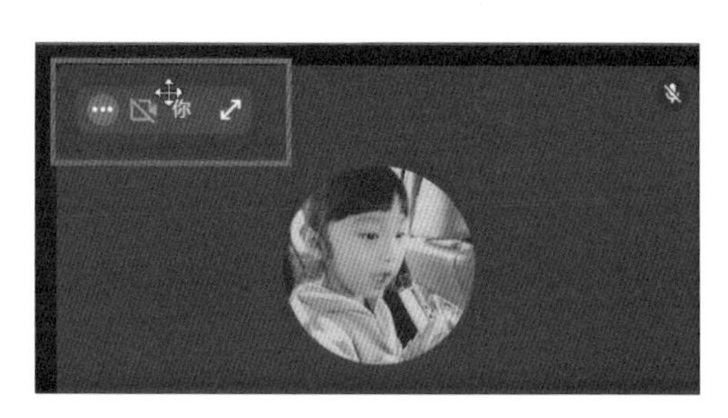

變更會議的版面配置

多人參與的 Google Meet 會議，不但希望能一次看到所有參與者圖塊，也希望分享螢幕畫面或其他會議內容時，彈性切換會議視窗的版面配置，輕鬆駕馭整個會議流程。

自動版面配置

視窗下方選按 **更多選項 \ 變更版面配置**，對話方塊提供 **自動**、**圖塊**、**聚光燈** 與 **側欄** 四種版面配置。

預設核選 **自動**，表示會自動依據會議人數及內容切換版面，核選後選按 ☒ 關閉設定。

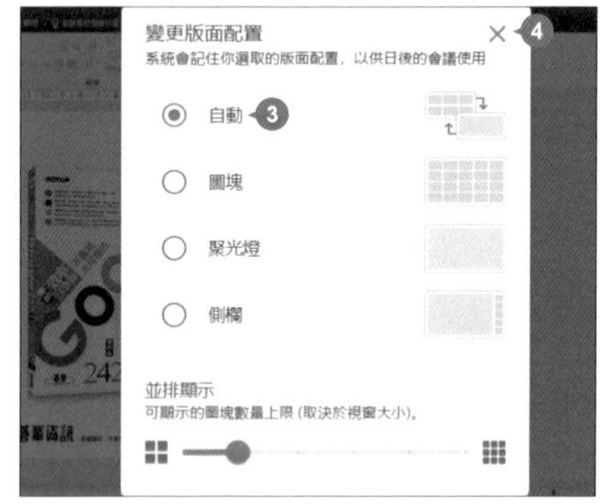

圖塊版面配置

圖塊 版面配置，會將發起者及所有參與者，以格狀大小一致的圖塊呈現，圖塊數量上限，則是可以透過下方 **並排顯示** 滑桿拖曳 (最多顯示 49 位，取決視窗大小)，核選後選按 ☒ 關閉設定。

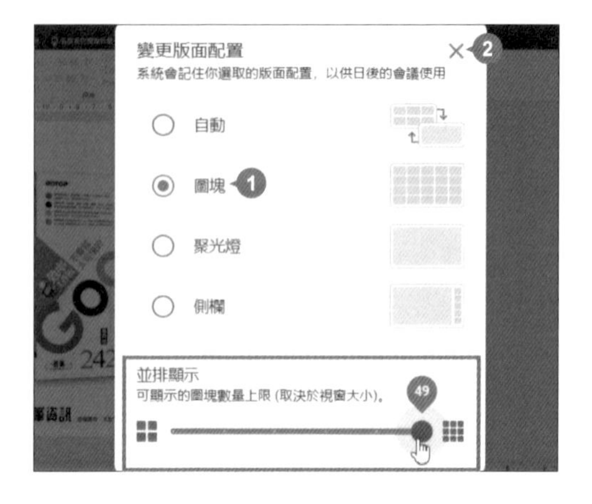

如果沒有正在分享的螢幕畫面，會顯示大小相同的圖塊；如果有正在分享的螢幕畫面，則會自動以主畫面呈現螢幕畫面，參與者圖塊則顯示於側邊 (分享螢幕畫面的方式請參考下一個 Tips 說明)。

小提示 判別是誰正在說話

在 **自動**、**圖塊**、**側欄** 版面配置下，可以看到發起者或參與者如果關閉麥克風，圖塊右上角會顯示 ；若開啟麥克風說話，圖塊右上角會顯示 ，圖塊外框會呈現藍色。

聚光燈版面配置

聚光燈 版面配置，會將正在分享的螢幕畫面固定在主畫面，右下角浮動顯示自己的圖塊；若沒有正在分享的螢幕畫面，則會將正在說話的參與者或發起者圖塊固定在主畫面。

側欄

側欄 版面配置，會將正在分享的螢幕畫面固定在主畫面；若沒有正在分享的螢幕畫面，則會將正在說話的參與者或發起者圖塊固定在主畫面，其他參與者的圖塊則顯示於側邊。

小提示 更換主畫面固定的內容

在 **圖塊**、**聚光燈** 或 **側欄** 版面配置下，如果想要更換主畫面固定的內容，可將滑鼠指標移到欲固定的圖塊，選按 **將***固定在主畫面**，完成更換。

分享螢幕畫面

Google Meet 會議中，可分享整個螢幕畫面或特定視窗，藉此讓參與者即時看到簡報內容、會議文件或其他資訊。

你的整個畫面

螢幕畫面當下顯示什麼內容，分享的就是該內容。較適合軟體教學或簡報說明，當在軟體、簡報...等不同視窗相互切換時，不會受限於單一視窗，主控權也最大，但不支援分享音訊。

STEP 01 於視窗下方選按 **立即分享螢幕畫面 \ 你的整個畫面** 開啟對話方塊，選按欲分享的螢幕內容後，選按 **分享** 鈕。

STEP 02 若出現鏡室效應 (畫面無限迴圈) 警告訊息，選按 **略過** 鈕 (之後不會再出現)；在 **正在共用你的畫面** 選按 **隱藏** 收起訊息列，即完成整個螢幕畫面分享，之後只要正常操作，鏡室效應就會消失。

單個視窗

選擇單個應用程式視窗進行分享（最小化視窗無法被選擇），像是檔案總管、PowerPoint 簡報、PDF 瀏覽器...等，當縮小或關閉該分享視窗，對方會看到全黑畫面，另外此分享方式也不支援分享音訊。

STEP 01 於視窗下方選按 立即分享螢幕畫面 \ **單個視窗** 開啟對話方塊，清單中顯示目前開啟的應用程式視窗，選按欲分享的視窗後，選按 **分享** 鈕。

STEP 02 在 **正在共用你的畫面** 選按 **隱藏** 收起訊息列，即完成單個視窗分享。

小提示　停止分享螢幕畫面

如果想要停止分享螢幕畫面時，可以於 Google Meet 視窗選按右上角的 **停止顯示**，或選按下方 \ **停止顯示**。

分頁

只適用 Chrome 瀏覽器的分頁功能，可以分享 YouTube 影片、網頁動畫...等，也會同時分享該分頁的音訊。

STEP 01 於視窗下方選按 立即分享螢幕畫面 \ 分頁 開啟對話方塊，清單中會顯示目前所開啟的 Chrome 分頁，選按欲分享分頁，並確認已核選 **分享分頁音訊** 後，選按 **分享** 鈕。

STEP 02 該分頁會出現 "這個分頁正與 meet.google.com 共用" 的訊息，若想分享其他開啟的 Chrome 分頁時，則是切換至欲分享的分頁畫面後，再選按 **改為分享這個分頁** 鈕。

這樣的分享方式，參與者會看到分享的分頁畫面，並聽得到分頁內的音訊；若想停止分享可選按分頁上方的 **停止共用** 鈕。

分享 Google 文件、試算表或簡報畫面

如果欲分享 Google 文件、試算表或簡報的內容，只要確定 Google Meet 會議已加入，欲分享的畫面已開啟，就可以輕鬆在 Google Meet 會議中分享。

STEP 01 以分享 Google 文件內容為例，進入 Google 文件開啟檔案後，於編輯畫面右上角選按 ⊡ \ **在會議中分享分頁畫面**，於 **這個分頁** 標籤選按該分頁項目，並確認已核選 **分享分頁音訊**，選按 **分享** 鈕。

STEP 02 返回 Google Meet 會議，就可以直接檢視分享的內容，如欲停止分享分頁可選按 **停止共用** 鈕。

善用文字傳遞即時訊息

Google Meet 會議，除了透過語音視訊達到溝通，參與會議的每位人員，也可以藉由文字訊息討論與交流。

STEP 01 於視窗右下角選按 **與所有參與者進行即時通訊** 開啟右側窗格，於下方訊息欄位輸入文字後，選按 **傳送訊息**。

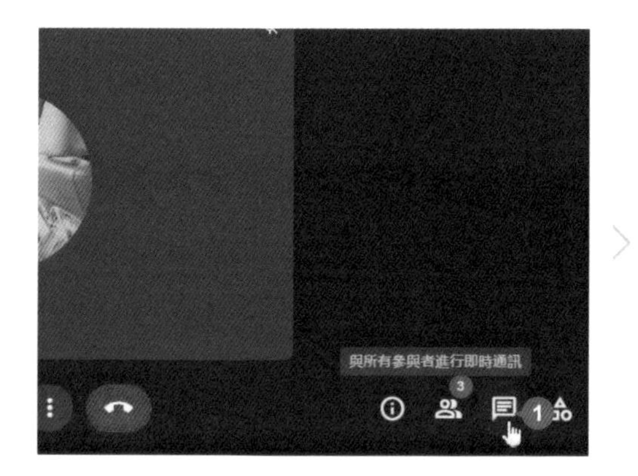

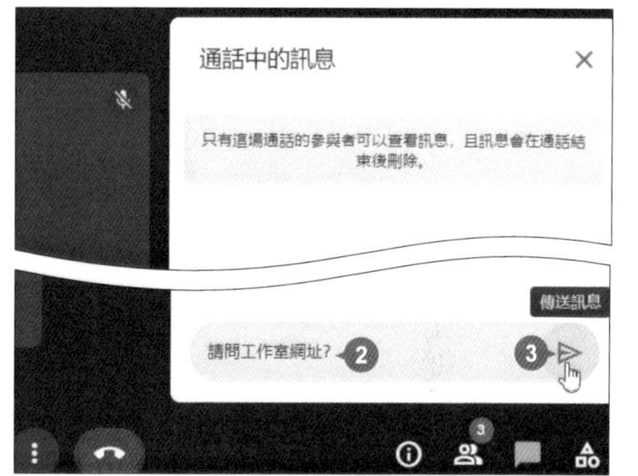

STEP 02 訊息傳送後，其他人於畫面右下角會看到訊息彈出，選按 (藍色圓點代表有訊息尚未讀取) 開啟右側窗格，即可回覆相關訊息。

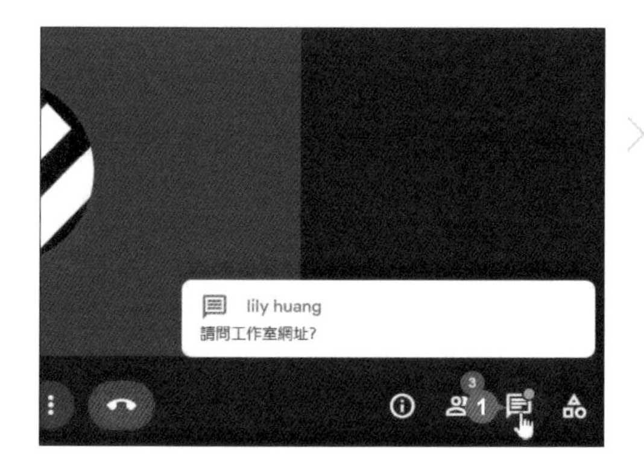

小提示 關於文字訊息

1. 會議進行過程可隨時查看文字訊息，若會議結束，文字訊息也會一併刪除。
2. 參與者可以看到加入會議後送出的所有訊息，但是無法一對一私下傳送訊息。

參與者不能發言、固定主畫面或移除

Google Meet 會議的發起者，可以關閉參與者的麥克風；也可以將發表意見或問題的參與者圖塊固定至主畫面；甚至參與者不遵守會議規範時，也可以將對方從會議中移除。

關閉參與者麥克風

STEP 01 於視窗右下角選按 ![] **顯示所有參與者** 開啟右側窗格 (數字代表會議參與的總人數)，可以看到目前線上所有參與者名單。

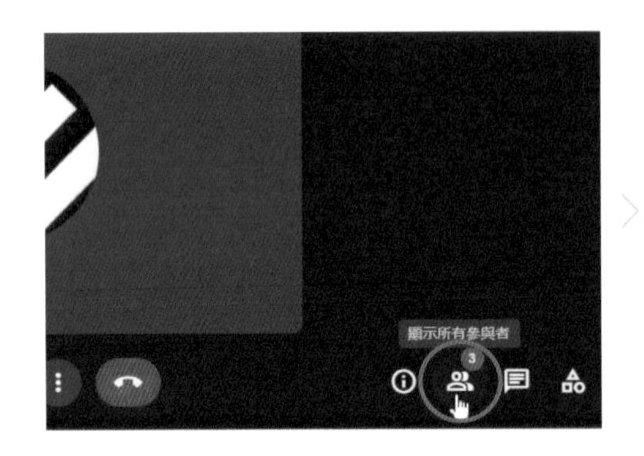

STEP 02 於人員名稱右側選按 ![]，再選按 **關閉麥克風**，即設定該參與者不能發言，對方的麥克風圖示也會由 ![] 呈 ![] 狀。

小提示 發起者無法主動開啟參與者麥克風

發起者可以關閉參與者的麥克風，但無法再度開啟，如果參與者想使用麥克風發言，需由自己手動開啟。

將參與者固定在主畫面

STEP 01 如果欲固定參與者圖塊或分享畫面時，可在 **參與者** 窗格欲固定的人員名稱右側選按 ⋮ **更多動作 \ 固定在畫面上**。

STEP 02 若要取消固定，可再於該人員名稱右側選按 ⋮ **更多動作\ 取消固定**。

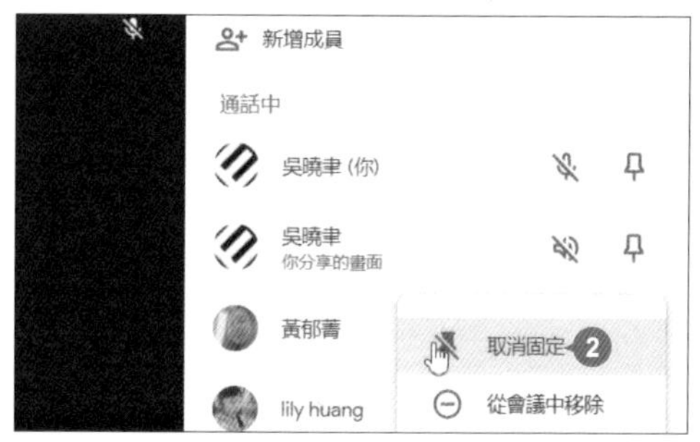

移除參與者

在 **參與者** 窗格欲移除的人員名稱右側選按 ⋮ **更多動作 \ 從會議中移除**，再選按 **移除**，即可將對方從會議中移除。

多人協同合作 Jamboard 虛擬白板

Google Meet 會議提供的虛擬白板，擁有豐富的編輯工具，讓發起者可以直接在螢幕上進行教學解說，或和參與者開會討論，達到共同協作與互動目的。

建立或開啟白板

STEP 01 於視窗右下角選按 **活動** 開啟右側窗格，選按 **白板 \ 建立新白板**，新增一個白板 (如下方圖片說明)；或可選按 **從雲端硬碟中選擇檔案**，從 Google 雲端硬碟開啟之前建立的白板檔案。

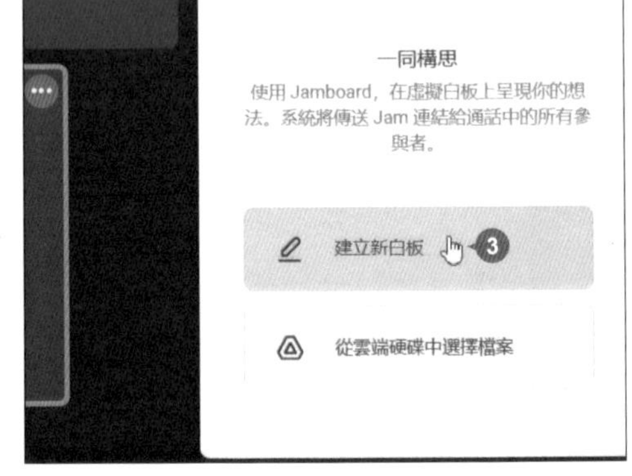

若有出現此對話方塊要求取權限，建議核選 **不要授權**，再選按 **傳送**，待後續白板準備好再依會議需求啟用共用設定。

小提示 建立白板需注意的事項

建立白板前，需確認所有人員都已加入 Google Meet 會議，如此一來才能確保參與者都能看到通話訊息產生的白板連結，或套用後續多人共用的授權。

STEP 02 會以新視窗開啟 jamboard 白板視窗，於 Google Meet 視窗右下角選按 **與所有參與者進行即時通訊** 開啟右側窗格，可看到 Jam 檔案的超連結。

分享白板畫面

將白板畫面分享到 Google Meet 視訊會議中。

STEP 01 於白板視窗選按 \ **在會議中分享分頁畫面**，**這個分頁** 標籤選按白板畫面，並確認已核選 **分享分頁音訊**，選按 **分享** 鈕。

STEP 02 回到 Google Meet 會議，可看到分享的白板畫面，如欲停止分享可選按 **停止共用** 鈕。

白板多人共用

如果想要於 Google Meet 會議中，進行多人參與討論、編寫或一同腦力激盪，可以透過白板的 **共用** 功能。

STEP 01 於白板視窗右上角選按 **共用** 鈕開啟對話方塊，於 **取得連結** 下方選按 **變更任何...**，更改權限為 **知道連結的使用者** 及 **編輯者**，之後選按 **複製連結** 及 **完成** 鈕。

STEP 02 回到 Google Meet 會議，於視窗右下角選按 與所有參與者進行即時通訊 開啟右側窗格，貼上剛才複製的網址，其他參與者就可以透過選按直接開啟白板共用。

認識介面與其他功能

白板 (Jamboard) 就如同小畫家一樣，提供了各式畫筆、圖形、文字方塊...等工具，不但可以書寫重點，繪製流程圖、架構圖...等；還可以利用便利貼收集構思的文字或創意文案；也可以插入圖片，豐富整體的教學或會議內容。

大致分成四大區塊，左側工具列、上方頁框列及選項列、中間編輯區，功能說明如下：

ⓐ 工具列：

畫筆：提供畫筆、彩色筆、螢光筆、筆刷四款繪圖筆及六種顏色。

清除：如同橡皮擦，可逐一擦除不需要的地方。

選取：可選取物件進行拖曳或調整。

便利貼：輸入文字或更改便利貼顏色。

新增圖片：提供上傳、使用網址、相機、GOOGLE 圖片搜尋、GOOGLE 雲端硬碟、GOOGLE 相簿六種來源。

圓形：可繪製圓形、正方形、三角形、菱形、圓角矩形、半圓形、長條、箭頭圖形。

文字方塊：可佈置文字內容，設定樣式、顏色及對齊方式，並任意移動位置。

Laser：鐳射光

ⓑ 選項列：除了固定的 **復原**、 **取消復原** 及 **縮放** 功能，後方則會依選按的工具不同，而顯示相關功能鈕。

ⓒ 編輯區

ⓓ 頁框列：選按 <、> 可切換上下頁面；選按 可展開頁框列，新增、複製或刪除頁面。

ⓔ 檔案名稱：預設為 "會議代碼-****年**月**日"，選按後可以重新命名。

有問題，舉手發言！

舉手 功能，目前必須藉由 Google 付費或教育帳號登入、開啟 Google Meet 的發起者才可使用，免費版的個人帳號 (gmail.com) 並無支援。當參與者想要發問時，可以透過 **舉手** 功能，讓發起者知道。

STEP 01 參與者於視窗下方選按 ✋ **舉手**，會於個人圖塊左下角出現舉手圖示。

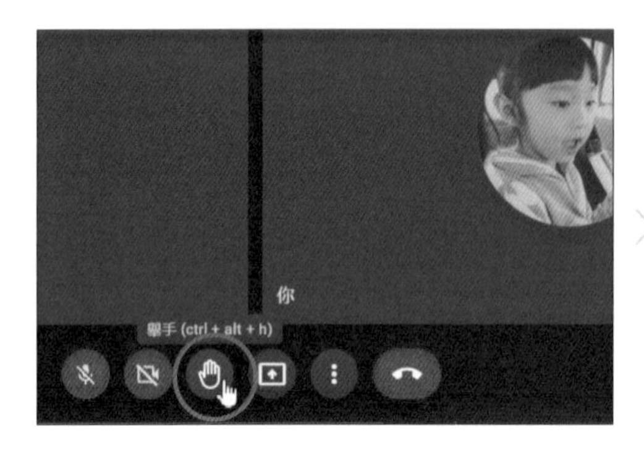

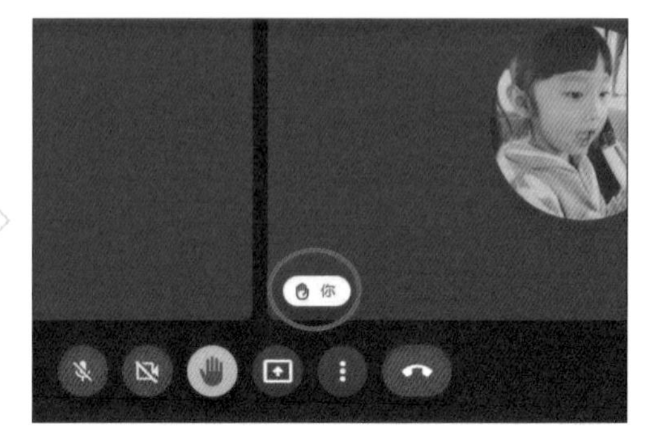

STEP 02 於視窗右下角會跳出提示訊息 (有提醒音效及標註舉手人員名稱)，選按 **開啟等候清單** 開啟右側窗格，舉手的人員清單會整理在最上方，若有多位人員舉手時，則依先後排序。

STEP 03 解決參與者的問題後，發起者可以透過右側窗格選按 **將狀態改為手放下**；另外舉手人員於視窗下方也可以選按 ✋ **將手放下**。

視訊會議用錄影保存或重播

錄製 功能，可以將整場 Google Meet 會議完整錄製並保存。目前必須藉由 Google 付費或教育帳號登入、開啟 Google Meet 的發起者才可使用，免費版的個人帳號 (gmail.com) 並無支援。

STEP 01 發起者於視窗下方選按 ⋮ **更多選項 \ 錄製會議** 開啟右側窗格，選按 **開始錄製** 鈕，出現提示訊息告知錄製會議前需先取得全體參與者同意，然後選按 **開始**。

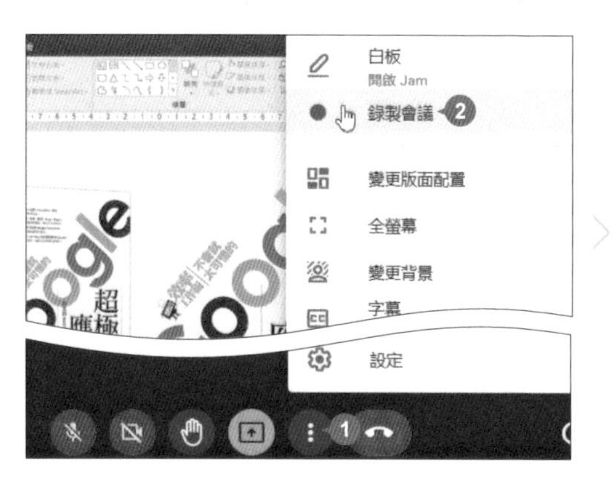

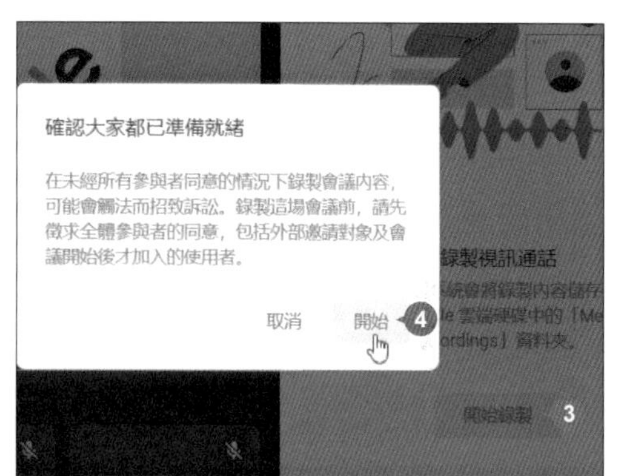

STEP 02 開始錄製後，會於視窗左上角看到 "錄製中" 提示文字；如果要結束錄影，可於視窗下方 ⋮ **更多選項 \ 停止錄製** 開啟右側窗格，選按 **停止錄製** 鈕 \ **停止錄製**。

最後系統會將錄製內容儲存至 Google 雲端硬碟的 <Meet Recordings> 資料夾，讓你可以編輯或上傳至影音平台運用。(停止錄製後，需等待數分鐘的處理時間，影片才會出現在該資料夾。)

善用擴充功能強化 Google Meet

善用各種擴充功能，不但可以提升 Google Meet 視訊會議的操作，還可以優化整體流程。

擴充功能的安裝方法

STEP 01 開啟 Chrome 瀏覽器，連結至線上應用程式商店首頁 (https://chrome.google.com/webstore/category)，於搜尋列輸入關鍵字，選按欲安裝的擴充功能後，選按 **加到 Chrome** 鈕、**新增擴充功能** 鈕。

STEP 02 安裝完成後，網址列最右側會跳出工具已加入 Chrome 訊息，選按 **擴充功能**，可看到已安裝的擴充功能清單。

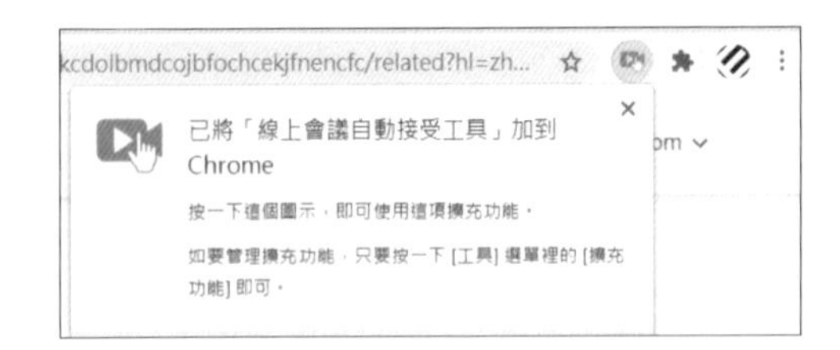

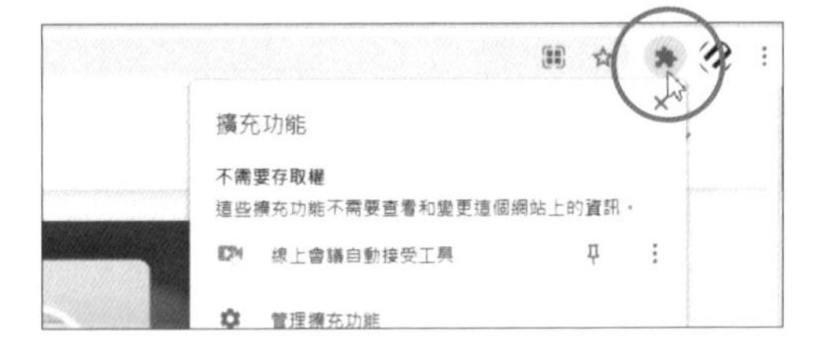

欲固定擴充功能至網址列上，可於清單中的擴充功能名稱右側選按 ，再選按 則取消固定。

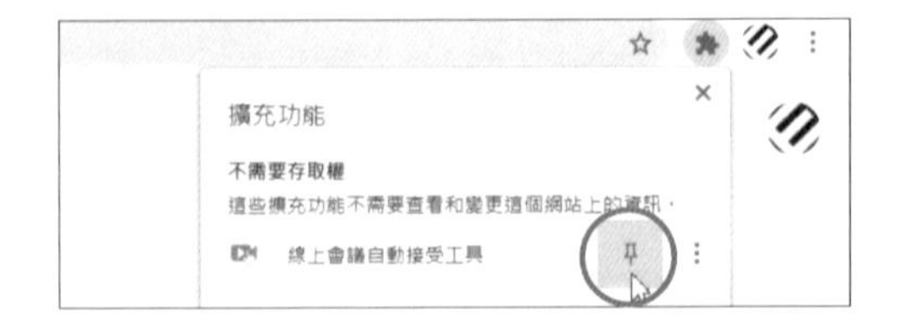

小提示 移除擴充功能

於清單中的擴充功能名稱右側選按 \ **從Chrome 中移除**，移除該擴充功能。

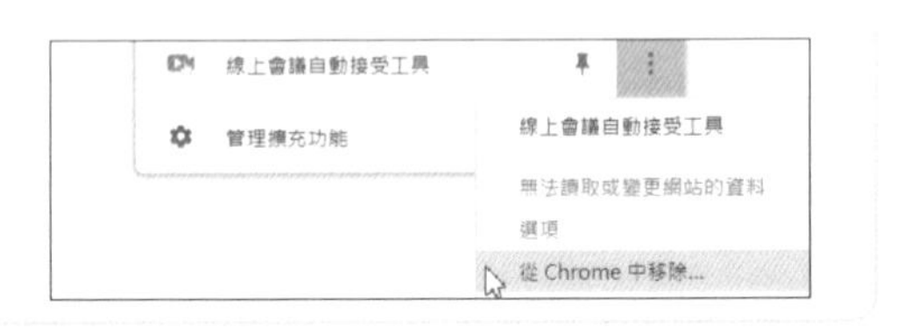

自動授權 - 線上會議自動接受工具

線上會議或課程進行中，常有人陸續要求授權進入的狀況，如果是大型會議，要求加入的人數更多，手動選按接受其實挺麻煩。利用 **線上會議自動接受工具** 擴充功能，能自動授權接受，讓發起者不用一位一位手動選按同意。

- **功能名稱**：線上會議自動接受工具
- **關鍵字**：線上會議

- **功能說明**：此擴充功能安裝完成並發起 Google Meet 會議後，當參與者要求加入時，會自動接受要求讓參與者直接加入，並於視窗右下角跳出 "已加入" 訊息。

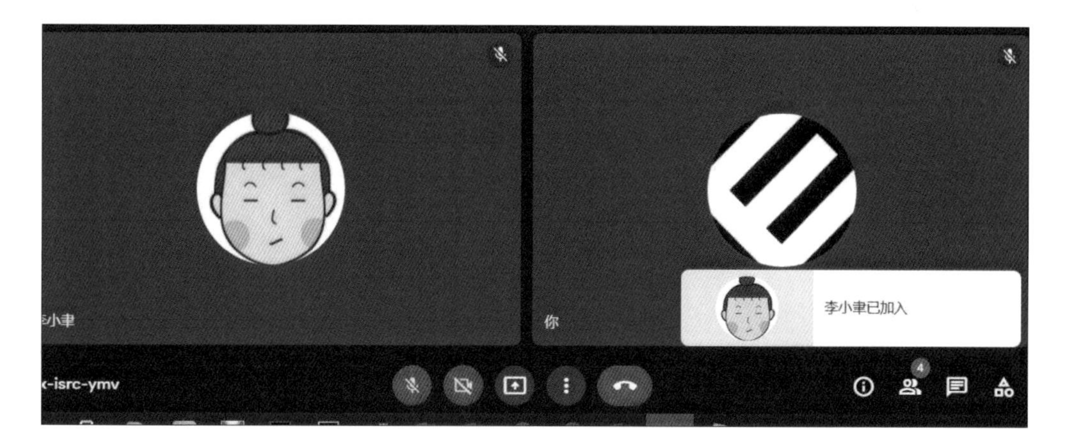

強制關閉麥克風 - Mute All on Meet

當參與者的麥克風沒有關閉，導致環境音或雜聲干擾發起者的會議內容時，可使用 **Mute All on Meet** 擴充功能，發起者只要選按該功能圖示，就可以設定所有人為靜音，不再被參與者所發出的聲音影響。

- **功能名稱**：Mute All on Meet
- **關鍵字**：mute all

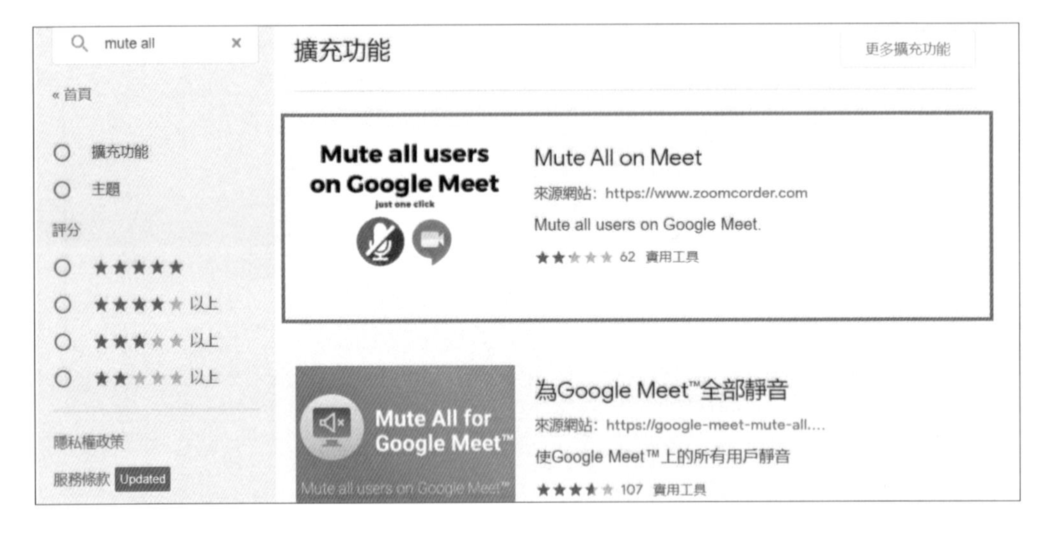

- **功能說明**：此擴充功能安裝完成並發起 Google Meet 會議後，於視窗下方會看到 **Mute all users**，選按後，自動關閉所有參與者的麥克風。

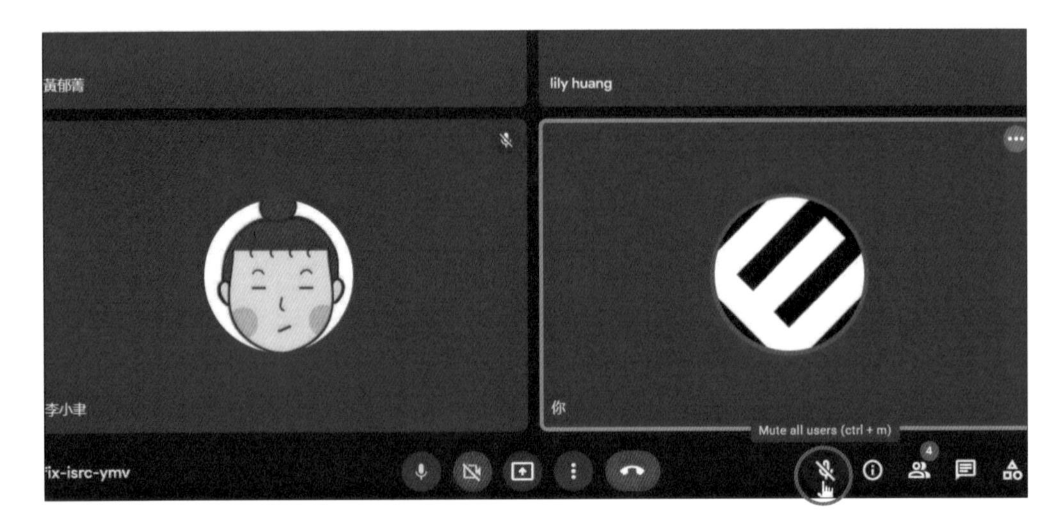

自動點名 - Google Meet Attendance List

視訊會議或遠距教學，常需要準備一份出席記錄，以方便主辦方或講師掌控人員出缺勤狀況。**Google Meet Attendance List** 擴充功能，簡單好用完全不需要設定，當會議結束後，會自動產生一份包含人名、首次進入時間點與時間總長的記錄表。

- **功能名稱**：Google Meet Attendance List
- **關鍵字**：attendance list

- **功能說明**：此擴充功能安裝完成並發起 Google Meet 會議，待要結束會議於視窗下方選按 **結束通話**，會自動彈出一個分頁，顯示所有人員的出席記錄，可以選按 **Export as CSV** 鈕匯出 CSV 檔案，再利用 Excel 或 Google 試算表瀏覽。

  其中 **First SEEN AT** 代表人員第一次進入的時間點；**TIME IN CALL** 代表人員在線上的時間總長。如果欲查看記錄，可以於網址列最右側選按 **擴充功能 \ Google Meet Attendance List**，再選按 **Open Meetings History** 鈕，隨時線上查看。

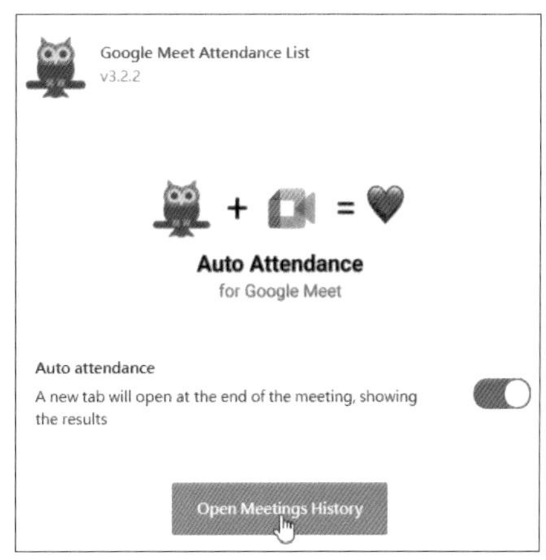

專家都在用的 Google 最強實戰：表單、文件、試算、簡報、遠距與線上會議

作　　者：文淵閣工作室 編著 / 鄧文淵 總監製
企劃編輯：王建賀
文字編輯：詹祐甯
設計裝幀：張寶莉
發 行 人：廖文良

發 行 所：碁峰資訊股份有限公司
地　　址：台北市南港區三重路 66 號 7 樓之 6
電　　話：(02)2788-2408
傳　　真：(02)8192-4433
網　　站：www.gotop.com.tw
書　　號：ACV043700
版　　次：2021 年 11 月初版
　　　　　2024 年 07 月初版五刷
建議售價：NT$450

國家圖書館出版品預行編目資料

專家都在用的 Google 最強實戰：表單、文件、試算、簡報、遠距與線上會議 / 文淵閣工作室編著. -- 初版. -- 臺北市：碁峰資訊, 2021.11
面；　公分
ISBN 978-989-502-995-1(平裝)
1.網際網路　2.搜尋引擎　3.文書處理
312.1653　　110017246

本書是根據寫作當時的資料撰寫而成，日後若因資料更新導致與書籍內容有所差異，敬請見諒。若是軟、硬體問題，請您直接與軟、硬體廠商聯絡。